GEOLOGY

보정판

지·질·학

정창희·김정률·이용일 공저

박영사

머 리 말

지질학은 장구한 시간을 통하여 일어난 무생물계와 생물계의 역사를 연구하는 학문이다. 지질학은 60억 인류가 살고 있는 지구의 기원과 변화의 역사를 밝히고 있으며, 에너지와 지하 자원은 인류의 역사와 산업 발전에 크게 기여하고 있다. 지질학은 유럽에서 시작되었다고 할 수 있는데, 17세기까지는 주로 광물과 화석에 관심이 많았다.

그러던 중 Nicolas Steno(1638-1686년)가 "지층 누중의 법칙"을 제시하며 층서학의 기본 법칙을 만들었다. 광물과 암석에 관한 풍부한 지식을 가지고 있던 Abraham Werner(1749-1817년)는 화강암과 현무암을 수성암(퇴적암)이라고 생각했다. 마침내 James Hutton(1726-1797년)이 나타나 1795년에 출간한 논문 "Theory of the Earth"에서 화강암과 현무암은 수성암이 아니라 화성암이라고 주장하였다. 동일과정설을 제시하기도 한 그는 현대 지질학의 아버지라고 불린다. William Smith(1769-1839년)는 1815년에 처음으로 영국의 지질도를 작성 발표하였으며 동물군 천이의 법칙을 발표하여 층서학의 아버지라는 칭송을 받았다.

Charles Lyell(1797-1875년)은 지질학적 원리를 집대성한 명저 *Principles of Geology* (1830-1833년)를 발표하였다. 이는 Charles Darwin(1809-1882년)의 「종의 기원」(1859년) 저술에 커다란 영향을 주었으며, 이 저서는 최초의 지질학개론에 해당한다.

20세기 초 편광현미경의 발명과 방사성 동위 원소를 이용한 절대 연령 측정방법은 지질학의 발전에 크게 기여하였다. 또한 Alfred Wegener(1880-1930년)의 대륙이동설로 시작된 역동적인 지구의 모습은 대양저확장설로 발전되었다. 이는 다시 판구조론으로 발전하여 지구의 거의 모든 변화를 통일적으로 설명하는 패러다임을 이루게 하였다.

최신의 자료로 꾸며진 「지질학」은 크게 일반 지질학, 지각변동, 지사학 및 응용지질학 단원으로 구성되어 있다. 일반지질학 단원은 지구의 개관을 포함한 15개의 장으로, 지각변동 단원은 지진 등의 5개의 장으로, 지사학 단원은 지사학의 방법 등 7개의 장으로, 응용지질학 단원은 지하자원 등 2개의 장으로 이루어져 있다. 마지막으로 한국

지질 개요가 부록에 포함되어 있다.

이 책은 주로 대학교에서 지질학, 지구과학, 지구환경과학 및 유사 분야를 전공하는 대학생을 대상으로 엮은 것이다. 그러나 지구과학교육과 석유 지질, 지하자원, 자원공학, 광산 지질 및 지질학 관련 산업에 종사하는 분들에게도 도움이 되도록 하였다.

가급적 최신의 내용과 새로운 자료로「지질학」을 꾸미려고 노력하였으나 저자들의 비재와 천학으로 여러 오류가 있을 것으로 생각한다. 지질학의 길을 동행하는 독자들의 격려와 지도 편달로 이러한 오류가 수정되어 바르게 고쳐지기를 기대한다.

이 책을 쓰는 과정에서 여러 가지 도움을 준 모든 분들에게 감사드린다. 특히 많은 조언을 주신 박용안 교수와 김수진 교수에게 감사드린다. 그리고 천문학 분야의 원고를 검토해 주신 손정주 교수와 화학 분야에 조언을 주신 송기형 교수와 강성주 교수에게 감사드린다. 한국지질도(한국자원연구소, 1995)의 사용을 허락해 주신 한국지질자원연구원 장호완 원장에게 감사드린다. 또한 좋은 사진을 제공하여 준 김도정, 이춘우, 정지곤, 김항묵, 진명식, 이광춘, 이창진, 전희영, 노진환, 백인성, 신인현, 김형수, 송시태, 오성진, 추교형, 강지현 선생에게 깊이 감사드린다. 원고의 교정을 도와 준 김미경, 안회진, 김민경 선생에게도 감사드린다. 이 책이 나오도록 많은 도움을 준 박영사 기획마케팅부 조성호 부장님과 김양형 씨에게 특히 감사드린다.

2011년 6월 29일
저자 일동

차   례

제 1 편   일반지질학

제 2 편　지각변동

제 3 편   지 사 학

제 1 편

일반지질학

□사진설명: 토날라이트의 현미경 사진(산청군)(정지곤 제공)

제 1 장

개 설

      지질학(地質學)은 우리가 관찰할 수 있는 지구의 자연계를 대상으로 하여 수십억 년 전부터 오늘날까지 일어난 지구 변화의 역사를 밝히려고 하는 역사과학적 자연과학 이다. 지구의 역사를 밝히기 위하여는 지구가 겪은 변화의 과정을 이해하여야 한다. 그러기 위해서는 현재 지구상에서 일어나고 있는 여러 가지 변화를 먼저 이해하여야 할 것이다.

      일반지질학은 이러한 현재의 변화를 알아보고 인식하는 데 중점을 둔 부문이다. 오늘날의 변화가 지질시대에도 비슷하게 일어났다는 지질학의 선구자 허튼(James Hutton, 1726~1797)의 생각은 동일과정설(同一過程說: law of uniformitarianism)로 일컬어지며, 이 생각은 다음 시대의 대지질학자인 라이엘(Charles Lyell, 1797~1875)에 의하여 보충·발전 되었다. 동일과정설이 법칙으로 받아들여지면서 지구에서 일어나는 변화는 급격한 사건에 의해 일어난다는 격변설(激變說: catastrophism)이 배격되어 올바른 지질학의 발전 이 이루어지기 시작하였다.

      제 1 편에서는 지구 구성 물질, 지표의 외인적인 변화, 즉 풍화와 침식·운반·퇴적 및 여러 가지 암석에 관하여 기술하였다.

지질학이라는 학문

지질학은 지구를 연구하는 자연과학의 한 부문으로서 특히 그 지각(地殼)의 구성물질·구조·성인(成因)·지구의 무생물계와 생물계의 역사를 규명하려는 학문이며, 궁극적으로는 지구와 지구를 구성한 물질의 역사를 밝히려는 학문이다.

모든 자연과학은 시간적 및 공간적(空間的)인 사상(事象)을 취급하나 지질학은 특히 수십억 년 전부터 지구에 일어난 사건을 취급하므로 그 시간적 내용이 장구(長久)함은 물론, 취급하는 대상이 지구여서 공간적으로도 광대(廣大)한 내용을 가지고 있다.

지질학적인 생각은 인류가 사고(思考)할 수 있게 된 때부터 시작된 것으로 생각되나 과학적인 면모(面貌)를 갖추기 시작한 것은 1700년경부터였다. 그 전까지는 지구의 기원(起源), 암석의 성인, 지구에서 일어난 변화, 화석(化石)과 생물의 진화 등 지질학적인 사상에 대한 생각이 거의 전부 황당무계한 것이었다.

동일과정의 법칙(同一過程의 法則)을 터득한 허튼, 지질시대의 장구함을 지구상에 일어난 변화로부터 알아차린 라이엘, 지구의 역사를 엮는 순서를 밝힌 스미스(William Smith, 1769~1839)가 근대 지질학 확립에 공헌한 위인들이었다.

지질학은 다음과 같은 여러 분과로 크게 나누어지며 이들은 각각 독립된 과학 분야로 발전되어 가고 있으나, 이들의 지식 없이는 지질학이 성립될 수 없다.

1. 광물학(鑛物學)

지각(地殼)을 구성하는 물질의 기본 단위가 광물(minerals)이고, 이것을 연구하는 학문이 광물학(mineralogy)이다. 광물에 관한 지식은 지구 구성 물질을 밝히는 기초가 되며, 그 지식은 암석 연구에 불가결하다.

2. 암석학(岩石學)

지각은 화성암·퇴적암·변성암으로 되어 있으며 이들을 연구하는 학문이 암석학(petrology)이다. 암석은 그 생성에 시간적인 차이가 있으므로 이에 대한 지식은 지질학을 이해하는 데 또한 불가결한 것이다.

3. 층서학(層序學)

암석의 생성 순서를 밝히고 세계의 모든 암석을 서로 관련시켜 시간적으로 정리하는 학문이 층서학(stratigraphy)이며, 이는 지구의 역사를 편찬하는 데 불가결한 지식을 제공한다.

4. 고생물학(古生物學)

역사 시대(歷史時代) 전에 살고 있던 생물에 관한 학문으로서 과거의 생물에 대한 지식을 주는 동시에 생물 진화(進化)의 사실을 밝혀 주며, 암석의 시간적 전후 관계를 명백히 하여 주는 학문이 고생물학(paleontology)이다. 고생물학은 층서학과 협력하여 지사(地史)를 규명하는 데 중요한 연구 대상이 된다.

이상의 4분야의 지식을 기초로 하여 우리는 지구의 단위 물질(單位物質)인 광물과 광물의 집합체로 된 암석을 알고, 무생물계와 생물계의 시간적 변화를 알 수 있다.

5. 동력지질학(動力地質學)

지구는 그 외부 및 내부로부터 가해지는 힘으로 점점 변하여 나간다. 이런 변화를 연구하는 분야가 동력지질학(dynamic geology)이다. 현재 일어나고 있는 것과 같은 지각의 변화가 과거에도 일어났을 것이므로 과거의 변화를 생각하는 데 불가결한 부문이다.

6. 지사학(地史學)

지질학의 연구로 얻어진 역사적인 사실을 종합하여 무생물계와 생물계의 역사를 편찬하는 지질학의 최종 목적이 되는 분야가 지사학(historical geology)이다.

7. 응용지질학(應用地質學)

지질학의 지식은 인류(人類) 복지를 위하여 무제한 응용될 수 있다. 최근에는 이 면이 더욱 강조되고 있다. 응용지질학(applied geology)에는 **광상학**(鑛床學: science of ore deposits)이 포함되며, 이는 유용한 지하자원에 관하여 연구하는 학문이고, **수리지질학**(水理地質學: hydrogeology)은 지표수와 지하수에 관한 지질학 부문이다. 토목 건축에는 **토목지질학**, 농사(農事)와 산림 조성에는 **농림지질학**의 지식이 요구된다.

8. 해양지질학(海洋地質學)

육지에 대한 지식은 이미 상당히 축적되었으나, 육지 면적의 3배 가량의 해양에 대하여는 1960년대에 이르러 비로소 그 탐구가 본격화하기 시작하였다. 육상의 자료만으로서는 해결이 불가능한 많은 의문이 해양지질학(marine geology)의 발달로 밝혀지고 있으며, 해양의 광물 자원도 해양지질학적 연구로 가능해지는 것이다.

이 밖에 지구에 관하여 그 중력·지자기·지진파·열류량·기타의 물리학적 성질을 연구하는 **지구물리학**(geophysics)과 지구 구성 물질의 화학적인 성질을 연구하는 **지구화학**(geochemistry)이 있다. 이들은 순수과학적인 연구 부문이지만 지구 내부에 관한 지식을 얻거나 지하자원을 탐사하는 데에도 응용될 수 있다.

지질학은 수학·물리학·화학·생물학의 기초 과학을 더 많이 이용하여 지구에 관한 연구의 범위가 넓어져 가고 있으며, 해결되는 의문도 많아지고 있다. 그러므로 지질학자들은 이들 기초 과목에 대한 지식의 습득에 항상 노력하여야 할 것이다.

지질학은 순수한 학문적인 면도 있으나 인류 복지를 위한 응용면도 있으므로 중요한 자연 과학의 한 분과로 자리잡고 있다.

제 **2** 장

지구의 개관

1. 지구의 위치

　　지구과학의 발전은 지구에 대한 물리·화학적 연구로 시작되었고 그 연구결과는 광대한 우주의 모습과 그 속의 지구의 위치를 뚜렷하게 만들었다. [표 2-1]은 2010년까지 알려진 행성, 태양, 달에 관한 관측자료이다. 표에서 보듯이 수성, 금성, 지구 및 화성이 포함된 지구형 행성들은 목성, 토성, 천왕성 및 해왕성이 포함된 목성형 행성들에 비하여 크기가 아주 작다. 행성으로 취급되어 온 명왕성은 달보다도 크기가 작다는 사실이 밝혀졌고, 2006년 국제천문연맹(IAU)에서 왜소행성(矮小行星: dwarf planet)으로 격하되었다.

1. 태양계(Solar system)

　　태양계는 태양과 8개의 행성, 소행성, 카이퍼 대(Kuiper belt) 및 **오르트 구름**(Oort cloud: 가설로 제기됨)으로 구성되어 있다.

　　지구형 행성들은 암석과 금속으로 되어 있다.

　　수십만 개의 소행성들은 각각 불규칙한 암편이며 질량이 작아서 구체를 이루지 못한다. 이들 중 케레스(Ceres)만이 작으면서도 구체를 이룰 정도의 질량을 가진 왜소행성

[표 2-1] 행성·태양·달에 관한 관측 자료

		태양에서의 평균거리 (천문단위=AU)	공전 주기 (태양년)	적도 반경 (km)	질 량 (지구=1)	밀 도 (gr/cm³)	위성의 수
행	수 성	0.387	0.241	2,420	0.05	5.40	0
	금 성	0.723	0.615	6,052	0.82	5.20	0
	지 구	1.000	1.000	6,378	1.60	5.52	1
	화 성	1.524	1.881	3,397	0.11	3.94	2
	목 성	5.201	11.957	71,493	317.84	1.33	63
성	토 성	9.538	29.424	60,268	95.17	0.70	60
	천왕성	19.180	83.747	25,559	14.54	1.30	27
	해왕성	30.060	163.723	24,764	17.15	1.76	13
	(명왕성)	(왜소행성)39.520	247.697	1,195	0.002	2.03	3
태 양		—	—	695,950	333,432.00	1.41	—
달		지구에서의 평균거리 384,400km	—	1.736	0.012	3.35	—

1) 천문 단위(AU)는 태양과 지구 사이의 거리이고, 빛의 속도로 1년 동안 달리는 거리인 1광년(ly, light year)은 약 6.3×10^4AU임.
2) 명왕성은 국제천문연맹에서 왜소행성으로 분류함.

이다. 소행성의 내부는 암석, 외각은 얼음으로 되어 있을 것으로 생각된다.

목성형 행성들은 중심부에 금속과 암석으로 된 작은 핵을 가지며 외부는 주로 가스로 되어 있어 **가스행성**이라고도 불린다.

카이퍼 대는 태양에서 30~55AU 거리에서 태양을 둘러싼 도넛형 공간에 주로 가스로 된 수십만 개의 작은 천체들과 왜소행성인 **명왕성**(Pluto), **하우메아**(Haumea), **마케마케**(Makemake) 및 약 15개의 **후보 왜소행성**이 들어 있다. 에리스(Eris)는 긴 타원형 궤도를 가진 왜소행성이다.

오르트 구름은 태양에서 55AU 내지 50,000AU 사이에서 카이퍼 대를 둘러싼 거대한 구형 공간을 차지하며 그 속에 수십억 개의 혜성을 포함하는 것으로 추측되나 아직도 이 대에서 관측된 천체는 없다. 다만 혜성들 중 원일점이 카이퍼 대보다 먼 곳에 있는 것들을 보아 오르트 구름의 존재가 가상될 뿐이다. 오르트 구름의 외연부는 태양의 인력이 겨우 미치는 곳이다. 구름의 외연부까지를 태양계로 잡는다면 태양계의 전체 모양은 구형이고 그 지름은 10만AU(약 3 ly)에 달한다. 오르트 구름을 포함한 태양계를 사과로 친다면 태양을 포함한 카이퍼 대까지의 공간은 사과 씨의 크기보다 작다.

2. 우리은하(우리銀河)

1년 동안 육안으로는 5,000개, 망원경으로는 수십만 개의 별(항성)을 볼 수 있다고 한다. 뿌옇게 보이는 은하수도 천체망원경으로는 수많은 항성들로 분리되어 보인다. 이들 별은 원반 모양의 집단을 이루는데, 이것을 **우리은하**(Milky Way 또는 Galaxy)라고 부른다. 우리은하는 약 2천억 개의 별들의 집합체이며 태양은 이 별들 중의 하나이다. 이 원반은 별들로 된 수 개의 나선팔을 파생하며 소용돌이치듯 회전하며 그 직경은 약 10만 ly이고 그 중심의 팽대부의 두께는 1만 ly, 변두리의 두께는 3천 ly이다. 별들 사이의 거리는 수 ly 내지 수백 ly이고 평균치는 약 10 ly이다. 태양에서 가장 가까운 별은 Proximma Centauri로서 태양에서 4.3 ly 거리에 있다. 원반의 상하 양측에는 158개의 구상성단이 분포한다. 태양은 우리은하의 중심에서 3만 ly 거리에 있는 나선팔 부근에 위치하며 나선팔과 함께 220km/sec의 속도로 우리은하의 중심을 공전한다.

3. 우주(宇宙)

우리은하의 별들 사이로 먼 공간을 천체망원경으로 보면 거기서 우리은하처럼 소용돌이치는 원반형, 타원형, 렌즈형, 불규칙형 등 여러 가지 모양의 천체들이 많이 발견된다. 이들은 우리은하와 비슷한 규모의 천체들로서 이들을 **은하**(galaxy)라고 한다. 온 하늘에서 관측이 가능한 은하의 수는 약 1,250억 개라지만 실제 은하의 수는 1조 개를 넘을 것이고 그들의 직경은 300 ly 내지 30만 ly이다.

은하들은 작게는 1천만 개의 별, 많게는 100조 개의 별들을 가진다. 육안으로 보이며 우리은하와 유사한 가장 가까운 은하는 250만 ly 거리의 Andromeda 은하이다. 더 가까우나 어두워서 육안으로 보이지 않는 **큰개자리 왜소은하**(Canis Major Dwarf Galaxy)가 25,000 ly 거리에 있다. 은하들 사이의 거리는 보통 수백만 ly이다. 가장 먼 은하는 137억 ly 거리에 있으며 이는 Hubble 망원경으로 관측되었다. 온 우주 공간 대부분에는 $1cm^3$ 당 1개의 수소가 들어 있지만, 금속들의 원자 및 미소 티끌 입자도 들어 있다. 아직 연구중인 암흑 물질이 곳곳에 있으며, 은하들의 중심부에는 **블랙홀**(Black hole)이 있어 주위의 천체들과 광선도 빨아들인다. 이렇게 많은 은하를 포함한 공간과 시간을 합친 시공(時空)의 총체를 **우주**(universe)라고 한다. 우주 안의 모든 은하는 서로 멀어져 가고 있으며 먼 은하일수록 더 빠른 속도로 후퇴한다. 즉 우주는 팽창하고 있다. 이런 사실은 은하에서 오는 광선이 먼 은하일수록 더 큰 **적색편이**(redshift)를 보여주는 것으로 알 수 있다. 팽창을 역행시킨다면 우주는 한 점으로 모인 초고온 초고압의 원점이 될 것이다.

원점이 폭발하여 현재의 우주가 되었다는 설이 **대폭발설**(Big Bang Theory)이고 대폭발은 137억 년 전에 일어난 것으로 알려지고 있다.

2. 지   구

1. 지구의 모양과 크기

지구의 크기에 관한 자료는 [표 2-2]와 같으며 지구의 평균 반경은 6,367.5km, 적도 둘레는 약 40,000km이다. 지구는 그 표면이 약간 불규칙한 타원체이므로 이를 **지구타원체**(地球楕圓體)라고 한다.

[표 2-2] 지구의 크기에 관한 자료

적도반경	$a = 6,378.160$km	자오선 1° 상한의 길이	10,002.001km
극 반 경	$b = 6,356.775$km	적도 1° 의 호의 길이	111.3199km
편 평 률	$e = \dfrac{1}{298.25}$	자오선 1° 의 호의 길이	적도 110.5747km 극 111.6944km
자오선 둘레	40,008.006km	표 면 적 $A = 5.010 \times 10^8$ km²	
적도의 둘레	40,075.161km	부 피 $V = 1.083 \times 10^{12}$ km³ 평균 밀도 5.525 gr/cm³	

[표 2-2]에서 지구의 편평률(e), 부피(V) 및 표면적(A)은 다음 식들로 계산된다.

지구의 편평률 $e = \dfrac{a-b}{a} = 300$

지구의 부피 $V = \dfrac{4}{3}\pi a^2 b$

지구의 표면적 $A = \pi D^2$

(D는 지구의 평균 직경)

그런데 인공위성으로 실측된 지구의 지오이드(geoid), 즉 평균 해수면의 모양은 [그림 2-1]과 같이 표준 지오이

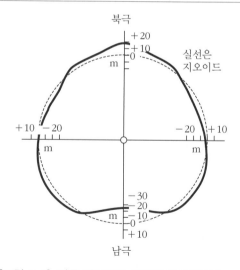

[그림 2-1] 인공 위성으로 측정된 지오이드를 과장한 그림. 점선원은 표준지오이드

드에 비하여 북극이 14m 솟아오르고 남극이 24m 오목한 서양배 모양임을 보여준다.

2. 지구의 질량과 밀도

대륙은 그 대부분이 밀도(密度)가 2.7gr/cm³인 화강암질(花崗岩質) 암석으로 되어 있다. 지구 전체가 이런 암석으로 되어 있다고 가정한다면 지구의 평균 밀도가 2.7일 것이므로 지구의 대략의 질량은,

$$1.083 \times 10^{27} \times 2.7 = 2.924 \times 10^{27} (\mathrm{gr})$$

이 될 것이다. 그런데 지구 표면에도 밀도가 3.0인 암석이 적지 않고 지구 내부에는 밀도가 더 큰 물질이 있을 것으로 생각되어 지구의 질량은 지구가 일정한 직경을 가진 구체(球體)임을 알게 된 후에도 오랫동안 계산되지 못하였다. 이탈리아의 갈릴레이(Galileo Galilei, 1564~1642)는 '지구 밖에 설 자리만 장만해 주면 지구를 저울로 달아서 그 무게를 알아맞힐 수 있을 것이다'라고 하였는데, 그는 당시에 이미 지구의 질량을 몰라서 속타던 사람 중 으뜸가는 사람이었다. 그러던 것이 문제의 열쇠는 전혀 뜻밖의 방면에서 장만되었다. 그것은 뉴튼(Isaac Newton, 1642~1727)에 의한 **만유인력의 법칙**(Law of Gravitation)의 발견이었다. 이 법칙은 다음 식으로 표시된다.

$$F \propto \frac{m_1 \cdot m_2}{d^2}$$

여기에서 F는 두 물체 사이의 인력(단위 dyne)이고, m_1 및 m_2는 두 물체의 질량(gr)이며, d는 두 물체 사이의 거리(cm)이다. 이 식은 '질량이 각각 m_1 및 m_2인 두 물체가 서로 당기는 힘(F)은 이 두 물체의 질량을 곱한 것($m_1 m_2$)에 비례하고 거리의 제곱(d^2)에 반비례한다'는 것을 의미한다.

지금 [그림 2-2]의 (1)과 (2)에서 만유인력은 각 그림 아래의 식으로 주어진다. 이 두 식에서 알지 못하는 것은 지구의 질량(m_e)뿐이다. (1)의 식을 (2)의 식으로 나누면 등식(等式)을 얻을 수 있고, m_e를 구할 수 있다. 즉,

$$\frac{F_1}{F_2} = \frac{m_1 \cdot m_2}{d_1^2} \div \frac{m_1 \cdot m_e}{d_2^2} = \frac{m_2 \cdot d_2^2}{m_e d_1^2}$$

$$m_e = \frac{m_2 \cdot F_2 \cdot d_2^2}{F_1 \cdot d_1^2}$$

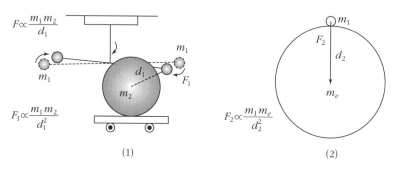

(1) 천정에서 내린 특수한 줄에 수평대를 붙인 다음, 양단에 질량이 m_1인 두 개의 구를 달고, 그 한 쪽에 무거운 구 m_2를 접근시켜, m_1이 끌려는 힘을 측정하는 캐벤디시(Henry Cavendish, 1731~1810)의 실험 장치.
(2) 지구 중심에 지구의 무게 m_e가 집중되어 있다고 생각하였을 때의 m_1에 대한 지구의 인력.

[그림 2-2] 지구의 질량 측정 방법

F_1은 대단히 작은 힘이지만 캐벤디시의 실험 장치로 측정이 가능하다. F_2는 m_1의 중량과 동일하고, m_2, d_1 및 d_2의 값은 알려져 있다.

이렇게 하여 계산된 지구의 질량 m_e는 다음과 같다.

$$m_e = 5,983.575 \times 10^{27} (\text{gr})$$

지구의 평균 밀도 또는 비중은 지구의 질량(m_e)을 그 부피(V)로 나누어 산출할 수 있다.

$$\text{지구의 밀도} = \frac{m_e}{V} = \frac{5,983.575 \times 10^{27} (\text{gr})}{1.083 \times 10^{27} (\text{cm}^3)} \fallingdotseq 5.52 (\text{gr/cm}^3)$$

3. 지구의 운동

지구는 그 중심을 지나며 남북으로 향한 지축(地軸)의 주위를 자전(自轉: rotation)하며 지축은 지구의 공전(公轉: revolution)면과 66° 31′의 각도를 이룬다. 이 때문에 지구에는 4계절이 생긴다. 자전 때문에 지구의 각 부분에 왜력(歪力)이 가해지고, 대기와 해수(海水)의 운동에 코리올리(Coriolis) 효과를 미치고 또 지각과 지구 내부에도 같은 영향을 미칠 것이다. 달과 태양의 인력과 지구 자전은 지구에 조석(潮夕) 작용을 일으키고 이 때문에 일어나는 바닷물의 저항으로 지구는 2천만 년에 1초씩 자전 속도가 늦어져 가고 있다. 자전으로 지구 적도 위의 한 점은 하루에 약 40,000km 회전하고, 지축의 양극은 회전만을 한다. 지구는 태양의 주위를 평균 약 30km/sec로 운동한다. 1공전은 365 1/4회의 자전으로 이루어진다.

세차(歲差) 운동이란 지축이 지구의 중심을 지점(支點)으로 하여 원추를 그리는 운동으로서 현재 북극성을 가리키고 있는 지축이 북극성에서 점점 멀어지면서 큰 원을 그리다가 다시 북극성을 가리키게 될 때까지의 주기는 26,000년이다. 지구는 태양계의 다른 행성들과 함께 은하계의 중심을 중심으로 큰 회전운동을 하고 있다. 은하계는 전체가 어디론가 빠른 속도로 가고 있다.

4. 지구의 내부 구조

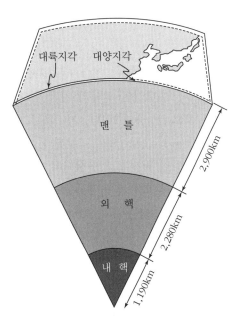

[그림 2-3] 지구의 내부 구조

지구 내부의 구조는 [그림 2-3]과 같다. 대륙은 그 평균 두께가 35km, 밀도가 2.7gr/cm³인 **대륙지각**으로 되어 있고, 대양저에는 평균 두께가 10km, 밀도가 3.0gr/cm³인 **대양지각**(또는 해양지각)이 있다. 이들 지각 아래에는 두께 2,900km인 맨틀(mantle)이 있다. 지각과 맨틀 사이에는 모호로비치치(Mohorovicic)면, 또는 모호면이 있다. 맨틀 아래에서 지구 중심까지를 **핵** (核)이라고 하며 이는 액체인 두께 2,280km인 **외핵**(外核)과 반경이 1,190km이며 고체인 **내핵**(內核)으로 되어 있다.

맨틀은 감람암(橄欖岩)으로 되어 있으며 그 상부의 밀도는 3.3gr/cm³이나 깊이 내려감에 따라 그 밀도는 증가한다. 핵은 주로 철로 된 것으로 생각된다.

5. 지   각

지구의 표면은 암석으로 둘러싸여 있으며, 암석으로 된 지구의 외각(外殼)이 지각이다. 지각은 지진파(地震波)의 연구로 지구 내부의 상태가 밝혀지기 전까지는 땅껍데기 아래가 전부 녹은 돌로 되어 있을 것으로 추측되었고, 지구 표면에만 고화(固化)된 얇은

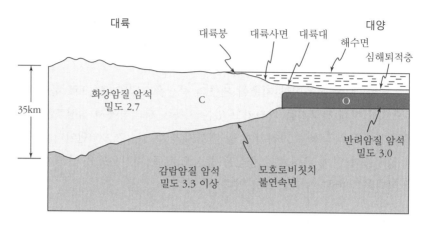

[그림 2-4] 대륙지각(C)과 대양지각(O)(숫자는 밀도 gr/cm³)

껍데기가 있는 것으로 생각되어 이 껍데기를 지각(earth crust)이라고 불렀다.

현대적인 의미의 지각은 모호면 위에 놓여 있으며 밀도가 2.7~3.0gr/cm³인 암석으로 된 층(層)이다. 지각은 [그림 2-4]와 같이 **대륙지각**(continental crust)과 **대양지각**(oceanic crust)으로 구분된다. 전자는 그 두께가 10~60km(평균 35km)인 암층으로서 화강암질 암석으로 구성되어 있고 그 평균 밀도는 2.7gr/cm³이다. 후자는 대양저 아래에 넓게 분포된 평균 7km의 두께를 가진 암층으로서 현무암질 및 반려암질 암석으로 되어 있으며, 그 밀도는 3.0gr/cm³이다. 대륙지각 하부에 는 *P*파의 전파 속도가 6.5~7.8km/sec이어서 대양지각과 비슷한 성질의 암층이 있는 것으로 보이나 아직 불명하다.

6. 상부맨틀

지각 아래에는 상부맨틀(upper mantle)이 있다. 이는 모호면 아래로 400~700km의 두께를 가진 부분이다. 이는 밀도가 3.3gr/cm³인 감람암질 암석으로 되어 있으며 *P*파의 전파 속도는 모호면 직하에서 8km/sec, 깊이 400km에서는 9km/sec, 700km에서는 11km/sec이다.

7. 암 석 권

지각표면하 두께 80~100km인 암석층이 암석권(lithosphere)이다. 암석권은 판구조론(板構造論: plate tectonics)에서 중요한 부분으로서 이는 여러 개의 조각으로 나누어져 있는데 이들 하나하나를 암판(岩板: plate)이라고 한다. 10여 개의 암판은 각각 다른 방향으로 수평 운동을 하고 있다. 암석권 아래에는 가소성(可塑性)을 가진 S파 저속대 (Zone of low S-wave velocity), 즉 연약권(軟弱圈: asthenosphere)이 있으며 이는 지표에 서 약 400km 되는 깊이까지 약 300km의 두께를 가진 층이다. 연약층의 상부 약 200km 는 가소성이 더 큰 층이다. 연약권을 포함한 깊이 700km까지의 상부맨틀에서는 그 위 에 놓인 암판의 수평 운동을 가능케 하는 대류가 일어나고 있다(제19장의 [그림 19-28] 참조).

아직 모호면 아래의 상부맨틀을 이룬 암석이 직접 채취된 일은 없다. 지금까지 지 구 내부를 가장 깊게 시추한 기록은 과거 '소련'의 Kola Superdeep Borehole이며, 그 깊이는 12,289m이다.

8. 지각의 표면

지표면은 육지와 바다로 되어 있다. 우리는 바다라고 하는 것을 좀더 엄밀하게 구 분하여야 할 것이다. 여기서는 다음과 같이 정하기로 한다. 바다라고 하면 크고 작은 바 다를 총칭한다. 양 또는 대양(大洋: ocean)이라고 하면 태평양·대서양·인도양·북빙 양·남빙양을 말한다. 해(海: sea)라고 하면 지중해·동해·황해·오호츠크해·베링해· 남지나해·북해·홍해·카리브해·흑해·발틱해처럼 육지와 섬들로 둘러싸여 있는 작은 바다를 말하기로 한다. 그러므로 대양(大洋: ocean)이라고 하면 5대양이고, 해양(海洋: sea and ocean)은 해와 대양의 모든 바다를 의미한다.

지구 표면은 곡면(曲面)으로 되어 있으나 지상에서 관찰하는 우리 눈에는 지면이 곡면으로 보이지 않는다. 이는 지구가 매우 큰 구체(球體)이기 때문이며, 실제로는 대륙 과 해양저는 중심부가 볼록한(convex) 면으로 되어 있다. 대양을 우묵한 분지(盆地)로 생각하는 것은 잘못이다.

육지의 평균 고도는 823m이고, 지중해·북극해와 대양을 합친 해양의 평균 깊이는 3,795m이며, 태평양만의 평균 깊이는 4,282m이다. 그러므로 육지와 대양의 평균 고도 차는 4,618m이며, 이는 지구 반경에 비하면 약 1/1,200에 불과하다.

반경이 1m인 지구의를 만든다면 2mm의 요철(凹凸)로서 육지와 대양저의 기복(起 伏: relief)을 완전히 표현하고도 남을 것이니, 지구 전체에 비하면 지표의 기복이 얼마나 미미한 것인가를 짐작할 수 있을 것이다.

육상(陸上)에서 지각의 표면을 관찰하면 이는 토양으로 덮여 있어서 암석이 나타나 보이지 않는 곳이 많다. 토양은 암석의 풍화생성물이며, 그 두께는 수 mm에서 수십 m

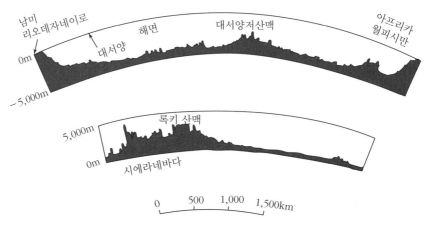

[그림 2-5] 북미(아래)와 대서양저(위)의 기복량의 비교(수직 거리×40)

에 이른다. 암석을 덮는 토양의 층을 표토(表土: regolith)라고 하며, 표토 아래에는 굳은 암석이 거의 빈틈 없이 들어 있다. 이것을 기반암(基盤岩: bedrock)이라고 한다. 절벽이나 두드러진 곳, 계곡에는 암석이 표토로 덮이지 않고 기반암으로 노출되어 있으며, 이런 바위를 노두(露頭: outcrop)라고 한다.

해양저의 기복에 관한 지식이 없던 때에는 해양저가 평탄한 면으로 되어 있을 것이라고 생각되었다. 그러나 1940년대부터 음향측심법(音響測深法: echo sounding)이 개발되어 해양저의 지형이 자세히 알려지게 되었다. [그림 2-5]는 육지와 대서양의 지형을 비교한 그림이다.

음향측심법과 아울러 사용된 지진파 탐사법에 의하여 해양저의 모양은 점점 더 자세히 밝혀져 가고 있다. 해양저에는 대륙사면에 가까운 대륙붕에 두께 수 km의 퇴적물이 쌓여 있는 곳이 있으나 대양저에는 0.5~1km의 퇴적물이 쌓여 있다. 대양저산맥의 능선 부근과 해양저의 급사면이나 협곡의 사면, 화산으로 된 암초나 섬의 사면에서는 굳은 돌의 노두가 발견된다. 이들 암석은 대부분이 현무암으로 되어 있음이 밝혀졌다.

9. 지구계의 4권(四圈)과 그 상호 관계

암석권 상부의 지각은 71%가 바닷물과 호수로 덮여 있고 육지는 지하수로 침수되어 있어 수권(水圈: hydrosphere)의 범위는 대단히 넓다. 암석권과 수권은 대기의 층, 즉 기권(氣圈: atmosphere)으로 둘러싸여 있으며, 기권의 공기는 암석권과 수권에도 소량

들어 있고 기권 속에는 수증기가 들어 있다.

이들 3권은 수십억 년 동안 동식물로 이루어진 생물권(生物圈: biosphere)과 상호 작용을 하며 지구계(地球界: Earth System)의 역사를 이루어 왔다([그림 2-6]). 또한 지구 밖의 태양과 달 등의 외권(外圈: outer sphere)과 핵과 맨틀로 이루어진 지구 내부의 내권(內圈: inner sphere)도 암석권, 수권, 기권 및 생물권에 커다란 영향을 주고 있음을 알아야 한다.

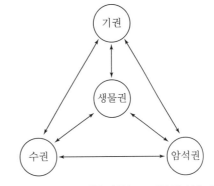

[그림 2-6] 지구계를 이루는 4권들의 상호 작용

그러므로 지구계를 이루는 각 권의 상호 작용으로 일어나고 있는 현재의 지표의 변화를 잘 관찰함으로써 지각의 변화의 역사를 더욱 잘 이해할 수 있게 될 것이다.

제3장

지구의 구성 물질

1. 지각의 화학 성분

지각은 암석으로 이루어져 있으며, 암석은 여러 종류의 광물의 집합체로 되어 있고 이들 광물은 다시 여러 종류의 원소의 화합물로 되어 있다. 2011년 현재까지 발견된 원소의 수는 112종이나, 1940년까지는 92종의 원소만이 알려져 있었다. 105종의 원소 중에서 지각을 구성하는 중요한 원소는 [표 3-1]에 있는 8종이며, 이것들은 각각 지각 구성 성분의 1% 이상을 차지하므로 지각을 구성하는 8대 원소라고 한다. 이 밖의 다른 원소들은 각각 1% 이하이며, 모두 합하여도 1. 97%에 불과하다.

인류 생활에 사용되는 금속 원소의 대부분(Al, Fe 제외)은 그 양이 적어서 기타 0.414% 중에 들어 있으며, 이들이 지각 한 곳에 모여 있는 곳에서만 채취가 가능하다. 이들의 지각 안의 평균 함유량을 보면 [표 3-2]와 같다.

지각을 구성한 원소들의 무게 백분율에서 산소는 45.2%로 거의 반을 차지하나 부피로 따지면 암석권의 약 92%를 차지하여 암석은 거의가 산소로 이루어져 있는 셈이다. 나머지 약 8%가 Si, Al, Fe 및 기타의 양이온으로 되어 있음에 불과하다. 다음 [표 3-3]은 물질별 산소의 함량을 부피 %로 표시한 것이다.

이렇게 산소가 물과 암석 속에 압도적으로 많은 부피를 차지하는 것은 산소이온의

[표 3-1] 지각 구성 8대 원소(Ⅰ)와 기타 원소 중 많은 것(Ⅱ)

	원소 기호	O	Si	Al	Fe	Ca	Mg	Na	K	기타
Ⅰ	무게 (%)	45.20	27.20	8.00	5.80	5.06	2.77	2.32	1.68	1.97
	원소 기호	Ti	H	Zr	P	Mn	F	Sr	Ba	S
Ⅱ	무게 (%)	0.860	0.140	0.140	0.101	0.100	0.046	0.045	0.038	0.030
	원소 기호	C	Cl	V	나머지					
	무게 (%)	0.020	0.019	0.017	0.414					

K.K. Turekian(1969)에 의함.

[표 3-2] 중요한 금속 원소의 지각 내 함유량

원소 기호	Cu	W	Zn	Sn	Pb	Ag	Au	U	Ra
무게 (%)	0.0058	0.0001	0.0082	0.00015	0.0010	0.000008	0.0000002	0.00016	1.4×10^{-10}
원소 기호	Cr	Co	Ni	Sb	Mo	As	Cd	Hg	Bi
무게 (%)	0.0096	0.0028	0.0072	0.00002	0.00012	0.0002	0.000018	0.000002	4×10^{-7}
원소 기호	Pt	Pd	Rh	Ir	Ru	Os	Nb	Ta	Be
무게 (%)	5×10^{-7}	3×10^{-7}	1×10^{-8}	2×10^{-8}	1×10^{-8}	2×10^{-8}	0.002	0.00024	0.0002

대부분 K.K. Turekian(1969)에 의함.

[표 3-3] 물질별 산소의 함량

물 질	화성암 평균	현무암 평균	석 영	바 닷 물	공 기
산소 부피(%)	91.83	91.11	98.73	96.87	20.95

[표 3-4] 몇 가지 원소의 지름
(단, Fe^{2+}, Fe^{3+}는 이온의 지름)

원 소	O	Si	Al	Fe^{2+}	Fe^{3+}	Ca	Mg	Na	K	Ti
지름(Å)	1.46	2.34	2.86	1.56	1.30	3.94	3.20	3.72	4.54	2.94

지름이 금속원소들의 지름에 비하여 크기 때문이며 조암광물에는 반드시 산소가 많이 들어 있기 때문이다. [표 3-4]는 몇 가지 원소의 이온의 크기를 비교한 것이다.

2. 광   물

광물(鑛物)은 1종 또는 그 이상의 원소의 화합물로 되어 있으며, 지각을 이루는 암석의 구성 단위이다. 광물의 종류는 3,500종에 달하나 암석 중에서 발견되는 광물의 대부분은 장석·석영·운모·각섬석·휘석·방해석·점토광물이고, 이 밖의 광물의 양은 대체로 희소하다. 그러나 지각의 특수한 부분인 광상(鑛床)이나 변성작용을 받은 암석 중에는 여러 종류의 광물이 생성되어 있다. 이런 곳에도 100종류 정도의 광물이 흔히 나타난다.

1. 광물의 정의

이상적인 광물의 정의는 다음과 같다. '자연계에서 산출되는 무기물의 단체(單體) 또는 화합물로서 그 한 개체(個體) 안에서는 어떤 부분이나 화학 성분이 일정하거나 한정된 범위 안에서 화학 성분이 변하며, 내부 구조(원자들의 배열 상태)가 일정한 고체이다.'

위에 적은 광물의 정의를 이상적인 것이라고 한 것은 엄밀한 의미에서 한 개의 광물은 어느 부분이나 화학 성분이 일정치 않고 미량의 차이가 있으며 내부 구조도 약간 다를 수가 있기 때문이다. 자연계에서 산출되는 비결정질인 무기물의 고체, 석탄과 같은 유기물의 고체, 액체인 수은과 석유(유기물), 기체인 천연가스는 광물이 아니나 넓은 의미의 광물에 넣을 수 있으며, 이들을 준광물(準鑛物: mineraloid)이라고 한다.

2. 결정질과 결정

물질을 만드는 원소(元素)의 원자(原子)들이 일정한 관계를 가지고 질서정연하게 배열되어 있는 고체(固體)를 **결정질**(結晶質: crystalline)이라고 한다. 결정질인 고체가 만들어질 때에 그 주위의 상태가 그 고체의 성장에 지장을 주지 않으면 이는 규칙적인 평면으로 둘러싸인 결정(crystal)을 이룬다. 그러므로 같은 종류의 광물은 이상적인 상태에서 그 겉모양·내부 구조·화학 성분·광(光)에 대한 성질이 일정한 결정으로 나타나게 된다. 물론 유기물이나 약품의 결정도 많으나, 이들은 광물이 아니다. 광물과 성분이 같아도 사람이 만든 것이면 이를 인조광물(人造鑛物)이라고 한다.

광물의 외형(外形)이 결정면으로 둘러싸여 있으면, 이것을 자형(自形: euhedral), 부분적으로만 결정면이 발달되어 있으연 반자형(subhedral), 결정면이 나타나지 않으면 이것을 타형(他形: anhedral)이라고 한다.

3. 광물의 화학 성분

1종의 원소로 되어 있는 광물을 원소광물(元素鑛物: element minerals)이라고 하며 금강석·자연금·자연동·흑연이 그 좋은 예이다. 그러나 대부분의 광물은 2종 이상의 원소의 화합물로 되어 있다. 석영은 SiO_2, 황철석은 FeS_2, 돌소금은 $NaCl$, 방해석은 $CaCO_3$, 자철석은 Fe_3O_4로 되어 있는 비교적 간단한 성분을 가진 비규산염광물(非珪酸鹽鑛物)들이다. 그러나 이 밖의 광물들은 Si를 포함한 규산염광물(silicate minerals)로서 대체로 복잡한 화학 성분을 가진다. 예를 들면 정장석은 $K_2O \cdot Al_2O_3 \cdot 6SiO_2$, 흑운모는 $K(Mg \cdot Fe^{2+})_3 \cdot AlSi_3O_{10}(OH)_2$로 되어 있다. 다만 광물의 특성을 나타내기 위하여 그 화학식의 원소, 또는 분자의 위치를 바꾸어 나타내는 경우가 있으므로 책마다 분자식이 다를 수 있음에 유의하여야 한다.

3. 광물의 물리적 성질

광물의 물리적 성질이라 함은 쪼개짐·깨짐·굳기·조흔·색·광택·비중으로써 구별되는 광물의 특성을 말한다. 광물은 종류에 따라 화학 성분과 내부 구조가 다르므로 물리적인 작용에 대하여 위에 적은 바와 같은 여러 가지 점에서 차이를 나타낸다.

1. 쪼개짐(劈開: cleavage)

결정질인 고체가 기계적인 타격을 받으면 그 결정축에 대하여 어떤 일정한 방향으로만 틈이 생기고 평탄한 면을 보이며 쪼개지는 일이 많다. 이렇게 쪼개지는 성질을 쪼개짐, 쪼개지는 면을 **쪼개짐면**이라고 한다.

어떤 결정질인 고체 안에서 한 면과 이에 평행한 면 위에 위치한 원자들의 결합력이 크고, 이에 직각인 방향으로 결합력이 작으면 결합력이 큰 면들 사이에 쪼개짐면이 발달하게 된다. 운모는 한 방향으로 쪼개짐이 가장 잘 나타나는 광물이다. 이 밖에도 방해석·형석·장석·각섬석·방연석에는 쪼개짐이 잘 나타난다. 쪼개짐의 종류에는 [표 3-5]와 같은 것이 있다.

[표 3-5] 쪼개짐의 종류

완전(highly perfect)	거의 완전(perfect)	명백(distinct)	약함(weak)	불명(indistinct)

2. 깨짐(斷口: fracture)

쪼개짐이 약하거나 없는 광물이 타격을 받아 깨질 때에는 쪼개짐 면처럼 평탄한 면을 보이지 않는다. 이 면을 깨짐이라고 한다. 깨짐은 고체 내의 원자들의 결합력이 사방으로 거의 비슷한 결정에 생겨난다. 깨짐에는 [표 3-6]]과 같은 것이 있다.

[표 3-6] 깨짐의 종류

패각상(choncoidal)	평탄(even)	불평탄(uneven)	참치상(參差狀: hackly)

3. 굳기(硬度: hardness)

종류가 다른 두 광물을 서로 마찰시키면 한쪽이 더 쉽게 마손된다. 이 때에 마손된 쪽의 굳기가 낮다고 한다. 광물의 굳기를 비교하여 광물을 쉽게 감정하기 위하여 보통 [표 3-7]과 같은 모스(Mohs')의 경도계를 사용한다. 이는 광물 중 비교적 흔한 것 10종을 선택하여 굳기의 차례로 1~10까지의 계급을 둔 것이다.

굳기를 측정할 때는 한쪽 광물의 뾰족한 부분으로 다른 광물의 평탄한 면을 번갈아 그어 가지고 자국이 생기는가를 보아 4 또는 5 등으로 결정한다. 주의할 것은 모스의 경도계는 절대적인 굳기를 표시하는 것이 아니라는 점이다. 방해석은 활석의 3배의 굳기

[표 3-7] 모스의 경도계

1. 활 석	2. 석 고	3. 방해석	4. 형 석	5. 인회석
6. 정장석	7. 석 영	8. 황 옥	9. 강 옥	10. 금강석

를 가진다고 해서는 안 된다. 이 경도계는 모든 광물을 대체로 상대적인 굳기에 따라 10 종류로 나누어 본 데 불과하다. 그러므로 2와 3 사이 정도이면 2.5, 8과 9 사이 정도이면 8.5로 표시한다. 보통 사람의 손톱은 굳기 2.5, 동전(銅錢)은 3.5, 쇠칼은 5, 창유리는 5.5이다. 2.3, 3.7 등의 표시법은 쓰지 않는다.

4. 조흔(條痕: streak)

초벌구이 자기(磁器) 표면에 광물을 대고 그으면 광물의 가루가 묻어서 광물의 분말의 색을 볼 수 있으며 이 색을 조흔 또는 조흔색이라고 한다. 보통 조흔은 광물의 색과 다르고 광물에 따라 특유한 조흔을 가지므로 두 종류의 광물의 색이 같아도 조흔으로써 광물을 구별할 수 있는 일이 많다. 예를 들면 전기석과 철망간중석(wolframite)은 외관이 비슷하나 전기석의 조흔은 백색이고 철망간중석의 그것은 암적갈색이다. 또 황철석과 황동석도 색이 비슷하나 조흔은 전자가 흑색, 후자는 녹흑색이다. 휘수연석과 인상흑연은 색이 비슷하여 구별이 곤란한 때가 있다. 이 때에는 유약을 바른 자기 위에 그은 조흔을 보아 구별할 수 있다. 즉 전자의 조흔은 녹회색, 후자의 그것은 회색이다.

5. 광물의 색

같은 종류의 광물은 대체로 같은 색을 가지나 미량의 불순물이 들어 있으면 그 성분에 따라 색이 여러 가지로 달라진다. 순수하던 무색인 광물도 극소량의 불순물의 영향으로 색이 달라지는 것이다. 유리나 기와에 착색시키는 원리를 생각해 보라.

색의 표시에서 주의할 것은 눈(雪)같이 흰 것이 백색 또는 유백색(乳白色)이고 깨끗한 물(水)의 색은 백색이 아니고 무색이라는 점이다.

6. 투명도(透明度: transparency)

광물의 얇은 조각을 통하여 다른 물체가 희미하게라도 보이면 이 광물을 투명하다고 한다. 광물을 통하여 다른 물체를 볼 수 없으나 광선만이 통과하면 이는 반투명한 광물(translucent mineral)이다. 광물이 전혀 광선을 통과시키지 않으면 이는 불투명한 광물(opaque mineral)이다. 그러므로 투명도는 광물의 색과는 관계가 없다. 마치 빨간 안경알이 투명하고 간유리가 반투명하며 철판이 불투명한 것과 같다.

7. 광택(光澤: luster)

광물의 색과 투명도와는 관계 없이 광물 표면(신선한 쪼개짐면 또는 깨진자국)에 빛이 반사할 때에 우리에게 주는 감각을 광택이라고 한다. 광택은 [표 3-8]과 같이 3분되고 비금속광택은 다시 6분된다.

[표 3-8] 광택의 종류

구 분	예
(1) 금속 광택	황철석 · 방연석
(2) 아금속 광택	적철석 · 자철석
(3) 비금속 광택	
① 유리(琉璃) 광택	석영 · 황옥 · 방해석
② 지방 또는 수지 광택	유황
③ 금강 광택	금강석 · 방연석 · '섬아연석의 신선한 면'
④ 견사 광택	석면 · 산피
⑤ 토상 광택	갈철석 · 분탄
⑥ 진주 광택	백운모 · 휘석 · '석고의 깨짐면'

8. 비중(比重: specific gravity)

색 · 굳기 · 조흔이 비슷하여도 구성 성분에 따라 광물의 비중이 다르므로 구별이 가능하다. 비중 측정에는 보통 [그림 3-1]과 같은 **비중병**(pycnometer)과 **졸리**(Jolly)**의 비중저울**이 사용된다. 이들은 작은 광물의 비중 측정에 편리하다. 비중병을 사용할 때는 다음 식을 사용한다.

$$S.G. = \frac{W_1 - W_0}{(W_3 - W_0) - (W_2 - W_1)}$$

W_0 = 빈 병의 무게
W_1 = 광물 알갱이만을 넣은 병의 무게
W_2 = 광물 알갱이와 물을 넣은 병의 무게
W_3 = 물만을 넣은 병의 무게

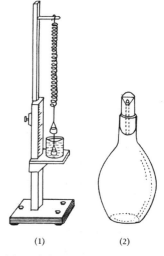

(1) 졸리의 비중저울×1/8
(2) 비중병×2/3

[그림 3-1] 비중저울과 비중병

또 졸리의 비중저울을 사용할 때는 다음 식을 쓴다.

$$S.G. = \frac{W_1 - W_0}{W_1 - W_2}$$

W_0 = 밑접시를 물에 넣었을 때의 무게
W_1 = 윗접시에 광물을 놓고 밑접시만 물에 넣은 무게
W_2 = 밑접시에 광물을 옮기고 이를 물에 넣은 무게
(윗접시는 물에 넣는 일이 없다.)

9. 기타 물리적 성질

이에 속하는 것을 들면 다음과 같다.
(1) 자성(磁性)(예: 자철석)
(2) 형광(螢光)(예: 인광(燐光), 형석, 회중석)
(3) 전성(展性)(예: 자연금)
(4) 맛(味), 냄새 기타(예: 암염, 황)

4. 광물의 화학적 성질

금강석과 흑연은 모두 탄소로 되어 있으나 외관과 결정형이 전혀 다르다. 이렇게 같은 원소로 되어 있으면서도 결정의 모양이 다른 것을 **동질이상**(同質異像: polymorphism)이라고 한다. 황철석과 백철석(양자의 화학식은 모두 FeS_2), 방해석과 아라고나이트(aragonite)(양자의 화학식은 모두 $CaCO_3$), 석영과 인석영(양자의 화학식은 모두 SiO_2)도 각각 동질이상이다. 화학 성분이 다르나 일부 공통된 성분이 있으면 서로 같은 결정형을 가지는 일이 있다. 이런 현상을 **유질동상**(類質同像: isomorphism)이라고 한다. 방해석($CaCO_3$)·마그네사이트($MgCO_3$)·능철석($FeCO_3$)은 모두 CO_3근을 공통으로 가지며 육방정계에 속하는 비슷한 결정을 만든다. 또한 고용체의 단성분(端成分)들도 유질동상을 이룬다.

1. 고용체(固溶體: solid solution)

두 종류의 물질을 혼합하여 용융시켰다가 이를 냉각시킬 때 한쪽 물질이 다른 물질

중에 용해된 대로 응고하여 각 물질의 성질을 전혀 나타내지 않으면 이를 **고용체**(solid solution)라고 한다.

광물에는 고용체가 많다. 감람석은 Mg_2SiO_4와 Fe_2SiO_4인 감람석의 두 단성분의 고용체로서 Mg와 Fe의 한쪽이 증가하면 다른 쪽이 감소된다. 이런 고용체를 $(Mg, Fe^{2+})_2SiO_4$와 같이 표시한다. 대체로 괄호 속에 여러 개의 원소가 들어 있는 화학식이면 이는 고용체이다. 사장석(斜長石: plagioclase)은 조장석(曹長石: albite, $Na_2O \cdot Al_2O_3 \cdot 6SiO_2$)과 회장석(灰長石: anorthite, $CaO \cdot Al_2O_3 \cdot 2SiO_2$)이 서로 임의의 양이 섞여서 만들어지는 고용체이다.

2. 광물의 형태

결정에 있어 **결정면**(F), **능**(E) 및 **우각**(S) 사이에는 다음 식으로 나타낼 수 있는 일정한 관계가 있다.

$$F + S = E + 2$$

이 식을 **오일러**(Euler) **방정식**이라고 한다. 이 식은 [표 3-9]에서 알 수 있으며 어떤 다면체에서도 성립된다.

[표 3-9] 오일러 방정식의 설명

		F	S	E	$F+S$	$E+2$
육 면 체		6	8	12	14	14
팔 면 체		8	6	12	14	14
십 팔 면 체		18	14	30	32	32

3. 면각 일정의 법칙

인접하는 두 변에 수선을 내렸을 때 그 수선각을 면각(interfacial angle)이라고 하며,

같은 종류의 광물 결정에서는 대응하는 면각은 언제나 같다. 이런 사실을 **면각 일정의 법칙**이라고 한다. 면각은 축률 계산에 사용되고 결정의 그림을 그리는 데도 사용된다. 큰 결정의 면각 측정에는 접촉측각기(contact goniometer)를, 작은 결정에는 반사측각기(reflection goniometer)를 사용한다.

4. 결정의 대칭(結晶의 對稱: symmetry)

결정을 한 개의 평면으로 쪼개어 그 좌우가 거울에 비친 것처럼 대응하게 되면 이 면을 **대칭면**, 결정 속을 통과하는 어떤 축을 생각하고 그 축을 $360°$ 회전시킬 때 처음과 같은 모양이 두 번 이상 반복되면 이를 **대칭축**, 결정의 중심에 한 점을 생각하여 이 점을 통과하는 직선의 양단이 등거리에서 성질이 같은 결정면·능·우각에 각각 접하면 이 점을 **대칭심**이라고 한다. 대칭면·대칭축·대칭심을 **대칭의 요소**라고 하며 같은 종류의 광물 결정에서는 대칭의 요소의 종류와 수가 언제나 같다. 모든 결정을 대칭의 요소로 구분하면 모두 32가지가 되며, 이를 32정족(晶族)이라고 한다.

5. 결정축과 6정계(結晶軸과 六晶系)

결정 안에 3개 또는 4개의 축을 적당히 가상하면 다양한 결정형들을 6개의 군, 즉 **정계**(晶系)로 나눌 수 있게 된다. 이렇게 결정 안에 가상한 축을 **결정축**(crystallographic axis)이라고 한다.

여기에서 전후, 좌우 및 상하로 향한 축을 각각 a, b 및 c축이라고 하고 b축과 c축, a축과 c축 및 a축과 b축 사이의 각을 각각 α, β 및 γ라고 하면 여섯 정계의 축의 특징은 다음과 같다. 단 육방정계에는 a_1, a_2 및 a_3의 3개의 길이가 같은 수평축과 이들의 교점을 직교하는 c축을 생각한다.

등축정계(等軸晶系) ·············· $a=b=c$, $\alpha=\beta=\gamma=90°$

정방정계(正方晶系) ·············· $a=b\neq c$, $\alpha=\beta=\gamma=90°$

사방정계(斜方晶系) ·············· $a\neq b\neq c$, $\alpha=\beta=\gamma=90°$

단사정계(單斜晶系) ·············· $a\neq b\neq c$, $\alpha=\gamma=90°$ $\beta\neq90°$

삼사정계(三斜晶系) ·············· $a\neq b\neq c$, $\alpha\neq90°$ $\beta\neq90°$ $\gamma\neq90°$

육방정계(六方晶系) ·············· $a_1=a_2=a_3\neq c$, 수평축은 $120°$로 교차함.

a와 c는 직각임.

6. 광물의 내부 구조

광물의 내부 구조를 연구하는 데는 파장이 짧은 X광선을 사용한다. 이는 결정을 만드는 원자들이 대단히 좁은 **공간격자**(空間格子)를 만들기 때문이다. 결정에 X광선을 통과시켜 찍은 사진에는 많은 점이 나타난다. 이를 해석하면 결정의 내부 구조를 알 수 있다. 또한 결정을 분말로 만들어 X광선을 쬐어서도 결정의 내부 구조를 알 수 있다. 광물에 따라 그 내부 구조가 다르므로 X광선으로 광물을 감정할 수 있다.

7. 광물의 광학성

비결정질과 등축정계에 속하는 광물 속을 통과하는 광선의 속도는 그 진행 방향에 관계 없이 일정하다. 이런 광물을 **등방성**(等方性: isotropic) 광물이라고 한다. 그러나 등축정계를 제외한 다른 정계에 속하는 결정(유기질 및 인조 결정도 포함됨)은 통과하는 광선에 **복굴절**(double refraction)을 일으키며 파동의 방향이 서로 직교하는 두 종류의 편광(偏光: polarized ray)으로 갈라진다. 이 때에 작게 굴절하는 것을 **상광선**(常光線: ordinary ray), 크게 굴절하는 것을 **이상광선**(異常光線: extraordinary ray)이라고 한다. 이와 같은 복굴절을 일으키는 광물을 **이방성**(異方性: anisotropic) 광물이라고 부른다.

이방성 결정 속을 통과하는 광선은 방향에 따라 그 속도를 달리 한다. 광물은 종류에 따라 편광성이 다르므로 광물이나 암석의 편광성을 검사할 수 있는 편광현미경을 사용하면 광물의 감정이 가능하여 암석을 쉽게 연구할 수 있다.

8. 광축(光軸: optic axis)

등축정계를 제외한 모든 결정을 여러 방향으로 얇게 절단하여 편광현미경으로 검사하여 보면 모두 복굴절을 일으킴을 알 수 있다. 그러나 특정한 방향에 직각인 결정의 박편은 복굴절을 일으키지 않는다. 육방정계 및 정방정계에 속하는 결정의 c축에 직각인 박편은 복굴절을 일으키지 않는다. 이와 같이 복굴절을 일으키지 않는 방향(육방 및 정방정계에서는 c축)을 광축(光軸)이라고 부른다. 그런데 사방·단사·삼사의 각 정계에 속한 결정에는 복굴절을 일으키지 않는 방향, 즉 광축이 두 개 있다. 광축이 하나인 결정을 **일축성 결정**(uniaxial crystal), 둘인 것을 **이축성 결정**(biaxial crystal)이라 한다.

이축성 결정에서 광축 사이의 각도는 광물에 따라 다르다. 그러므로 먼저 광축이 하나인가 또는 둘인가를 검사하고 후자인 경우에는 광축 사이의 각도를 측정하여 광물의 종류를 결정하는 데 참고로 한다.

9. 표축비(parameter ratio)

[그림 3-3]과 같은 결정에서 결정면 ABC 가 결정축 a, b 및 c 를 각각 A, B 및 C 에서 자를 때 OA, OB 및 OC 의 길이를 결정면 ABC 의 **표축**(parameter)이라고 한다.

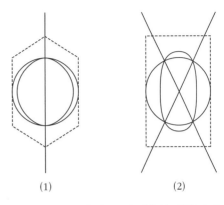

만일 동종의 결정으로 크기가 꼭 2배인 것이 있다면 OA, OB 및 OC 의 길이도 2배로 될 것이다. 그러므로 표축은 결정의 대소에 따라 천차만별일 것이나 반드시 결정의 크기에 비례하여 달라진다. 즉 같은 종류의 결정에서는 $OA : OB : OC = a : b : c$ 로 나타낼 수 있으며 $a : b : c$ 를 표축비(標軸比) 또는 **축비**라고 한다.

[그림 3-2] 일축성(1) 및 이축성 광물(2)의 광축과 속도 곡면

자철석은 정팔면체이고([그림 3-3])

$a = b = c$ 이므로
$a : b : c = 1 : 1 : 1$ 이고

저어콘(zircon)([그림 3-4])은
$a = b \neq c$ 이며
$a : b : c = 1 : 1 : 0.6404$ 이다.

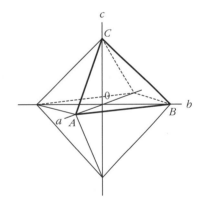

여기서 $a = b = 1$ 이므로 보통 $c = 0.6404$ 만으로 저어콘의 축비를 나타내며 다른 정방정계에 속하는 결정의 축비도 c 만으로 나타낸다.

[그림 3-3] 자철석의 축비

사방·단사·삼사정계에 속하는 결정은 모두 $a \neq b \neq c$ 이므로 b 만을 1로 한 축비를 사용한다. 단사정계에 속하는 정장석에 가장 잘 나타나는 면의 축비는,

$a : b : c = 0.6586 : 1 : 0.5559$ 이다.

육방정계에서는,

[표 3-10] 몇 가지 광물의 정계와 축비

광 물 명	정 계	축 비
인 회 석	육 방	$a : c = 1 : 0.7346$
수 정	육 방	$a : c = 1 : 1.09997(≒1 : 1.1)$
주석석(柱錫石)	정 방	$a : c = 1 : 0.6723$(또는 $c = 0.6723$)
회 중 석	정 방	$a : c = 1 : 1.5356$(또는 $c = 1.5356$)
중 정 석	사 방	$a : b : c = 0.8152 : 1 : 1.3136$
황 옥	사 방	$a : b : c = 0.5285 : 1 : 0.4770$
정 장 석	단 사	$a : b : c = 0.6586 : 1 : 0.5559$
석 고	단 사	$a : b : c = 0.6899 : 1 : 0.4124$
조 장 석	삼 사	$a : b : c = 0.6335 : 1 : 0.5577$
회 장 석	삼 사	$a : b : c = 0.6349 : 1 : 0.5501$

$a_1 = a_2 = a_3$이므로 축비는,

$a : c$ 만으로 나타낸다.

수정의 축비는 $a : c = 1 : 1.1$이다.

축비는 결정의 종류에 따라 일정하고 그 종류를 대표하는 것이므로 중요한 것이다. 어떤 종류의 결정에 대하여 그 축비를 정할 때는 그 종류의 결정 중에서 가장 잘 나타나는 면으로서 a, b 및 c 축을 모두 자르는 면을 택한다. [표 3-10]은 각 정계에서 두 종씩의 광물을 뽑아 그 축비를 예시한 것이다.

10. 유리지수의 법칙(有理指數의 法則)

[그림 3-4]는 두 종류의 저어콘 결정이다. (1)과 (2)에서 면 p 는 잘 나타나며 그 축비는 $c = 0.6404$로서 저어콘을 대표하는 축비이다. 드물게 나타나는 면 v 의 축비는 $c = 1.2808$이다. 그런데 $1.2808 = 0.6404 \times 2$이므로 면 v 는 면 p 가 c 축을 자르는 길이의 2배의 길이를 자른다. 또 면 m 의 축비는 $c = \infty$로서 $\infty = 0.6404 \times \infty$이다. 면 m은 c축을 무한대의 거리에서 자른다. 이를

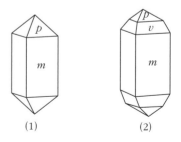

[그림 3-4] 두 종류의 저어콘 결정

정리하면,

$$
\left.
\begin{aligned}
\text{면 } p \quad & a : b : c = 1 : 1 : 0.6404 \\
\text{면 } v \quad & a : b : c = 1 : 1 : 1.2808 \\
\text{면 } m \quad & a : b : c = 1 : 1 : \infty
\end{aligned}
\right\}
=
\left\{
\begin{aligned}
& (1 \times 1) : (1 \times 1) : (1 \times 0.6404) \\
& (1 \times 1) : (1 \times 1) : (2 \times 0.6404) \\
& (1 \times 1) : (1 \times 1) : (\infty \times 0.6404)
\end{aligned}
\right.
$$

과 같다. 우측에서 지수만을 뽑아 보면,

면 p	1	1	1
면 v	1	1	2
면 m	1	1	∞

이다. 이로 보아 c 의 지수는 1배, 2배 또는 ∞배로 되어 있음을 알 수 있다.

이와 같은 관계는 a 및 b에도 성립하며 지수는 1, 2, 3, 4 등임이 보통이고 커도 7 정도까지이며 이 밖에 ∞가 있다. 이와 같이 a, b 및 c 의 지수가 유리수로만 나타나는 사실을 유리지수의 법칙이라고 한다.

11. 면기호(面記號: notation of crystal faces)

유리지수의 법칙에서 배운 바와 같이 어떤 종류의 결정에서 그 대표적인 면의 축비

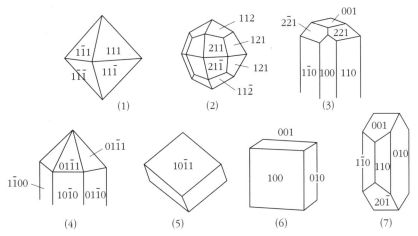

(1) 자철석 (2) 석류석 (3) 어안석 (4) 수정 (5) 방해석 (6) 황철석 (7) 정장석

[그림 3-5] 결정면의 밀러(Miller) 지수

는 다른 면의 축비의 간단한 정수배가 되므로 이 지수를 결정면의 기호로 사용하면 편리할 것이다. 그러나 이에는 ∞가 포함되어 있으므로 지수의 역수를 취하면 더욱 편리할 것이다. 저어콘의 면 p의 지수는 1, 1, 1이므로 이 역수는 $\frac{1}{1}$, $\frac{1}{1}$, $\frac{1}{1}$, 즉 1 1 1('일일일'이라고 읽음), 면 v는 $\frac{1}{1}$, $\frac{1}{1}$, $\frac{1}{2}$, 즉 2 2 1('이이일'이라고 읽음), 면 m은 $\frac{1}{1}$, $\frac{1}{1}$, $\frac{1}{\infty}$, 즉 1 1 0('일일영'이라고 읽음)이다.

여기에서 111, 221 및 110은 각각 면 p, v 및 m의 면기호가 된다. 이와 같은 축비를 기초로 하여 그 지수의 역수를 얻어 결정면을 가리키는 기호로 사용한 학자는 밀러(Miller)로서 이 기호를 **밀러 지수**(Miller's indices)라고 한다.

5. 암   석

1. 정   의

1종 또는 그 이상의 광물이나 유기물이 자연의 작용으로 모여서 어떤 덩어리 또는 집합체를 만들면 이를 암석(岩石: rock)이라고 한다.

덩어리나 집합체는 굳거나 또는 연하거나에 무관하고 또 입자들이 서로 고결되어 있거나 고결되지 않고 엉성하거나에 무관하다. 그러므로 지구상에 있는 모든 물질의 집합체 중 인공적이 아닌 것은 모두 암석이라고 생각할 수 있다. 예를 들면 냇가나 강바닥의 사력·토양·토탄·석탄·석유·얼음·눈도 암석으로 취급될 수 있다.

암석은 a) 자갈·모래·점토·연니(軟泥) 같은 표토(regolith)와 굳지 않은 지층 및 b) 굳은 암석 , 즉 기반암(bed rock)으로 2분할 수 있다. 이는 광의(廣義)로 암석을 해석한 경우이며 보통 우리가 암석이라고 할 때에는 견고한 돌이나 바위를 의미한다. 이는 곧 협의(狹義)의 암석이다. 이 책에서도 보통 암석이라고 부를 때에는 협의의 암석을 의미하는 것으로 약속해 둔다.

2. 암석의 3대분

암석은 그 성인에 따라 3대분할 수 있다. 하나는 용융 상태에 있던 물질이 냉각 고결되어 만들어진 암석으로서 이를 **화성암**(火成岩: igneous rocks)이라고 부른다. 기존 암석(표면에 나타나게 된 화성암, 퇴적암 및 변성암)이 풍화작용과 침식작용을 받고 부서지거나 녹아내린 것이 다른 곳으로 운반·퇴적되어 이루어진 암석은 **퇴적암**(堆積岩: sedimentary rocks)이고, 화성암 또는 퇴적암이 지하에서 열과 압력의 작용을 받아 원래의 성질을 잃어버리고 새로운 성질을 가진 암석으로 변한 것은 **변성암**(變成岩: metamorphic rocks)이다.

지각은 대부분 이들 세 가지 암석으로 구성되어 있다. 이들이 지표에 분포된 면적은 분명히 알려져 있지 않으나 변성암을 변성되기 전의 화성암과 퇴적암으로 환원시켜 계산하면 퇴적암이 75%, 화성암이 25%의 육지면을 덮는 셈이 된다. 물론 이는 표토를 제거한 경우이다. 그러나 지하로 향하여 내려감에 따라 퇴적암의 양은 점점 감소된다. 그리고 어떤 깊이에서는 암석의 대부분은 화성암으로 점령된다. 클라크(F. W. Clarke, 1847~1931)가 지구화학적 방법으로 얻은 결과에 의하면 지하 16km까지의 화성암 및 퇴적암의 양적 비(量的比)는 체적으로 95 : 5이다. 이런 비는 퇴적암이 지표 부근에만 얇게 덮여 있음을 가리켜 준다.

제4장

화산과 화산작용

1. 화   산

　　광물의 집합체인 암석은 성인적으로 3대분될 수 있음을 알았다. 만일 우리가 화성암이 지하에 있던 용융 물질의 고결로 만들어진 것임을 알게 되었다면 우리는 처음에 그 성인에 대한 암시를 어디서 얻었을 것인가? 이는 바로 화산(火山: volcano)에서였다고 대답할 수 있지 않을까?

　　18세기 후반에 유럽에서 유명했던 암석수성론자와 암석화성론자 사이의 큰 논쟁은 화산을 못 본 학자들과 화산을 관찰한 학자들 사이의 논쟁이었다고 할 수 있다. 활화산이 없는 독일의 수성론자 베르너(A. G. Werner, 1749~1817)의 추종자들은 현무암과 화강암도 물 밑에 쌓인 수성암이라고 주장했는데, 화산을 연구하지 않은 학자들의 무식의 소치였다. 일방적인 수성론에 반대한 스코틀랜드의 지질학자 허튼(James Hutton, 1726~1797)은 화성론자이기도 하다.

　　화산은 우리의 관심을 지하로 이끌어 가고 그 곳에서 일어나는 가장 기초적인 지구의 역사를 알게 해 준다. 지구가 처음 찬 가스와 티끌로 시작되었건 또는 고온의 가스로 시작되었건 간에 지구 내부가 한 번은 용융 상태에 있었을 가능성이 있으므로 화성암에 대하여 먼저 고찰함이 좋은 방법일 것이다. 그러므로 화산과 화산작용(＝화산 현상:

volcanism)에 관한 공부를 선행토록 한다. 화산작용이라고 하면 협의(狹義)로는 마그마 (magma)의 작용이 지표에 나타나는 것만을 가리키나 광의(廣義)로는 마그마의 지하에 서의 활동도 포함된다. 즉 마그마가 지각 내외에서 일으키는 모든 현상을 화산작용이라 고 한다.

1. 화산의 정의

우리 나라에는 현재 활동 중인 화산이 없으므로 화산에 대한 지식을 체험으로 얻 기는 곤란한 형편에 있다. 그러나 화산이라고 하면 우리는 곧 험준한 산체와 그 정상으 로 분출되는 불·연기·녹은 암석을 상상한다. 실제로 화산에는 이런 모양으로 활동하 는 것이 많으므로 이런 생각이 틀린 것은 아니다. 그러나 새로 생겨나는 화산에는 산체 가 구비되어 있지 않고([그림 4-1] 참조), 어떤 화산은 산체가 대단히 작으므로 다음과 같 이 화산의 정의를 내리는 것이 타당할 것이다. 즉, '화산은 지하에 있는 용융 물질의 저 장소가 구멍이나 틈을 통하여 지표에 열려 녹은 돌·가스·화산재를 분출하는 곳(場所) 이다.'

분출된 물질은 분출되는 구멍, 즉 화구 주위에 모일 것이므로 자연히 화산을 둘러 싼 산체가 이루어진다. 엄밀히는 이 산체를 **화산체**(火山體: volcanic edifice)라고 하여 화 산과 구별하나 보통 화산체는 화산을 합하여 넓은 의미에서 화산이라고 호칭된다.

지구상에 일어나는 지질작용 중 태양의 에너지에 근원을 둔 작용은 지표의 평탄화 를 꾸준히 계속하나 지구 내부에 근원을 둔 지각 운동과 화산 활동은 주로 지표에 요철 을 증가시키는 작용을 담당한다.

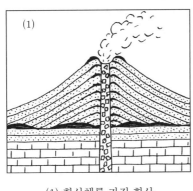
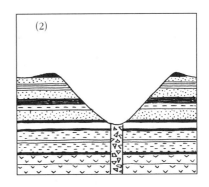

(1) 화산체를 가진 화산   (2) 화산체가 없는 화산

[그림 4-1] 화   산

2. 마그마와 용암(熔岩)

화산이 지하로 통하는 구멍을 **화도**(火道: volcanic vent), 화도의 상단을 **화구**(crater)라고 한다. 화구에서 분출되는 기본적인 물질은 고압 가스와 녹은 돌이며 후자를 **용암**(lava)이라고 한다. 고압 가스와 용암이 분출될 때에는 화도 주위의 암석도 파괴되어 파편으로 분출물에 섞인다. 화도 맨 밑에 저장되어 있는 용융 물질이 **마그마**이고 마그마가 들어 있는 공간은 **마그마쳄버**(magma chamber)이다. 마그마는 녹은 돌과 이에 포함되어 있는 가스(수증기 및 다른 기체)로 되어 있다. 마그마는 지하 깊은 곳에서 고압하에 있으므로 포함되어 있는 가스는 유리되어 있지 않고 녹은 돌 속에 완전히 용해되어 있을 것으로 생각된다. 이는 마치 탄산수 중의 CO_2 가스가 밀폐된 병 속의 고압하에서 방출되지 못하고 액체 속에 유폐되어 있음에 비유할 수 있다. 마그마가 화도를 통하여 화구로 접근함에 따라 기압이 저하되며 녹은 돌과 가스는 분리되기 시작할 것이다. 그러면 가스는 분리되어 한 곳에 모여서 고압의 기체로 변할 것이고 마그마의 성분은 처음과 달라진다. 이렇게 가스를 분리하고 남은 마그마가 용암이다. 그러므로 우리는 고압 상태의 마그마를 볼 수 없고 화산에서 분출되는 용암을 볼 수 있을 따름이다. 학자에 따라서는 녹은 상태의 용암을 마그마라고 부른다.

용암에는 고온이어서 유동이 가능한 것을 액체용암(liquid lava), 고결된 것을 고체용암(solid lava)이라고 하나, 특히 이를 밝힐 필요가 없을 때에는 액체나 고체임에 관계 없이 용암이라고 부른다.

3. 화산의 일생

현재 활동하고 있는 화산을 활화산(active volcano), 역사상에 활동의 기록이 남아 있는 것을 휴화산(dormant volcano), 활동의 기록이 없는 것을 사화산(extinct volcano)이라고 하나 휴화산을 활화산으로 취급하는 학자가 많다. 이런 의미의 활화산의 수는 지구상에 약 550좌(座)이다. 사화산이라도 앞으로 전혀 활동이 없을 것이라는 보장은 없다. 활동을 중지한 화산이 많은 반면에 새로이 생겨나는 화산도 있으나 세계적으로 보아도 그 수는 대단히 적으며 역사에 기록되어 있는 새 화산의 총수는 약 10좌에 불과하다. 그러나 인적이 미치지 못한 곳이 많음을 기억해야 한다. 가장 새로운 화산으로서 그 탄생의 면모가 잘 관찰된 것은 아이슬랜드 남쪽 바다에 분출한 서체이(Surtsey)섬이고 다음 것은 멕시코시티 서쪽 약 300km 지점에 있는 파리큐틴(Paricutin) 촌락에 생긴 화산이다. 파리큐틴 화산은 처음 2일간은 밭주인인 농부에 의하여 관찰되었고, 3일째부터

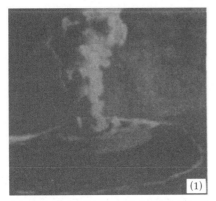 

(1) 일본 남쪽 남유황도 부근에 생겨난 새 (2) 파리큐틴 화산의 분화(탄생한 지 수개
　화산도(1986. 1)　　　　　　　　　　　월 후, 1943)

[그림 4-2] 새로운 화산의 예

는 전문가들에 의하여 관찰되었는데, 이 화산 탄생의 모양은 다음과 같다.

　1943년 2월에 파리큐틴 화산은 돌연 밭을 뚫고 나타났다. 밭 주인이 체험한 바에 의하면 약 1주일 전부터 지진이 일어나고 그 진동이 매일같이 심하여 가다가 마침내 밭 가운데서 연기(실은 수증기와 다른 가스)가 솟아오르더니 급히 그 양이 많아졌다. 가스의 분출은 정오경에 시작되었으나 저녁에는 폭발이 일어나 돌덩어리를 던지기 시작하고, 다음 날 아침에는 높이 약 30m인 원추형의 **분석구**(噴石丘: cinder cone)를 만들었다. 그 정상에서는 폭음이 연발하며 빨갛게 단 돌을 분출하고 돌가루가 섞인 수증기를 구름처럼 뿜어 냈다. 며칠 후에는 화구에서 용암을 유출하기 시작하여 낮은 골짜기로 용암류(lava flow)를 흘러내리게 하였다[[그림 4-2]의 (2)]. 이 화산체는 3개월 동안에 330m의 높이로 자랐고 1년 후에는 약 430m에 달하였다.

　화산은 아무렇지도 않던 지면에 생겨나는 경우는 드물고 다른 화산 부근에 생겨나는 일이 많다. 파리큐틴 화산도 후자에 속한다.

　활동을 계속하고 있는 화산에서 관찰된 바에 의하면 화산은 용암의 유출, 가스의 분출, 암괴나 화산재의 포출·폭발을 번갈아 또는 그 중의 하나 또는 둘을 주로 하는 활동을 한다. 오랫동안 이런 활동을 계속한 후에는 점점 쇠약해지고 활동이 중지된다.

　화산 활동의 말기에는 화산 정상에 **칼데라**(caldera)가 생성되는 일이 많다. 화산 활동이 중지되면 **후화산작용**(後火山作用: post-volcanic action)이 얼마간 계속된다.

2. 화산분출물

화구를 통하여 분출되는 가스·용암·암편·화산재를 총칭하여 이들을 화산분출물 (volcanic products)이라고 한다.

1. 가   스

화구로 분출되는 수증기가 큰 구름기둥을 만드는 것을 보아 화산이 다량의 수분을 토하고 있음은 짐작되나 실측에 의해서도 화구에서 나오는 모든 기체의 60~95% 또는 그 이상이 수증기임이 밝혀졌다. 이는 공중으로 상승하면서 냉각되어 화산 부근에 심한 비를 내리게 한다. 파리큐틴 화산에서 1945년에 측정된 수증기의 분출량은 하루에 16,000톤이었다. 연기를 분출할 때에는 심한 번갯불(電光)도 동반된다. 이는 화산재들의 마찰과 부근 기권 내의 교란에 의한 전기적 현상일 것으로 생각된다.

분출되는 가스 중에는 수소와 산소도 들어 있으며 그 중의 일부는 화합하여 물이 된다. 산소와 수소가 화도 안에서 급격하게 화합하면 폭발을 일으킨다. 이렇게 하여 지각 내부에 있던 물이 처음으로 지표에 나와 수권에 추가되면 이런 물을 **초생수**(初生水), 또는 **처녀수**(處女水: juvenile water)라고 한다. 그러나 화산에서 나오는 수증기나 물에는 지표에서 스며들어간 물이 많을 것이다.

수증기 다음으로 많은 가스는 이산화탄소이다. 어떤 화산은 승화된 유황과 그 화합물인 황화수소(H_2S)·아황산가스(SO_2)를 분출하고, 염소(Cl_2)와 염화수소(HCl)를 포함하는 화산가스도 방출한다. 이들은 분출하는 연기를 유독하게 만들고 이른바 유황 냄새를 피운다. 염소는 일부 바다 소금의 근원이 될 것으로 보인다. 이 밖에 F, B, N, A, He 중의 하나 또는 하나 이상을 더 많이 분출하는 화산이 있다.

2. 용   암

마그마가 지표에 분출될 때에는 그 중의 가스를 거의 전부 잃어버리고 용암으로 되어 버린다. 용암이 굳어진 것이 고체용암 또는 화산암(volcanic rock)이다. 용암은 SiO_2의 함유량에 따라 유문암, 안산암 및 현무암으로 크게 3분된다. 용암의 유동성은 그 온도와 SiO_2의 함량에 의하여 결정되어 고온이고 고철질일수록 유동성이 크며, 저온이고 규장질이면 점성이 커서 유동성이 작다. 용암의 화학 성분은 화산에 따라 다르고 같은 화산

(1) 표면이 매끈한 파호이호이용암

(2) 새끼용암(제주도 우도 해안가)(강지현 제공)

[그림 4-3] 파호이호이용암

에서도 시기에 따라 달라진다.

고온의 용암이 화구에서 사면을 따라 흐를 때에는 액체용암류(liquid lava flow)를 형성하나 결국에는 식어서 굳은 고체용암류(solid lava flow)가 되어 버린다. 굳어 버린 용암의 표면이 헝겊을 책상 위에 놓고 밀어서 주름을 만들었을 때처럼 반원형의 원활한 호(弧)를 만들거나 새끼꾸러미를 던진 것처럼 가는 동심원상의 주름을 많이 만들면, 이런 고체용암을 **파호이호이용암**(pahoehoe lava)([그림 4-3] 참조), 용암의 표면이 거칠어서 클링커(clinker)를 쌓아올린 것 같은 용암을 **아아용암**(aa lava)([그림 4-4])이라고 하는데, 이들은 하와이 원주민들의 말에서 전용된 것이다.

(1) 섬세한 것

(2) 거친 것(제주도 섭지코지)(송시태 제공)

[그림 4-4] 아아용암

용암이 점차 냉각되며 흘러내리면 먼저 고결된 부분이 파괴되어 용암 속에 자갈 모양의 파편을 많이 포함하게 되는 경우가 있다. 이런 것을 **각력용암**(flow breccia)이라고 한다. 유출된 현무암질 용암의 표면이 먼저 고결되고 내부에 고온의 액상용암이 들어 있을 때, 위로부터 용암이 추가되면 고결된 표부를 뚫고 내부의 용암이 전부 유출되어 공동이 생긴다. 이를 **용암터널**(lava tunnel)이라고 한다.

용암은 유출된 후에도 약간의 가스를 포함하며 방출되다가 남은 것은 용암류의 표면에 모여서 둥근 구멍을 만든다. 이를 **기공**(氣孔: vesicle)이라고 한다. 특히 기공이 많고 담색 내지 백색인 것을 **부석**(浮石: pumice)이라고 하며, 기공의 부피와 고체의 부피가 비슷한 암편들을 **암재**(岩滓: scoria)라고 한다. 용암은 분출할 때 적색 내지 황색으로 빛나며 그 온도는 1,000~1,200℃이다. 용암은 화구뿐 아니라 화산체에 생긴 틈으로도 유출된다.

3. 화성쇄설물

화구로부터 분출되는 암편과 화산재를 총칭하여 화성쇄설물(火成碎屑物: pyroclastic materials, 또는 tephra)이라고 한다. 그 중 직경이 32mm 이상인 것이 **화산암괴**(volcanic block)이다. 이에는 화산의 기반이 되어 있던 암석도 섞인다. 암괴에는 최대 60톤 이상에 달하는 것이 있다. 직경이 32mm 이상이면서 어느 정도 둥글거나 방추형(紡

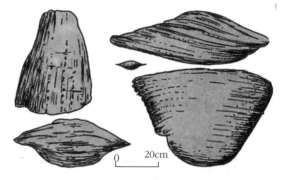

[그림 4-5]　제주도의 화산탄

錐形)으로 생긴 것은 **화산탄**(火山彈: volcanic bomb)이며 이는 용암이 공중에서 회전하며 냉각되어 만들어진 것이다([그림 4-5] 참조). 화산암괴나 화산탄이 퇴적중인 지층 위에 떨어지면 [그림 4-6]과 같은 지층면이 아래로 쳐지는 구조를 만든다. 이런 것을 **탄낭**(彈囊) 또는 **밤색**(bomb sag)이라고 한다. 모양이 불규칙하고 직경이 2~64mm 사이에 있는 것은 **화산력**(lapilli) 또는 **분석**(噴石: cinder)이다. 4mm 이하의 세편을 **화산재**(volcanic ash) 또는 화산회, 1/4mm 이하의 가루를 **화산진**(火山塵: volcanic dust)이라고 한다. '회'라는 말은 옛날 사람들이 화산 밑에서 연소가 일어남을 믿은 데서 온 것이나 물론 연소

[그림 4-6] 탄낭(제주도 수월봉 해안가)(강지현 제공)

는 일어나지 않는다. 이들은 화산에서 폭발이 일어날 때에 세립으로 분리된 것들로서 유리질인 것과 광물립으로 된 것이 있다.

화산재가 모여서 만들어진 암석이 **응회암**(凝灰岩: tuff)이다. 화산재에는 화산 폭발 때에 생긴 부석의 미세한 파편들이 많이 포함되어 있다. 이런 미세 파편을 **샤드**(shard)라고 하는데 현미경하에서는 [그림 4-7]의 (2)에서 보는 바와 같은 유리질의 예리한 조각으로 관찰된다. 응회암이 고온 상태로 낙하하면 용암과 비슷한 유상구조를 보이며 얇은

(1) 용결응회암과 그 속의 피아메(얇은 검은 색 렌즈들)

(2) 응회암 중의 샤드×30

[그림 4-7] 응회암의 예

렌즈상의 검은 유리질 흑요석을 평행하게 나열시키는 일이 있다. 검은 흑요석 렌즈를 피아메(fiamme)라 하며 이런 용암을 **용결응회암**(熔結凝灰岩: welded tuff, 또는 ignimbrite)이라고 하는데 최근까지 이런 응회암을 유문암으로 생각했던 일이 많다. 화산암괴·화산탄·화산력이 무질서하게 모여 화산재나 용암으로 고결된 것이 **집괴암**(集塊岩: agglomerate)이다.

3. 화산의 활동상

화산은 가스·용암·암편의 분출·폭발의 활동 양상을 각각 달리 하므로 각 화산의 특성이 결정된다. 화산 활동의 종합적인 특성을 화산의 활동상(活動相: phase of volcanic activity)이라고 하는데, 1908년 프랑스의 라크로아(A. Lacroix)는 화산 활동이 약한 것에서 강한 것의 순으로 다음 4가지의 유형으로 구분하였다.

1. 하와이상(Hawaiian phase)

가스 폭발과 암석의 포출이 거의 없이 현무암질 용암을 조용히 유출시키는 가장 평온한 성질을 가진 것. 큰 틈분출(fissure eruption)도 하와이상에 속한다. 이런 예로는 대양저산맥 정선 부근의 현무암 분출을 들 수 있다. 예: 하와이 섬의 화산.

2. 스트롬볼리상(Strombolian phase)

이는 현무암보다 SiO_2를 좀더 많이 포함한 용암을 분출하되 용암의 분출과 약한 폭발이 비교적 규칙적으로 번갈아 일어나서 두꺼운 용암의 피각(皮殼)이 생기기 전에 약한 폭발을 하는 상. 예: 지중해의 리파리(Lipari)섬의 스트롬볼리(Stromboli) 화산.

3. 발칸상(Vulcanian phase)

용암의 분출과 폭발이 번갈아 일어나는 점은 스트롬볼리상과 같으나 발칸상은 용암의 점성이 크고 용암 표면에 피각이 생긴 후에 폭발이 일어나서 그 파편을 불어올리나 밤에도 화염은 보이지 않는다. 폭발시에는 짙은 연기를 분출한다. 예: 지중해의 발칸(Vulcan) 화산과 베수비오(Vesuvio) 화산.

4. 펠레상(Pelean phase)

가장 심한 폭발을 일으키는 상으로서 분출 물질의 농도가 발칸상보다 더 짙다. 폭발은 지하에 모이는 가스의 양이 많을수록 크게 일어난다. 마그마가 가스를 다량 포함할수록, 또 SiO_2의 함량이 많은 마그마일수록 큰 폭발이 일어나며 용결응회암을 만든다. 예: 서인도제도(West Indies)의 마르티니크(Martinique)섬에 있는 펠레산(Mt. Pelée).

이 밖에 오랜 암석의 암괴만을 내던지는 초발칸상(Ultra-vulcanian phase), 발칸상보다 더 극심한 폭발을 일으키는 플리니상(Plinian phase) 등이 있다.

4. 화산체의 형태

화산의 분출 · 폭발 · 화구의 함락으로 산체는 여러 가지 구조를 가진다.

1. 암설구(岩屑丘)

화구 주위에 만들어지는 산의 형태는 산을 구성하는 물질에 따라 달라진다. 암설로만 구성될 때는 산의 구배가 30° 정도이다. 분출된 암설로만 만들어진 산체는 **화성암설구**(pyroclastic cone), 분석으로만 된 것은 **분석구**(cinder cone)이다. 전자는 큰 산, 후자는 300m 이하의 산을 만든다. 예: 제주도의 기생화산들, 울릉도 나리 분지의 알봉(卵峯).

2. 순상화산(shield volcano)

용암류와 소량의 화성쇄설물이 겹겹이 쌓여서 만들어진 화산체 중 산사면의 구배가 5~6°인 순상(楯狀)을 이룬 것. 예: 제주도와 하와이섬의 화산체.

3. 성층화산(strato volcano)

화성암설과 용암이 번갈아 쌓여서 만들어진 화산으로서 산정부는 구배가 30°, 산록부는 6° 가량인 것이 보통이다. 세계적으로 큰 산이 많으며 일명 혼합화산(composite volcano)이라고도 한다. 예: 필리핀의 마욘(Mayon) 화산, 일본의 후지산.

4. 원정구(圓頂丘: dome)

화도에서 굳어지기 시작한 용암이 압력으로 밀려 화구 위에 높이 솟은 원정구를

만들면 이를 플러그 돔(plug dome)이라고 한다. 이는 후에 일어나는 폭발로 점점 또는
한 번에 파괴된다. Mt. Pelèe에서 1902년에 볼 수 있었으나 후에 일어난 폭발로 파괴되
었다.

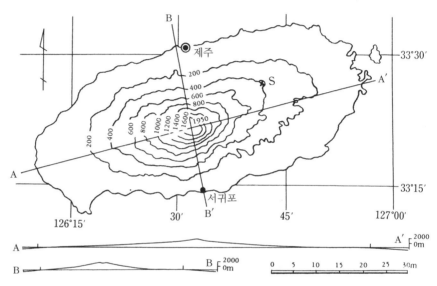

[그림 4-8]   제주도 순상화산의 평면도와 단면도(S: 산굼부리)

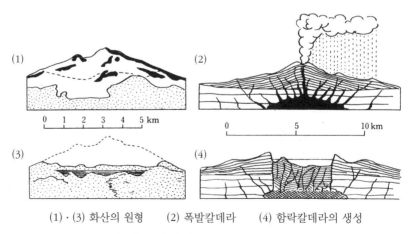

(1)·(3) 화산의 원형　　(2) 폭발칼데라　　(4) 함락칼데라의 생성

[그림 4-9] 칼데라와 칼데라호의 생성

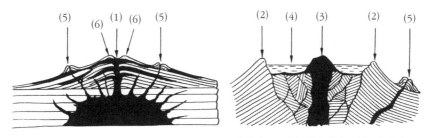

(1) 화구   (2) 외륜산   (3) 중앙화구구   (4) 칼데라호   (5) 기생화산   (6) 화구연

[그림 4-10]   화산체 각부의 명칭

5. 복합화산(compound volcano)

일부는 용암으로, 일부는 분석으로, 일부는 성층으로 되어 있는 화산이다. 예: 지중해의 에뜨나(Etna) 화산.

6. 칼데라(caldera)

화산체에 비하여 대단히 큰 화구를 칼데라라고 한다. 칼데라는 화구의 대폭발, 또는 침식으로 만들어지나 대부분의 칼데라는 함락칼데라이다. 화구의 함락은 화산 활동이 끝난 후 화산 하부의 냉각으로 일어나는 현상이다. 화구에 물이 고이면 **화구호**(crater lake), 칼데라에 물이 고이면 칼데라호(caldera lake)가 생긴다([그림 4-9] 참조).

7. 화산체 각부의 명칭

화산체 각부는 [그림 4-10]에 표시된 바와 같은 이름을 가진다.

화구(crater)는 화산체 정상의 요소로서 화산분출물을 분출했거나 현재 분출하는 곳이고 그 주위의 높은 곳은 화구연(火口緣: crater rim)이다. 외륜산(外輪山: somma)은 칼데라를 둘러싼 원형의 능부(稜部)이며, 중앙화구구(central cone)는 칼데라 안에 생긴 비교적 작은 화산체를 말한다. 기생화산(parasitic volcano)은 큰 화산체의 산복에 분출된 화산으로서 화산분출물로 만들어진 작은 화산체이다. 제주도 한라산 주위에 많이 분포하는 '오름'은 기생화산이다.

5. 슈나이더(K. Schneider)의 화산 분류

슈나이더는 화산체를 주로 그 단면의 특징, 용암의 성질과 성인을 표준으로 하여 다음과 같은 분류를 제안하였다.

1. 페디오니테(Pedionite)

고철질인 용암이 퍼져서 생긴 거의 평탄한 대지이다. 예: 백두산 부근의 용암대지.

2. 아스피테(Aspite)

화산체 사면의 구배가 5~6° 인 것으로 순상화산에 해당한다. 예: 제주도, 하와이섬.

3. 톨로이데(Tholoide)

화산체의 사면의 구배가 급한 것으로 점성이 큰 용암으로 이루어진 산체. 예: 이중화산의 중앙화구구, 제주도의 산방산.

4. 벨로니테(Belonite)

플러그 돔에 해당하는 것.

5. 코니데(Konide)

원추형의 화산체. 예: 암설구(제주도의 기생화산) 및 성층화산인 필리핀의 마욘(Mayon) 화산, 일본의 후지산.

6. 호마테(Homate)

화구 또는 칼데라가 화산체에 비하여 대단히 큰 화산.

7. 마르(Maar)

화산 폭발만으로 만들어진 폭렬공(爆裂孔)을 말한다. 이는 폭발할 때에 기반암의 파편만을 포출하여 직경 1,000m 이하 깊이 200m 미만의 구멍을 만든다. 산체는 아주 낮고 용암 분출은 없다. 예: 제주도의 산굼부리([그림 4-8] 참조), 독일 라인(Rhein) 지방의 화산.

6. 화산분출의 형식

화산분출은 다음과 같이 두 형식으로 나눌 수 있다.

1. 열하분출(裂罅噴出: fissure eruption)

지각에 생긴 틈(열하)을 통하여 용암이 분출되는 것을 말한다. 틈에서는 주로 현무
암이 분출된다. 대양저산맥들의 정선에 따른 현무암의 분출은 열하분출(열극분출 또는 틈
분출)이다. 대서양저산맥의 정선이 지나가는 아이슬란드에서는 연장 30km에 걸친 열하
분출이 있었고 이 열하에서 분출된 현무암은 양쪽으로 넓게 퍼졌다. 역사 이전에 생긴
틈인 서울-원산선(線)에 따라 분출된 현무암도 열하분출에 의한 것이다. 미국 북서부의
오래곤(Oregon)주와 그 부근, 인도의 데칸(Decan)고원, 시베리아 중부의 대지현무암(고
원성 현무암: plateau basalt)도 열하분출의 결과물로 생각된다. [그림 4-11]과 같이 넓은
면적을 덮는 것은 여러 개의 틈으로부터 분출된 결과로 생각된다. 그러나 하와이제도의
총연장 1,500km에 해당하는 화산섬의 선상 배열과 그 북쪽의 거의 같은 깊이의 천황해
산(天皇海山)의 줄기는 틈분출과는 관계가 없는 것으로 고정된 열점(熱點: hot spot)과 태
평양판의 이동으로 만들어진 것이다.

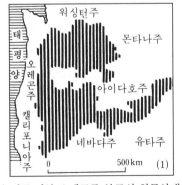
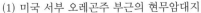
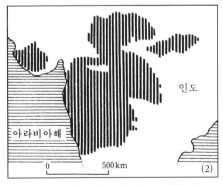

(1) 미국 서부 오레곤주 부근의 현무암대지   (2) 인도의 데칸 고원의 현무암대지

[그림 4-11]   고원성 현무암의 두 가지 예

[그림 4-12]   베개용암(단면은 위쪽이 둥글고 아래쪽이 뾰죽함)

2. 중심분출

원통상의 화도로부터 용암을 분출하는 것으로 보통 화산의 분출 형식은 이에 속한다. 용암의 성분은 현무암에 한정되지 않는다.

해저에서 분출되거나 육상의 화산에서 유출된 용암이 물 속으로 들어가면 물과 용암의 상호 작용으로 [그림 4-12]와 같은 특수한 구조를 보이는 일이 많다. 그 모양이 둥글둥글하며 베개구조(pillow structure)을 가지므로 이를 **베개용암**(pillow lava)이라고 한다.

7. 후화산작용

화산이 휴화산 내지 사화산의 상태에 들어간 후에 오랫동안 계속되는 작용으로 화산체 및 그 주위에서 수증기·유황기·이산화탄소를 **분기공**(噴氣孔: fumarole)을 통하여 분출하고, 온천·간헐천(間歇泉: geyser)·탄산천을 용출하는 작용을 후화산작용(後火山作用: post-volcanic action)이라고 한다.

1. 분 기 공

구멍이나 틈을 통하여 수증기(분연의 99%에 달함이 보통)·이산화탄소·염화수소·유화수소·수소·메탄·기타 가스가 분출되면 이를 분기공이라고 한다. 특히 유화물의 가스가 많으면 이를 유기공(硫氣孔: solfatara)이라고 한다. 또 분기공에는 철·동·연·기타 금속과 그 화합물이 침전된다. 이들로부터 광상의 성인이 마그마에 관계 있음이 알려졌다. 이산화탄소는 화산활동 중에는 물론 활동 중지 후에도 많이 분출된다. 이는 공기보다 밀도가 크므로 바람이 없을 때는 골짜기로 모여 들어서 이 골짜기에 잘못 들어간 동물을 죽게 한다. CO_2는 색·맛·냄새가 없으므로 그 존재를 알기 어렵다.

2. 화산 부근의 온천

화산 부근에는 온천이 많으며 그 중에는 건조시에 분기공으로 활동하다가 우기에는 온천으로 변하는 것이 있다. 이는 온천이 지하수가 가열된 것이라는 설을 일으키게 했다. 그러나 마그마에서 나온 수증기가 물로 변한 초생수로 이루어진 온천도 있을 것이고 또 지하수와 초생수가 섞인 것도 있을 것이다. 미국의 옐로스톤 공원(Yellowstone Park)에 있는 온천들은 대부분 10%의 초생수와 90%의 지하수로 되어 있다. 보통 초생수에는 비소·붕산·기타의 원소나 화합물이 들어 있고 방사성 원소(放射性 元素)도 용해되어 있다.

3. 비등천과 간헐천

온천수의 온도가 높아서 끓게 되면 이를 비등천(沸騰泉: boiling spring)이라고 한다. 비등천이 주기적으로 폭발하듯이 끓으면 이는 소규모의 간헐천이다. 그러나 간헐천의 대부분은 지하의 상태에 어떤 조건을 구비할 때에만 생겨난다. 먼저 지하에서 다량의 과열 증기가 공급되어야 할 것(냉각중인 마그마가 존재하여), 다음에는 지하에 공동이 있을 것, 그리고 지하수의 공급이 충분할 것이 그 조건이 된다. [그림 4-13]과 같이 지하의 공동에 지하수가 들어가면 그 밑에서 과열된 증기가 올라가 공동 속의 물에 열을 주고 물로 변한다. 얼마 후에는 물 전체가 비등점에 달할 것인데 깊은 곳은 큰 압력 밑에

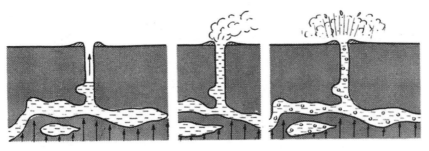

[그림 4-13] 간헐천이 분출하는 원리

있으므로 비등점은 더 높다. 이 때에 수온 상승으로 인하여 물의 체적이 불어올라 약간의 물이 분출구를 넘쳐 흘러나가면 공동에 들어 있던 물은 깊이에 따르는 비등점보다도 더 높이 가열된 셈이 되므로 일부는 급격히 기화하여 압력을 일으키게 된다. 이 때에 열수와 수증기가 솟아오르게 된다. 다음에 공동에 다시 물이 모이기 시작하고 다음 분출을 위한 가열이 되풀이된다.

8. 화산의 분포

지구상의 화산은 육상과 해양 중에 분포되어 있으며 역사적으로 뚜렷한 활동의 기록이 있는 화산과 현재 활동하고 있는 화산을 모두 활화산으로 취급하면 그 총수는 550좌에 달한다. 활동의 기록은 없으나 분기공에서 후화산작용이 끝나지 않은 것과 산체가 화산임이 뚜렷하게 보존되어 있는 사화산의 총수는 1,500여 좌이다. 이 밖에 화산체의 모양이 화산의 특징을 잃어버린 사화산은 더 많을 것이다.

화산은 그 대부분이 환태평양 화산대에 분포되어 있으며 이 화산대는 지진대와 일치되어 있다. 화산대는 해구(海溝) 가까이에 있고 세계적으로 변동대(變動帶: mobile

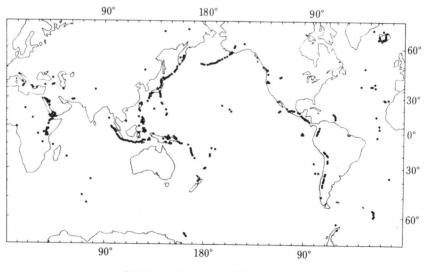

[그림 4-14] 세계의 활화산 분포도

zone)에 속하여 있다. 이러한 곳에는 해구에 평행한 습곡산맥 정선에 따라 화산이 분포되어 있다. 대양 중의 화산들은 열도를 이루는 경우가 많은데 그 대부분은 호상열도로서 대륙지각 아래로 다른 대양지각이 섭입(subduction)하고 있는 곳에 분포되어 있다. 세계의 화산의 분포를 보면 [그림 4-14]와 같다.

9. 화산의 피해

화산이 심하게 폭발할 때에는 다량의 수증기와 화산재를 내뿜기 때문에 화산 부근에 심한 비가 내리고 요란한 천둥현상이 일어난다. 분출된 가스와 화산재가 화산 부근에 직접 해를 끼치는 일이 많이 알려져 있고 화산 폭발로 생긴 지진해일(tsunami, 쓰나미) 및 화산재와 비가 흙탕물을 만들어 급한 이류(mudflow)를 만들어 인가를 덮치는 경우도 있다. 역사에 기록된 화산 피해 상황을 종합해 보면 [표 4-1]과 같다

지중해의 테라(Thera)섬에 있는 산토린(Santorin) 화산은 B.C.16세기에 30~50m 두께의 화산재를 그 주위에 뿌려서 당시에 고대 문명국을 완전히 멸망시켰다. 옛날부터 어틀랜티스(Atlantis)로 불려 온 이 곳은 테라섬 주변에 있던 것으로 고고학자들에 의하여 알려져 있다.

1991년 필리핀의 피나투보 화산 폭발로 대기 중에 퍼진 화산재가 2년 동안 지구의 기온을 1℃ 가량 낮추었으며, 2010년 아이슬란드에서 일어난 화산 폭발로 인한 진한 분연(噴煙)이 바람을 타고 온 유럽을 덮어 수 일간 항공기 이륙이 불가능하여 수십억 달러의 피해가 발생하였다.

[표 4-1] 지금까지 알려진 큰 화산 피해

화 산 명	위 치	화산 활동 시기	인명피해	피 해 년	피해원인
베수비오	이탈리아	40만 년 이전부터	16,000	A.D. 79	화산재
펠 레	마르티니크섬	10만 년 이전부터	30,000	1902	가 스
에 뜨 나	시실리섬	50만 년 이전부터	20,000	1669	용 암
탐 보 라	인도네시아	3910 B.C. 이전부터	71,000	1815	용암, 가스
크라카토아	인도네시아	416 A.D. 이전부터	36,000	1883	쓰나미
델루이스	콜롬비아	180만 년 이전부터	22,000	1985	이 류

[그림 4-15] 1902년 마르티니크(Martinique)섬의 펠레(Pelée) 화산 폭발로 뜨거운 가스와 화산재의 급격한 습격을 받아 묻혔던 성 피에르(St. Pierre) 시가지의 일부가 발굴된 모양

[그림 4-16] 베수비오 화산 폭발 때 화산재에 묻혔던 폼페이(Pompeii) 주민의 모습 (79 A.D.)

10. 화산의 뿌리

　　화산체를 위에서부터 밑으로 점점 깎아 내려간다면 깊은 화산의 밑부분이 어떻게 되어 있는지 알 수 있을 것이나 아직 인력으로는 이런 작업이 불가능하다. 다행히도 우리는 자연계에서 그런 표본을 찾아볼 수 있다. 오래 전에 활동하던 화산에는 수십만 년 전 또는 훨씬 그 이전부터 활동을 중지하고 사멸해 버린 것이 많으며 그 화산체들은 곧 침식 작용을 받기 시작하였다. 침식의 정도에 따라 화산들이 드러내 놓은 그들의 아랫부분의 깊이는 각각 달라서 화산 하부의 여러 편모를 엿볼 수 있게 해 준다.

　[그림 4-17]은 침식이 산체의 중부에 이른 화산의 그림이다. 이 화산에는 전에 화도였던 구멍에 분출되려던 녹은 돌이 그대로 굳어 버려 이루어진 둥근 암경(岩頸: neck, 또는 volcanic plug)이 있다. 좀더 깊은 곳까지 깎인 예로서는 강원도 도계의 암경([그림 4-18] 참조)을 들 수 있다. 암경은 보통 주위의 암석보다 굳으므로 두드러져 남게 된다.

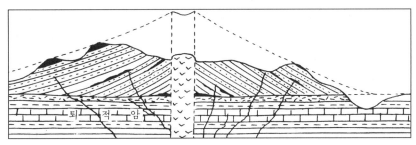

[그림 4-17]   화산의 정상부가 침식된 화산체의 단면도

화산체는 침식당하여 없어졌고 암경 주위에는 수 개의 암맥이 뻗어 있다.

[그림 4-18]   강원도 도계 부근에 솟아 있는 유문암질 암경

미국 뉴멕시코주의 평야에 솟아 있는 시프록(Shiprock)도 암경이다. 이 암경에서 방사상으로 뻗어 있는 것은 화산이 분출할 때에 마그마의 일부가 틈을 따라 들어가 생긴 판상의 맥암으로서 지하로 계속되어 있는 것이며 지표로는 용암을 틈분출하였을지도 모른다.

암경을 좀더 따라 내려가면 어떻게 될까? 이런 것이 깊은 곳까지 침식을 당한 화산이 있다 하더라도 그것을 증명할 재료의 발견이 곤란할 것이다. 왜냐 하면 이미 화산체를 이루었던 화산분출물이 모두 없어졌을 것이기 때문이다. 그러나 우리는 둥근 모양으로 높이 노출되어 있는 암석 중에서 화산의 아랫 부분을 찾아 낼 수 있다. 만일 둥글게 솟은 암체가 암경이라면 암경 주위의 부분은 세립일 것이고 중심부는 굵은 결정으로 되어 있을 것이기 때문이다. 이런 암경을 더 아래로 추적한다면 그 곳에는 어떤 암석이 있을 것인가? 아마도 점점 더 큰 결정들로 된 암체가 존재할 것을 짐작할 수 있다. 그리고 이런 암체는 결정들이 더 크고 고른(균일한) 암석에 연결되어 있을 것이다. 왜냐 하면 깊은 곳에서는 마그마가 서서히 냉각되어 자유로이 크기가 큰 결정들을 만들었을 것이기 때문이다.

우리는 실상 이런 암석들이 지표에 노출된 것을 많이 본다. 즉 화산의 깊고 깊은 아랫 부분인지를 확인할 도리는 없으나 이들과 같은 암석이 마그마로 존재할 때 그 중의 어떤 것은 지표로 마그마를 분출시켜 화산을 만들었음이 분명하다. 그들 중에는 지표와 연결되지 못하고 화산을 만들지 못한 것도 물론 있을 것이다.

제5장

화 성 암

　베르너(Werner)가 앉아서 지질학을 창조하고 있을 때 허튼(J. Hutton)은 여행을 하며 용암을 분출하는 화산을 관찰하고 현무암이 만들어지는 모양을 직접 관찰하였다. 그리하여 그는 베르너가 퇴적암이라고 우기던 현무암이 화성암이라는 사실을 밝힘으로써 아마도 현실주의(actualism)를 지질학적으로는 가장 먼저 적용한 인물이 된 것이다. 그의 생각은 동일과정설로 불린다.

　우리도 화산에서 분출된 용암이 굳어져서 암석이 된다는 사실을 알았다. 화도를 따라서 지하로 내려가면 깊은 곳에 마그마가 있을 것이며 이것이 고결되면 역시 암석이 만들어질 것임을 짐작할 수 있게 되었다. 이들은 모두 고온, 즉 불과 관계 있는 암석으로서 화성암(火成岩)이라고 불리게 된 것은 마땅한 일이다. 지표에서 고결된 화성암은 그 성인이 분명하나 지하에서 고결된 화성암도 전자와의 비교 연구로써 그 성인이 명백히 드러나게 되었고, 후자는 지표에 가해진 침식작용으로 인하여 점점 지표에 노출하게 되었음이 밝혀졌다. 이 장에서는 화성암의 산출 상태·화학 성분·광물 성분·조직·구조·분류에 관하여 배우고 마그마에 관한 지식을 얻도록 하자.

1. 화성암의 산출 상태

1. 분출암과 관입암

화성암은 **분출암**(噴出岩: extrusive rock) 또는 **화산암**(火山岩: volcanic rock)과 **관입암**(貫入岩: intrusive rock)으로 2대분되며 전자는 마그마가 지표에 나와서 고결된 화성암이고 후자는 지각 중에서 고결된 화성암이다. 전자는 급속히, 후자는 천천히 고결된 것이다. 관입암에는 지하 깊은 곳에서 대단히 천천히 고결된 것과 지표 부근에서 비교적 속히 고결된 것으로 나눌 수 있으며, 전자를 **심성암**(深成岩: plutonic rock), 후자를 **반심성암**(半深成岩: hypabyssal rock)이라고 한다.

2. 분출암의 산출 상태

화산에서 배운 바와 같이 분출암은 화산의 화구나 지각의 틈을 따라 분출된 것으로서 용암류와 화산암설, 두 종류의 산출 상태가 있다.

(1) **용암류**(lava flow)　　화구나 틈으로부터 흘러나와 지표에서 굳어진 것으로서 이것이 넓은 면적을 차지하면 이를 분출암상(噴出岩床: extrusive sheet)이라고도 한다.

(2) **화산암설**(volcanic débris)　　화산이 폭발할 때에 화구로부터 공중에 던져진 용암의 크고 작은 파편들이 지표나 물 속에 떨어진 것이다.

3. 관입암의 산출 상태

관입암은 그들이 지표에 나타나 보이는 형태와 이를 포함하는 암석과의 구조적 관계를 보아 산출 상태를 암맥·관입 암상·병반·암경·저반·암주의 6종으로 나눌 수 있다.

4. 암맥(岩脈: dyke)

기존 암석 중의 틈(fissure)을 따라 관입한 판상의 화성암체를 암맥 또는 **판상체**(板狀體)라고 하며 암맥을 만드는 암석을 **맥암**(脈岩: dyke rock)이라고 한다([그림 5-1] 참조). 암맥은 주로 반심성암으로 되어 있고 다른 암석과의 두 접촉면은 거의 평행하다. 암맥은 모든 기존암, 즉 화성암·퇴적암·변성암을 구조에 관계 없이 뚫고 들어가 있으며 돌산을 잘라 낸 사면에서 흔히 볼 수 있다. 암맥은 그 연장이 수 m밖에 안 되는 것으로부

 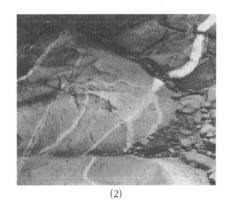

(1) 퇴적암에 관입한 암맥(전라남도 나주 부근)   (2) 화강암에 관입한 암맥(설악산 백담사 부근 하저)

[그림 5-1] 암맥의 두 가지 예

터 수백 km 이상 계속되는 것이 있고, 그 두께는 수 mm로부터 수백 m 이상에 달하는 것이 있다.

주의할 것은 거의 비슷한 형태로 기존 암석 중에 들어가 있는 석영맥과 방해석맥이다. 이들은 마그마가 굳어진 것이 아니므로 암맥으로 취급되지 않고 이들을 **맥**(脈: vein)이라고 하여 구별한다.

암맥이 들어 있는 틈은 밑에 있는 마그마쳄버(magma chamber)를 지표로 연결시켜 용암을 유출시킨 통로인 경우도 있다. 이런 경우에 암맥은 깊은 곳에서부터 지표까지 달하여 있을 것이다. 그러나 암맥에는 지표에 달하지 못한 것도 있다. 암맥 중에는 다음에 말할 큰 화성암체들 사이의 통로가 되어 있던 것도 있다. 암맥은 맥암의 침식에 대한 저항 여하에 따라 다른 암석보다 지표에 두드러져 있기도 하고 우묵한 고랑을 만들기도 하여 보통 쉽게 찾아 낼 수 있다. 또 그 색과 풍화의 모양, 구조의 차이로도 구별이 가능하다. 암맥은 틈을 따라 들어갈 때에 기존 암석의 암편을 떼어 암맥 속에 함유하는 일이 있다. 이를 **포획암**(捕獲岩: xenolith)이라고 한다. 또 암맥이 냉각될 때는 기존 암석에 접한 부분이 속히 식어서 큰 결정의 양이 적으나 중심부에는 굵은 결정이 생긴다. 암맥은 접하여 있는 암석, 특히 퇴적암에 열을 가하여 이것을 변성케 하는 일도 있다.

암맥은 지역에 따라 같은 방향으로 평행하게 여러 줄기 관입되어 있는 일이 많다. 이는 지각에 여러 개의 틈을 평행하게 생성케 한 지각변동에 그 원인이 있을 것이다. 방사상으로 관입되는 일도 있으며 드물게는 원형의 환상암맥(環狀岩脈: ring dyke)이 있다.

5. 관입암상(貫入岩床: sill, 또는 intrusive sheet)

암맥은 기존 암석의 종류에 관계가 없으나 관입암상은 퇴적암 중에만 국한되고, 특히 그 층리면에 평행하게 들어간 판상의 화성암체만을 지칭한다. 이는 주로 반심성암으로 되어 있다. 그러므로 부주의로 아래 위의 퇴적암과 같은 것으로 보고 화성암임을 인식하지 못하는 경우가 있다. 관입암상이 퇴적암의 층리면을 헤치고 들어가는 것은 층리면에 따르는 방향 밖의 방향으로 마그마가 관입할 조건하에 있지 못하였기 때문일 것이다. 경상남북도에 분포되어 있는 백악기의 지층 중에서는 관입암상의 예를 찾아볼 수 있다.

관입암상의 규모는 암맥과 대동소이하며 또 지층 사이에 끼게 된 분출암상과 그 산출 상태가 비슷하여 주의하지 않으면 구별이 곤란하다. 용암류가 건조한 육지상에서 퇴적 중인 지층 위에 흘러 퍼진 후, 그 위에 계속하여 퇴적물이 쌓이면 관입암상과 같은 모양을 가지게 된다. 이런 두 암상은 다음과 같은 점에 주의하면 구별이 가능하다([그림 5-2] 참조). 즉 관입암상은 아래 위에 있는 퇴적암 중으로 작은 암맥을 뻗어 들어가게 하는 일이 있고 퇴적암에 열의 작용을 가하여 변색케 한다. 분출암상은 작은 암맥을 퇴적암 중으로 뻗는 일이 없고 그 상부에는 기공이 생겨 있는 일이 많으며, 상위(上位)의 퇴적암 중에는 분출암상에서 떨어진 돌조각이 사력으로 되어 들어 있는 일이 있다. 또한 전자는 주로 반심성암으로 되어 있는 데 반하여, 후자는 화산암으로 되어 있으므로 이것도 양자를 구별하는 방편이 된다.

수저에서 퇴적 중인 지층 위에 용암류가 흘러들면 용암은 베개구조를 가지게 되므로 구별이 가능하다.

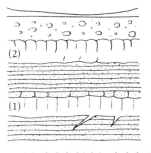 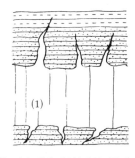 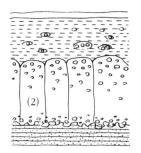

(1) 관입암상(작은 암맥에 주의)　(2) 분출암상(기공, 틈에 낀 모래, 떨어진 암편에 주의)

[그림 5-2]　관입암상과 분출암상

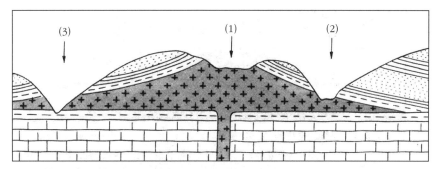

(적어도 세 군데 이상에서 확인되어야 한다. 1, 2, 3은 화성암의 노두, 3에서는 기반인 퇴적암이 보인다)

[그림 5-3] 병   반

6. 병반(餠盤: laccolith)

퇴적암 중에 관입암상처럼 들어간 화성암체의 일부가 더 두꺼워져서 렌즈상 또는 만두 모양으로 부풀어오른 것을 병반이라고 한다.

[그림 5-3]은 이상적인 병반의 그림이나, 보통은 그 모양이 불규칙하다. 야외에서 화성암체가 병반임을 확인하려면 최소한 윗부분 2개소[[그림 5-3]의 (1),(2)]와 밑바닥이 되는 퇴적암(3)을 발견하여야 한다. 그렇지 못한 경우에는 병반이라고 확언하기 곤란하다. 병반은 주로 반심성암으로 되어 있으나 심성암인 경우도 있다.

7. 암경(岩頸: neck)

화산의 화도에서 굳어진 마그마 및 화도를 메운 암괴와 용암의 집합체가 굳어진 화도집괴암(vent agglomerate)을 총칭하여 암경이라고 한다. 이는 대체로 원통상을 가지며 사방으로 암맥을 뻗는 일이 있다. 암경의 상부는 주로 화산암으로, 하부는 주로 반심성암으로 되어 있다.

8. 저반(底盤: batholith)

암경이나 암맥을 따라 지하로 들어간다면 그 곳에서 큰 화성암체를 발견할 수 있을 것이다. 이 화성암체는 오래 전에 녹은 상태에 있으면서 상부로 암맥·암상·화산을 파생케 한 큰 마그마쳄버가 고결된 것이다. 이는 천천히 냉각되어 큰 심성암체로 변하였다가 지각의 상승과 지표로부터의 침식작용으로 위에 덮여 있던 암석이 제거되어 지표

B: 저반(북한산)   N: 남산(북한산 저반의 일부)   S: 암주(관악산)   Gn: 편마암(남산과
관악산 사이)   E: 이화암맥(규장암)   H: 한강   A: 안산   R: 현수체

[그림 5-4]   서울 주변의 암석 분포

에 드러나게 된 것이다. 지하에 들어 있는 큰 심성암체, 또는 이렇게 하여 넓은 면적으로 지표에 노출하게 된 큰 심성암체를 저반이라고 한다. 지표에 노출된 저반의 면적은 100km 이상으로 정한다([그림 5-4]의 B 참조).

축적 1/3,000,000 한국지질도에 적색으로 표시된 화강암 중 큰 것은 저반에 속하는 것들이다. 권말에 넣은 지질도(한국자원연구소, 1995)를 참고하라.

화강암의 저반은 대체로 습곡 산맥의 중심선을 따라 불규칙한 대상으로 길게 노출된다. 그러므로 이런 저반은 습곡작용에 관계 있는 화산활동의 결과로 생긴 것이라고 생각할 수 있다. 보통 산맥이 생성되는 도중에 형성된 저반은 지층을 들어올리며 관입하여서 대체로 지층의 층리와 평행한 접촉면을 가진다. 이에 반하여 조산 운동의 말기에 형성된 것은 지층을 불규칙하게 자른다. 전자를 정합관입(concordant intrusion), 후자를 부정합관입(discordant intrusion)이라고 한다. 화강암의 저반은 지하로 깊이 들어감에 따라 그 직경을 증가시키나 더 깊이 들어가면 [그림 5-23] (1)처럼 작은 덩어리로 갈라지고 혼성암이나 편마상 화강암으로 변할 것으로 생각된다. 저반 주위에는 암맥이 파생되어 있는 일이 많고 저반과 저반 사이에는 이들 저반으로 관입당한 오랜 암석이 뾰족한 쐐기 모양으로 꽂혀 있는 부분이 있다. 이것을 현수체(懸垂體: roof pendant)라고 한다.

화강암은 대륙지각에서 생성되나 반려암의 근원은 대륙지각 최하부에 있는 것으로 생각된다. 그러므로 반려암의 분포는 그리 흔하지 않다. 우리 나라에는 경상남도에 반려암의 저반이 하나 알려져 있다.

9. 암주(岩株: boss)

지표에 나타난 심성암체의 면적이 100km² 이하이면 이를 **암주** 또는 암류(岩瘤: stock)라고 하여 저반과 구별한다. 암주도 지하로 향하여 그 직경을 증가하여 저반이 된다. [그림 5-4]와 같이 지하에서 저반과 연속되는 일이 있고 또 오랫동안 침식이 가해지면 저반으로 변할 것이다. 우리 나라 1/1,000,000지질도에서 장경이 15km 이하인 작은 화강암체(동 지질도에서 큰 콩알 정도)는 모두 암주이며 그 수는 적지 않다. 큰 저반은 그 상부에서 많은 암주를 침식으로 잃어버렸을 것으로 생각되며 암주 중의 어떤 것은 상부로 화산을 분출시켰을 것으로 보인다.

저반 · 암주 · 병반들 중에는 전혀 성질이 다른 암편이 포획암으로 들어 있는 일이 많다. 이들 포획암은 마그마가 상승할 때에 그 주위의 암석에서 떨어져 들어간 것이다.

2. 화성암의 화학 성분

화성암은 다양한 산출 상태를 가짐과 동시에 화학 성분을 달리하는 여러 종류의 암석으로 되어 있다. 화성암은 여러 종류의 광물의 집합체이므로 이론적으로 일정한 화학 성분을 가질 수 없으나, 같은 종류로 생각되는 암석의 표품을 세계적으로 다수 채취하여 분석한 값을 평균한 결과는 [표 5-1]과 같다. 이 표에서 1, 2, 3, 4는 심성암, 1′, 2′, 3′, 4′는 1, 2, 3, 4와 각각 성분이 비슷한 분출암의 화학 성분이다. 4에 해당하는 분출암(4′)은 존재하지 않는다. 1924년 클라크(Clarke)와 워싱턴(Washington)이 발표한 자세한 화성암의 평균 분석치는 [표 5-2]와 같다. 이 표는 대륙지각의 모든 화성암의 성분을 각종 암석의 양적 비에 맞추어 평균한 것이다.

[표 5-1]에서 1% 이상인 산화물은 TiO_2까지 10종이고 3% 이상인 것은 K_2O까지 8종이다. 그러므로 화성암 중에 1% 이상 들어 있는 원소를 골라 보면 다음의 8종에 불과하다.

O, Si, Al, Fe, Ca, Mg, Na, K   (모두 원자번호 30번 이내의 원소 들임)

이것을 보면 지각을 만드는 8대 원소와 동일한 원소들이 화성암 중에 거의 같은 분량이 들어 있어 또한 화성암 구성의 8대원소가 되어 있음을 알 수 있다. [표 5-2]에서

[표 5-1]   주요한 화성암의 평균 분석치(무게 %)

성 분	1 화강암	1′ 유문암	2 섬록암	2′ 안산암	3 반려암	3′ 현무암	4 감람암	4′ 없 음
SiO_2	70.18	72.77	56.77	59.59	48.24	49.06	43.51	
Al_2O_3	14.47	13.33	16.67	17.31	17.88	15.70	3.99	
Fe_2O_3	1.57	1.40	3.16	3.33	3.16	5.38	2.51	
FeO	1.78	1.02	4.40	3.13	5.95	6.37	9.84	
MgO	0.88	0.38	4.17	2.75	7.51	6.17	34.02	
CaO	1.99	1.22	6.74	5.80	10.99	8.95	3.46	
Na_2O	3.48	3.34	3.39	3.58	2.55	3.11	0.56	
K_2O	4.11	4.58	2.12	2.04	0.89	1.52	0.25	
H_2O	0.84	1.50	1.36	1.26	1.45	1.62	0.76	
TiO_2	0.39	0.29	0.84	0.77	0.97	1.39	0.81	
P_2O_5	0.19	0.10	0.25	0.26	0.28	0.45	0.05	
MnO	0.12	0.07	0.13	0.18	0.13	0.31	0.21	

[표 5-2]   화성암의 평균 분석치(무게 %)

성 분	분석치	성 분	분석치	성 분	분석치
SiO_2	59.12	TiO_2	1.050	Cr_2O_3	0.055
Al_2O_3	15.34	P_2O_5	0.299	V_2O_3	0.026
Fe_2O_3	3.08	MnO	0.124	NiO	0.025
FeO	3.80	CO_2	0.102	BaO	0.055
MgO	3.49	ZrO_2	0.039	SrO	0.022
CaO	5.08	Cl	0.048	기타	0.023
Na_2O	3.84	F	0.030		
K_2O	3.13	S	0.052		
H_2O	1.15	$(Ce, Y)_2O_3$	0.020	합 계	100.000

SiO_2는 전 화성암 평균의 거의 60%를 차지하고 있음을 알았다. 그런데 [표 5-1]의 1에서 3으로 감에 따라 SiO_2와 K_2O의 양이 감소되고 Fe_2O_3, FeO, CaO 및 MgO의 양은 현저히 증가됨을 알 수 있다. 다시 말하면 K를 제외한 Fe, Ca 및 Mg의 금속 산화물이 증

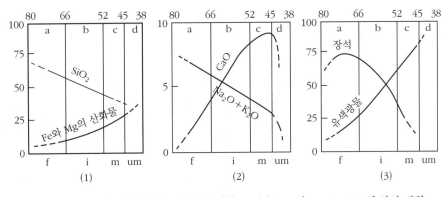

(1) SiO₂와 Fe 및 Mg의 산화물의 양적 변화   (2) CaO와 Na₂O + K₂O의 양적 변화
(3) 석영·장석과 유색광물의 양적 변화. (1), (2), (3)의 상단 숫자는 SiO₂ 함량
Oa: 규장질암   b: 중성암   c: 고철질암   d: 초고철질암
f: 규장질암   i: 중성암   m: 고철질암   um: 초고철칠암

[그림 5-5] 화성암의 화학 성분 및 광물 조성 변화(부피 %)

가되는 데 반하여 Si라는 비금속 산화물은 감소된다. 이는 화성암의 종류에 따라 한 쪽
이 증가되면 다른 쪽이 감소됨을 의미한다.

　　SiO_2는 비금속 Si의 산화물이므로 이를 산성 산화물이라고 생각할 수 있고 SiO_2의
함유량에 따라 암석을 산성암(SiO_2 66% 이상), 중성암(66%~52%), 염기성암(52%~45%)
및 초염기성암(45% 이하)으로 나눌 수 있다. 최근에는 이들은 각각 규장질암(珪長質岩:
felsic rocks), 중성암 및 고철질암(苦鐵質岩: mafic rocks)이라고 한다. 그러므로 [표 5-1]
에서 1과 1′는 산성암 또는 규장질암, 2와 2′는 중성암, 3과 3′는 염기성암 또는 고철질암
에 속할 것이다. Fe, Ca 및 Mg는 금속이므로 염기성 산화물을 만들 것이며 중성암·고
철질암으로 감에 따라 그 양이 증가될 것은 물론이다([그림 5-5] 참조).

　　주의할 것은 산성 또는 염기성암이라고 하여 곧 리트머스지나 페놀프타레인 용액
으로 산성 또는 염기성임을 알 수 있을 것이라고 생각하여서는 안 된다. 암석은 물에 곧
녹지 않으므로 이런 성질을 나타내지 않는다. 그래서 규장질 및 고철질이라는 술어가
제창된 것이다.

　　SiO_2의 양과 $Na_2O + K_2O$(alkali 금속의 산화물) 및 CaO의 양 사이에도 일정한 관계
가 있다. 즉 SiO_2가 증가함에 따라 $Na_2O + K_2O$가 증가되고 CaO는 감소된다([그림 5-5]
참조).

3. 화성암의 광물 성분

[표 5-1]과 [표 5-2]에서 보는 바와 같이 화성암을 구성하는 원소는 많으나 다량으로 함유된 원소는 10종 내외임이 암석의 화학 분석으로 밝혀져 있다. 이는 암석을 구성하는 광물들이 주로 이들 소수의 원자번호 30번 미만의 원소들로 구성되어 있음을 의미한다.

암석을 만드는 광물, 즉 **조암광물**(造岩鑛物: rock forming minerals)은 그 종류가 많으나 화성암 중에 흔히 산출되는 것은 10종 정도이고 화성암의 대부분을 구성하는 광물의 종류는 약 30종에 불과하다. 그 중에서도 화성암 분류에 중요하며, 더 흔히 나타나는 광물은 석영·장석·운모·각섬석·휘석·감람석·준장석의 7종으로서 이들을 화성암의 **주성분광물**(主成分鑛物: main component)이라고 한다.

1. 석영(石英: quartz)

화학 성분은 SiO_2이다. 규장질암에는 전체 부피의 30%를 차지하며 화성암 평균으로는 12% 정도로서 중성 및 고철질암 중에는 극히 적거나 없다.

2. 장석류(長石類: felspaths, 또는 feldspars)

이에는 화학 성분이나 물리성을 달리하는 여러 종류의 장석이 포함된다. 그 주요한 것들을 들면 다음과 같다.

정장석(正長石: orthoclase) $K_2O \cdot Al_2O_3 \cdot 6SiO_2$ (약자 Or)

미사장석(微斜長石: microcline) 위와 같음. (약자 Mi)

사장석(斜長石: plagioclase) Ab_xAn_y (약자 Pl)

여기에서 Ab = 조장석(albite) $Na_2O \cdot Al_2O_3 \cdot 6SiO_2$ (약자 Ab)

An = 회장석(anorthite) $CaO \cdot Al_2O_3 \cdot 2SiO_2$ (약자 An)

$x+y = 100\%$

사장석은 조장석과 회장석의 고용체로 되어 있고 양자는 임의의 양이 섞여서 성분이 다른 여러 종류의 사장석을 만든다. 이를 6종으로 구분하면 다음과 같다(영어 발음으로 통일한다).

알바이트	(albite)	$Ab_{100}An_0$ —— $Ab_{90}An_{10}$
올리고클레이스	(oligoclase)	$Ab_{90}An_{10}$ —— $Ab_{70}An_{30}$
안데신	(andesine)	$Ab_{70}An_{30}$ —— $Ab_{50}An_{50}$
라브라도라이트	(labradorite)	$Ab_{50}An_{50}$ —— $Ab_{30}An_{70}$
비토나이트	(bytownite)	$Ab_{30}An_{70}$ —— $Ab_{10}An_{90}$
아노르사이트	(anorthite)	$Ab_{10}An_{90}$ —— Ab_0An_{100}

장석 중 알칼리 금속(K, Na)을 많이 함유하는 장석, 즉 정장석 · 미사장석 · 새니딘(sanidine, 화학 성분은 정장석과 같음)을 **칼리장석**(kali felspaths)이라고 하고 Ca를 많이 함유하는 장석, 즉 사장석을 **칼크-알칼리장석**(calc-alkalic felspaths)이라고 한다.

장석은 산성 내지 염기성 화성암에 모두 다량(평균 60%) 들어 있으므로 주성분광물 중에서도 가장 중요한 광물이며 암석을 분류하는 데도 가장 중요한 광물이다.

3. 운모류(雲母類: micas)

화성암에서 흔히 나타나는 운모류에는 **흑운모**(biotite)와 **백운모**(muscovite)의 2종이 있다. 흑운모의 분자식은 $K(Mg, Fe^{+2})_3(Al, Fe^{+3})Si_3O_{10}$인 고용체이다. 백운모는 $KAl_2(AlSi_3)O_{10}(OH)_2$인 광물이다. 흑운모는 거의 모든 화성암에 들어 있고 백운모는 규장질인 심성암에 국한되며 화산암에는 적다.

4. 각섬석류(角閃石類: amphybole group)

각섬석이라고 하면 **보통각섬석**(common hornblende)을 가리키나 각섬석류에는 화학 성분과 물리성이 보통각섬석과 비슷한 일군의 광물(예: 양기석 · 투각섬석 · 석면 · 현무각섬석)이 포함된다. 보통각섬석은 화성암 중에 많이 들어 있으며 중성인 화성암(섬록암 · 안산암) 중에 더 많다. 각섬석류의 분자식은 복잡하다. 보통각섬석은 다음 두 가지 단성분(端成分: end member)의 고용체이다.

$(OH)_2Ca_2Na(Mg, Al)_5[(Al, Si)_4O_{11}]_2$와 $(OH)_2Ca_2Fe_5^{2+}[(Fe^{3+}, Si)_4O_{11}]_2$

5. 휘석류(輝石類: pyroxene group)

휘석이라고 하면 **보통휘석**(common augite)을 가리키나 휘석류에는 보통휘석과 비슷한 여러 종류의 광물(예: hypersthene · bronzite · enstatite · 투휘석 · 이박석 · 규회석)이 포함된다. 보통휘석은 중성 내지 염기성 화성암에서 나오며 염기성 화성암은 거의 전부 휘석으로 되어 있는 경우가 있다. 휘석류는 다음 두 단성분의 고용체이다.

$CaMgSi_2O_6$ 및 $(Mg, Fe)(Al, Fe)_2SiO_6$

6. 감람석류(橄欖石類: olivine group)

감람석은 Mg_2SiO_4(고토감람석: forsterite)와 Fe_2SiO_4(철감람석: fayalite)의 고용체이다〔$(Mg, Fe)_2SiO_4$로도 표시됨〕. 고철질 및 초고철질 화성암에만 나타난다. Mg, Fe를 주로한 규산염광물로서 고철질임이 뚜렷하다.

7. 준장석류(准長石類: feldspathoids)

화학적으로는 장석과 비슷한 광물이지만 규산(SiO_2)으로 포화(飽和)되어 있지 않음이 다르다. 그러므로 규장질암 중에는 포함되지 않는다. 준장석은 양적으로는 적으나 암석 분류에 중요한 광물들이며 다음과 같은 것이 있다. 소달라이트(sodalite)·백류석(白榴石)·아우인(hauyne)·하석(霞石)·노세안(nosean).

무색 및 유색광물

석영·장석류·백운모·준장석류는 담색(淡色)이므로 이들을 **무색광물**(無色鑛物: felsic minerals)이라 하고, 흑운모·휘석류·각섬석류·감람석류는 모두 짙은 색이므로 이들을 **유색광물**(有色鑛物: mafic or ferromagnesian minerals)이라고 한다. 유색광물의 함량비를 색지수라고 한다.

화성암은 규장질일수록 무색광물을, 고철질일수록 유색광물을 많이 함유한다.

부성분광물(副成分鑛物)은 주성분광물 외에 소량으로 화성암 중에 들어 있는 광물로서 화성암의 성질을 좌우하지 못하는 것들이다. 부성분광물(accessary component)에는 다음과 같은 것이 있다.

인회석·저어콘·석류석·전기석·자철석.

4. 화성암의 구조와 조직

큰 화성암체나 작은 화성암편들이 각각 다른 종류의 암석으로 인식되는 것은 화성암체들의 형태가 서로 다르고 여러 화성암의 깨진 면에 나타나는 모양이 서로 달라서 구별이 가능하기 때문이다. 이런 화성암의 특징 중 대규모의 것을 **구조**(構造: structure)라고 부르고, 광물입자들이 서로 모여서 만드는 소규모의 특징을 **조직**(組織: texture) 또는 석리(石理)라고 하여 구조와 구별한다.

1. 화성암의 구조

화성암의 구조는 다음의 몇 가지로 나누어 생각할 수 있다. 즉 ① 화성암체의 형태, ② 큰 노출면 또는 큰 파면에서 볼 수 있는 구조, ③ 작은 조각에서 볼 수 있는 작은 구조, ④ 광물의 구조 및 ⑤ 절리로 구분된다.

1. 화성암체의 형태

종류를 달리하는 여러 암석으로 둘러싸여 있는 화성암체나 지표에 분출된 화성암체가 여러 가지 형태(저반·암경·암맥·암상·용암류)로 구별되는 것은 이들이 각각 특유의 구조를 가지고 있기 때문이다. 그러므로 화성암의 산출 상태를 나타내는 용어는 동시에 화성암체의 큰 구조를 나타내는 말이 된다.

2. 큰 노출면에서 볼 수 있는 구조

한 변의 길이가 수십 cm 이상인 큰 노출면 또는 화성암의 파면상에 나타나는 구조에는 다음과 같은 것이 있다.

(1) 괴상(塊狀: massive)　화성암의 파면이 균일한 모양을 가지고 아무 방향성도 발견되지 않으면 이를 괴상이라고 한다.

(2) 유동구조(流動構造: fluxion structure)　심성암은 보통 괴상이지만 잘 조사하면 어떤 방향으로 유동한 흔적이 보이는 일이 있다. 이것이 변성작용에 의한 것이 아니면〔입상화(粒狀化)나 재결정작용이 발견되지 않아야 함〕이를 유동구조라고 한다. 이는 초생구조(初生構造: primary structure)로서 일견 편마암에 가까운 구조를 가지므로 이런 화성

암을 초생편마암(初生片麻岩: primary gneiss)이라고 하여 변성암인 편마암과 구별한다.

3. 유상구조(流狀構造: flow structure)

심성암이 평행구조를 가지면 이를 유동구조라고 부르나 화산암이 유동하여 굳어질 때에 가지게 된 평행구조는 이를 유상구조라고 하여 전자와 구별한다.

4. 호상구조(縞狀構造: banded structure)

색을 달리하는 광물들이 층상(層狀)으로 번갈아 배열되어 만들어지는 평행구조를 호상구조라고 한다.

5. 구상구조(球狀構造: orbicular structure)

암석 중에 광물들이 어떤 점을 중심으로 동심구를 이룬 것을 말한다. 이는 일견 역암처럼 보인다. 구상화강암과 구상반려암은 그 좋은 예이다.

6. 포획암(捕獲岩: xenolith)

화성암 중에 포획된 기존의 암편을 말하며, 화성암 중에 포획암이 들어 있으면 화성암 파면의 모양이 균일하지 못하게 된다. 동일한 마그마로부터 처음에 굳어진 암석이 암편으로 포획되는 일도 있다. 이를 **동원포획암**(同源捕獲岩: cognate xenolith)이라고 한다. 이질의 퇴적암이 포획암으로 잡히면 보통 짙은 색을 띠게 된다([그림 5-7] 참조).

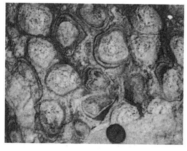

[그림 5-6] 구상화강암
(×1/10)(상주군)

[그림 5-7] 화강암 중의 흑색 포획암
(해남 두륜산)(신인현 제공)

7. 소편상에서 볼 수 있는 구조

장경이 10cm 이하인 작은 암편이라도 화성암을 만드는 광물들이 미립 또는 유리질인 경우에는 이에 나타나는 어떤 특징을 구조라고 부른다.

8. 다공상구조(vesicular structure)

용암 중에 포함되어 있던 기체가 빠져 나가다가 용암이 굳어지면 그대로 잡혀서 고결된 화산암 중에 구멍으로 남게 된다. 이런 구멍이 **기공**(氣孔: vesicle)이고 기공이 많은 암석의 구조를 다공상구조(多孔狀構造)라고 한다.

9. 행인상구조(amygdaloidal structure)

위에서 설명한 원인으로 생긴 기공들이 다른 광물질로 채워진 것을 **행인**(amygdale)이라고 하며 행인이 많은 암석의 구조를 행인상구조(杏仁狀構造)라고 한다.

10. 구과상구조(spherulitic structure)

한 점을 중심으로 광물질이 방사상으로 자라서 구형의 알갱이가 만들어지면 이를 구과(spherulite)라고 하며 구과가 많이 들어 있는 화산암의 구조를 구과상구조(球顆狀構造)라고 한다.

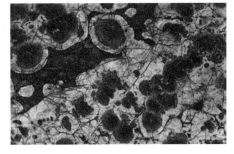

[그림 5-8] 유문암에 생겨난 구과상구조
(현미경사진 ×35)

11. 미아롤리(miarolitic)구조

화강암질 암석 중에 작은 공동(空洞)이 있는 구조를 표현하는 말이다. 공동에는 정동(晶洞: druse)처럼 주위로부터 광물의 결정들이 돋아나 있다.

12. 광물의 구조

광물 안에서 발견되는 현미경적인 모양도 이들 구조라고 한다. **누대구조**(累帶構造: zonal structure), 파동소광(wavy extinction), 광물의 2차적(二次的)인 성장, 쌍정(雙晶)들이 그것이며 개개의 또는 같은 종류의 광물 안의 특징에만 국한된다.

13. 절리(節理: joint)

마그마나 용암이 고결할 때에는 수축이 일어나므로 그 중에 틈이 생기게 된다. 신선한 암석에서는 이들 틈이 잘 보이지 않으나 풍화를 받으면 틈에 따라 풍화가 먼저 진행되므로 오랜 시일이 지나면 굵은 틈이 나타나게 된다. 이런 틈을 절리라고 한다. 절리에는 ① 주상절리, ② 판상절리, ③ 방상절리, ④ 불규칙절리, ⑤ 풍화절리, ⑥ 층상절리가 있다.

2. 화성암의 조직

암석의 작은 조각(장경 10cm 이하)이나 현미경하에서 관찰되는 암석의 **조직**(texture)은 광물 또는 비결정질(유리)이 모여서 나타내는 특징으로서 화성암의 색과는 직접적인 관계가 없다. 화성암을 기재하는 데 중요한 몇 가지 조직을 들면 다음과 같다.

1. 현정질조직(顯晶質組織: phaneritic texture)

육안으로 화성암의 파면을 볼 때 광물 알갱이들이 하나하나 구별되어 보이는 것을 말한다. 이를 **입상조직**(粒狀組織: granular texture)이라고도 한다. 이 때 광물들이 모두 거의 같은 크기이면 **등립질**(等粒質: equigranular), 광물들의 장경이 5mm 이상이면 이를 조립질(粗粒質: coarse-grained), 1~5mm이면 중립질(中粒質: medium-grained), 1mm 이하이면 세립질(細粒質: fine-grained)이라고 한다. 만일 광물들이 대·중·소의 여러 크기를

[그림 5-9] 현무암의 주상절리(제주도 중문관광단지 옆 갯깍)(추교형 제공)

[그림 5-10] 화강암의 판상절리 (월출산) (신인현 제공)

가졌으면 이를 **세리에이트조직**(seriate 또는 hiatal texture)이라고 한다.

2. 비현정질조직(非顯晶質組織: aphanitic texture)

암석 구성 광물이 작아서 육안으로 구별되지 않으나 현미경으로 볼 수 있는 것을 말한다. 현미경으로 광물이 감정되는 것은 **미정질**(微晶質: microcrystalline), 현미경으로도 광물을 감정할 수 없을 만큼 작은 결정들로 된 것을 **은미정질**(隱微晶質: cryptocrystalline)이라고 한다.

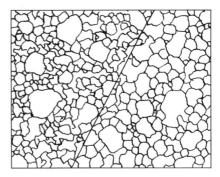

[그림 5-11] 세리에이트조직

3. 유리질조직(glassy texture)

현미경으로도 미정이 거의 발견되지 않고 전부 비결정질로 되어 있는 것을 말한다. 비결정질인 유리 중에는 **정자**(晶子) 또는 **결정배**(結晶胚: crystallite)가 들어 있는 일이 많다. 정자는 결정의 미완성물로 생각되며 결정질이 아니다. 정자보다 더 작은 알갱이를 **먼지**(dust)라고 한다.

4. 반정질조직(半晶質組織: hypocrystalline texture)

결정과 유리가 섞여 있는 암석이 가지는 조직을 말한다.

5. 반상조직(斑狀組織: porphyritic texture)

화성암이 큰 결정들과 그들 사이를 메우는 작은 결정들 또는 유리질로 되어 있는 것을 말하며 이 때 큰 결정들을 **반정**(斑晶: phenocryst), 작은 결정들 또는 유리질로 된 부분을 **석기**(石基: groundmass)라고 한다.

6. 문상조직(graphic texture)

2종 또는 그 이상의 광물들로 되어 있는 화성암에서 동종의 광물들은 각각 일정한 방향을 가지고 나타나서 고대 상형 문자(古代象形文字) 모양의 배열 상태를 보여 주는 암석이

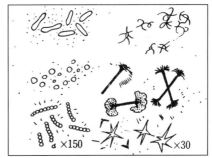

[그림 5-12] 정자 몇 종류

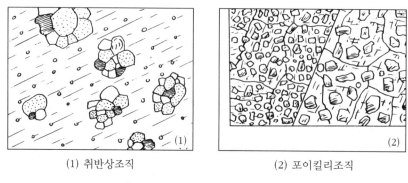

(1) 취반상조직   (2) 포이킬리조직

[그림 5-13] 취반상조직과 포이킬리조직

있다. 이런 암석이 가지는 조직을 **문상조직**(文象組織) 또는 **페그마타이트조직**이라고도 한다.

7. 취반상조직(glomeroporphyritic texture)

반상조직을 가진 암석의 반정이 다수의 광물의 집합체(1종 또는 그 이상의 광물의)로 되어 있으면 이를 취반상조직(聚斑狀組織)이라고 한다.

8. 포이킬리조직(poikilitic texture)

한 개의 큰 광물 중에 다른 종류의 작은 결정들이 다수 불규칙하게 들어있는 조직을 말한다.

5. 화성암의 분류

화성암은 그 화학 성분이 일정하지 않고 성분을 조금씩 달리하여 거의 무한한 수의 변종을 포함한다. 그러므로 화성암을 몇 종류로 구별할 수는 없고 인위적인 분류법이 있을 뿐이다.

1. 화성암의 야외명

화성암은 현미경 관찰과 화학 성분의 차이로 수백 종 이상을 구별할 수 있으나 육

[표 5-3] 화성암의 육안적 분류

색	담색			암색		
SiO₂ %	>65	65-60	60±	55±	52-45	40±
광물성분	석영 정장석 흑운모 백운모 각섬석	정장석 사장석 석영, 흑운모 각섬석 백운모	정장석 흑운모 백운모 각섬석	사장석 각섬석 흑운모	사장석 휘석 감람석	감람석 휘석 자철석 크롬철석
심 성 암	화강암	화강섬록암	섬장암	섬록암	반려암	감람암 더나이트
반심성암	화강반암 석영반암	화강섬록반암	섬장반암 반암	섬록반암 빈암	반려반암 조립현무암	발견되지 않음
화 산 암	유문암 석영조면암	석영안산암	조면암	안산암	현무암	
비현정질암맥	←――――――― 규장암 ―――――――→			←――――― 현무암		
유 리 질	유리질 다공상구조 행인상구조	←――――――――― 흑요암 ―――――――――→ ←――――― 부석 ―――――→ ←――― 행인상 부석 ―――→			분 석 다공상 행인상 현무암	

안적으로도 수십 종을 구별할 수 있다. 야외(野外)에서 채취한 화성암에는 곧 어떤 이름을 붙여 지질 조사에 사용해야 한다. 이런 목적으로 현지에서 붙여 사용하는 암석의 이름을 암석의 **야외명**(field name)이라고 한다.

야외에서 채취한 암석이 화성암이면 이를 조직으로 크게 3분한다. 즉 ① 조립이며 전부 결정으로 된 것(완정질인 것), ② 반상인 것, ③ 치밀하며 비정질인 것. 다음에는 색으로 ⓐ 담색인 것, ⓑ 약간 암색인 것, ⓒ 암색인 것으로 3분한다. 조직은 화성암이 고결된 깊이를 말하여 주는 것으로 ①은 심성암, ②는 반심성암, ③은 화산암이고 색은 ⓐ가 규장질암, ⓑ가 중성암, ⓒ가 고철질암임을 대체로 가리켜 준다. 이들로서 암석을 분류하면 [표 5-3]과 같다.

2. 화학 성분에 의한 분류

화성암의 화학 성분(p. 63)에서 화성암을 SiO₂의 양에 따라 4대분할 수 있음을 알았다. 다음에 알칼리 원소인 Na와 K를 기준으로 삼을 때 $Na_2O + K_2O$의 함유량이 많고

CaO의 함유량이 적은 암석이 있다([그림 5-5] 창조). 이런 암석을 알칼리암(alkalic rocks)이라고 하며 성분이 이와 반대인 암석을 칼크-알칼리암(calc-alkalic rocks)이라고 한다.

알칼리암에서는 또한 Al_2O_3와 $Na_2O + K_2O$ 사이에 다음과 같은 관계가 있다. 즉,

$$Al_2O_3 \leq K_2O + Na_2O$$

알카리암은 K 및 Na를 다량 포함하는 광물들, 즉 정장석·준장석을 많이 함유한다. 칼크-알칼리암에서는 다음과 같이 된다.

$$Al_2O_3 > Na_2O + K_2O$$

그러므로 광물로서는 사장석·휘석·각섬석을 많이 포함케 된다.

한국 내의 제 4 기 화산암은 대부분 알칼리암이고 중생대의 화산암은 칼크-알칼리암이며 태평양 연안 지방(일본을 포함)의 제 4 기 화산암은 대부분 칼크-알칼리암이다. 태평양 연안에 가까우면서도 암석의 화학 성분을 달리하는 한국은 학자들의 흥미를 끌고 있다. 대서양 연안은 알칼리암의 큰 노출지이고 태평양 남쪽의 섬들도 알칼리암으로 되어 있다.

6. 화성암의 IUGS 분류

화성암의 완벽한 분류란 있을 수 없을 것이다. 다만 1967년에 스트렉카이젠(Streckeisen)에 의 하여 IUGS(International Union of Geological Sciences, 국제지질과학연맹)에 제출되었고 약간의 수정을 거쳐 채택된 스트렉카이젠의 분류가 IUGS 분류로 받아들여져 있다. 이 분류는 Q, A, P, F 및 M을 기준으로 한 삼각도표로서 [그림 5-14]는 심성암, [그림 5-15]는 화산암의 분류를 표시한 그림이다.

7. 화성암 각설

다음의 세 표에 기록된 화성암 중에서 중요한 것을 골라서 각각의 특징을 설명하여 화성암 감정에 도움이 되게 하고자 한다. 몇 개의 암석은 이들 표에 없는 것이다.

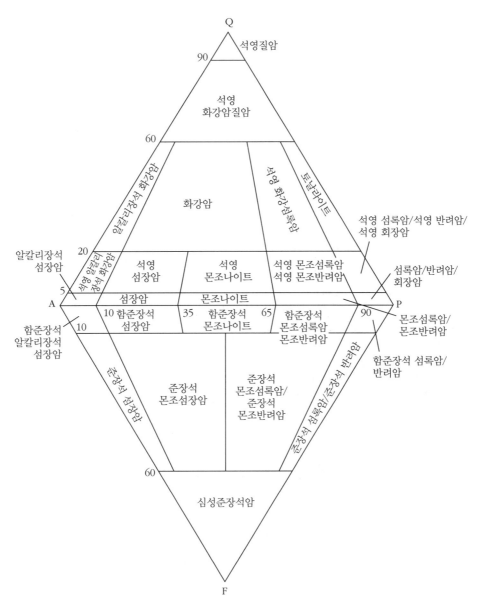

[그림 5-14] 심성암의 분류(Streckeisen, 1973, 1976)

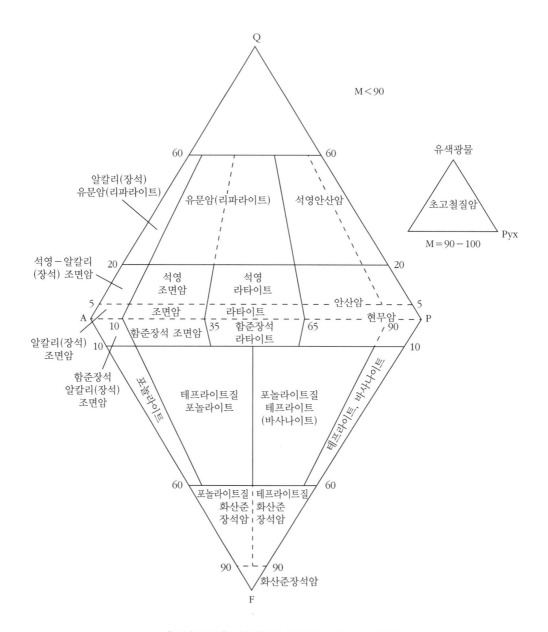

[그림 5-15]   화산암의 분류(Streckeisen, 1979)

1. 규장질암(珪長質岩: felsic rocks)

1. 화강암(花崗岩: granite)

광의(廣義)의 화강암은 화강섬록 암을 포함하나 협의의 화강암은 알칼 리화강암이다. 알칼리화강암은 장석 (60%±), 특히 칼리장석(정장석·미사 장석)·석영(20~40%)·운모를 주성분 광물로 하는 완정질이며, 현정질(장경 1mm~5mm)인 등립질 암석이다. 유색 광물의 양은 10% 내외이므로 화강암은 담색이며 유백색 내지 담홍색(장석의 색 의 영향으로), 담회색(유색광물의 색의 영 향으로)을 보여 주나 담록색(미사장석이 녹색일 때)인 경우도 있다. 간혹 큰 장석 이 증가하여 반상화강암이 된다.

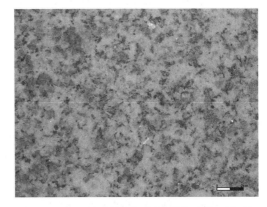

[그림 5-16] 화강암. 흰 것은 장석, 검은 것은 흑 운모, 회색은 석영(실제는 투명) (월출산) (신인현 제공)

화강암은 저반으로 넓은 면적을 점하며 노출됨이 보통이나 작은 면적으로 나타나 암주를 만드는 경우도 있다. 병반 또는 암맥으로 나타나는 경우도 있으나 드물다.

함유된 유색광물 중 양적으로 많은 것의 이름을 화강암 앞에 붙여서 화강암의 종류 를 구별한다. 흑운모화강암(보통 花崗岩이라고 하는 것), 백운모화강암, 복운모화강암(two mica granite, 이들도 그대로 화강암이라고 부른다), 각섬석화강암이 있다. 협의의 화강암은 세계적으로 그 분포가 적다.

2. 화강섬록암(granodiorite)

화강암의 일종으로서 사장석을 칼리장석(정장석과 미사장석)보다 훨씬 더 많이(2배 이상) 포함하여 협의의 화강암보다 석영의 함유량이 적고 유색광물로 흑운모와 각섬석 을 포함한다. 보통 화강암이라고 부르는 것은 화강섬록암(花崗閃綠岩)이며 세계적으로 그 분포가 넓다. 우리 나라에서 화강암이라고 부르는 것도 대부분 이에 속한다.

3. 화강암에 대하여

화강암은 지금까지 무조건 화성암으로 생각되어 왔으나 학자에 따라서는 변성암의 일종이라고 생각한다. 왜냐하면 이미 존재하여 있던 다른 암석이 변성암이나 편마암으로 변하는데 이것이 더 변하면 화강암이 이루어질 수 있기 때문이다.

4. 화강반암(花崗斑岩: granite-porphry)

광물 성분과 화학 성분은 화강암과 비슷하나 반상조직을 가지고 석기가 세립질이며 완정질이다. 다량의 석영과 정장석이 반정으로 들어 있으며 흑운모·각섬석·미사장석·사장석도 소량 포함된다. 석기는 세립의 석영 및 장석으로 되어 있다. 회백색·담회록색·담홍색의 맥암으로 산출되고 또 화강암의 주연부(周緣部)에 수반되어서 화강암의 마그마가 비교적 급히 냉각되어 이루어진 것임을 가리켜 준다. 또 석영반암의 두꺼운 암맥 중심부에 나타나기도 한다. 주의할 것은 반상화강암(porphyritic granite)과의 차이점이다. 반상화강암은 입자가 보통 화강암과 같고 그 중에 더욱더 큰 장석의 결정이 점재되어 있으나 화강반암은 석기의 입도가 1mm 이하로 작다.

5. 석영반암(石英斑岩: quartz porphyry)

이것 역시 화강암과 비슷한 광물 및 화학 성분을 가진 암석이지만 반상조직을 가진 점, 전체로 세립질인 점이 다르다. 반정은 석영·정장석·사장석·운모이고 석기는 미정질 내지 은미정질로서 규장질(珪長質)·미화강암질·미문상조직을 보여 주며 화강반암보다 더 미립질이다. 유백색·회백색·회색·녹회색·담갈색·갈색의 여러 가지 색을 보여 주는 암맥 또는 용암류로 산출되며 화강암의 주연부에도 수반된다. 반

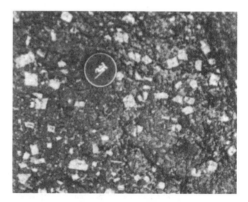

[그림 5-17] 석영반암

정이 보이지 않으면 **미화강암**(微花崗岩: microgranite), **규장암**(珪長岩: felsite), **문상반암**(文象斑岩: granophyre)으로 되며 이들도 석영반암의 일종이다.

6. 페그마타이트(pegmatite)

화강암의 마그마가 냉각되는 도중에는 일부에 유동성이 큰 마그마가 모인다. 이것이 이미 고결된 화강암이나 그 주위의 암석을 뚫고 들어가서 대단히 큰 결정으로 된 석영과 장석을 주성분으로 한 암맥을 만든다. 그러므로 페그마타이트를 거정화강암(巨晶花崗岩)이라고도 한다. 이는 대체로 문상연정(文象連晶)을 이루며 유색광물의 양이 적은 암맥이다.

페그마타이트 중에는 간혹 특수한 광물들을 포함하는 일이 있어서 그런 광물의 광상을 이루는 일이 있다. 그 예로서는 인회석 · 저어콘 · 석류석 · 전기석 · 녹주석 · 주석석(柱錫石) · 형석 · 황옥 · 강옥 · 모나자이트(monazite) · 제노타임(xenotime) · 콜럼바이트(columbite) · 퍼규소나이트(fergusonite)를 들 수 있다.

상술한 것은 화강암질 마그마에서 만들어진 것으로서 정밀히는 화강암질 페그마타이트(granite-pegmatite)라고 할 것이다. 다른 종류로서 섬록암질 페그마타이트(diorite-pegmatite) · 반려암질 페그마타이트(gabbro-pegmatite) · 섬장암질 페그마타이트(syenite-pegmatite)가 있다.

7. 반화강암(半花崗岩: aplite)

성분은 페그마타이트와 같으나 구성 광물의 결정이 1mm 이하인 완정질 암맥으로서 백색 · 회백색 · 담갈색을 띤다. 페그마이트에 접하여 암맥을 이루는 일이 많다.

8. 석영조면암(石英粗面岩: quartz-trachyte 또는 liparite)

광물 및 화학 성분은 화강암과 비슷하나 조직이 화강암과 전혀 다른 분출암이다. 반상조직을 가지는 일과 반정이 전혀 없는 일이 있다. 반정으로는 장석(칼리장석)과 석영이 소량의 유색광물의 작은 입자들과 같이 나타나며 석기는 은미정질 내지 유리질이다. 백색 · 담홍색 · 담회색으로 담색을 보여 주며 용암류와 암맥으로 산출된다.

9. 유문암(流紋岩: rhyolite)

석영조면암에 유상구조(流狀構造)가 보

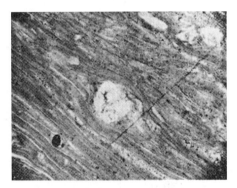

[그림 5-18] 유 문 암

이면 이를 유문암이라고 한다.

2. 중 성 암

1. 섬장암(閃長岩: syenite)

적색·담회색의 완정질이며 현정질인 조립의 등립질 암석으로서 주성분 광물은 칼리장석과 각섬석이다. 유색광물로 흑운모가 많아지면 흑운모섬장암, 투휘석(透輝石)이 많아지면 투휘석섬장암이라고 한다. 교대작용으로 다른 암석이 변하여 만들어지는 일도 있다. 우리 나라에서는 산출이 희소하며 강원도 양양 철광산 부근에 작은 산출지가 있다

2. 몬조니암(monzonite)

정장석과 사장석의 함량이 비슷한 (섬록암과 섬장암의 중간적인) 암석으로서 회백색, 완정질 등립질인 심성암이다. 몬조나이트라고도 하며 육안으로는 섬록암과 구별이 곤란하다.

3. 섬록암(閃綠岩: diorite)

전체로는 회록색 내지 회색이나 자세히 보면 흑색의 반점이 많은 완정질이며 등립질 심성암이다. 주성분 광물은 사장석과 각섬석이고 간혹 흑운모와 휘석을 포함하며 석영과 정장석을 드물게 포함한다. 사장석의 대부분은 안데신(andesine: $Ab_{60}An_{40}$)이다. 외관은 화강암과 비슷하나 색이 짙다. 저반과 암주로 지표에 나타남이 보통이나 암맥을 만드는 일도 간혹 있다. 또 화강암체의 연변부(緣邊部)가 급속히 냉각하여 섬

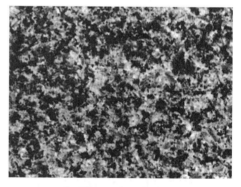

[그림 5-19] 섬 록 암

록암이 만들어지는 일이 있다. 장석과 각섬석 외에 많이 포함된 광물명을 붙여서 다음과 같이 구별한다. 흑운모섬록암·휘석섬록암·영운(英雲)섬록암·영휘(英輝)섬록암이 그것이다.

4. 섬장반암(閃長斑岩: syenite porphyry)

이것은 **반암**(斑岩: porphyry)이라고도 하며, 화학 성분은 섬장암과 같다. 장석을 주로 하고 각섬석과 흑운모를 섞은 미정질 석기 속에 정장석을 반정으로 한 반심성암이다. 야외에서는 반정이 정장석인지를 감정하기 어려우므로 장석을 반정으로 하고 석영을 포함하지 않는 담색 내지 담회색의 반심성암을 장석반암(feldspar porphyry)이라고 부른다.

5. 섬록반암(閃綠斑岩: diorite porphyry)

이것을 **빈암**(玢岩: porphyrite)이라고도 하며, 화학 성분은 섬록암과 같다. 회록색·흑회색·갈록색을 띠며, 사장석을 주로 하고 휘석·자철석이 섞인 미정질 석기 속에 사장석·각섬석·휘석을 반정으로 한다.

6. 조면암(粗面岩: trachyte)

화학 성분이 섬장암과 같은 분출암이다. 풍화되면 거친 표면을 나타내므로 이런 이름이 주어졌다. 회색 내지 담홍색을 띠며 반정으로 정장석을 가진다. 석기는 정장석과 사장석으로 되어 있으며, 소량의 흑운모·각섬석·휘석을 포함한다. 석기가 유리질인 경우도 있다.

7. 안산암(安山岩: andesite)

현무암 다음으로 흔한 화산암으로서 담회색·회색·갈색·갈회색을 띤다. 사장석(안데신)을 주로 하고 각섬석·휘석·흑운모가 섞인 반정이 유리질·은미정질·미정질의 석기 속에 들어 있다. 안산암이 화산에서 공급된 열수(熱水)로 변질되면 녹색을 띤 변후안산암(變朽安山岩: propylite)으로 된다. 안산암은 안데스 산맥에 있는 여러 화산에서 유출되므로 그 이름이 붙여진 것이다.

[그림 5-20] 안 산 암

8. 석영안산암(石英安山岩: dacite)

화학 성분은 화강섬록암과 비슷하다. 반상조직을 보여 주는 일이 보통이나 반정이 없는 경우도 있다. 석기는 사장석·정장석·석영 및 소량의 유색광물로 되어 있는 분출암으로서 담회색·담적갈색·암회색을 보여 준다.

3. 비현정질 및 유리질 암석

산성에서 염기성에 걸친 암석으로서 은미정질 내지 유리질조직을 가진 것은 육안적으로 감정이 곤란하다. 그러므로 [표 5-3] 아랫쪽에 표시된 화학 성분의 범위가 넓은 몇 종류의 암석이 구별된다.

1. 규장암(珪長岩: felsite)

반정이 발견되지 않는 은미정질의 반심성암으로서 암석의 색은 백색에서 담회색인 것까지 있다. 대체로 규장질인 암석이며, 미립의 석영과 장석으로 되어 있다. 소수의 석영이 반정으로 나타나는 것을 **석영규장암**이라고 하며, 반정이 많아지면 **석영반암**이 된다.

2. 흑요암(黑曜岩: obsidian)

흑색의 유리질 화산암으로서 깨진 자국이 유리광택을 내며 패각상(貝殼狀: conchoidal)이다. 흑색 외에 드물게 적색·녹색·갈색을 띠는 것이 있다. 화학 성분은 유문암에서 안산암에 해당하는 것까지 있으나 유문암에 가까운 것이 대부분이다. 1% 이하의 수분을 함유하며, 분출하여 급히 냉각되어 만들어진다. 반정이 없으며 간혹 구과(球顆: spherulite)를 포함한다. 송지암과 비슷하나 수분이 적다.

3. 진주암(眞珠岩: perlite)

수분을 4% 이하 포함한 유리질화산암이며, 성분은 유문암과 비슷한 것이 대부분이다. 파면은 패각상이다.

4. 송지암(松指岩: pitchstone)

핏치 모양의 광택을 내며, 여러 가지 색을 가진 유리질화산암으로서 화학 성분은 산성에서 중성에 걸친다. 수분 포함량은 6~8%로 유리질화성암 중 가장 많으며 흑요암과 구별된다.

5. 부석(浮石: pumice)

유리질인 용암에 기공이 많아서 다공상구조을 보이며 물에 뜰 정도로 가벼운 암석이다. 화학 성분은 유문암에 가까운 것이 대부분이다. 색은 백색 내지 담회색이다.

6. 분석(噴石: cinder, 또는 scoria)

고철질 내지 중성인 화산암에 기공이 많은 부분이나 그 파편은 물에 뜨지 않는다. 암회색임이 보통이며, 유리질과 결정이 섞여 있다. **행인상분석**은 분석의 기공이 광물질로 메꾸어진 것이고 **행인상현무암**은 행인상분석의 일종으로서 기공이 광물질로 채워진 것이다. 채워진 광물질로는 담백석(opal)·불석(沸石: zeolite)·방해석이 있다.

4. 고철질암(苦鐵質岩: mafic rocks)

1. 반려암(斑糲岩: gabbro)

조립질 내지 세립질의 완정질이고 등립질인 심성암으로서 주성분 광물은 Ca-사장석 및 휘석(透輝石·異剝石)이 각 50% 정도씩이다. 녹흑색·암흑색의 유색광물 중에 담회색의 사장석이 섞여 있는 암주·저반·암맥으로 나타난다. 들어 있는 유색광물의 종류에 따라 각섬반려암·감람반려암·양휘석반려암으로 구별된다.

[그림 5-21] 반려암

우리 나라에는 회장암이 경상남도 지리산 부근에 넓게, 동래 부근에 좁게 노출된다. 알칼리반려암은 칼리장석을 함유하는 반려암이다. 반려암은 대양지각의 하부를 구성하는 암석이며 대양지각에 수직으로 관입한 암맥군(岩脈群)을 형성한다.

2. 조립현무암(粗粒玄武岩 :dolerite)

암회색 내지 암흑색의 암맥으로서 중립질 내지 세립질이며, 화학 성분은 현무암과 거의 같으나 완정질이며 현무암보다 조립질임이 다르다. 주성분 광물은 Ca-사장석과 휘석이며 감람석과 운모를 함유하는 경우가 있다. **반려반암**(gabbro porphyry)이라고도 한다.

3. 휘록암(輝綠岩: diabase)

암록색 · 흑록색 · 회록색을 보여 주는 암맥이며, 이는 조립현무암의 성분 광물이 다소 변질하여 암석이 녹색을 띠게 된 것으로서 휘록암을 조립현무암과 같은 뜻으로 쓰는 학자도 있다.

4. 현무암(玄武岩: basalt)

흑색 내지 암회색의 치밀한 고철질 화산암이지만 때로는 반상조직을 보이는 **현무반암**(basalt porphyry)이 된다. 주성분 광물은 Ca-사장석과 휘석이며 이들이 반정을 이루기도 한다. 석기는 래스(lath)상의 사장석 · 입상의 휘석 및 자철석으로 되어 있다. 석기는 또한 반정질 내지 유리질인 경우도 있다. 용암류로 산출되는 일이 가장 많으나 암맥 · 암상으로도 산출된다. 용암류

[그림 5-22]   현무암(제주시 해안)(추교형 제공)

(熔岩流)인 경우에는 다공상으로 되는 일이 있다. 우리 나라에서는 백두산 · 제주도 · 울릉도 · 연천(漣川) 부근에 나고 제 3 기층 중에는 암상으로 난다. 현무암은 또한 대양지각의 상반부를 형성한다.

5. 알칼리현무암

K와 Na를 많이 포함하고 휘석과 준장석을 포함한 현무암이다. 대서양 연안과 한국에 분포하나 태평양 연안에는 분포되지 않는다.

5. 초고철질암(超苦鐵質岩: ultramafic rocks)

1. 감람암(橄欖岩: peridotite)

암록색·흑록색의 짙은 색을 가진 완정질인 조립질 암석으로서 암맥·암상으로 난다. 견고하나 변질작용으로 흑점과 백점이 산재하게 된 것이 있다. 주성분 광물은 감람석이며 각섬석 및 휘석을 동반한다.

광물 성분에 따라 다음과 같이 구별된다. 주로 감람석으로만 된 것은 더나이트(dunite)이다. 이 밖에 양적으로 많은 광물 성분에 따라 각섬석감람암·휘석감람암·섬휘감람암으로 구별된다. 감람암이 수분을 흡수하여 변성되면 사문암(蛇紋岩)이 된다. 감람암은 철광이나 크롬철광을 함유하는 일이 있다.

초염기성암인 더나이트와 감람암 같은 심성암이 있을 뿐 화산암에 해당하는 초염기성암은 드물다. 이런 사실은 초염기성암이 마그마 분화로 인하여 가라앉은 무거운 광물들로 구성된 것임을 의미하는 듯하다. 감람암은 맨틀을 구성한 굳은 암석이다.

8. 마그마

화산(火山)에서 녹은 돌이 흘러나오는 것을 보고, 우리는 지하 깊은 곳에 마그마쳄버가 있을 것임을 짐작하였다. 그런데 앞에서 배운 바와 같이 화성암에는 여러 종류가 있으므로 마그마도 여러 종류일 것으로 생각된다. 지구의 내부에는 액체로 된 핵(核)이 있으나 핵에서 녹은 물질이 지표에까지 뿜어 나온다고는 생각되지 않는다. 현재 학자들은 맨틀이 감람석의 성분을 가진 암석으로 되어 있는 것으로 추측하고 있으며, 특히 맨틀의 연약권은 거의 녹을 수 있는 온도에 접근해 있고, 곳곳에서 부분적 용융(partial melting)이 일어나서 현무암에 가까운 성분의 마그마가 생겨날 것으로 생각된다. 이것이 분출하여 인도의 데칸 고원(高原)이나 미국의 오레곤주의 현무암대지(臺地)를 만들게 한 것으로 생각되며, 태평양에 많은 섬을 만들었을 것으로 생각된다. 특히 대양지각(大洋地殼)은 현무암과 반려암의 층으로 되어 있으며, 맨틀에서 일어나는 대류(對流)로 위로 이동된 고철질 마그마가 대양저산맥의 열개부(裂開部)에 추가된 후 양쪽으로 갈라져서 대양지각을 확장시킨다.

섬록암과 육지의 대부분의 화산에서 분출되는 안산암은 대륙지각(大陸地殼) 밑

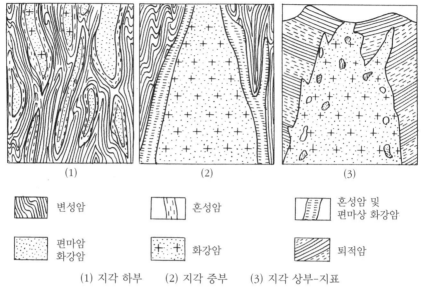

	변성암		혼성암		혼성암 및 편마상 화강암
	편마암 화강암		화강암		퇴적암

(1) 지각 하부   (2) 지각 중부   (3) 지각 상부-지표

[그림 5-23] 화강암질 마그마가 관입한 모양을 나타낸 그림

바닥 부근에서 생성된 마그마가 상승한 것이며 특히 안산암은 대륙지각 아래로 섭입(subduction)하는 대양지각이 대륙지각과의 사이에서 일으키는 마찰 때문에 생긴 열로 용융된 마그마가 해구에 평행한 육지에 화산을 만들며 분출한 것으로 생각된다. 유문암과 화강암은 대륙지각의 화강암질 물질이 녹아서 만들어진 마그마에서 생성된 것이다.

그러면 현무암질 마그마는 대체로 지표하 100~400km에서 만들어져서 지표로 상승한 것일 가능성을 생각할 수 있고 화강암질인 마그마가 생기는 깊이는 지표하 20~30km일 것으로 생각할 수 있다. 대륙지각에서의 마그마 생성에는 대륙지각에 특히 많은 방사성 원소의 붕괴(朋壞)에 의한 열(熱)을 생각할 수 있을 것이다.

화강암과 사문암이 변성암일 가능성에 대하여는 이미 기술하였다.

마그마가 지각 중에 관입한 모양은 [그림 5-23]과 같다. 이는 가설적인 그림으로서 대륙지각의 깊이에 따라 생성되는 암석의 구조와 종류 및 암체의 규모가 서로 다름을 나타낸다.

제 6 장
지표의 변화

1. 인력과 열

1. 중력(重力)

어떤 물체가 지표에 머물러 있는 것은 지구와 그 물체 사이에 만유인력(萬有引力)이 작용하기 때문이다. 지구와 지구 주위의 물체에 미치는 만유인력이 바로 중력(gravity)이다. 물질이 낮은 곳으로 이동하는 것도 중력의 작용에 의한 것이다. 자전하는 지구의 원심력(遠心力)은 적도(赤道)에서 가장 크게 작용한다. 중력은 지구의 만유인력에서 원심력에 해당하는 힘을 뺀 것이므로 적도에서의 중력은 극(極)에서보다 작다. 양극(兩極)에서 189gr인 물체는 적도에서 188gr밖에 안 된다.

지구 표면의 육지를 없애고 일정한 깊이의 바다로 덮이게 한다고 하면 이 바다의 표면은 양극 사이가 약간 납작하고 적도가 불어나온 타원체(楕圓體)가 될 것이다. 이러한 이상적인 표면을 지오이드(geoid)라고 한다. 지오이드는 만유인력과 지구 자전에 의한 원심력이 완전한 균형을 이루고 있는 타원체이다. 지구 표면적의 71%를 차지한 해양의 표면은 거의 지오이드에 가깝다.

육지 표면에 내린 비와 눈은 중력으로 지표면의 사면(斜面)을 따라 흘러서 바다로 들어간다. 수면(水面)의 높이가 해수준면보다 86m 낮은 캘리포니아의 데스 밸리(Death

Valley), 392m가 낮은 사해(死海: Dead Sea)도 있지만 물을 더 낮은 곳까지 흘러내리게 한다.

2. 다른 천체의 인력

지구에 제일 가까운 천체인 달의 질량(質量)은 지구의 1/81에 불과하지만 지구에 큰 힘을 미친다. 달과 지구의 공동 중심(共同重心)은 지구 속에 있으며 해수준면(海水準面) 아래 약 1,600km에 있다. 태양은 질량이 대단히 크지만 먼 곳에 있기 때문에 그 인력은 달의 인력의 46%에 불과하다. 달과 태양의 인력은 바닷물과 지각에 조석(潮汐)을 일으킨다. 지각에는 30cm의 조석이 일어나는 것으로 계산되어 있다. 바다에서 일어나는 조석은 바다의 파도가 육지를 깎는 범위를 넓혀 주므로 중요하며 썰물과 밀물 사이, 즉 조간대(潮間帶: tidal zone)에 사는 생물을 살게 하는 점에서 중요하다.

3. 지구의 열류출(熱流出)

지구 내부의 열은 지구 밖으로 방출되며 그 **열류량**(heat flow)은 1cm²마다 1.5×10^{-6} cal/sec, 또는 1년에 40cal이다. 이 열량(熱量)은 1년에 두께 0.5cm인 얼음(0℃) 의 층(層)을 녹일 수 있음에 불과하다. 이는 태양광선이 지구에 보내는 평균 열량의 1/5,000에 불과하며 적도 부근의 사막에 내리쬐는 태양 열량의 1/17,000에 불과하다. 그러나 화산(火山)과 같이 국부적으로는 다량의 지열을 유출하는 지대가 있다. 또한 온도가 0℃인 빙하는 지열 때문에 빙하 밑바닥의 얼음이 1년에 0.5cm 녹음으로써 빙하 밑의 흙이 물을 머금게 하여 빙하의 흐름을 활발하게 하여 주고, 이로 인한 지면(地面) 의 침식을 촉진시킨다.

4. 태양의 열

지구가 태양으로부터 받은 열량은 지구와 지름이 같은 원판이 태양의 직사광선을 받을 때의 열량과 같으며 이 평면의 1cm²의 면적이 받는 열량은 매분(每分) 2cal이다. 그러나 지구의 표면적은 지축(地軸)을 포함한 단면(斷面)의 4배이므로 1cm²의 지표면 (地表面)이 받는 열량은 매분에 평균 0.5cal이다. 지구에 도달하는 복사(輻射) 에너지의 35% 중 그 2/3는 구름에서, 나머지 1/3은 대기 중의 먼지와 안개 및 지표에서 반사되어 우주 공간으로 달아나 버린다. 65%의 복사 에너지는 공기·흙·암석·물에 의하여 흡수 되나 결국에는 다시 긴 파장(波長)의 열선(熱線)으로 변하여 공간으로 방출된다. 지질시대를 통하여 지구는 식어 가고 있으므로 매년 받아들이는 태양의 열과 지구 내부의 열은 모두 방출되어 버린다고 생각해야 한다.

대기 중의 오존(O_3) · 수증기(H_2O) · 이산화탄소(CO_2)는 태양의 복사 에너지를 선택적(選擇的)으로 흡수한다. 오존은 지상 약 50km의 상공에서 오존층을 형성하고 자외선(紫外線)의 대부분을 흡수하며, 그 곳의 대기는 0℃에 가까와진다. 50km보다 더 높은 곳과 더 낮은 곳의 기온은 −60℃이다. 대기권 하부에서는 수증기와 이산화탄소가 적외선(赤外線)의 일부를 흡수한다. 그리하여 대기를 뚫고 지표에 도달하는 태양광선의 대부분은 가시광선(可視光線)과 이에 가까운 적외선 및 자외선으로 되어 버린다.

해양 표면에 도달한 태양 에너지 중 적외선은 곧 해수면 아래 수 mm 사이에서 흡수되어 열로 변한다. 가시광선 중 청록색은 가장 깊이 들어가지만 모든 광선은 해수면 아래 100m까지에서 모두 흡수되어 열로 변한다.

토양이나 돌로 된 지면에 도달한 태양의 에너지는 흡수가 물보다 비효율적(非效率的)이다. 암석은 가시광선을 거의 통과시키지 않으므로 태양광선은 그 표면에서 일부가 반사되고 나머지는 열로 변한다. 암석은 물보다 열전도율(傳導率)이 크지만 대류(對流)를 일으키지 못하므로 암석 속으로 깊이 전해지지 못하고 겉에만 집중되어 암석을 뜨겁게 만든다.

2. 암석의 풍화

암석이 대기 중에서 기계적 및 화학적으로 변하여 작게 파괴되는 과정을 암석의 풍화(rock weathering)라고 한다.

1. 기계적 풍화

기계적으로 암석이 파괴되는 주요 원인은 위에 놓였던 하중의 제거에 의한 압력의 감소와 물의 동결(凍結) 두 가지이다.

1. 압력의 제거

1기압은 0.76m의 수은주(水銀柱)의 압력에 해당하며, 이는 물의 기둥 약 10m

〔＝0.76m×13.6(수은의 비중)
≒10.3m〕의 압력에 해당된
다. 그러므로 수면하(水面
下) 10m에서는 약 2기압의
압력이 생기며, 10m씩 깊
어짐에 따라 1기압씩 기압
이 증가한다. 밀도가 2.7gr/
cm³인 암석은 지하 약 4m
에서 1기압이 된다〔4m×
2.7＝10.8(m)〕. 암석 속으로
깊이 들어감에 따라 기압은
비례하여 증가한다.

[그림 6-1] 서울 낙산의 층상절리

　　퇴적분지에 퇴적암이
쌓이고 그 위에 두꺼운 지층이 더 쌓이면, 이 퇴적암은 큰 압력하에 놓이게 된다. 또 깊
은 곳에서 굳어지는 화성암(火成岩)은 높은 압력하에 있다. 이런 곳이 융기(隆起)하면
바다가 물러가고, 또 깊은 곳에 있던 암석이 높이 솟아올라 침식작용을 받게 된다. 위
에 놓였던 두꺼운 암석이 깎여서 다른 곳으로 운반되면 암석에서 높은 압력이 점점 제
거(除去)되므로 암석은 팽창하면서 지표에 노출되기 전에 많은 틈, 즉 절리(節理)를 가
지게 된다. 층리(層理)가 잘 발달된 퇴적암에는 융기할 때의 힘으로 거의 직각(直角)인
두 방향의 절리가 생긴다. 화강암에는 층상(層狀)절리(sheeting joint)가 잘 생겨나며, 한
층의 두께는 1m 내외인 것이 많다. 층상절리는 지면의 구배와 거의 평행함이 특징이다.
산의 사면이 굴곡(屈曲)하여 있는 곳에는 이와 평행한 굽은절리(curved joint)가 생겨난
다. 층상절리는 지표하 100m 부근까지 발견되나 그보다 더 깊은 곳은 압력이 크므로 팽
창하지 않아 절리가 생기지 않는다. 층상절리가 있는 깊은 곳에서 신선한 돌을 떼어 내
면 암석의 길이가 1/1,000가량 길어지는 것을 볼 수 있는데, 이는 압력의 제거에 의한
변화이다. 지하 깊은 곳에 뚫은 갱도(坑道)의 벽이 폭발하듯이 튀어나오는 것은 압력의
제거로 일어나는 국부적인 현상이다.

　　압력의 제거로 생긴 절리는 그들 사이의 간격이 크므로 암석을 곧 작은 조각으로
만들지는 못하나 이 절리에 따라 물·공기·생물의 작용이 일어나기 시작하여 다음 단
계의 파괴작용을 일으킬 터전을 장만해 주는 중요한 일을 한다.

2. 물의 동결

물이 얼면 9%의 부피의 증가가 일어난다. 지표나 토양 속의 물이 얼 때에는 자유로이 부피의 증가를 일으키나 암석의 틈 속에 들어간 물이 겉에서부터 얼어 들어가면 속의 물은 밀폐(密閉)된 상태에 놓이게 되고 이것이 얼 때의 부피의 증가는 암석을 쪼갤 수 있는 큰 압력을 나타낸다. 완전히 밀폐된 곳의 물이 얼어서 −1℃의 얼음으로 변하면 주위에 대하여 약 100kg/cm²의 압력을 일으킨다. 그러나 얼음은 이렇게 큰 압력에 견딜 만큼 강하지 못하다. 따라서 틈 속의 얼음이 생길 때는 겉의 얼음이 압력을 받고 틈 밖으로 밀려 나오므로 틈 속의 압력은 곧 감소하게 된다.

이렇게 하여 물의 동결이 이론적인 압력을 나타내지 못하더라도 물이 얼었다 녹는 일이 반복되면 암석은 잘게 쪼개진다. 이렇게 얼음이 암석을 쪼개는 작용을 **얼음의 쐐기작용**(frost wedging)이라 한다. 이 작용은 기온이 낮에는 영상(零上), 밤에는 영하(零下)로 변하는 습윤한 지방에 잘 나타난다.

그런데 대단히 작은 틈 속에 들어 있는 물은 온도가 상당히 내려가도 얼지 않는다. 이는 모세관 현상(毛細管現象)으로 물이 강하게 암석에 붙어 있기 때문이다. 아주 작은 틈 속의 물은 얇은 수막(水膜)을 만들고 이는 반결정질(半結晶質)인 분자 구조를 암석 표면에 만들어서 물의 동결(凍結)과 관계 없이도 팽창하여 암석을 파괴한다.

[그림 6-2] 화강암의 절리가 쐐기작용으로 쪼개진 모양(경복궁 성벽×1/18)

3. 결정의 작용

물에 녹아 있는 물질은 물이 말라 버리면 결정으로 변하게 된다. 암석이나 광물들 사이의 작은 틈 속에 이러한 결정이 생겨나면 얼음과 비슷하게 주위에 압력을 가하여 이들을 쪼갠다. 미국의 국립표준국(U.S. National Bureau of Standards)에서는 화강암이 파괴되는 이유를 찾기 위하여 다음과 같은 두 가지 실험을 하였다. 첫째 실험은 화강암을 6시간 동안 $-12℃$로 냉각시킨 다음 1시간 동안 20℃인 물에 담가서 녹이는 것으로서 이를 5,000회 반복했으나 눈에 뜨일 만한 파괴가 일어나지 않았다. 둘째 실험은 물 대신 황산나트륨(Na_2SO_4)의 포화 용액을 쓰는 것이다. 황산나트륨의 용액이 결정을 형성할 때에는 얼음이 결정으로 변할 때와 비슷한 압력을 주위에 미친다. 화강암 덩어리를 황산나트륨의 포화 용액(15℃±)에 17시간 동안 담갔다가 105℃에서 7시간 동안 건조시키는 일을 42회 반복한 결과 암석이 부스러지는 것을 볼 수 있었다. 이런 결과로도 틈 속에 결정이 생기면 암석이 쪼개진다는 사실을 알 수 있다.

빗물이 토양 중을 흐르는 동안에 광물질을 녹이게 되고 이것이 암석의 틈 속에 들어간 후 건조되면 암석의 파괴가 일어날 것임을 짐작할 수 있다. 가장 문제가 될 물질은 석고(石膏: $CaSO_4 \cdot 2H_2O$)이다. 유황(硫黃)을 포함한 석탄이나 석유를 태울 때 생기는 연기가 빗물에 녹으면 약한 황산(H_2SO_4)이 생성되고, 이것이 암석 틈에 들어가서 석고의 결정으로 변하면 특히 석회암(石灰岩)으로 된 건물을 파괴하기 쉬우므로 도시(都市)에서는 이에 주의해야 할 것이다. 이 작용은 기계적인 풍화에 속하나 화학적 풍화와도 관계가 깊은 것이다.

4. 온도의 변화

암석은 낮에 가열되었다가 밤에는 냉각된다. 밤과 낮, 계절에 따라 암석 표면의 온도는 변한다. 조암광물(造岩鑛物)은 종류에 따라 그 팽창률이 다르므로 오랫동안 이런 변화가 계속되면 암석은 파괴될 것으로 생각하는 사람이 있다. 그러나 아직도 온도 변화나 태양에 의한 암석의 가열이 암석을 파괴한다는 것을 실험으로 증명한 사람은 없고 도리어 그 반대의 결론이 나와 있다. 미국의 그리그스(Griggs)는 1936년에 화강암(한 변이 약 8cm인 주사위 꼴)을 약 140℃로 5분간 가열하였다가 선풍기의 바람을 10분간 쐬어서 30℃로 식히는 실험을 89,400번 반복하였는데 이는 244년에 해당하는 것이었다. 그러나 화강암은 현미경으로 보아도 아무런 변화의 증거를 보여 주지 않았다.

또 미국 표준국에서는 화강암을 건조한 상태에서 105℃로 가열하였다가 $-10℃$로

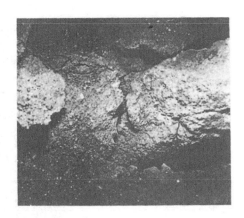

[그림 6-3]   10억 년 이상 월면에 노출되어 있던 월석의 입체 사진 쌍(입체경으로 볼 것)

냉각시키는 실험을 2,000번 반복하였으나 변화의 증거를 발견하지 못하였다. 이 두 실험은 온도 변화만으로 암석이 파괴될 수 있는 것으로 생각한 상식적인 해석에 주의를 환기시키는 것이었다. 그러나 일면 사하라(Sahara) 사막의 큰 돌들이 쪼개져 있고 또 밤에는 급히 냉각되는 돌이 쪼개지면서 총 소리와 같은 굉음을 낸다는 사실이 알려져 있고 최근 호주의 사막에서는 여러 가지 암석이 쪼개져 있는 것이 발견되었는데 그 원인은 온도 변화 외에 다른 것을 찾을 수 없다는 것이다. 그러나 사막이라고 하여 전혀 수분(水分)이 관여하지 않았다고 볼 수 있을까가 문제이다. 이는 아마도 돌의 틈 속에 들어간 물에 녹아 있던 물질의 결정작용에 의한 것으로 해석된다.

[그림 6-4]는 서기 570년경에 북한산 꼭대기에 세워진 진흥왕 순수비로서 그 동안에 비석의 글자는 거의 모두 화학적 풍화로 판독이 불가능하게 되고 얼음의 쐐기작용으로 비석 상반의 절리에 따라 틈이 점점 커져서 완전히 분리되고, 아래 왼쪽 부분은 깨져서 없어져 버렸다.

1969년 아폴로(Apollo) 12호의 우주인이 관찰한 결과와 그들이 가져온 달 암석(月岩石)의 연구에 의하면 달 표면의 온도는 낮에 최고 118℃, 밤에 최저 -153℃로 크게 변함에도 불구하고, 이 변화에 의한 암석의 파괴는 일어나지 않음이 확실하게 되었다. 달의 하루는 지구의 하루의 27.3배이지만 운석 기원으로 보이는 달의 암석은 달표면에 놓인 후 거의 모두 10억 년 이상 심한 온도차를 경험했음에도 불구하고 거의 풍화되지 않고 그대로 존재해 있다. 다만 달 암석의 노출(露出)된 부분은 묻혀 있는 부분에 비하여 둥그스름하게 변하여 있어서 다른 종류의 작용(작은 운석, 우주선 등)이 이런 약한 변화를 일으킨 것으로 생각된다.

작은 사건이고 드물게 일어나는 일이지만 산불(山火)에 의한 암석의 가열, 벼락에 의한 충격이 기계적인 풍화의 원인이 될 수 있을 것이다.

5. 식물의 작용

식물 특히 큰 나무의 뿌리는 암석의 절리나 성층면(成層面)을 따라 들어가면서 틈을 넓힌다. 나무가 바람으로 넘어지면 뿌리와 함께 암석을 뒤집어 놓는다. 그러나 식물의 뿌리의 기계적인 작용보다 화학적인 작용이 더 큰 지질학적 역할을 하고 있는 것으로 생각된다.

2. 화학적 풍화

빗물은 대기의 여러 가지 성분을 녹여 가지고 있으며, 이 물은 암석 중의 광물과 작용하여 용해·산화·탄산화·가수분해·수화(水和)·이온교환(base exchange)·킬레이션(chelation)을 일으켜서 결국 암석을 파괴해 버린다.

1. 광물의 화학적 풍화

조암광물은 유색광물(有色鑛物)이 화학적 풍화에 약하고 석영이 강하여 풍화에 대한 저항의 강도는 [표 6-1]의 ① → ⑦의 순서와 같다. 장석에서는 ⓐ → ⓒ 순으로 칼슘장석보다 칼리장석이 화학적 풍화에 강하다.

여러 종류의 마그마가 고결(固結)할 때에 조암광물들이 정출(晶出)하는 순서를 종합하면 [표 6-1]에서와 같이 ①, ② …… ⑦의 순서이고, 장석은 ⓐ, ⓑ 및 ⓒ의 순서가 된다. 화학적 풍화에 대한 안정성은 이들의 정출

[그림 6-4] 서기 570년경에 세워진 화강암 비석이 화학적 및 기계적 풍화를 받아 파괴되어 가고 있는 모습(북한산 진흥왕 순수비, 비신 높이 1.54m, 현재 국립중앙박물관에 소장)

[표 6-1] 화학적 풍화에 대한 화성암의 조암광물의 안정성의 순서

① 감람석	② 휘석류	③ 각섬석류	④ 흑운모	⑤ 장석	⑥ 백운모	⑦ 석영
ⓐ 칼슘사장석	ⓑ 나트륨사장석	ⓒ 칼리장석				

순서와 같은 순서로 커진다. 그러므로 고철질인 암석일수록 또 먼저 정출된 광물일수록 화학적 풍화에 약할 것임을 짐작할 수 있다. 대륙의 지각은 대부분 화강암과 화강편마암, 즉 화강암질(花崗岩質) 암석으로 되어 있으며, 이에는 대체로 60~70%의 장석이 포함되어 있다. 중성 내지 고철질인 암석도 대부분이 30~60%의 장석을 포함한다. 이렇게 암석 중에는 장석이 많이 포함되어 있으므로 장석의 풍화는 바로 이를 포함한 암석의 파괴를 의미한다. 화강암화작용으로 만들어진 변성암은 안전성이 큰 변성광물을 많이 포함하나 화강암 다음으로 장석을 많이 포함하므로 역시 파괴되기 쉽다. 퇴적암 중에서는 장석질 사암·응회암(凝灰岩: tuff)·석회암이 화학적 풍화에 약하다.

2. 장석의 풍화

장석을 많이 포함한 화강암질 암석, 규장질 암석, 장석질 사암 및 기타 장석을 많이 포함한 암석은 장석이 먼저 풍화되어 **푸석바위**(saprolite)로 변하게 된다. 푸석바위는 눈으로 보기에는 암석이지만 삽으로 쉽게 깎아 낼 수 있는 풍화된 바위이다. 이런 암석을 비석비토(非石非土)라고 부르는 사람들이 있는데 이는 푸석바위를 잘 표현한 말이다. 대기 중에는 약 0.03%의 CO_2가 포함되어 있으며, 부패하는 식물을 포함한 토양 중에는 더 많은 CO_2가 들어 있다. 이런 CO_2는 빗물에 쉬이 녹아서 약한 탄산(炭酸)이 되며, 물에 수소이온(H^+)을 증가시킨다.

$$H_2O\ +\ CO_2\ \rightleftarrows\ H_2CO_3\ \rightleftarrows\ H^+\ +\ HCO_3^-$$
물　　이산화탄소　　탄산　　　수소이온 중탄산이온

이런 물은 정장석에 다음 식과 같은 가수분해(hydrolysis)를 일으킨다.

$$2KAlSi_3O_8 + 2H_2CO_3 + 9H_2O \longrightarrow Al_2Si_2O_5(OH)_4 + 4H_4SiO_4 + 2K^+ + 2HCO_3^-$$
정장석　　　　탄산　　　　물　　　　고령석　　　규산(용액) 칼륨이온 중탄산이온

사장석($NaAlSi_3O_8$와 $CaAl_2Si_2O_8$의 고용체)의 경우에는 정장석의 K 대신 Na는

조립질흑운모화강암이 빗물과 습윤한 공기의 화학적 풍화작용을 받아 이루어진 괴암(높이 6m, 서울특별시 종로구 무악동)

[그림 6-5] 선바위(禪岩)

$2Na^+ + 2HCO_3^-$ ($NaHCO_3$: 중탄산소다)로 Ca는 $Ca^{2+} + 2HCO_3^-$ 〔$Ca(HCO_3)_2$: 중탄산칼슘〕로 되며, 다음 식과 같이 후자가 CO_2를 잃어버리면 석회분으로 변한다. 석회암에는 이렇게 사장석이나 Ca을 포함한 다른 광물의 화학적 풍화로 생성된 것이 침전한 것도 있다.

$$Ca(HCO_3)_2 \longrightarrow CaCO_3 + H_2O + CO_2 \uparrow$$

고령토(高嶺土)의 분자식을 산화물로 고쳐 쓰면 $Al_2O_3 \cdot 2SiO_2 \cdot 2H_2O$가 된다. 고령토는 점토광물(粘土鑛物)의 일종으로서 점토의 주성분이며, 온대 지방에서는 안정한 2차적(二次的) 광물이다. 그러나 비가 많이 내리는 열대 지방에서는 고령토는 다시 가수분해되어 다음 식과 같이 보옥사이트(bauxite)가 생성된다.

$$Al_2Si_2O_5(OH)_4 + 5H_2O \longrightarrow Al_2O_3 \cdot 3H_2O + 2H_4SiO_4$$
고령토   물   보옥사이트   규산(용액)

3. 유색광물의 풍화

중성 내지 고철질 화성암에는 감람석·휘석류·각섬석류·흑운모 같은 유색광물이 25% 이상 들어 있다. 이들은 모두 Fe와 Mg를 포함한 규산염광물이며, 또 대부분이 Ca, Al을 포함한다.

감람석은 다음과 같은 가수분해를 받아 완전히 녹아 버린다. 물론 이런 변화에는 긴 시간과 많은 물이 필요하다.

$$(Mg, Fe)_2SiO_4 + 4H^+ \longrightarrow (Mg^{2+}, Fe^{2+}) + H_4SiO_4$$
　　감람석　　수소이온　　마그네슘과 철이온　규산(용액)

이 변화로 생긴 Mg^{2+}는 흘러가는 도중에 $MgCl_2$와 기타로 변하고 Fe^{2+}는 산화 또는 수화작용을 받아 토양을 빨갛게 또는 노랗게 물들이는 갈철석과 적철석이 된다. 다른 유색광물들은 복잡한 규산염광물(珪酸鹽鑛物)이지만 모두 가수분해 및 수화작용을 받아 고령토·갈철석·적철석을 만들고 Mg, Ca, Fe의 화합물을 생성케 한다.

4. 석영의 풍화

석영은 물에 잘 녹지 않는 광물이므로 화학적 풍화를 잘 받지 않는다. 그러므로 다른 광물이 분해된 후에도 모래로 남는다. 사암(砂岩)은 대부분이 이러한 모래가 모여 만들어진 퇴적암이다.

5. 석회암의 풍화

CO_2가 용해되어 있지 않은 순수한 물에 녹을 수 있는 $CaCO_3$(석회암 또는 방해석)의 양은 물 100gr에 대하여 0.001gr이다. 그러나 CO_2가 들어 있는 물 100gr에는 0.04gr의 $CaCO_3$가 녹는다. 이와 같이 $CaCO_3$가 탄산화작용을 받는 모양은 다음 식과 같다.

$$CaCO_3 + H_2O + CO_2 \rightleftharpoons Ca^{2+} + 2HCO_3^-$$

윗 식의 우변(右邊)은 $Ca(HCO_3)_2$로 나타낼 수 있는 중탄산칼슘이며 이는 언제나 용액의 상태로만 존재할 수 있는 것이다. 이를 가열하면 CO_2가 나가고 다시 $CaCO_3$로 되어 침전한다. 석회암은 질산(窒酸)이나 유기산(有機酸)에 의하여도 용해된다.

6. 킬레이션

생물이나 유기물이 일으키는 생화학적 풍화작용으로서 생물이 분비하는 산이나, 생물의 부패로 생겨나는 산(부식산이나 기타 산)과 이산화탄소가 암석을 용해 또는 파괴하는 작용을 킬레이션(chelation)이라고 한다.

3. 풍화와 기후 및 지형

기후는 암석 풍화에 큰 지배력을 가지고 있다. 비가 많은 열대 지방의 암석은 기계적 풍화작용을 받지 않으나 오랜 화학적 풍화작용의 결과로 곳에 따라 Al이 집중된 흰 보옥사이트로 된 토양 및 Fe가 집중된 빨간 라테라이트(laterite)로 된 토양이 발달된다. 풍화는 깊은 곳에까지 이르러 지하 약 100m까지 굳은 암석을 볼 수 없는 곳이 많고 식물의 양분이 될 암석의 성분은 모두 용해되어 제거되어서 식물이 거의 살 수 없게 된다. 석회암 지대는 동굴이 많고 거친 지형을 나타낸다.

[그림 6-6] 1017년에 건립된 석회암 비석의 글자가 용해작용으로 지워져 버린 모양(경복궁 내)

온대 지방에서는 물의 동결이 일어나는 겨울이 있으므로 기계적인 풍화와 화학적인 풍화의 세력이 비슷하다. 비가 많이 내려도 점토광물(粘土鑛物)은 보옥사이트로 변하지 않고 지하에 모여 점토층을 만든다. 건조한 온대 지방에서는 심성암이나 변성암보다 석회암이 높은 지형을 만드는 것은 석회암이 기계적 풍화에 강하기 때문이다.

한대 지방에서는 기계적인 풍화가 우세하고, 화학적 풍화는 거의 일어나지 않는다. 절벽 밑에는 큰 돌조각이 많으며 돌부스러기는 산화되지 않으므로 붉은 색이나 노란 색을 보여 주지 않고 원래의 색을 그대로 가지고 있다. 한대에서는 석회암이 가장 저항이 큰 암석으로 산맥을 형성한다.

4. 토 양

1. 토양의 정의

암석이 기계적 및 화학적인 풍화작용과 생물의 작용을 충분히 받아 작은 알갱이들로 변하여 대체로 그 자리나 가까운 곳에 남아 있어 유기물을 포함한 것을 토양(土壤: soil)이라고 한다. 그러므로 멀리 운반된 강 바닥이나 사막의 모래와 자갈을 토양이라고 부르지 않는다. 그러나 이들도 오랫동안 더 풍화되고 식물이 자라게 되면 토양으로 변한다.

다른 분야의 과학자들과 기술자들은 지표의 굳지 않은 암석의 크고 작은 부스러기를 모두 토양이라고 하며, 지질학자는 이를 표토(表土: regolith)라고 하여 농학에서 말하는 토양과 다른 모든 알갱이로 된 물질을 가리킨다. 토양을 연구하는 과학을 토양학(pedology)이라고 한다.

2. 생성 요인

토양 생성의 주요한 요인으로 다음의 다섯 가지가 있다. 즉 모암이나 운반되어 온 돌부스러기·기후·식물·지면의 기울기·시간이 그것이다. 같은 기후 조건 밑에서도 암석이 다르면, 토양의 종류가 달라진다. 또 같은 암석일지라도 기후와 그 위의 식물이 다르면 전혀 다른 토양이 생성된다. 지면의 기울기는 빗물이 지면을 씻어 내리는 속도와 물이 빠지는 속도를 결정하여 풍화의 정도와 토양의 종류를 결정한다. 시간은 상대적인 의미를 가지는 것으로서 토양을 구별할 수 있는 특징으로 오랜 토양 또는 새로운 토양이라고 부른다.

3. 토양단면

암석의 풍화로 생긴 토양이 모여 쌓인 표토의 두께가 수십 cm 내지 100cm 이상에 달하고 위에서 제거되는 두께만큼 밑으로 풍화가 진행되면서 시간이 지나면 토양층에는 지표에 평행하게 성질을 달리하는 몇 개의 층이 생기게 된다. 이런 모양은 땅에 판

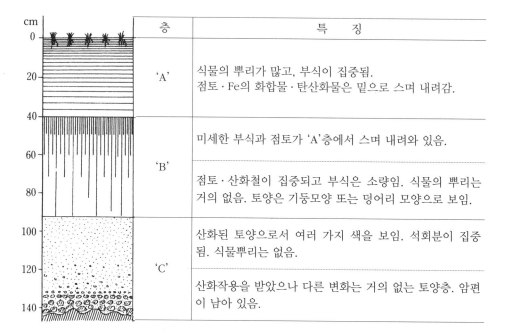

층	특　징
'A'	식물의 뿌리가 많고, 부식이 집중됨. 점토·Fe의 화합물·탄산화물은 밑으로 스며 내려감.
'B'	미세한 부식과 점토가 'A'층에서 스며 내려와 있음.
	점토·산화철이 집중되고 부식은 소량임. 식물의 뿌리는 거의 없음. 토양은 기둥모양 또는 덩어리 모양으로 보임.
'C'	산화된 토양으로서 여러 가지 색을 보임. 석회분이 집중됨. 식물뿌리는 없음.
	산화작용을 받았으나 다른 변화는 거의 없는 토양층. 암편이 남아 있음.

[그림 6-7]　토양단면과 'A', 'B' 및 'C' 층의 특징

깊은 도랑이나 홍수 때에 패인 낭떠러지에서 관찰되는데, 이렇게 토양의 층들이 위에서 밑까지 잘 나타나 보이는 좁고 긴 면을 **토양단면**(土壤斷面: soil profile)이라고 한다.

어떤 토양단면이 이루어지는 데는 암석이 상당한 깊이(보통 1m 이상)까지 풍화되어야 하며, 풍화된 토양층은 산화작용으로 원암(原岩)의 색과 관계 없는 색을 가지게 된다. 동시에 진행된 탄산화작용은 토양단면의 상반부에서 석회분($CaCO_3$)을 제거해 버리고 윗쪽에서 생성된 점토광물(粘土鑛物)과 Fe의 화합물을 지하 0.3~0.9m 사이에 집중시킨다. 부식(腐植)을 포함한 검은 층은 지표 밑 0.2m까지에 생긴다.

이렇게 이루어진 토양단면에서 점토광물과 Fe의 화합물이 집중된 중간의 층을 'B'층('B' horizon)이라고 부르며, 그 아래의 층을 'C'층, 그 위의 층을 'A'층이라고 부른다.

4. 토양의 분류

토양의 색·화학적 성질·입도(粒度)·기타 특징으로 토양단면은 여러 층으로 나누어지며, 각 층의 특징을 비교하여 토양이 분류된다. 토양단면은 전기한 'A', 'B' 및 'C' 외에 'O' 층 및 'R' 층을 각각 'A'층의 상부 및 'C'층의 하위에 추가할 수 있는데 'O'층은 부식이 가장 많은 'A'층 최상부의 유기물층(organic horizon)을 가리킨다. 'R'층은 암석으로 된 부분이다.

토양단면에 나타난 여러 층의 발달의 정도로서 토양은 10종으로 나누어진다([표 6-2] 참조). 이들의 각각은 다시 더 작게 나누어지며 전체로 약 40아종(亞種)으로 나누어진다. 이 분류는 미국 농림부(U.S. Department of Agriculture)에서 채택된 것으로서 그 내용이 포괄적이다. 아직 이 분류법을 사용한 세계의 토양분포도(土壤分布圖)가 작성되어 있지 않으나, 이것에 의한 지도가 작성되면 세계 각지의 풍화작용에 의한 지역적 및 기후적인 내용이 더 자세히 표현될 수 있을 것이다.

[표 6-2] 토양 10종(Soil Survey Staff of the U.S. Dept. of Agriculture, 1960에서)

토양 종명(種名)	어원(語源)	토양의 특징
엔티졸 (Entisol)	'ent'는 'recent'의 의미	모든 기후에서 충적층(沖積層)·동토(凍土)·사막의 모래의 발달이 거의 없는 것.
버티졸 (Vertisol)	verto—뒤집음	점토분이 많은 토양으로서 젖으면 수화(水和)되어 불어오르며, 마르면 틈이 생김. 대체로 건조 내지 아건조 지방에 생김.
인셉티졸 (Inceptisol)	incepti—시작	층의 발달이 미약한 토양, 툰드라(tundra)토양, 새로 생긴 화산퇴적물에 생긴 토양, 최근에 빙하가 후퇴한 곳의 토양.
아리디졸 (Aridisol)	aridu—건조	건조한 토양·소금·석고 또는 탄산염의 집중이 보통임.
몰리졸 (Mollisol)	mollis—연한	온대의 초지(草地) 토양으로서 부드럽고 유기물이 많으며 두껍고 검은 표층이 있음.
포도졸 (Podosol)	podos—목회(木灰)	다우림(多雨林)토양, 송백류(松栢類)에 덮이며 철분과 유기물이 많은 'B'층이 있고 'A'층은 회색으로 표백되어 있음.
알피졸 (Alfisol)	Alfi—Al, Fe	점토가 많은 'B'층이 있고 낙엽수림(落葉樹林)으로 덮인 새로운 토양.
얼티졸 (Ultisol)	ultimus—마지막	다우(多雨)·온대·열대 토양으로 오랜 지표에 놓임. 풍화는 깊고 토양은 점토가 많고 빨강 및 노랑색임.
옥시졸 (Oxisol)	oxide—산화물	열대 및 아열대의 라테라이트질 및 보옥사이트질 토양. 오래고 풍화가 심함. 거의 층의 발달이 없음.
히스토졸 (Histosol)	histos—조직	소택지 토양, 유기질 토양, 토탄질, 기후의 구별이 없음.

제 **7** 장

중력의 직접적인 작용

　　수소는 그 진동 속도가 빨라지면 중력을 이기고 지구를 탈출하여 우주 공간으로 달아나 버리지만 다른 모든 원소와 그 화합물은 지구의 중력으로 끌려서 지구의 중심으로 향하여 낙하한다. 대기와 물이 지구 주위에 머물러 있고, 흙·물·얼음이 높은 곳에서 낮은 곳으로 이동하는 것도 중력의 작용에 의한 것이다. 이 장에서는 암석 및 표토가 중력의 간접적인 작용, 즉 유수(流水)·바람·빙하·용암류(熔岩流)에 의하지 않고 중력의 직접적인 작용으로 낮은 곳으로 이동하는 변화에 관하여 알아보고자 한다.

1. 사　　태

　　암석이나 풍화생성물이 중력의 직접적인 작용에 의하여 낮은 곳으로 이동하는 현상을 사태(沙汰: mass-wasting)라고 한다. 이런 현상에는 유수의 동적(動的)인 작용이 제외되고 정적(靜的)으로 물질 사이의 마찰력을 감소케 하며 표토 속의 공극(空隙)을 메꾸어서 표토의 무게를 증가시켜 사태를 일으키기 쉽게 하는 물의 작용이 함께 고려된다. 얼음도 물과 비슷하게 작용하여 사태를 조장하는 경우가 많다.

1. 사태의 원리

사면(斜面) 위에 놓여 있는 물체가 사면과 평행(平行)인 방향으로 받는 중력의 분력(分力)은 사면의 기울기 각도의 사인(sine)에 비례한다. [그림 7-1]에서 보는 바와 같이 물체가 수직 방향(垂直方向)으로 받는 중력을 1g이라고 하면 각도가 45°인 A사면에 따른 분력은 0.7g이고 이와 직각인 방향으로의 분력, 즉 물체를 사면에 붙어 있게 하는

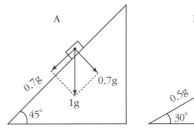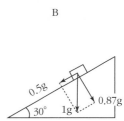

[그림 7-1] 기울기가 각각 45° 및 30°인 사면에 놓인 물체가 받는 중력(g)과 각각 두 방향으로의 분력

분력도 0.7g이다. B사면의 기울기는 30°이므로 사면에 따른 분력은 0.5g이다. 사면의 조건과 물체의 성질에 따라 다르지만 물체가 사면에 머물 수 있는 최대각을 안식각(安息角: angle of repose)이라고 한다. 안식각은 보통 25~40°이나 마찰력을 감소시키는 윤활제(潤滑劑)가 작용하면 안식각은 3° 이하로 떨어진다. A사면의 암석은 사면의 경사가 급하므로 미끄러질 것이나, B사면의 암석은 그대로 머물러 있을 것으로 보인다. 그러나 암석과 사면 사이에 윤활제가 들어가면, B사면의 암석도 미끄러질 가능성이 있다.

2. 급격한 사태

1. 산사태(landslide)

산사면(山斜面)의 기울기(slope)가 크면 산 표면의 물질은 중압 때문에 언제나 불안한 상태에 있다. [그림 7-2]와 같은 돌산에 절리가 생겨 있고 그 중에서 가장 우세한 절리 J-J'가 발달되면 그 윗쪽의 암괴(岩塊)는 불안의 정도가 더 커진다. 풍화작용이 진전되어 이 절리에 따

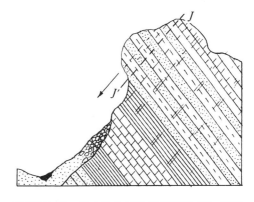

[그림 7-2] 틈 J-J'로 불안한 상태에 있는 암괴

른 마찰력이 감소되고 절리의 기울기가 안식각보다 크면 위의 암괴는 미끄러지게 된다. 또 마찰력이 있어도 절리 J-J′ 위의 암괴가 사면에 평행하게 받는 분력이 더 크면, 암괴는 절리 J-J′을 따라 미끄러진다. 미끄러지기 시작한 큰 암괴는 가속(加速)되어 파괴적인 운동을 하는데 이렇게 하여 크고 작은 바위가 낙하하는 산사태를 돌사태(rock-slide)라고 한다.

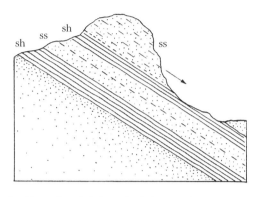

[그림 7-3] 퇴적암 중의 셰일이 약화되어 일어나는 사태(ss: 사암, sh: 셰일)

[그림 7-3]과 같은 암층(岩層) 사이에 셰일층이 끼어 있고, 이것이 물을 머금어 부드러워져도 그 위의 지층이 미끄러지는 돌사태가 일어난다. [그림 7-4]는 기반암이 풍화되어 생성된 표토가 물로 거의 포화될 때 일어나는 산사태의 예로서 이를 흙사태(debris-slide)라고 한다.

우리 나라에는 장마 때에 이러한 흙사태가 일어나는 일이 적지 않다.

2. 땅꺼짐(slump)

토양이나 푸석바위(saprolite)가 큰 조각으로 한꺼번에 낮은 곳으로 미끄러져 계단 비슷한 단(段)을 형성하는 낙하 현상을 땅꺼짐이라고 한다. 땅꺼짐이 일어날 수 있는 조

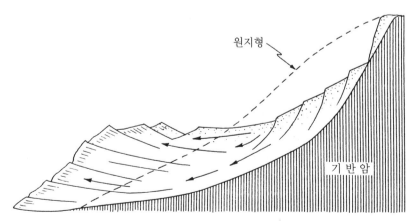

원지형

기 반 암

[그림 7-4] 표토에 일어난 흙사태

[그림 7-5]   땅 꺼 짐

건은 토양이나 풍화암이 어느 정도 응고된 상태에 있어 쉽게 부서져서 가루가 되거나 이류로 되어 버리지 않을 정도로 유지력이 있어야 한다는 것이다. 땅꺼짐이 발생할 수 있는 조건은 어떤 사면의 밑부분이 과도하게 깎여서 위에 있는 무게에 견디지 못하게 되는 것이다. 그러므로 산의 경우에는 강이 흘러서 산기슭을 침식했을 경우에 일어나고 평야에서는 강이 곡류하며 곡부를 아래에서 공격하여 침식하는 경우 및 바닷물결이 해안 절벽을 공격하여 절벽 아랫부분을 침식하였을 경우에 일어난다([그림 7-5]).

3. 이류(泥流: mudflow)

전에 없이 심하게 비가 내리거나 얼어붙은 땅의 표면 부근만이 급히 녹아버려서 산지(山地)의 표토가 다량의 물을 머금게 되면 표토는 산의 사면을 흘러 낮은 계곡으로 모여든다. 여러 표토의 흐름이 계곡으로 합쳐지면 흙물 전면(前面)에는 흙과 돌이 뭉친 댐(dam)이 생기고 흙물은 이것을 밀고 내려간다. 계곡이 열리는 곳에서는 이 댐이 터지고 흙물은 급격히 앞에 있는 평야를 휩쓸어 그 곳의 삼림(森林) 또는 인가(人家)를 해친다. 흙물은 밀도가 크므로 그 속에 큰 돌덩어리를 가볍게 운반하여 더 큰 위협이 된다. 이러한 흙물의 급속한 흐름을 이류(泥流: mudflow)라고 한다. 이류는 아건조 지방에 특히 흔한 현상이나 산허리에 국한된 작은 규모의 이류는 습윤한 지방에도 일어날 수 있다.

화산이 폭발할 때에 분출되는 화산재가 화산 폭발에 동반된 호우로 씻겨 내리거나 높은 산맥의 얼음이 화산 폭발에 의한 열로 녹아서 화산새를 씻어 내리면 이것이 이류를 만들 수 있다. 콜롬비아(Colombia)의 델루이스(del Ruis) 화산이 1985년 11월에 폭발하며 눈을 녹여서 화산재를 씻어 내린 이류는 한 마을의 인구 22,000명을 희생시켰다.

4. 눈사태(avalanche, 애벌랑슈)

눈사태는 가장 급격한 사태로서 높은 산맥 정상 부근의 눈(만년설)과 얼음만이 쏟아져 내리는 경우에서 암편을 다량 포함한 경우까지 있다. 페루(Peru)의 란라히르카(Ranrahirca) 부근에서는 1982년 1월에 일어난 눈사태로 3,500명이 생명을 잃었다. 이 참사는 화스카란산(Huascaran, 6,768m) 산정 부근의 빙하가 쏟아져서 생긴 것이며 3백만 톤의 얼음이 무너지면서 수백만 톤이 암석을 파괴하여 같이 밀려내렸는데, 약 20km를 미끄러져 내리는데 7분밖에 안 걸렸다.

눈사태는 작은 충격으로도 일어날 수 있는데 이는 눈이 계속하여 내릴 때에는 짧은 시간에 짐을 증가시켜서 얼음의 중력에 대한 마찰력을 감소시키기 때문이다.

3. 완만한 사태

1. 포행(匍行: creep)

극히 느린 속도로 진행되기 때문에 인식하기 어려우나 사면을 따라 미미하게 계속되는 풍화생성물의 이동이 포행이다. 포행하는 물질에 따라 **암석포행**(rock creep)과 **토양포행**(soil creep)으로 구분된다.

암석포행은 산사면의 암편이 서서히 산기슭으로 이동하는 현상으로서 지표에 나타나 보이는 것이 돌서렁(talus)이다. 돌서렁의 암편은 급한 산사면의 암석이 기계적 풍화작용으로 파괴되어 공급되는 것이다. 토양포행은 풍화생성물로 덮인 산사면의 거의 전체에 걸쳐 일어나는 현상이다. 물질 이동의 속도는 표면 부근에서 가장 크고 깊어짐에 따라 감소되어 간다.

이런 현상은 사면 위에 세운 지 오래 된 전주(電柱), 묘 앞에 세운 비석(碑石)이나 상(像)이 기울어지고 나무줄기가 구부러지는 것을 보아도 알 수 있다. 이런 곳에 깊은 도랑을 파 보면 [그림 7-6]과 같이 풍화된 암석이 곡선을 그리며 흘러내린 듯한 모양을 볼 수 있다.

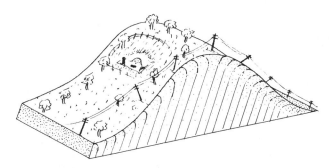

산사면에 세워진 시설물이 기울어지고 나무가 구부러진 모양과 단
면에서 지층이 구부러진 모양을 볼 수 있다.

[그림 7-6] 토양포행

포행의 원인으로서는 중력이 작용하는 사면에 일어나는 서릿발의 작용(frost
heaving), 풍화생성물의 건습(乾濕)의 반복, 팽창과 수축의 반복, 동식물의 작용을 들 수
있다. 이들은 대부분이 토양 입자를 사면에 직각으로 들어올리나 입자가 떨어질 때에
는 중력의 작용으로 연직선 방향으로 내려앉아 [그림 7-7]과 같은 이동이 일어나는 것
이다.

2. 토석류(土石流: solifluction)

사면의 표토가 물로 포화되면 사면 전체의
표토가 한 시간 또는 하루에 수 cm~수십 cm의
속도로 흘러 토석류를 이룬다. 이는 토양 포행
보다 속도가 빠르나 이류보다는 훨씬 느리다.
극지방의 동토(凍土)는 여름에 그 표면 부근만
이 녹고 수십 cm 지하에는 얼어붙은 땅이 그대
로 있다. 그러면 표면 부근의 수분이 밑으로 스
며들어갈 수가 없으므로 죽처럼 된 토양이 회
전하며 흐르게 된다. 극지방이 아니라도 지하
에 물을 통과시키지 않는 층이 있는 곳에서는
그 위의 토양(암편 포함)이 물을 머금고 흘러내
린다.

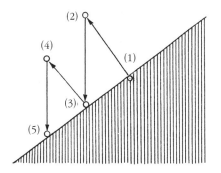

[그림 7-7] 토양포행이 일어나는 이유
(서릿발의 작용으로 1 → 2
→ 3과 같이 움직여 1 → 3
의 실제적 이동이 생긴다.)

4. 사태와 침식

완만한 사태는 오랫동안에 산지의 사면을 하늘로 향하여 볼록하게 내민 모양으로 변케 한다. 그러나 유수(流水)의 작용이 일어나는 곳에서는 사면이 오목하게 변한다. 산복보다 높은 곳에서는 주로 포행만이 일어나고 침식은 주로 낮은 곳에 일어나므로 지표의 모양은 [그림 7-8]처럼 된다.

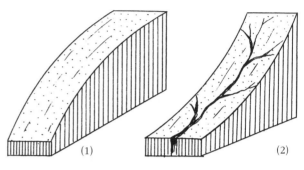

[그림 7-8] 완만한 사태로 생기는 볼록한 지형(1)과 침식으로 생기는 오목한 지형(2)

사태는 침식작용과 협력하여 지표에 더 큰 변화를 가져오게 한다. 급격한 사태는 신선한 암석을 지표에 노출시켜서 풍화작용을 받기 쉽게 하고 완만한 사태도 오랫동안에 풍화생성물로 묻히게 될 기반암의 깊이를 감소시켜 풍화작용이 도달할 수 있게 한다.

하천(河川)과 사태와의 관계는 더욱 밀접하다. 하천은 주로 하각(下刻) 작용을 일삼는다. 하안(河岸)의 물질은 사태로 하천에 떨어져서 하천이 운반할 물질을 공급하는 동시에 이것을 하각작용과 측방(側方)침식의 도구(道具)로 삼게 한다. 좁고 깊던 하도(河道)는 이렇게 하여 넓은 하곡(河谷)으로 변하게 된다([그림 8-14] 참조).

해안(海岸)에서도 해안 절벽에 거의 평행한 땅꺼짐(slump)이 일어나서 파도로 하여금 육지를 쉽게 침식할 수 있게 한다.

사태는 육지 표면에서만 일어나는 것이 아니고 해저(海底)에서도 일어난다. 지진이 일어나면 해저에 쌓인 새롭고 부드러운 퇴적물로 된 3° 미만의 사면에서도 사태가 일어난다. 이런 사태를 해저사태(submarine slide)라고 한다.

5. 사태의 피해

사태는 아건조(亞乾燥) 지방에서 잘 일어나지만 나무를 마구 베어버린 산에도 일어나기 쉽다. 한 번 사태가 일어나서 기반암이 노출되어 버리면 산을 다시 녹화하기 힘들다. 우리의 생활은 아직 토양에 의지하고 있으므로 사태로 토양을 잃으면 식물을 잃게 되고 이는 홍수의 원인이 된다.

우리는 사태의 이론을 잘 연구하여 사태를 막고 농업과 산림의 터전인 토양을 보존하여야 한다.

제 8 장

유수의 작용

토양으로 덮인 지면에 비가 내리면 처음에는 지하로 스며들지만 토양이 물로 포화되면 지면을 따라 낮은 곳으로 흘러내리게 된다. 비가 내리는 넓은 지면을 덮으면서 흘러내리는 빗물의 얇은 층을 **표층류**(表層流: sheet flow)라고 한다. 표층류가 곳곳에 조그만 물줄기를 형성하면 **우류**(雨流: rill)가 되고 우류가 모이면 좀더 큰 물줄기를 만든다. 이 물줄기가 토양에 판 골짜기가 **우곡**(雨谷: gully)이다. 우곡에는 비가 내리거나 비가 내린 직후에만 물이 흐르고 평시에는 물이 없다. 우곡의 하류에는 언제나 물이 흐르는 계류(溪流: creek)가 생겨서 하천(河川) 또는 강(江: river)으로 이어진다. 계류의 맨 상류는 두부(頭部: head)를 형성하게 되는데 두부를 포함한 계류를 1차지류(一次支流: first-order tributary)라고 한다. 대부분의 하천은 비와 눈으로 내린 물을 결국 바다나 호수로 흘러들게 한다. 여러 가지 조건에 따라 다르지만 1년을 통하여 볼 때 증발량을 제외한 강우량 중 지하로 스며들지 않고 계속하여 바다로 흘러드는 **지표류**(地表流: surface runoff)는 약 1/8이고 나머지 7/8은 지하수가 되거나 일시나마 **지하류**(地下流: under-ground runoff)로 되었다가 다시 스며나와 하천에 합치게 된다.

1. 하천과 유수

1. 하   천

분수령으로 구획된 육지 표면의 일정한 길을 따라 거의 계속적으로 흐르는 하천과 그 지류를 합하여 **하계**(河系: drainage system)라고 한다. 하계를 통하여 흐르는 물이 유수(流水: stream)이며, 유수는 오목한 단면을 가진 긴 공간, 즉 하도(河道: river channel)를 흘러내린다. 하도는 전체로 아래로 굽은 **장단면**(長斷面: long profile)을 보여 준다([그림 8-1] 참조). 하천 양측의 사면 사이의 공간(하도를 포함)은 **하곡**(河谷: river valley)이며, 하도의 밑바닥은 **하상**(河床: river bed)이다.

하도를 흐르는 유수의 표면은 하도의 양측 지하수의 면과 연속되어 있으며 비가 많은 지방에서는 지하에 들어간 지하수가 스며나와서 유수의 양을 증가시킨다. 이런 하천을 **증수천**(增水川: effluent stream) 또는 **이득천**(利得川: gaining stream)이라고 한다. 건성지대에서는 하천의 유수가 하상 아래나 옆으로 새어나가 하천 부근의 지하수를 공급하므로 유수의 양이 줄어들게 되며 이런 하천을 **감수천**(減水川: influent stream) 또는 손실천(損失川: losing stream)이라고 한다([그림 8-2] 참조).

증수천은 거의 연중(年中) 물이 흐르는 **항구천**(恒久川: permanent river)이고 감수천은 가물 때에 유수가 스며들어 물이 없어지는 **간헐하천**(間歇河川: intermittent river)을 이루는 경우가 있다.

하천은 18세기 중엽까지 지구가 창조될 때 하루에 만들어진 것으로 생각되었으나 1769년에 아르뒤노(Giovanni Arduino)가, 1774년에는 데마레(Nicholas Desmarest)가 각각

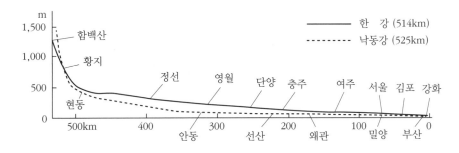

[그림 8-1] 한강과 낙동강의 장단면도(하천의 굴곡을 펴서 직선으로 만든 단면도)

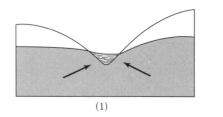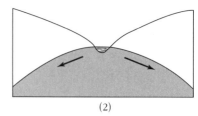

[그림 8-2] 증수천(1)과 감수천(2)

단독으로 하천은 우류와 같은 작은 물줄기가 굵어지며 지류를 모으면서 큰 강으로 발전한 것이라고 밝혔다. 이런 생각은 곧 현재의 지질학자들의 생각과 일치하는 것이다.

2. 유 수

하천에는 하천관측소(河川觀測所: guaging station)를 두어 유수의 수면 높이(water-surface level) · 하도의 형태 · 유속(流速: stream velocity) · 녹은짐(solution load)과 뜬짐(suspended load)의 양 · 배수량(排水量: discharge)의 측정을 주기적으로 또는 계속적으로 시행한다. 1953년 미국의 레오폴드(L.B. Leopold)와 매독(T. Maddock)은 하천 관측 자료를 종합 연구하여 하도의 한 단면에서의 너비(w), 평균 수심(d) 및 평균 유속(v)이 배수량(Q)의 지수함수(指數函數) 관계에 있음을 알아냈다.

$$w=aQ^b \qquad d=cQ^f \qquad v=kQ^m$$

여기에서 지수(指數) b, f 및 m은 대단히 중요한 수로서 두 학자가 하천의 중류(中流)에서 얻은 이들 지수의 값은 다음과 같다.

$$b=0.26 \qquad f=0.40 \qquad m=0.34$$

이 경우에 $w=aQ^{0.26}$이며, 이는 하도의 너비가 대략 $Q^{0.26} ≒ \sqrt[4]{Q}$에 비례하여 증가함을, $d=cQ^{0.4}$는 평균 수심이 대략 $Q^{0.4}=\sqrt{Q}$에 비례하여 깊어짐을, $v=kQ^{0.34}$는 평균 유속이 $Q^{0.34} ≒ \sqrt[3]{Q}$에 비례하여 빨라짐을 의미한다.

두 학자는 하류(下流)에서는 b, f 및 m의 평균값이 다음과 같아짐을 발견하였다.

$$b=0.5 \qquad f=0.4 \qquad m=0.1$$

처음 식의 상수 a, c 및 k는 그리 중요한 것은 아니다.

하천의 배수량 Q는 다음 식으로 나타낼 수 있다.

$$Q = wdv$$

처음의 세 식을 이에 대입하면 다음과 같이 된다.

$$Q = (aQ^b)(cQ^f)(kQ^m) = ackQ^{b+f+m}$$

위의 식이 성립되려면, $ack = 1$이고 $b+f+m = 1$이어야 한다. 특히 $b+f+m = 1$이라는 결과는 중요한 것이며, 이는 앞으로 소수의 관측소에서 얻은 관측 결과로부터도 하천의 유수의 특징을 찾아 낼 수 있게 할 것으로 시간과 기계류를 많이 절약할 수 있을 것이다.

3. 유   속

유수가 느린 속도로 흐를 때에는 물의 분자들이 평행하게 **층류**(層流: laminar flow)한다. 유속이 커지면 물은 소용돌이치며 와류(渦流)를 일으켜 물의 분자들은 곡선을 그리며 흐른다. 이를 **난류**(亂流: turbulent flow)라고 한다. 난류는 주로 마찰에 의하여 일어나는 현상이므로 물의 분자들 사이, 물과 하상 사이에서도 일어난다.

평균 유속은 하도의 기울기(m/km), 배수량 및 하도의 모양으로 결정된다. [그림 8-3]은 유수가 하도 각부에서 가지는 유속을 그림으로 나타낸 것이다.

전기한 두 학자들은 증수천에 있어서 그 하류의 평균 유속은 상류의 그것보다 크다는 사실을 알아냈다. 이는 지금까지 상류의 유속이 하류의 그것보다 클 것으로 생각한 상식을 뒤엎은 결과가 된다. $Q = wdv$에서도 짐작할 수 있듯이 배수량이 하천의 상류보다 하류쪽으로 감에 따라 커지는 하천에서는 w, d 및 v도 커져야 할 것이다. [그림 8-4]는 두 학자가 얻은 유속에 관한 결과 중의 하나이다.

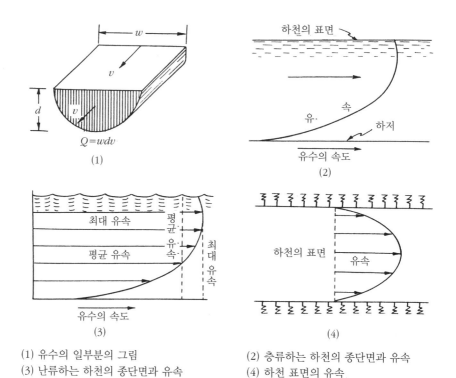

(1) 유수의 일부분의 그림   (2) 층류하는 하천의 종단면과 유속
(3) 난류하는 하천의 종단면과 유속   (4) 하천 표면의 유속

[그림 8-3]   배수량과 하천의 너비, 수심, 유속의 관계(1)와 하천의 유속분포(2, 3, 4)

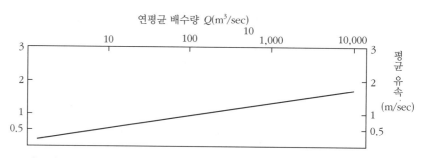

상류에서는 약 0.4m/sec로 흐르나 Q값이 큰 하류에서는 약 1.7 m/sec로
평균 유속이 증가하였음을 보여 준다.

[그림 8-4]   하천의 유속과 배수량의 관계

2. 유수의 운반작용

1. 물의 에너지

지구상에서는 곳에 따라 강수량이 다르고 기후도 다르며, 지면에 내린 강수가 하천을 흘러 바다로 들어가는 배수량은 그 지방의 연평균 기온과 관계가 깊다. 이는 기온이 물의 증발과 깊은 관계가 있어서 기온이 높은 곳일수록 바다로 흘러드는 수량이 적어지기 때문이다([그림 8-5] 참조).

전 육지 표면에 내리는 평균 강수량은 1년에 1,000mm이고 그 중 하계를 통하여 바다로 흘러드는 수량은 약 25%이다. 나머지 75% 가량은 증발하거나 지하로 스며든다. 육지의 평균 고도는 823m이므로 25%의 강수, 즉 250mm의 수층(水層)이 1년 동안에 해발 823m의 높이에서 바다로 떨어지는 계산이 되며 이러한 물의 위치 에너지 P. E. (potential energy)는 mgh *erg*로 표시되므로,

P. E. = (물의 질량)×g×(지면의 평균 고도)

    = 25×육지 면적×g×82,300 *erg*

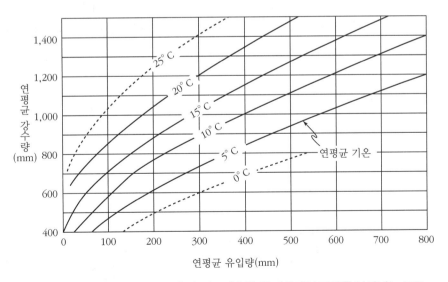

[그림 8-5]   강수량, 바다로 흘러드는 배수량 및 기온과의 관계를 나타내는 도표
(미국 지질조사소, Circular 52, 1949, Annual runoff in the U.S에서)

이다. 그런데 이 에너지는 물이 바다로 바로 떨어질 때에 나타낼 에너지이지만 이 물이 지표를 흐를 때에는 운동 에너지(kinetic energy)로 변하며, 그 대부분은 물 분자들 사이의 마찰과 하상과의 마찰로 열로 변하여 소실되고 남은 에너지 약 5%가 지질작용을 일으키는 데 사용된다. 이것도 매우 큰 에너지이며, 바람·빙하·파도의 작용보다 엄청나게 큰 영력(營力: agency)이다.

2. 물질의 운반

빗물은 표층류가 되어 흐를 때부터 유수로서의 운반작용을 한다. 물은 물질을 녹이고 또 작은 진흙이나 먼지를 휩쓸어 내려간다. 표층류가 우류로 변하고 다시 계류로 커짐에 따라 점점 큰 돌을 운반하게 되며 비가 많이 내릴수록 더 큰 입자를 움직여서 운반하게 된다. 물이 많은 하천일수록 하천 양쪽 사면과 상류쪽에서 공급된 물질을 더 많이 운반한다. 여러 가지 방법으로 공급된 풍화생성물은 유속에 의하여 다음과 같은 방법으로 운반된다.

아래에 적은 세 가지 짐으로 운반되는 물질 중에서 뜬짐의 양은 측정하기 쉬우나 녹은짐의 분량은 화학 분석으로만 알아 낼 수 있다. 밑짐의 양은 측정이 대단히 곤란하며 관찰이 불가능한 경우에는 추측할 수밖에 없다. 왜냐하면 하상에 측정 기구를 놓으면 하상의 물질의 운반 상태에 교란을 일으켜서 정밀한 측정이 불가능하기 때문이다.

그러나 평상시에는 대체로 뜬짐의 양이 가장 많으며, 뜬짐은 하천의 배수량(Q)이 커짐에 따라 급격하게 증가한다([그림 8-7] 참조).

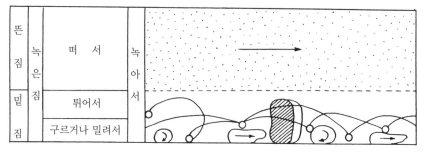

용액으로   녹은짐(solution 또는 dissolved load)
물에 떠서   뜬　짐(suspended load)
구르거나 튀거나 미끄러져서   밑　짐(bed load)

[그림 8-6] 입자들이 운반되는 방법(가장 큰 입자는 홍수 때에만 운반된다)

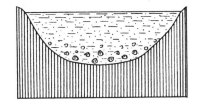

(1) 하도의 모든 물질이 유수와 함께
    하류로 이동한다.

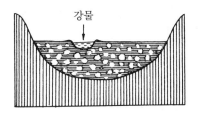

(2) 홍수 때에 운반되던 물질이 퇴적
    되고 강물은 가늘게 흐른다.

[그림 8-7] 홍수 때의 하천(1)과 평시의 하천(2)

밑짐의 양은 뜬짐의 약 10%임이 보통이고 녹은짐의 양은 밑짐의 양보다 약간 많으나 습윤하고 수목이 우거진 지방에서는 짐의 전량의 56%에 달하는 일이 있다. 배수 지역의 넓이가 미국 전토의 40%에 달하는 미시시피강의 경우를 보면 뜬짐이 약 65%, 녹은짐이 약 29%이고 밑짐은 6%이다.

전 세계의 강이 매년 바다로 운반하는 짐의 총량은 녹은짐이 36억 톤, 뜬짐이 300억 톤, 밑짐이 30억 톤이다.

큰 홍수 때에는 하상에 쌓여 있던 퇴적물을 모두 운반하나 강물이 줄어듦에 따라 운반하던 물질을 다시 퇴적시킨다. 하천의 일부가 큰 호수를 이루면 그 곳에 뜬짐을 거의 전부 떨어뜨리고 배수강은 녹은짐만을 운반한다.

녹은짐으로 운반되는 물질은 Ca^{2+}, Mg^{2+}, Na^+, K^+, HCO_3^-, SO_4^{2-}, Cl^-, NO_3^- 이온(ion)과 SiO_2, 기타가 있다. 비가 많은 열대와 아열대 지방에서는 토양 중의 SiO_2분이 빗물에 잘 녹아내리기 때문에 강물에는 SiO_2의 양이 많고, 토양은 Al_2O_3를 주로 한 보옥사이트, Al_2O_3와 Fe의 산화물을 주로 한 라테라이트(laterite)로 변한다. 온대 지방의 강물에 포함된 녹은짐의 양은 0.1~0.2gr/l 정도이다. 뜬짐은 주로 점토(1/256mm 이하)와 실트(1/256~1/16mm)로 되어 있고 밑짐은 보통 모

[표 8-1] 강물의 평균 분석치

	(mgr/l)(Livingstone에 의함)
HCO_3^-	58.4
SO_4^2	11.2
Cl^-	7.8
NO_3^-	1.0
Ca^{2+}	15.0
Mg^{2+}	4.1
Na^+	6.3
K^+	2.3
(Fe)	(0.67)
SiO_2	13.1
합　계	120.00

래(1/16~2mm) 및 자갈(2mm 이상)로 되어 있다. 그러나 홍수 때에는 모래도 뜬짐으로 운반된다.

3. 유속과 짐의 관계

이득천에 있어서는 하류쪽으로 감에 따라 유속이 커지고 비가 많이 내릴수록 유속과 배수량이 커진다. 배수량이 커질수록 운반되는 뜬짐의 양(L)은 증가되며([그림 8-8] 참조), 이 관계는 다음 실험식으로 표시된다.

$$L = PQ^j$$

Q : 배수량
P : 상수
j : 0.8~3.0

이 식은 하천의 한 단면의 배수량이 10배로 늘면 뜬짐의 양은 보통 100배에서 1,000배까지 증가됨을 의미한다. [그림 8-8]에서 이 식의 의미를 알 수 있다. 하천의 하류에서는 j가 0.3 정도로 작아진다.

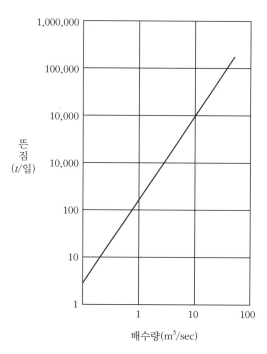

[그림 8-8] 배수량(Q)과 뜬짐(L)과의 관계

유속과 짐의 관계

보통 유속이 2배로 증가되면 뜬짐과 밑짐의 운반량은 여러 배로 증가된다. 홍수 때의 강물의 유속은 평시의 2배 정도 증가하고 배수량은 여러 배로 증가하므로 평시에 운반되는 짐의 10~20배의 짐을 운반한다. 이는 하천의 대부분의 짐을 홍수 때에 운반하고, 평시의 유속으로 돌아가면 퇴적을 일으키는 것을 의미한다.

　　유속이 증가될 때에 일어나는 주목할 또 한 가지는 유수가 운반할 수 있는 입자의 최대 직경이 부쩍 증가한다는 사실이다. 일정한 관계가 성립되지는 않으나 유속이 2배로 증가하면 운반되는 입자의 직경은 몇 배에서 수십 배까지 증가된다. 홍수 때에는 물 속에 점토·실트·모래를 띄워 가지고 있으므로 물의 비중이 커져서 더욱 직경이 큰 돌을 운반할 수 있게 된다. 그러므로 큰 돌덩어리들은 큰 홍수 때에 운반된다.

4. 유수의 침식작용

1. 우식작용

　　빗물이 표층류(表層流)로 흐르는 동안에 이루어지는 침식작용을 우식작용(雨蝕作用: rain washing, 또는 sheet erosion)이라고 한다. 우식작용에는 비가 지면의 풍화생성물을 때릴 때부터 시작되며, 우류를 거쳐 우묵한 우곡을 파는 일까지가 포함된다.

　　우식작용에 의하여 막대한 양의 토사가 침식 운반됨이 실험에 의하여 밝혀졌다. [그림 8-9]는 그 실험장의 단면도이다.

　　[그림 8-9]와 같이 실트가 섞인 토양으로 지면을 준비하고 그 위에 여러 가지 식물을 심은 후 강우에 의한 토양의 유실량을 측정한 결과는 [표 8-2]와 같았다. 여기에서 강수량은 매년 1,016mm로 하였다.

　　[표 8-2]에서 볼 수 있는 바와 같은 우식작용이 식물이 없는 풍화된 땅에 100년 동안 계속된다면 지면은 평균 약 50cm 낮아지는 계산이 된다. 자갈(礫)이 많이 섞인 표토

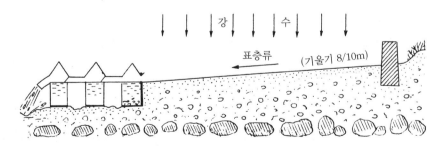

[그림 8-9]　표층류의 우식작용을 실험하는 농장
(미국 농림부가 꾸민 실험장의 단면도 약도)

[표 8-2] 표층류에 의한 토양 유실량(미국 농림부의 실험 결과)

지면의 상태	1에이커의 지면에서 1년간에 유실되는 토양의 무게	표층류로 지면을 흘러내리는 지표류의 분량(강수량 100%)
식물이 없는 땅	25tons	28.0%
옥수수밭	17tons	27.5%
목 초 지	165lbs	8.5%
Alfalfa 밭	140lbs	5.0%

는 점점 돌밭으로 변할 가능성이 있다. 그러므로 좋은 농토를 보존하기 위하여 토양 유실 방지에 노력해야 한다.

우곡(雨谷)은 비가 내릴 때마다 깊어지고 연장되나 평시에는 물이 없는 골짜기이다. 풍화된 표토가 얇으면 곧 기반암이 드러나지만 표토가 두꺼우면 요철(凹凸)이 심한 지형(地形)이 만들어진다. 사면의 구배가 50~60°나 되는 토주(土柱: earth pillar)가 많이 생긴 지형을 **악지지형**(惡地地形: bad land topography)이라고 한다. 미국 유타주 남부에 있는 브라이스 케년 국립공원은 이러한 악지지형으로 유명하다. 악지는 비가 내릴 때마다 급격히 깎여서 점점 평지로 변하고, 더 높은 곳으로 악지지형이 이동하여 간다. 1차 지류의 상류쪽에 연속되어 있는 우곡은 비가 내릴 때마다 높은 쪽으로 계속 뻗어 올라가면서 새로운 지면을 침식한다. 이 것을 **두부침식**(頭部侵蝕: head erosion)이라고 한다.

2. 하각작용

유수가 흘러내리면서 강바닥을 깎아 낮추는 일을 **하각작용**(下刻作用: down cutting)이라고 한다. 바닥이 암석으로 되어 있는 하천에서는 유수가 암석편을 **뜯어내기작용**(hydraulic plucking), 갈아 내는 **마식작용**(磨蝕作用: abrasion) 및 **용해작용**(solution)으로 하각작용을 수행한다. 평시에 하상(河床)이 자갈·모래로 덮여 있는 곳에서는 홍수 때에 이들 퇴적물이 하류로 운반되면서 기반암을 깎아 낸다([그림 8-7] 참조).

뜯어 내는 작용은 유수에 생긴 와류(渦流)가 절리의 발달로 떨어지기 쉽게 된 암편을 뜯어 내는 일로서 오랫동안에 하상을 깊게 한다.

마식작용은 유수에 밀리거나 굴러 내리는 돌조각이 하상을 깎아 내리는 일과 와류나 하상의 모양 때문에 돌조각이 맷돌처럼 돌면서 기반암을 깎아서 **돌개구멍**(pothole, [그림 8-10])을 파는 일의 두 가지가 있다.

폭포는 하상에 굳은 암석이 나타나는 곳에 만들어지며 물과 함께 떨어지는 돌덩어

[그림 8-10]   돌개구멍의 입체 사진 쌍(입체경으로 볼 것. 제주도의 계곡)

리의 충돌·돌 뜯어내기·용해작용으로 폭포 밑에 깊은 구멍을 만들어 하상을 침식한다. 폭포는 하천의 상류쪽으로 천천히 이동하여 가다가 마침내는 **여울**(rapid)의 상태를 거쳐 없어진다. 돌개구멍은 여울에 특히 많이 생겨난다.

3. 곡류(曲流)

하천은 하류로 갈수록 하곡의 너비가 커진다. 이것은 홍수 때마다 하천 바닥의 암석을 깎아서 깊고 넓은 하도를 만들기 때문이다. 홍수가 가라앉으면 운반되던 물질은 하도 밑바닥에 퇴적하게 된다. 이 퇴적물이 충적층(沖積層: alluvium)이며 홍수 때에 강물이 넘쳐서 운반하던 모래나 실트를 쌓는 넓은 평원을 범람원(氾濫原: flood plain)이라고 한다. 범람원은 하류일수록 넓게 발달되며, 그 위를 흐르는 강은 비교적 규칙적인 사인 커브(sine curve) 모양의 곡선을 그리며 흐른다. 하천의 이런 모양을 **곡류** 또는 **사행**이라고 한다. 곡류하는 하천은 하각작용을 중지하고 주로 옆으로의 침식을 일으킨다. 곡류는 다음과 같은 특징을 가진다.

(1) 사행의 직경은 대체로 배수량에 비례한다.

(2) 사행은 하안이 침식되기 쉬운 모래와 자갈(砂礫)로 되어 있는 곳에만 생긴다.

(3) 퇴적물은 사행의 안쪽에 쌓이며, 이곳을 **포인트 바**(point bar)라고 한다.

(4) 유속·난류 및 하천의 깊이는 곡류의 외측에서 가장 크다.

아직 곡류가 생기는 원인은 거의 불명하다. 곡류는 그 위치를 점점 바꾸어 나가며 원(圓)에 가깝게 구부러져서 잘룩목(neck) 부분이 점점 접근하면, 이 곳이 터져서 물은 놀아 흐르지 않고 바로 흐르는 **잘린목**(neck cutoff)이 된다. 떨어져 나간 곡류 부분은 우

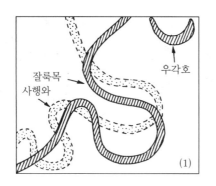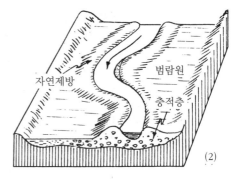

[그림 8-11] 사행와 · 우각호 · 잘록목(1) 및 자연제방 · 범람원 · 충적층(2)

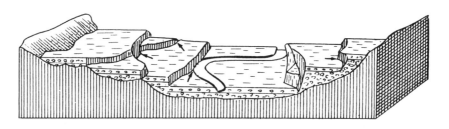

[그림 8-12] 하안단구(하천 양쪽에 단구가 있으나 보통 높이가 같은 것이 없다. 화살
표는 기반암이 나타난 부분이며 높은 것이 오랜 단구이다).

각호(oxbow lake)를 형성한다. 범람원에는 구하천이 곡류한 흔적이 남아 있으며, 이를
곡류와(曲流渦: meander scroll) 또는 사행와라고 한다.

한강 중류는 영월 부근에서 큰 곡류를 이루며 산 속을 흐른다. 이는 범람원에 갓 생
긴 곡류가 아니고, 수백 만 년 전에 넓은 충적평원을 흐르던 곡류가 지반의 융기로 인
하여 그대로 돌바닥을 하각하여 생긴 것이다. 이러한 곡류를 함입(陷入)곡류(entrenched
meander)라고 한다.

곡류가 계속되며, 위치를 바꾸는 동안 지반이 조금씩 상승하면, 하천 양쪽에는 평
탄한 면이 계단 모양으로 생긴다. 이것을 하안단구(河岸段丘: river terrace)라고 한다([그
림 8-12] 참조). 하안단구는 높은 것일수록 오래 된 것이다.

5. 유수의 퇴적작용

1. 충적층과 홍적층

홀로세(Holocene), 즉 약 10,000년 전부터 현재까지 사이에 쌓인 퇴적물을 충적층 (沖積層: alluvium)이라고 하며, 이보다 오래 된 홍적세(洪積世)의 것을 홍적층(洪積層: diluvium)이라고 한다. 충적층에는 하도퇴적물·홍수퇴적물·선상지·사주·삼각주가 있다.

하도퇴적물(channel deposit)에는 곡류 안쪽의 포인트 바, 하상 및 곡류와의 모래·자 갈이 포함된다. **홍수퇴적물**(flood deposit)은 홍수 때에 운반 퇴적된 물질로서 **범람원퇴적 물**(flood plain deposit)이라고도 한다. 홍수가 평상시의 하도를 넘어서 범람원에 퍼질 때 에는 하도보다 유속이 갑자기 작아지므로 뜬짐이 하도 연변과 평원에 쌓이게 된다. 특 히 하도 연변에 비교적 높이 쌓인 퇴적물은 **자연제방**(自然堤防: natural levee)을 만든다 [[그림 8-11](2) 참조].

2. 선상지(alluvial fan)

산지의 골짜기를 흘러내리는 유수가 평야에 이르면 물줄기가 분산되면서 유속이 작아지므로 운반하여 오던 물질을 골짜기 앞에 부채꼴로 쌓는다. 이와 같이 부채꼴로 쌓인 퇴적물을 선상지라고 한다. 홍수 때의 퇴적물은 큰 돌덩어리와 자갈이고 평시에는 모래·실트·점토이다. 선상지는 유수의 양과 평야의 면적에 따라 반경이 수십 m인 것 으로부터 수십 km 이상에 이르는 것까지 만들어진다. 선상지 표면의 퇴적물은 충적층 이지만 선상지 하부에는 오래 된 홍적층이 있다. 규모가 큰 선상지는 대체로 건조 기후 (arid climate)대에서 많이 관찰된다.

3. 삼각주(delta)

하구에서는 강물이 여러 줄기로 갈라져서 **분류**(分流: distributary)를 만들며 바다로 들어가는 경우가 있다. 분류의 유속은 매우 작으므로 운반하여 오던 물질을 퇴적하게 된다. 퇴적물이 바다 쪽으로 계속하여 쌓이면 해수면보다 때로는 높은 퇴적층이 나타나 게 되며, 이 지면은 대체로 희랍의 Δ(델타)자와 비슷하므로 이것을 **델타**(삼각주)라고 한

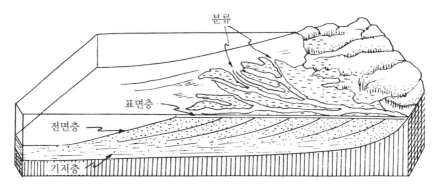

표면층과 전면층은 주로 모래로, 전면층 앞에 생기는 기저층은 점토로 구성.

[그림 8-13] 삼각주의 표면과 단면

다. 삼각주에는 [그림 8-13]과 같이 기저층(bottomset bed)·전면층(foreset bed) 및 표면층(topset bed)의 세 종류의 층으로 퇴적되며 퇴적물은 대부분이 점토·실트·모래이다. 계절에 따라 공급되는 물질이 달라지며, 홍수 때에 굵은 입자가 운반 퇴적된다. 삼각형의 삼각주로 가장 유명한 것은 나일강의 것이며, 미시시피강의 삼각주는 모양이 불규칙하다. 삼각주에도 하부에 10,000년 이상 된 홍적층이 있다.

4. 사주(砂洲: sand bar)

바닷가에는 물결의 작용으로 육지에서 수십 m 떨어진 곳에 모래로 된 긴 섬이 만들어지는 경우가 있다. 이런 것을 사주라고 하는데 사주는 만(灣)을 일부 막는 것과 완전히 막는 것이 있다. 또 섬과 육지 사이를 모래둑으로 연결시키는 경우도 있다. 이런 둑을 연계사주(連繼砂洲: tombolo)라고 한다.

6. 유수와 지형

1. 유수와 사태

하곡의 양쪽 사면은 유수에 의한 하각보다 사태에 의한 유실로 생긴다([그림 8-14] 참조). 하천은 (1)에 해당하는 좁은 부분만을 깎은 셈이고 (2)는 사태로 유실된 부분이다.

2. 하식윤회

습윤한 지대의 침식은 주로 유수
에 의하여 일어난다. 해저에 두껍게
쌓인 지층이나 평야가 융기하여 높은
대지로 변하였다고 생각하면, 이 대지
는 곧 하식작용을 받기 시작하여 나중
에는 해수준면에 가까운 평야로 변해
버릴 것이다. 유수의 침식작용이 높
은 지면을 깎아서 다시 낮은 지면으로

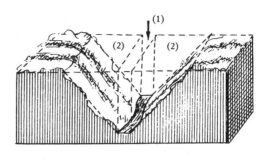

(1) 유수에 의하여 하각된 부분
(2) 대부분 사태에 의하여 유실된 부분

[그림 8-14] 하곡의 침식과 유실

변화시키는 일을 하식윤회(河蝕輪廻:
cycle of fluvial erosion)라고 한다. [그림 8-15]에서 (1)은 융기한 대지가 얼마 동안 침식
을 받았으나 아직 원지형이 많이 남아 있으므로 윤회의 시기는 유년기(young stage), (2)
는 산지가 험하나 하천의 발달이 진척된 조장년기(early mature stage), (3)은 하곡이 더

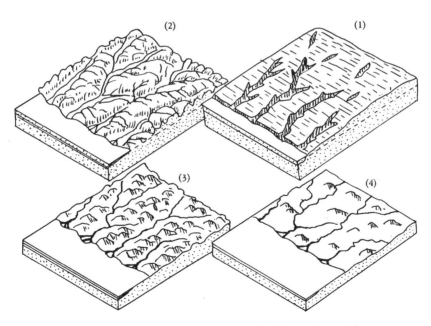

(1) 유년기   (2) 조장년기   (3) 만장년기   (4) 노년기
(파선은 침식의 기준면)

[그림 8-15] 하식작용의 윤회

발달한 만장년기(late mature stage), (4)는 낮은 산이 곳곳에 단독으로 남아 있는 **잔구**(殘丘: monadnock)를 이루는 노년기(old stage)로서 지면은 해수준면에 가까워진다. 이런 평야에 가까운 지형을 **준평원**(準平原: peneplain)이라고 한다.

3. 침식의 속도

미국의 지질학자 젓슨과 리터(S. Judson과 D.F. Ritter)가 최근에 계산한 바에 의하면 미국 전국토는 우식작용으로 시작된 유수의 침식 및 운반작용으로 1년에 매 1mi²의 땅에서 461톤의 풍화생성물이 유실되고 있다. 이것은 1,000년 동안에 미국 전국토를 평균 2.4in(6.1cm)씩 낮아지게 하는 셈이 된다. 물론 산지의 저하(低下)는 더 빨리 일어나고 평야는 거의 낮아지지 않는다. 히말라야 산맥에서는 1,000년 동안에 1m씩 낮아지는 산지가 있음이 하천의 짐의 측정과 배수 면적으로부터 계산되어 있다. 이 경우 산정 부근에서는 빙하가 작용하고 있음을 생각해야 한다. 미국 전국토의 침식량은 미국과 기후가 비슷한 다른 곳에도 적용할 수 있을 것이다. 우리 나라는 평균 강수량이 미국보다 약간 많고 산악 지대의 면적이 더 크므로 침식의 속도는 미국보다 약간 더 클 것으로 생각되나 아직 연구된 자료가 충분하지 못하다.

침식 운반되는 물질은 결국 바다나 호수로 들어간다. 지질시대를 통하여 일어난 침식작용은 퇴적물을 공급하였고 침식작용이 심한 때에는 많은 퇴적물을 공급하였다.

조산운동이 심하게 일어나면 침식의 속도는 커지며 퇴적도 **빠르게** 일어난다. 현재의 침식량과 퇴적량은 우리가 지질시대 중에 일어난 사건을 해석하는 데 이용된다.

제 9 장

해　양

　　지구 표면적의 71%는 두께 약 4,000m인 수층으로 덮여 있으며 29%를 차지한 육지는 총연장 수십만 km 이상 되는 해안선에서 바닷물결의 작용을 받고 있다. 비록 육지를 침식하는 힘에 있어서는 육지를 깎는 유수(流水)의 작용에 비하여 훨씬 뒤떨어지나 바닷물과 접촉하는 해안의 길이가 엄청나게 길고 육지에서 운반되어 온 퇴적물을 처리하여 이것을 바다 밑에 고르게 펴고 쌓는 데 있어서는 유수나 육지가 도저히 당할 수 없는 큰 일을 하고 있다.

　　1960년대에 들어서부터 대양저에 대한 지형, 지질 및 지구물리학적인 조사 결과가 정리되기 시작하여 1970년에 가까와짐에 따라 대양저의 모양이 상당히 밝혀지게 되었다. 육지에서 얻은 사실만으로는 해석되지 않던 사실들이 대양저의 조사 결과로부터 해석의 실마리가 풀리기 시작한 것이다. 우리는 앞으로도 해양저의 신비를 더욱 밝히고 육지에서의 지식을 합하여 지구에 관한 지식을 넓히도록 하여야 할 것이다.

　　이 장에서는 먼저 바닷물과 그 작용에 관하여 공부한 후 대양저의 지형과 지질에 관하여 알아보기로 한다.

1. 해수와 그 운동

1. 해 수

바닷물의 양은 비와 눈, 흘러드는 강물 및 지하수의 공급을 받아 증가될 것 같으나, 거의 비슷한 양의 물이 증발하므로 오랜 지질시대를 통하여 거의 균형이 취해져 있다. 그러나 해수면은 과거 100년 동안에 6.4cm가 높아졌음이 밝혀져 있으며, 이는 대기가 더 따뜻해짐에 따라 남북 양극의 빙하가 녹아서 얇아지고 빙하가 후퇴하여 바닷물의 증가를 일으키고 있는 데 기인하는 것으로 보인다.

바닷물에는 3.5%(무게)의 광물질, 즉 염분이 녹아 있다. 이것을 대양저에 그대로 완전히 침전시킨다면 평균 56m의 두께를 가진 층을 만들 것이다. 녹아 있는 물질의 분량을 1,000gr의 바닷물에 들어 있는 염분의 무게로 표시하면 $NaCl$ 27.21gr, $MgCl_2$ 3.81gr, $MgSO_4$ 1.66gr, $CaSO_4$ 1.26gr, K_2SO_4 0.86gr, $CaCO_3$ 0.12gr, $MgBr_2$ 0.08gr, SiO_2 0.002gr 및 기타이다.

이들 염분의 대부분은 육지로부터 풍화작용을 받은 암석에서 녹아 나온 것이다. 현재 매년 바다로 들어가는 염분은 30억 톤으로 추산된다. 이 밖에 육상 및 해저의 화산과 대양저 아래서 공급되는 CO_2, Cl_2 및 기타 물질이 있으며, $CaCO_3$와 $NaCl$은 여기서도 추가된다. $CaCO_3$와 SiO_2는 생물에 의하여 굳은 껍질을 만드는 데 이용된 후 해양저에 쌓이게 되고, 증발이 빠른 따뜻한 얕은 바다에서는 $CaCO_3$와 $NaCl$이 화학적으로 침전이 일어난다.

2. 해수의 운동

바닷물에 여러 가지 운동을 일으키게 하는 힘의 근원은 태양에 있다. 지구 자전의 에너지는 약간의 보조적 역할을 맡을 뿐이다. 해수의 운동에는 물결·연안류·해류·조석·조류·저탁류가 있다.

해파 또는 **물결**(wave)은 바다에서 가장 쉽게 관찰할 수 있는 물의 운동으로서 바람에 의하여 생겨난다. 물결의 높이는 바람이 한 방향으로 계속하여 부는 시간과 바람이 바닷물과 접하는 거리의 장단에 따라 달라진다. 깊은 물에서는 물결이 자유롭게 먼 곳까지 전파되며 이런 물결의 단면은 [그림 9-1]과 같다. 물분자들은 물결이 진행하는 방

향으로 같은 속도로 움직여 가
지 않고, 파고 H에 해당하는 직
경을 가진 원운동만을 하며 대
단히 느리게 물결의 진행 방향
으로 이동한다. 바다 표면하의
물분자들도 역시 원운동을 하지
만, 그 직경은 물결의 파장 L과

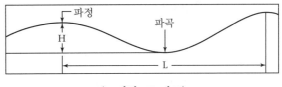

(L: 파장, H: 파고)

[그림 9-1] 깊은 물 표면을 지나가는 물결의 단면

관계가 있다. 즉 파장의 1/9(L/9)만큼 깊은 곳의 물분자들은 파고의 1/2(H/2)에 해당하
는 원을 그린다. 그러므로 깊이가 2/9되는 곳의 물분자는 직경 H/4인 원을 그리고, 깊이
가 L에 해당하는 곳의 물분자는 H의 1/512의 원을 그리게 된다.

L=30m, H=1m인 물결은 수심이 30m인 곳의 물분자에 1/512m, 즉 약 2mm의 원
운동을 일으킴에 불과하다. 대양에서 폭풍으로 일어난 물결 중 가장 높은 것으로 보고
된 H=25m의 예가 있고, 예외적으로 높은 것에 H=30m인 것이 있다. 이 물결의 파장
L=300m라고 하면 25/512m≒5mm로서 깊이 300m되는 곳의 물분자는 5mm의 원운동
을 할 것이다.

물결이 먼 곳까지 전파되는 동안에는 파장이 길어지고 파고가 낮아지는 변화가 생
긴다. 예를 들면, L=100m, H=5m인 물결이 약 3,000km의 여행을 하면, L=400m,
H=0.88m로 변한다. 처음 물결은 L/H=20이나, 3,000km 전파된 물결은 L/H=500이
다. 만일 L/H이 10~35이면, 가까운 곳에서 일어난 폭풍으로 생긴 물결이고, 35~70이
면 얼마간 떨어진 곳에서 생긴 물결이며, 70 이상이면 퍽 먼 곳에서 생긴 물결임을 짐작
할 수 있다.

물결에는 ① 한 방향으로 부는 바람에 의하여 생겨난 것, ② 먼 곳에서 일어난 폭
풍이나 저기압에 의한 것, ③ 쓰나미(tsunami)에 의한 것이 있다. 남위 40° 선과 남극 대
륙 사이는 세계에서 가장 폭풍이 심하게 일어나는 곳으로서 이 곳에서 일어난 물결은
거의 세계 각지로 퍼진다. 우리 나라 서해안에는 적도 이북에서 생긴 태풍에 의한 물결
이 가장 많이 밀려온다. 동해는 태평양에서 일어난 물결의 영향을 거의 받지 않는다. 여
러 방향에서 또는 여러 종류의 물결이 한 곳으로 움직여 오면 이들은 서로 간섭(干涉)을
일으켜서 어떤 간격을 두고 특히 높은 물결과 낮은 물결이 생기게 된다.

3. 연안류(沿岸流: long-shore current)

육지로 향하여 부는 탁월풍으로 생겨 밀려오는 물결은 결국 해안에 평행한 바닷물의 흐름을 형성하게 되는데 이 흐름을 연안류라고 한다. 이 때에 해저에는 바람과 반대 방향으로 흐르는 저류(底流: undertow)가 생긴다. 연안류와 저류는 퇴적물의 운반과 분포에 큰 역할을 맡고 있다.

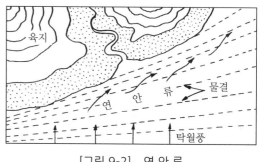

[그림 9-2] 연안류

4. 해류(海流: oceanic current)

해류의 종류와 그 성인은 다음과 같다. **취송류**(吹送流: drift current)는 같은 방향으로 계속하여 부는 바람으로 해면 부근의 물이 유동하게 된 것으로서 해류 중 가장 중요한 것이다. 이에는 생물이 따라 이동하므로 해저퇴적물에 영향을 준다. **열염순환류**(循環流: thermohaline-circulation current)는 가열된 적도 부근의 바닷물보다 냉각된 극 부근의 바닷물의 밀도가 크므로 해면이 극으로 향하여 기울어져서 일어나는 흐름이다. 해면의 기울기(勾配)는 6km에 대하여 약 1m이다. 이 때문에 적도 부근의 바닷물이 양극쪽으로 유동하며, 그 깊이는 1,000m에 달한다. 해면에서의 속도는 최대 8km/hr인 곳도 있다. 극쪽으로 이동하면서 증발이 일어나 염분이 높아지게 되고 온도 또한 낮아지며 밀도가 높아져 깊은 곳으로 가라 앉아 양극에서는 깊은 해저를 따라 적도로 향하는 심해류가 생겨서 바닷물은 크게 순환한다. 한 개의 물분자가 한 번 순환하는 시간은 평균 수천 년이다. 해저퇴적물에는 취송류와 같은 영향을 미친다. **보류**(補流: compensation current)는 다른 해류들에 끌려드는 바닷물의 흐름이다.

5. 조석(潮汐: tide)

달과 태양의 인력으로 해면이 대개 매일 두 번씩 오르내리는 현상으로서 해안과 해저에 대한 물결의 공격을 도와 주고 퇴적물 운반에 큰 일을 담당한다.

6. 조류(潮流: tidal current)

조석 현상으로 바닷물이 간만선 사이를 왕복 운동하는 흐름으로서 유속이 12km/

hr인 곳도 있다. 조류는 조간대에서 해저침식과 퇴적물 운반에 큰 영향을 미치며, 깊이 400m까지 퇴적물을 운반한다.

7. 저탁류(底濁流: turbidity current)

풍화생성물이 물에 떠 있는 혼탁한 물은 밀도가 크다. 이런 물이 조용한 수층(水層)의 밑바닥을 따라 이동하는 대규모의 저류를 저탁류라고 한다. 바다에서는 혼탁(混濁)한 강물이 저탁류로 되고, 해저지진으로 생긴 해저의 혼탁한 물도 저탁류를 만든다. 저탁류는 해저의 침식을 일으켜 물결의 작용이 미치지 못하는 깊은 해저를 깎고 해저지형에 큰 변화를 일으킨다. 이러한 저탁류로 운반되어 퇴적된 지층을 저탁암(turbidite)이라고 하며 흔히 심해저 환경에서 형성된다.

2. 물결의 작용

1. 물결의 침식작용

먼 곳에서 깊은 바다를 지나 해안으로 접근한 물결은 바다가 물결의 파장보다 얕아짐에 따라 물 속에서의 물결의 원운동은 점차로 수평 방향으로 긴 타원형으로 바뀌어지고 더 아래서는 전후로의 수평 운동만을 하게 된다. 이에 따라 해저의 퇴적물의 입자들은 물의 에너지를 흡수하여 앞뒤로의 수평 운동을 하게 된다. 파장이 긴 물결은 상당히 깊은 해저의 퇴적물을 움직일 수 있으나, 보통 물결은 10m보다 더 깊은 해저에서 운반 또는 침식작용을 일으킬 수 없다. 보통 파장의 1/2보다 깊은 곳에는 물결의 작용이 거의 미치지 못한다. 깊이가 파장의 1/2보다 얕은 곳에서는 해저와 물결의 마찰로 물결의 진행 속도가 감소되며 뒤에 따라온 빠른 속도의 물결과의 사이의 파장은 짧아지게 되나 물결의 높이는 증가한다.

해안에 가까와져서 바다가 더욱 얕아지면 파정은 뾰족하게 되고 물결 앞쪽의 사면은 더 급하게 일어서게 된다. 수심이 파고의 1.5배보다 얕아지면 파정이 앞으로 기울어지며 깨져서 흰 색을 나타내게 된다. 이런 부서지는 물결을 쇄파(碎波: surf)라고 한다.

쇄파는 부서지면서 에너지를 조금 잃고 파고가 낮은 물결로 변하나 더 얕은 곳에 이르면 다시 부서진다. 그러므로 얕은 바닷가에 몰려온 물결은 여러 줄의 쇄파를 나타

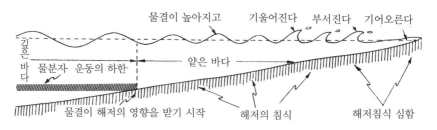

물결이 높아지고   기울어진다   부서진다   기어오른다

깊은 바다 물분자 운동의 하한   얕은 바다

물결이 해저의 영향을 받기 시작   해저의 침식   해저침식 심함

[그림 9-3]　얕은 바다로 진행하는 물결의 변화

내며, 해저의 기울기가 극히 완만하면 쇄파가 생겨나는 대(帶)의 너비가 1km 이상이 되는 경우가 있다. 이 때에 부서지는 물결은 전보다 더 큰 속도로 움직이며, 바닷가의 암석이나 퇴적물을 강타한다. 해안의 구배가 완만하면 물은 사면 위로 기어오르다가 에너지가 다하면 바다로 흘러든다. 흘러드는 물은 복잡한 난류로 되어 바닷가의 작은 입자들을 바다 속으로 운반하는 저류로 변한다([그림 9-3] 참조).

2. 수압의 작용

물결은 폭풍 때에 막대한 파괴작용을 해안에 미친다. 해안에 노출된 암석은 오랫동안에 절리가 현저한 바위로 변하고 퇴적암에는 층리에 따라 틈이 생긴다. 큰 폭풍 때에 물결이 거꾸로 말리면서 속에 공기를 포함한 대로 암석에 부딪치며 압축된 공기와 물의 무게로 최대 30톤/m², 평균 3톤/m²의 압력을 가한다. 이런 압력이 암석의 틈에 작용하면 절리나 층리에 따라 돌덩어리가 떨어져 나온다. 수압으로 에너지를 얻은 돌덩어리나 나무둥치가 반복하여 해안의 암석을 타격하여도 파괴작용이 크게 일어날 것이다.

3. 마식작용(磨蝕作用)

물결의 작용으로 떨어져 나온 돌덩어리는 얕은 물 밑에서 물결의 에너지를 받아 전후 좌우로 운동하면서 바다 밑바닥을 깎는다. 조석의 출입으로 물의 깊이가 달라지므로 마식작용(abrasion)의 정도도 달라진다. 이렇게 하여 해안에는 파식절벽, 그 밑에는 해빈(beach), 바다 쪽으로는 넓은 돌바닥, 즉 파식대지가 형성되는 곳이 있다([그림 9-4] 참조). 특히 해안에 바다 쪽으로 뻗어나간 돌출부가 있으면, 물결은 돌출부로 에너지를 집중하여 빨리 파괴하여 버린다. 만입부에는 에너지가 덜 미치기 때문에 도리어 퇴적이 일어난다([그림 9-5] 참조).

[그림 9-4]　물결의 침식작용을 받은 바닷가의 모양

이런 작용이 바다로 돌출한 부분에 오래 계속되면 해안선은 직선상으로 변하게 된다.

4. 퇴적물의 이동

바닷가로 접근하는 물결의 물분자들은 전체로 육지 쪽으로 움직여 간다. 그러므로 물결의 물분자도 육지 쪽으로 전진하면서 원운동을 하며 얕은 해저에서 전후 운동을 하는 물분자들의 운동량은 육지 쪽으로 크고, 바다 쪽으로 작다. 따라서 해저의 퇴적물은 육지 쪽으로 이동하게 된다. 가까운 곳에서 일어난 폭

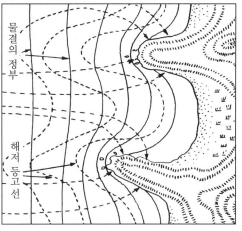

[그림 9-5]　물결이 바다로 돌출한 부분을 강타하는 이유

풍으로 생긴 물결은 해저의 퇴적물을 교란하여서 물에 뜨게 하여 깊은 바다로 들어가 가라앉게 하지만, 먼 곳에서 오는 파장이 긴 물결은 보다 깊은 해저의 모래를 육지 쪽으로 이동시켜서 해안에 모래를 쌓게 한다.

연안류는 [그림 9-2]에서 보는 바와 같이 해안에 거의 평행한 흐름을 일으켜서 퇴

적물을 바다에서 해안 쪽으로 이동시키는 동시에 해안을 따라 이동하게 하며, 위에서 설명한 물결의 작용은 또한 모래를 육지 쪽으로 이동케 한다.

해안 부근의 퇴적물은 그 대부분이 육지에서 유수의 운반작용으로 공급된 것이다. 물결이 해안을 공격하여 얻은 물질은 해안퇴적물의 10%에 불과할 것으로 생각된다. 곳에 따라서는 바다 생물, 특히 유공충의 껍질, 조개 껍질과 산호의 파편이 퇴적물 중에 많이 포함된다. 제주도의 바닷가에는 유공충과 조개 껍질을 주로 하는 백색의 사구(砂丘)가 생긴 곳이 있다. 산호초가 있는 바닷가에는 산호의 파편으로 된 모래가 해안에 퍼져 있다.

어떤 강이 흘러드는 바다 부근에는 그 강이 운반하여 들여 온 퇴적물, 즉 그 강의 유역의 물질이 많아야 할 것이다. 그러나 실제로 바닷가의 퇴적물은 얕은 대륙붕의 퇴적물과 섞여 있으며, 대륙붕퇴적물의 70%는 해수면이 현재보다 100m나 낮았던 마지막 빙하시대부터 점점 해면이 높아지는 동안에 강물로 공급된 퇴적물이다. 해안 가까이에는 모래, 먼 곳에는 실트나 점토가 있을 것이라고 한, 과거의 생각은 대륙붕퇴적물의 조사로써 잘못임이 밝혀졌다.

쇄파(surf)가 일어나는 곳의 퇴적물은 물결·연안류·조석의 작용으로 퇴적물의 입자를 크기와 밀도에 따라 분급(分級: sorting)하여 물의 흐름이 빠른 곳에 대체로 모래평원을, 느린 곳에 실트로 된 펄평원(mud flat)을 형성케 한다.

3. 해저 지형

1. 해안 부근의 지형

약 1만 년 전부터 현재까지 사이에 해수면은 100m의 상승을 일으켰다. 이는 빙하의 후퇴에 의한 것이다. 그러므로 세계의 대부분의 해안은 점차로 높은 곳이 물결의 공격을 받고 있다. 해안의 육지가 상하로 움직이지 않는 곳에서는 [그림 9-6]과 같은 단면을 보여 주는 지형이 대표적이다.

파식절벽은 그 높이가 10m 내외인 경우가 많다. 만일 해면이 상승한 시간이 오래이면 절벽이 더 높아져 있을 것이다.

해안의 육지가 상승하는 해면보다 더 큰 속도로 간헐적으로 상승하면 **해안단구**(海

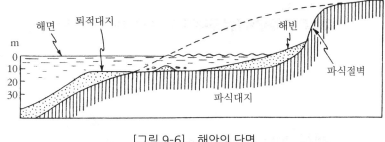

[그림 9-6] 해안의 단면

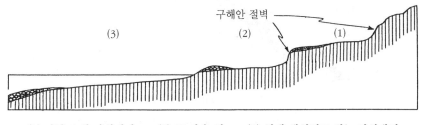

(1) 가장 오랜 파식대지   (2) 그 다음 것   (3) 현재 생성되고 있는 파식대지

[그림 9-7] 해안단구

岸段丘: coastal terrace)가 생겨난다. 해안단구는 파식대지가 솟아오른 평탄한 면이다.

반대로 해안의 육지가 침강하면, 육지의 지형에 따라 섬이 많은 다도해(archi-pelago)와 굴곡이 심한 해안선을 만든다. 침강된 지 얼마 안 된 해안은 물결에 의한 침식 작용을 거의 받지 않았으나, 오래 된 해안은 직선상으로 변하며, 만입부(bay)를 막는 사주(砂州: barrier)가 생긴다. 사주는 물 위에 나타나 보이는 모래로 된 긴 섬이며, 물결과 연안류(沿岸流)로 운반된 모래로 형성된다.

2. 해저 지형

1920년까지는 바다의 깊이를 재는 데 납덩어리를 단 노끈이나 쇠줄을 사용하였다. 깊이 4,000m인 대양저까지 줄을 내리고 올리는 데에도 5시간 이상이 걸렸고, 측정치에 는 오차가 많았다. 그러나 1920년 이후에는 음파를 이용한 음향측심법(音響測深法: echo sounding)이 시작되어, 제 2 차 대전 중에는 진행하는 배에서 바다의 깊이를 계속 측정 할 수 있고, 깊이가 자동적으로 측정 및 기록될 수 있게 발전되었다([그림 9-8] 참조). 음 향측심법은 1912년 호화 여객선 타이타닉(Titanic)호가 빙산에 부딪쳐 침몰한 후 빙산을

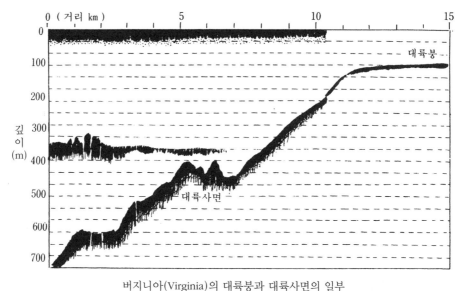

버지니아(Virginia)의 대륙붕과 대륙사면의 일부

[그림 9-8] 음향측심법으로 기록된 해저 지형

미리 발견하려는 연구의 결과로 발명된 것이다. 이 방법은 해저지형 탐사에 획기적인 계기를 마련해 주게 된 것이다.

　　최근까지 음향측심기를 장치한 많은 선박들이 측정한 결과를 종합한 바에 의하여 대양저에는 주요한 세 가지 특징이 있음이 알려졌다. 즉 대륙주변부, 대양저평원 및 대양저산맥이 그것이다. 이런 주요한 특징 밖에 규모가 작은 화산맥이 많으며, 이것들이 대양저를 작은 여러 개의 대양분지(ocean basin) 로 나눈다.

3. 대륙주변부

　　대륙주변부(continental margin)는 보통 대륙붕, 대륙사면 및 대륙대(大陸臺)를 포함하며 대륙붕이 좁은 곳에서는 대륙사면 밑의 **해구**(海溝: trench)까지 이에 포함된다. **대륙붕**(continental shelf)은 해안의 육지가 바다 밑으로 연장되어 있는 부분으로서 육지가 물결의 침식작용으로 깎여서 낮아진 후, 퇴적물과 바닷물로 덮인 곳이며 그 구배(slope)는 평균 1 : 1,000이다. 대륙붕 위의 기복(起伏: relief)의 양은 20m 이하이고, 대륙붕의 끝부분, 즉 붕단(棚端: shelf break)의 깊이는 100~500m이며, 붕단의 평균 깊이는 200m이다. **대륙사면**(continental slope)은 붕단에서 심해 쪽으로 평균 25 : 1,000 또는 더 급

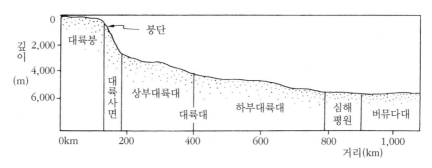

[그림 9-9]   미국 북동쪽 해양저의 단면

한 구배(3~6°)를 가지고 기울어져 있는 부분으로서 대륙대까지 연속되거나 해구의 대륙 쪽 벽이 되는 경우가 있다. **대륙대**(continental rise)는 대륙사면의 기슭에서 심해평원이 시작되는 곳까지로서 대양저보다 높은 대지이며 그 구배는 1 : 1,000~1 : 700이다. 대륙대의 깊이는 2,500~5,000m이다. 그 이름은 대륙대이나 퇴적물 아래에는 대양지각이 있다. 대부분 육지에서 공급된 물질이 대륙사면에 쌓였다가 대륙사면을 미끄러져 내려서 퍼진 것이 대륙대퇴적물을 형성하고 이에 심해저퇴적물이 섞인다. 대륙사면에는 해저협곡(峽谷: canyon)이 많이 발달되어 있으며, 이는 대륙붕에서 시작되어 대륙대까지 계속된다. 해저협곡은 대륙붕에서 대륙사면을 지나 대양저로 흐르는 저탁류에 의해 형성된 것이며 저탁류는 지진에 의한 충격으로 형성되기도 한다([그림 9-10] 참조). 해구는 대륙사면과 대양저 사이에 있는 깊이 7km 이상의 깊은 골짜기로서 특히 태평양 주위에 잘 발달되어 있다(제19장 지구구조론 참조).

4. 대양저평원

대양저평원(ocean-basin floor)은 대륙주변부와 대양저산맥을 제외한 대부분의 대양저로서 태평양저의 3/4과 인도양 및 대서양저의 1/3을 차지하는 **심해평원**(abyssal plain)이다. 심해평원은 대단히 평탄한 평원으로서 그 구배는 1 : 1,000~1 : 10,000이다. 심해평원은 먼 육지에서 운반되어 들어간 극세립물질과 방산충연니로 덮여 있으며 그 두께는 500~1,000m이다. 심해평원 중에는 해저의 물의 흐름으로 침식되어 거친 지형을 나타내는 곳도 있다. 이 밖의 대양저평원은 구릉성(丘陵性)의 지형을 보여 주기도 한다. 이런 지형은 화산활동에 의하여 생성된 것으로 생각된다.

심해평원에서는 [그림 9-11]처럼 화산이 솟아올라 하와이제도·남태평양의 군도

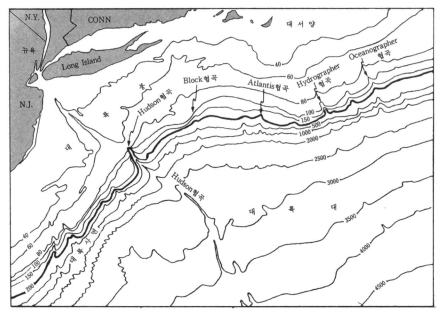

등심선은 패덤(fathom)으로 표시되어 있음(1fathom = 1.82m)

[그림 9-10] 허드슨(Hudson) 해저협곡

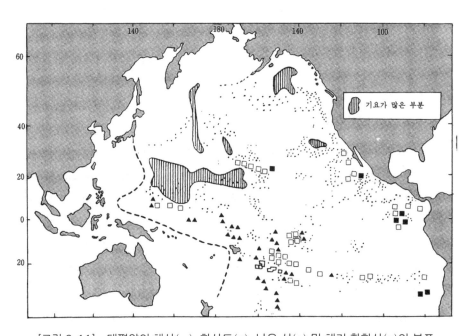

[그림 9-11] 태평양의 해산(·), 화산도(□), 낮은 섬(▲) 및 해저 활화산(■)의 분포

같은 대양도서(oceanic island)가 이루어졌으며, 해수면상에 나타났던 일이 없는 **잠도**(潛島: seamount) 또는 해산(海山)도 많다. 한 번 해수면 위에 나타나서 물결의 침식작용을 받아 꼭대기가 수평으로 깎인 섬이 해수면의 상승 또는 해저의 침강으로 해수면하 수백m 깊이에 빠져 버린 섬도 많다. 이런 해산을 특히 **기요**(guyot)라고 한다.

5. 대양저산맥

대양저에는 너비 1,000~2,000km, 대양저에서의 높이가 2,000~4,000m인 대양저산맥(oceanic ridge)이 있다. 대서양저에 큰 해저산맥이 있다는 사실은 19세기 후반부터 알려져 있었으나 [그림 19-33]과 같이 태평양 동부에서 남태평양을 지나 인도양에 이르고 다시 아프리카 남쪽을 지나 대서양저산맥에 연결되는 연면한 산맥의 존재가 알려진 것은 1957년 이후의 일이며, 더구나 산맥에 직각인 방향으로 많은 **변환단층**(變換斷層: transform fault)이 생겨 있는 사실이 알려진 것은 1960년경부터의 일이다. [그림 19-33]에 표시된 변환단층은 그 중 주요한 것만을 그린 것이고, 실제로는 그 수가 4~5배나 더 많다. 대양저산맥과 변환단층은 지진의 진원이며 지구의 구조를 설명하는 데 중요한 존재들이다. 이에 관하여는 지구구조론(제19장)에서 다시 설명될 것이다.

대양저산맥은 [그림 9-12]와 같은 단면을 보여 준다. 즉 그 중심선에 따라 깊이 1,500~2,000m의 **열곡**(裂谷: rift valley)이 생겨 있으며, 열곡 좌우에는 열곡과 평행한 능선들이 여러 줄 생겨 있다. 열곡 밑바닥에 새로이 생겨나는 대양지각 때문에 열곡 좌우쪽의 산룡은 서로 반대쪽으로 벌어져 나가므로 [그림 19-24]처럼 변환단층을 사이에 두고 대양저의 지각이 서로 반대로 움직이는 곳이 생겨서 이 곳에서는 천발지진이 일어나고 열곡 속에도 지진이 계속적으로 일어나는 지점이 많다.

열곡 옆의 산맥이 화살표의 방향으로 움직이는 속도는 대서양저산맥 남쪽에서 10mm/1년이고, 태평양 남쪽의 대양저산맥에서는 45mm/1년임이 알려졌다. 이런 대양저산맥의 생성과 이동은 대양저를 넓히는 결과를 가져온다. 대륙의 표이와 기타 지구의 중요한 현상을 이것으로 설명

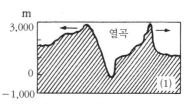

(1) 아프리카의 빅토리아호의 단면도

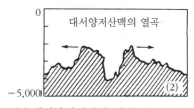

(2) 대서양저산맥의 단면도(Holms, 1965에 의함)

[그림 9-12] 열곡의 비교

하려고 생각한 사람은 헤스(H.H. Hess)와 디이쯔(R.S. Dietz)이며 1961~1962년의 일이다. 그들이 주장한 새로운 가설은 해저확장설(海底擴張說: Sea-floor spreading hypothesis)이라고 불린다(제19장 지구구조론 참조).

4. 대양저퇴적물

대양저퇴적물에는 크게 두 가지가 있다. 하나는 육지에서 생겨난 암석의 풍화생성물이고, 다른 하나는 물에 녹아 있는 물질이 생물에 의하여 또는 화학적으로 침전된 것이다. 물론 이 밖에 소량이지만 화산 폭발로 공급된 물질·마그마에서 공급된 물질·우주진(宇宙塵)·운석(隕石)이 있다. 대양저퇴적물의 두께는 1950년경까지 평균 7km로 계산되었으나 실제로는 이보다 훨씬 얇다. 대양저산맥 정선 부근에는 퇴적물이 거의 없고 정선부에서 멀어져 감에 따라 점점 두꺼워져서 500m 내지 1,000m에 달하게 된다. 그러나 육지에서 다량의 퇴적물을 공급받는 대륙대에서는 10,000m에 달한다.

1. 퇴적물의 운반

유수는 매년 약 300억 톤의 뜬짐과 약 30억 톤의 밑짐을 하천을 통하여 운반하여 굵은 입자를 대륙붕 또는 그 가까이에 퇴적시키고 이 곳을 통과한 물질은 대륙사면 또는 대륙대에 퇴적된다. 대륙붕의 너비가 좁은 곳에서는 바로 협곡을 흘러서 심해평원에 들어간다.

대양저의 퇴적물은 그 대부분이 바람·빙하·하천의 작용으로 운반된 것이다. 건조지대에 일어나는 센 바람에 불리는 먼지가 바다로 운반되는 경우와 건조 지대가 아니라도 건조한 계절에 일어나는 강풍으로 먼지가 떠올랐다가 가까운 대양에 떨어질 가능성을 생각할 수 있다. 극히 작은 먼지는 오랫동안 공중을 떠다니다가 비가 내릴 때에 비에 씻겨서 떨어진다. 큰 화산 폭발로 많은 먼지가 대기 중에 공급되고 성층권에까지 올라가면 이는 온 지구를 덮게 되고 천천히 가라앉아서 그 대부분이 해양에 떨어진다. 높은 산지에서 흘러내리는 빙하가 돌덩어리·모래·돌가루를 운반하여 직접 바다로 흘러들어 빙산이 되어서 떠돌아다니는 동안에 포함하고 있던 돌부스러기를 해양저에 떨어뜨리게 된다.

2. 대륙붕퇴적물

대륙붕에는 주로 강물로 운반된 자갈·모래·실트·점토가 쌓이고 녹은짐의 형태로 운반된 석회분이 침전하여 석회암도 퇴적된다. 대륙붕은 빙기(氷期)에 그 대부분이 육지로 변하였다. 그러므로 붕단(棚端) 부근까지 강물이 흐르며 굵은 입자로 된 퇴적물을 공급하였고 이들은 대륙사면을 지나 대륙대까지 운반되었다. 대륙붕에는 빙기 때의 지형과 퇴적물이 아직도 남아 있다.

(1) 대륙사면   구배가 느린 곳에는 퇴적물이 쌓여 있으나 해저 협곡에는 기반암이 노출되어 있다. 퇴적물은 모래·실트·점토이며 이들이 저탁류로 휩쓸려 들어가서 그 기슭에 심해저 선상지를 형성하거나 더 멀리 퍼져서 대륙대에 퇴적물을 공급한다.

(2) 대 륙 대   대륙대는 대부분 대륙사면의 협곡을 통하여 저탁류로 공급된 모래·실트·점토로 된 퇴적물이 두껍게 쌓인 곳이다. 그 두께는 10,000m 내지 15,000m에 달하는 경우가 있다. 대륙대의 깊이는 심해에 속하지만 저탁류는 대륙붕의 퇴적물을 공급한다. 예전에는 이 곳에 쌓인 퇴적물, 즉 지향사퇴적물이 천해에 쌓인 지층으로 오인되어 온 것은 이 때문이다. 대륙대의 퇴적층은 저탁류로 운반되어 쌓인 저탁암(底濁岩: turbidite)으로 되어 있고 곳곳에 심해퇴적물이 끼어 있다.

3. 심해퇴적물

위에서 말한 운반 방법으로 바다에 들어간 입자들의 약 10%는 대양저로 들어가 퇴적된다. 심해저의 퇴적물이 가장 먼저 조사된 것은 19세기 말엽이었다. 1870년대에 챌린저(Challenger)호가 세계의 바다에서 채취한 표품은 육안으로 감정되어 육원퇴적물(陸源堆積物)·적색점토(赤色粘土: red clay)·석회질연니(軟泥: ooze)·규질연니로 크게 구분되었다.

육원퇴적물은 육지에서 공급된 모래와 점토의 크기를 가진 퇴적물로서 주로 대륙붕에 쌓여 있으나 저탁류로 대륙사면을 거쳐 심해저에까지 운반되어 들어간다.

적색점토는 원양성(遠洋性) 점토로서 적색 내지 갈색을 띠며 석회분이 30% 이하인 퇴적물이다. 적색점토의 분포는 주로 4,000m보다 더 깊은 곳에 국한된다. 주성분은 점토광물·석영·운모로서 육지에서 공급된 풍화생성물이고 이에 화산재와 Fe_2O_3가 섞여 있다. 적색점토가 적색을 띠는 원인은 철분을 포함한 극세립 물질이 천천히 가라앉는 동안에 완전히 산화된 결과로 생각된다. 적색점토 속에는 석회질인 부유생물의 껍질이 적다. 이는 깊은 바닷물이 $CaCO_3$에 대하여 불포화(不飽和) 상태에 있으므로 해수 중을

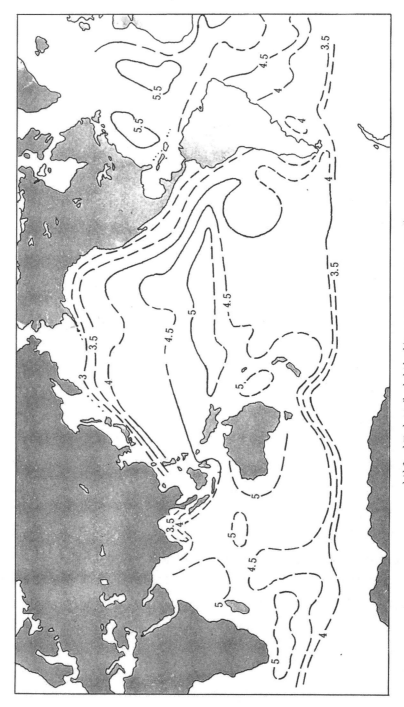

파선은 자료가 20개 미만인 것(Berger & Winterer, 1974)

[그림 9-13]   탄산염 보상심도(CCD, 단위 1,000m)

낙하하는 미생물의 껍질이 용해되어 버리기 때문이다.

이렇게 석회질 껍질이 녹아 버리는 깊이를 **탄산염 보상심도**(補償深度: carbonate compensation depth, 약자는 CCD)라고 한다. CCD는 적도 부근에서 4,500~5,000m이며 양극으로 갈수록 감소하여 3,000~3,500m에 이른다([그림 9-13] 참조).

석회질연니는 30% 이상의 석회분을 포함하는 퇴적물로서 생물의 굳은 부분이나 골격을 많이 포함한다. 해수면의 온도가 높아서 유공충, 코콜리스, 기타 부유생물이 많이 사는데 이들이 죽으면 석회질인 부분이 바다 밑으로 눈처럼 떨어져서 무기적인 점토 중에 30% 이상이 섞이게 된다. 이것이 석회질연니로서 대서양에 널리 분포한다.

규질연니는 대부분 SiO_2로 된 미생물의 작은 골격으로 이루어진 연니로서 해수면(海水面)에 석회질 껍질을 가진 생물이 많지 않거나 CCD가 얕아서 석회질인 껍질이 용해되어 버릴 만큼 깊은 해저에 퇴적된 것이다.

그러나 최근까지 조사된 바에 의하면 심해저퇴적물의 종류는 위의 분류처럼 간단하지 않다. 그러나 심해저퇴적물의 근원과 운반 방법에 중점을 두면 다음의 두 가지로 크게 나누어진다.

(1) **원양생물기원 퇴적물**   생물의 석회질 및 규질 껍질이나 골격·유기물·인산화물로 된 생물의 유해(遺骸)를 주로 하는 퇴적물로서 여러 가지 연니가 이에 속한다.

(2) **원양무기적 퇴적물**   대양의 생물과는 관계가 없는 퇴적물로서 이는 다시 다음 두 종류로 나누어진다.

① 원양성쇄설물(遠洋性碎屑物: pelagic sediment) : 바람이나 화산 폭발로 하늘 높이 올라갔다가 천천히 낙하하여 바다에 떨어진 먼지와 화산재, 우주진, 화학적 침전물이며 아주 느리게 가라앉는 동안에 해수의 화학적 작용을 받아 변질된 미립자들, 대륙에서 대륙붕과 대륙사면을 지나 저탁류나 심해저의 해류로 운반된 퇴적물로서 모래·실트·기타의 미립자로 되어 있는 것.

② 원지퇴적물(原地堆積物: indigenous deposit) : 대양저 범위 안에서 유도된 퇴적물로서 해저화산 분출물에 바닷물이 작용하여 생긴 물질, 해저의 열수분출공에서 방출된 여러 가지 원소들, 퇴적물 중의 물질이 재형성(再形成)된 것, 해수면 위에 노출되어 풍화를 받은 화산체와 산호초의 풍화생성물.

원양생물 기원의 퇴적물 중 식회질인 것으로 중요한 깃은 유공충의 껍질, 코콜리스

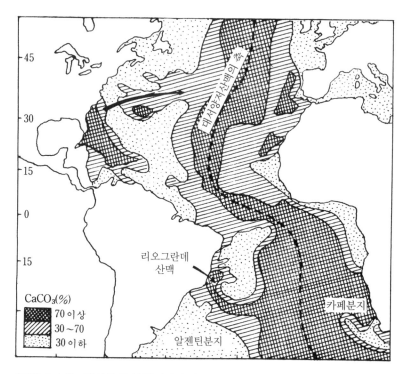

[그림 9-14] 대서양의 석회질연니의 분포(분포 면적은 대서양에서 60%이나
태평양에서는 15%로 아주 좁다.)

(coccolith) 및 익족류(翼足類: pteropod)의 껍질이다. 예외는 있으나 대양저에서 높은 지
형을 이루는 대양저산맥 사면에 석회질연니가 많으며, 깊어질수록 그 함유량이 적어진
다([그림 9-14] 참조).

규질인 물질로 중요한 것에는 규조(珪藻: diatom)와 방산충(放散蟲: radiolaria)이 있
다. 이들은 작고 구조가 섬세하나 잘 녹지 않고 이들 규질물은 주로 고위도 지방의 심해
저와 적도 밑의 태평양저에 많이 쌓여 있다.

인산화물(燐酸化物)로서는 동물의 뼈와 이(齒)가 있으나 심해저에 도달하기 전에
대부분이 녹아 버리므로 퇴적물로서는 양적으로 아주 적다. 또 유기물도 생물의 먹이로
되어 버리고 대부분이 없어지나 산소가 부족한 해저에는 5% 정도 퇴적물에 포함된다.
심해저퇴적물 중의 유기물 함유량은 1% 이하이다.

무기적퇴적물로서 중요한 것은 점토광물인 고령토·일라이트(illite)·몬모릴로나이
트(montmorillonite, 스멕타이트: smectite의 일종)이다. 앞의 둘은 육지에서 공급된 것이나,

뒤의 것은 화산유리가 바닷물의 작용을 받아 만들어진 것으로 생각된다.

작은 석영 입자는 북극과 남극 부근에 많다. 이는 빙하로 운반된 돌가루일 것이고 사하라(Sahara) 사막 서쪽 바다에 많은 석영 입자는 바람에 불려 들어간 것으로 보인다.

대양저화산에서 공급된 물질로는 현무암질인 화산암편·화산유리가 있고 또한 이들에 뜨거운 물〔熱水〕이 작용하여 만들어진 변질광물들이 있다.

4. 망간단괴(manganese nodule)

심해저에는 Mn, Fe를 많이 포함한 단괴가 흔하다. 단괴들은 수십분의 1mm 이하의 작은 것으로부터 850kg에 달하는 것까지 있다. 망간단괴는 심해저 중 점토와 $CaCO_3$의 퇴적이 적게 일어나는 곳에 많다([그림 9-15] 참조). 단괴의 평균 화학 성분은 [표 9-1]과 같으며 이들 성분은 용액의 상태로 육지에서 공급된 것 및 해저에서 분출된 화산에 의

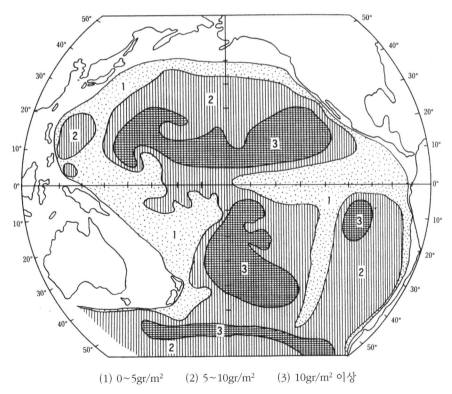

(1) 0~5gr/m²   (2) 5~10gr/m²   (3) 10gr/m² 이상

[그림 9-15] 태평양 바닥의 망간단괴 분포(Skornyakova, 1979)

[표 9-1] 망간단괴의 평균 성분(무게 %)

원 소	태평양저	대서양저	원 소	태평양저	대서양저
Na	2.6	2.3	Mn	24.2	16.3
Mg	1.7	1.7	Fe	14.0	17.5
Al	2.9	3.1	Co	0.35	0.31
Si	9.4	11.0	Ni	0.99	0.42
K	0.8	0.7	Cu	0.53	0.20
Ca	1.9	2.7	Ba	0.18	0.17
Ti	0.67	0.8	Pb	0.09	0.10

* 이 밖에 Sc, V, Cr, Sr, Y, Zr, Mo, Yb 등의 원소가 0.001~0.09%까지 들어 있음.

하여 공급된 것의 두 종류가 있을 것이다.

예외적으로 빨리 성장하는 경우도 있으나, 대부분의 단괴는 100만 년에 5~10mm의 비율로 자라남이 방사성 동위 원소로 측정되었다. 단괴는 해저면에 많으나 퇴적물 속에 묻힌 것은 극히 적다.

5. 흔적원소(痕跡元素: trace elements)

[표 9-1]에서 1% 내외 또는 그 이상 되는 원소는 흔히 발견되는 것이지만, 다른 원소들은 그 분량이 아주 적다. 그러므로 이들을 흔적원소라고 한다. 해저에는 세립질 퇴적물이 많으며 그 표면에는 물에 녹아 있던 금속원소가 흡착되는 경우가 많다. 특히 퇴적물의 입자가 작아지면 표면적이 커지므로 원소의 흡착률이 커진다. 점토질 해저퇴적물 중에 들어 있는 Co의 양은 대서양저산맥에 많음이 알려져 있다. 이 곳에는 가장 세립질인 점토가 모이기 때문에 Co의 함량이 높다. $CaCO_3$를 제거한 Co함량은 대서양저산맥에서 160~320ppm이고 육지에 가까운 곳에서는 2~20ppm이다.

생물의 체내에도 미량의 흔적원소가 들어 있다. 대서양 북부의 플랑크톤(plankton)을 태운 재(ash) 중의 흔적원소를 분석한 결과는 [표 9-2]와 같다.

[표 9-2] 플랑크톤의 체내의 흔적원소

(단위 ppm)

Sr	1,100~6,500
Pb	15~530
Sn	5~24
Cr	10~860
Ni	14~610
Ag	0.2~3.0

6. 퇴적 속도

후빙기에 대서양저에 퇴적된 점토에 대한 ^{14}C연령 측정 결과에 의하면 남미 북부의 동해와 북미의 동해에는 1,000년 동안에 22gr/cm², 대서양저산맥에는 0.5gr/cm²의 비율로 쌓였음이 알려졌다. 이는 각각 1,000년 동안에 10mm 및 2.5mm 정도의 두께로 점토가 쌓인 셈이 된다. 다른 퇴적물과 합한 퇴적 속도는 이보다 클 것이다.

그러나 좀더 깊은 곳의 심해퇴적물의 퇴적 속도는 ^{14}C의 방법으로 측정이 불가능하다. 그러므로 반감기가 84,000년인 ^{230}Th이 사용된다. ^{230}Th은 바닷물 중에 녹아 있던 ^{238}U이 붕괴하여 만들어진 것이며, 이는 점토에 흡수되어 일정한 비율로 해저에 퇴적된다. 그러므로 심해저의 ^{230}Th 포함량은 일정하고 깊이 들어갈수록 ^{230}Th의 양은 적어진다. 해저퇴적물 속에는 반감기가 긴 ^{232}Th도 포함되어 있다. 그러므로 ^{230}Th과 ^{232}Th의 양적 차이를 측정하면 상부의 퇴적물과 하부의 퇴적물의 연령을 측정할 수 있고 그 차이로부터 퇴적 속도를 알아 낼 수 있다.

실제로 측정한 결과에 의하면, 남태평양의 심해저퇴적물의 퇴적 속도는 1,000년에 0.5mm, 북태평양의 심해에서는 1,000년에 1mm이며, 대륙에 가까와질수록 값이 커진다.

제 **10** 장
지 하 수

암석과 그 풍화생성물(토양과 퇴적물)은 보이지 않는 큰 저수지(reservoir)의 역할을 맡고 있다. 하천에서 멀리 떨어진 곳에서도 상수도가 없이 살 수 있는 것은 우물(well)을 파서 비교적 쉽게 지하수(ground water)를 얻을 수 있기 때문이다.

이렇게 널리 분포되어 있는 지하수가 지하에 끊임없는 지질작용을 가하여 장구한 세월이 지나는 동안에는 지구 표면에 일어나는 변화를 더 복잡하게 만들 것이 짐작된다. 지하수는 지하에서 서서히 이동하며 암석의 여러 가지 성분을 용해하여 암석 파괴를 촉진시키며 용해된 물질을 다른 곳으로 운반하다가 그 곳의 암석이나 새로 쌓인 퇴적물 중에 침전시켜 공극을 메우고 부드러운 퇴적물을 굳은 암석으로 변하게 한다. 또 지하수는 서서히 지표로 나와서 강물이 되고, 바다나 호수로 흘러들어 용해하여 온 물질을 그 곳에 추가한다. 지하수는 막대한 저장량을 가지고 연중 하천·호수·소택지의 수량을 조절하고 지표에서 증발하여 기권의 수증기량을 간접적으로 조절한다.

1. 지하수의 성인과 그 분포

1. 지하수의 성인

옛날의 학자들은 지하수의 성인에 대하여 다음과 같은 몇 가지 생각을 가졌었다.

(1) 지구는 대단히 큰 생물체와 같은 것으로서 지하수는 지구의 동화 작용으로 생겨난 물질이다[독일의 천문학자 케플러(Kepler, 1571~1630)의 생각].

(2) 공기가 지구의 공극으로 들어가서 물로 변한 것이다[아리스토텔레스(Aristotle, 384~322 B.C.)의 생각].

(3) 바닷물이 지중에 들어가서 퍼진 것이다[플라톤(Plato, 427~347 B.C.)의 생각].

(4) 강수가 지하로 스며들어간 것이다[프랑스의 변호사 페로(Pierre Perrault, 1611~1680)가 1650년경 세느강 유역의 1년 중의 강수량이 세느강의 유출량의 6배임을 밝힘으로써 증명된 생각].

그 중 (4)가 현재의 우리 생각과 동일한 것이다. 지하수의 대부분은 지표에 내린 비와 눈이 녹은 물이 지하로 스며들어간 것에 불과하다. 그 증거로서 지하수에는 방사성 수소 ^3H(Tritium)가 소량이나마 들어 있다는 사실을 들 수 있다. ^3H는 기권 상층에서만 만들어지는 수소의 동위 원소이다. 강수 외에 지하수로 가해지는 것에 약간의 처녀수(處女水: juvenile water)를 생각할 수 있다. 처녀수는 마그마에 들어 있던 물이 분리되어 나온 것이다.

2. 지하수의 분포

우물을 팔 때에는 지표 부근에서 습기를 약간 포함한 표토를 제거해야 한다. 이 곳은 공기가 들어 있는 **통기대**(通氣帶: zone of aeration)이다. 더 깊이 들어가면 사방에서 물이 새어 나오는 곳에 부딪치게 된다. 이 곳에는 물이 가득 차 있으므로 이를 **포화대**(飽和帶: zone of saturation)라고 한다. 포화대의 상한은 대체로 평활한 면으로 통기대와 만나는데 이 면을 **지하수면**(地下水面: groundwater table)이라고 한다. 우물 밑에서 새어 나오는 우물물의 수면이 상승을 중지하면 이 때의 수면의 높이가 그 부근의 지하수면의 높이이다. 근접하여 있는 여러 우물의 수면의 높이를 조사하여 보면 지하수면이 대체로 지표의 구배와 비슷한 구배를 가지고 있음을 알 수 있다.

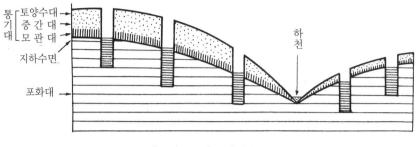

[그림 10-1]　지하수면

통기대는 다시 아래서부터 위로 **모관대**(毛管帶: zone of capillarity), 중력수를 포함하는 **중간대**(中間帶: intermediate zone) 및 토양수를 포함하는 **토양수대**(土壤水帶: zone of soil water)로 3분된다.

비가 많은 지방에는 지표 부근에 지하수면이 있으나 건조한 지방에서는 100m 이상 파 들어가도 지하수면에 달하지 못하는 곳이 있다. 이는 강수량이 적어서 지하수의 증가가 일어나지 않기 때문이다. 계절에 따라 강수량이 다르므로 지하수면은 주기적으로 오르내린다. 지하수가 존재할 수 있는 이론적인 하한은 암석이 지하에서 고압으로 빈틈 없이 압박되거나 유동되어 공극(pore)을 잃어버리는 곳까지로서 이는 약 10km의 깊이이다. 그러나 실제로 지하수는 비교적 얕은 곳에만 국한되어 있어서 1km 가량 되는 깊이에서는 지하수를 거의 볼 수 없다.

공극을 가지고 물을 포함할 수 있는 토양이나 암석을 **대수층**(帶水層: aquifer) 또는 **함수층**(含水層: water-bearing formation)이라고 한다.

3. 공극률(空隙率: porosity)

사력층(砂礫層), 토양 및 그 밑의 기반암이 지하수를 포함할 수 있는 것은 그 중에 공극이 있어서 물의 통과를 가능케 하기 때문이다. 단위 체적의 암석(또는 표토) 중에 존재하는 공극의 체적을 백분율로 표시한 것이 공극률이다. 보통 토양과 사력층의 공극률은 25~45%이고 화성암의 그것은 1% 내외이다. 신선한 화성암은 치밀하여 공극률이 대단히 작으나 절리·단층·풍화대가 있으면 물을 포함할 수 있다. 퇴적물이 고화되면 공극률이 감소된다. [표 10-1]은 몇 가지 암석 및 토사의 공극률이다.

[표 10-1] 여러 가지 암석과 토사의 공극률

종 류	공극률(%)	종 류	공극률(%)
토양	50~60	자갈	30~40
점토	45~55	자갈＋모래	20~35
실트(silt)	40~50	사암	5~20
모래(지름이 같은)	30~40	셰일	1~10
모래(l/4~2mm)	35~40	다공질 석회암	25±
모래(l/16~1/4 mm)	30~35	치밀한 석회암	2~13
모래(l/16~2 mm)	25~30	신선한 화강암	0.2~0.5

2. 지하수의 운동

1. 투수성(透水性)

물을 통과시키는 능력의 대소를 나타내는데 투수성(transmissibility)이라는 말을 사용한다. 표토나 기반암 중에 큰 공극이 많으면 물은 잘 통과한다. 공극률은 커도 공극이 대단히 작으면 물의 유통을 불가능하게 한다.

사력층과 점토층의 공극률은 거의 같으나 사력층의 투수성이 큰 데 반하여 점토층의 투수성은 대단히 작다. 광물 입자에 물이 묻으면 물은 얇은 수막(水膜)으로 광물 위에 붙어서 떨어지지 않는다. 이는 광물과 물의 분자들 사이에 생기는 분자 인력(molecular attraction)에 의한 것이다. 공극이 넓으면 광물의 입자들 사이의 거리가 크므로 광물과 물 사이의 인력에 거의 관계 없이 물이 통과하나, 공극이 작으면 물의 분자는 입자들 사이를 큰 힘을 가지고 연결하며 움직이지 않으므로 물은 통과하지 않는다. 이는 진흙이 불투수성인 원인이 된다. 투수성이 있는 물질 중에 포화되어 있는 물이 움직여 통과하는 현상을 **삼투**(滲透: percolation)라고 한다. 지하수는 암석이나 토양 중을 삼투하여 움직인다.

2. 투수율(透水率)

투수율은 수두(水頭: head)의 단위를 1.00, 물의 온도를 15℃, 단면적을 m²로 하였을 때, 1일 동안에 투과되는 물의 양을 리터(l)로 나타낸 것이다. 지하수의 수두와 온노는 일정하지 않으므로 이를 환산하여야 한다. 투수율을 야외에서 측정하려면 양수(揚水) 시험이 필요하며, 실내에서는 투수율 측정기(permeameter)를 사용한다.

3. 지하수의 운동 속도

샘이 쉬지 않고 솟고, 비가 안 내려도 강물이 끊임없이 흐르며, 호수의 수면이 거의 일정하게 유지되는 것은 지하에 저장되어 있는 지하수가 서서히 움직이면서 그들의 소비를 보충하여 주기 때문이다. 지하수가 지하에서 삼투하여 운동하는 방향은 지표류의 방향과 거의 같으나 그 속도는 매우 느리다. 지하수가 운동을 일으키는 에너지는 위치 에너지에서 오는 것이다. 지하수가 어떤 곳에서 지표로 흘러 나가면 지하수면의 높이는 전체로 낮아진다. 이는 [그림 10-2]와 같은 지하수의 운동이 일어나기 때문이다. 즉 위치 에너지가 운동 에너지로 변하면서 물의 운동이 일어난다. 이 때 물은 삼투하면서 공극 주위와 마찰을 일으켜 에너지의 대부분을 잃어버리므로 남은 에너지가 지하수의 느린 삼투 속도로 나타난다.

지하에서 일어나고 있는 지하수의 삼투 속도는 다음 식으로 표시할 수 있다. 이 식을 다르시(Darcy)의 방정식이라고 한다.

$$V = p\frac{(h_1 - h_2)}{l}$$

여기에서 V는 지하수의 유속, $h_1 - h_2$는 두 측점 사이의 지하수면의 높이의 차, l은 두 측점 사이의 거리, p는 물질의 성질에 따라 결정되는 상수로서 이를 투수계수(coefficient of permeability)라고 한다.

위의 식에서 p 밖의 모든 값이 알려지면,

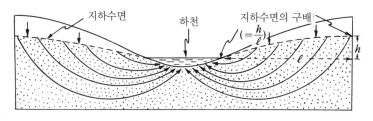

[그림 10-2] 포화대에서 삼투가 일어나는 방향 (균질인 투수성 물질 중에서 일어나는 지하수의 삼투)

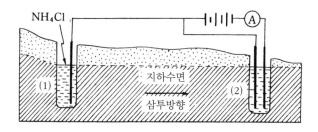

[그림 10-3] 전류에 의한 지하수의 삼투 속도 측정법

$$p = \frac{l}{(h_1 - h_2)} V$$

로 p 의 값을 계산할 수 있다. 지하의 상태가 비슷한 곳에서는 p 의 값이 같은 것으로 생각하고 l 과 $(h_1 - h_2)$만을 알면 V를 구할 수 있다.

지하수의 속도를 직접 측정하는 데는 보통 다음과 같은 두 가지 방법이 있다. 첫째는 강한 염료나 방사성 동위 원소를 한쪽 우물에 풀어 넣고 이것이 인접한 우물에 나타나는 시간을 측정하는 것이고, 둘째는 전기적인 방법으로 측정하는 것이다. [그림 10-3]과 같이 두 우물에 금속판[電極]을 전지와 전류계에 연결하고 우물 (1)에 강한 전해질인 염화암모늄(NH₄Cl)을 풀어 넣는다. 이 용액이 우물 (2)에 달할 때 전류가 통하여 전류계가 움직이게 되고 우물 (2) 안에서는 두 금속판 사이에 전기가 흐르게 되어 전류계를 더욱 많이 움직이게 한다. 이런 방법으로 지하수가 우물 (1)과 (2) 사이를 통과하는 데 필요한 시간과 거리를 측정하여 그 속도를 계산할 수 있다.

지하수가 퇴적층 중을 지날 때 그 층의 입자들의 표면적의 총합계가 크면, 즉 직경이 작은 입자들로 되어 있으면 마찰력이 커지나, 입자들의 직경이 크면 표면적의 총합계는 작아져서 삼투 속도가 빨라진다. 지하수는 하저의 사력층 중에서 가장 빠른 속도로 흐른다. 이런 흐름을 **복류**(伏流: urderflow)라고 하며 그 속도는 최대 20m/일(日)이다. 다른 곳에서는 2m/일~2m/년이다. 깊은 곳에 들어간 지하수는 거의 정지되어 있어 다른 물로 바뀌려면 장구한 시일을 요한다.

3. 우물과 샘

1. 보통우물

우물은 땅에 판 구멍이 지하수면 밑에 달하게 하여 지하수를 얻는 곳이다. 지하수를 함유하는 물질을 ① 표토 또는 퇴적물과 ② 암석(기반암)으로 2대분할 수 있다. ①의 경우에는 어디를 파나 대체로 물을 얻을 수 있고 수량도 많으나 ②의 경우에는 화성암 또는 변성암인가 퇴적암인가

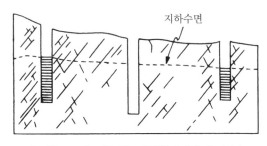

[그림 10-4] 물 없는 우물(화성암의 경우)

에 따라 큰 차가 생긴다. 화성암이나 변성암인 경우에는 이에 절리가 잘 발달되어 있거나 단층이 존재하지 않는 한 물을 얻을 수 없다. 그러므로 우물을 깊게 파고도 물을 보지 못하는 일이 있다. 퇴적암 특히 공극률이 큰 퇴적암인 경우에는 굳지 않은 퇴적물인 경우보다 깨끗한 물을 다량 얻을 수 있는 일이 많다.

화산암 지대에서는 시간을 달리한 용암의 층들 사이에 화산쇄설물층이 끼어 있는 일이 있으며, 이런 층은 지하수의 유로가 되어 있는 일이 많다.

우물물의 사용량이 적으면 지하수면은 대체로 같은 높이를 유지한다. 만일 지하수의 매장량이 적으면 우물은 곧 밑이 드러날 것이다. [그림 10-5]에서와 같이 **주지하수면**(main water table)은 깊은 곳에 있고 **주수지하수면**(perched water table)이 불투수성 퇴적물 위에 있을 때 그 면적이 작으면 우물 (1)은 곧 고갈될 것이나 우물 (2)는 오래 견딜 수 있을 것이다.

지하의 함수층이 굳지 않은 퇴적물로 되어 있는 경우에 우물물의 사용량이 많으면 지하수면은 처음 원추형으로 낮아지나 나중에는 부근의 모든 우물의 수면을 낮추어 준다.

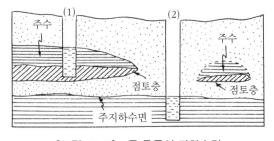

[그림 10-5] 두 종류의 지하수면

어떤 기간 중의 양수(揚水)로 지하수면이 낮아지는 범위는 대체로 원형으로 나타나며, 이 범위의 반경을 **영향반경**(影響半徑: radius of influence)이라고 한다([그림 10-6] 참조). 영향반경은 양수량·함수층(含水層)의 성질에 따라 달라진다.

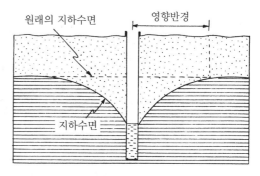

[그림 10-6] 양수에 따른 지하수면의 변화

함수층이 굳지 않은 퇴적물로 되어 있고, 지하수면이 낮아진 후 오랫동안 다시 채워지지 않거나 계속 지하수를 많이 뽑아 내어 지하수면이 계속하여 낮아지면, 지하수가 들어 있던 공극은 위로부터의 하중으로 눌려 좁아지고 지표면은 밑으로 침강하게 된다. 이런 심한 예는 멕시코시티에서 볼 수 있었다. 즉 1910~1952년 사이에 지면이 약 5m 낮아졌고 1953년에는 1년간에 50cm나 낮아졌다.

[그림 10-7]과 같이 한쪽으로 기울어진 사암층(투수성층)이 있고 그 상 및 하위에 셰일층(불투수성층)이 있을 때 사암층은 산에 내린 비를 머금어 물로 가득 차게 된다. 이 때 그림과 같은 구멍을 깊이 뚫어 사암층에 도달하면 사암층 중의 물은 솟아올라 분출하게 된다. 이렇게 분출하는 우물을 찬정(鑽井: artesian well)이라고 한다. 호주에는 이런 우물로 물을 얻고 있는 여러 지역이 있다.

2. 샘(spring)

지하수면이 지표면과 접한 곳에서는 지하수가 새어 나온다. 이런 곳을 샘이라고 한다. 샘의 성인으로는 [그림 10-8]과 같은 지하수의 상태와 지하수의 운동을 생각할 수

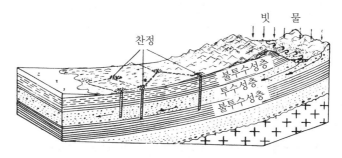

[그림 10-7] 찬정의 성인

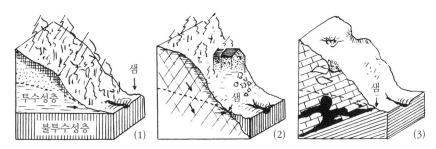

(1) 투수성층의 지하수면이 지표와 접하는 곳의 샘
(2) 화성암의 절리에 들어 있는 물의 지하수면이 지표와 접하는 곳의 샘
(3) 석회동에서 나오는 샘

[그림 10-8] 3종류의 샘

있다. 이들은 모두 중력의 작용에 의한 것이므로 **중력천**(重力泉: gravity spring)이라고 부른다.

[그림 10-7]에서와 같은 사암층이 단층으로 끊겨서 물이 지표로 솟아올라 분수 같은 샘을 만드는 일이 있다. 이런 샘을 **용천**(湧泉: artesian spring)이라고 부른다.

온천과 광천도 샘이지만 전자는 더운 물(그 지방의 평균기온보다 높은)을, 후자는 여러 가지 광물질을 포함한 샘물을 내보내는 샘이다.

4. 지하수의 지질작용

1. 용해작용(溶解作用: solution)

지하수는 암석 중 또는 광물 입자들 사이를 통과하며 이들의 일부를 용해하고, 다른 곳에 이를 침전시킨다. 이런 용해작용을 돕는 것은 비가 내릴 때에 빗물에 용해된 CO_2가스와 물이 토양 중을 통과할 때에 흡수한 CO_2 가스(박테리아의 작용으로 만들어진)이다. 이는 전술한 바와 같이 H_2CO_3로 되어 암석을 잘 용해한다. 용해작용으로 만들어진 물질은 Ca, Mg, Na, K 및 Fe의 수화물·탄산염·중탄산염으로서 알칼리성인 염류가 많으므로 지하수는 약한 알칼리성을 나타낸다.

미국 노스캐롤라이나(North Carolina)의 피먼트(Piedmont) 지방은 섬록암으로 되어 있다. 이 지방의 지하수가 녹여 내는 고형물의 양을 측정한 결과 이 섬록암으로 된 지역이 28,000년간에 용해되어 30cm 낮아지는 계산이 됨을 알았다. 또 어떤 석회암 지대는 전 지역이 30cm 용해되어 낮아지는 데에 2,000년 걸린다는 결과가 나왔다. 설제에 있어 서는 용해작용이 어느 정도 진행되면 암석은 부스러져 떨어지므로 30cm의 암석의 층을 용해시키는 작용만으로도 더 많은 암석을 효과적으로 침식케 할 수 있는 것이다.

용해작용에 있어 특히 주의할 것은 석회암·고회암·대리암으로 된 지대에 일어나는 지하수의 작용이다. 이런 지대에서는 이들 암석의 성층면 또는 절리에 따라 삼투하는 지하수가 그 통로의 암석을 용해하여 작은 틈을 만들고 이것을 점점 확대하여 큰 동굴을 지하에 만든다. 처음에는 삼투 속도가 느릴 것이므로 용해는 대단히 서서히 일어날 것이다. 구멍이 커져서 지하수의 유동이 빨라지면 동굴의 확대는 비교적 빠른 속도로 이루어질 것이다. 그러나 이런 용해작용도 전술한 용해 속도에 비추어 보아 얼마나 오랜 시일(수만 년 내지 수십만 년)을 요할 것인가를 짐작할 수 있다.

이렇게 하여 생긴 동굴은 얕은 곳의 것부터 무너져서 지표에 원형의 움푹 패인 곳(凹所: 이를 돌리네라고 한다)이나 긴 골짜기를 만드는데 골짜기에는 샘으로 시작되었다가 돌연 스며드는 짧은 하류가 생기는 일이 있다. 이런 골짜기를 우발라(uvala)라고 한다([그림 10-9] 참조).

이런 특이한 모양을 가진 석회암 지대의 지형을 **카르스트지형**(karst topography)이라고 부른다. 이런 지형은 유고슬라비아의 카르스트(Karst) 지방에 현저하다. 이런 곳의 지하수면이 상승하면 돌리네와 우발라가 침수되어 호수로 변하게 된다.

석회암 중에는 봉합선상(縫合線狀)의 굴곡을 보여 주는 선이 생기는 일이 있다. 이는 성층면에 따라 일어난 압력용해작용으로 만들어진 것이다. 이런 선을 **스타일롤라이트**(stylolite)라고 부른다([그림 10-10] 참조).

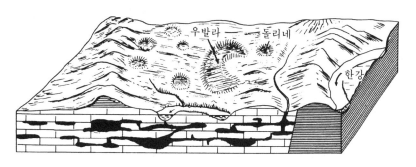

[그림 10-9] 카르스트지형과 그 지하의 모양(영월 부근)

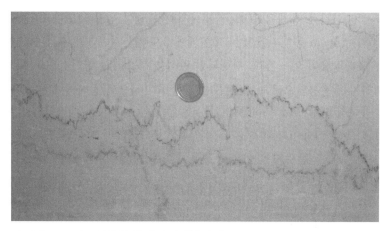

[그림 10-10]   석회암 중의 스타일롤라이트(이탈리아 볼로냐 건물석재)

2. 침전작용(precipitation)

지하수는 경우에 따라 그 중의 용해되어 있는 광물질(중요한 것으로 $CaCO_3$, SiO_2, Fe_2O_3, $2Fe_2O_3 \cdot 3H_2O$가 있음)의 일부를 지하의 빈 곳에 침전시킨다. 이미 지하수의 용해작용으로 만들어진 동굴·틈·퇴적물 중의 공극이 후에 침전의 장소로 변하게 된다. 이 때에는 광물질이 빈 곳의 내면을 얇은 층으로 덮기 시작하여 점점 그 두께를 증가하고 작은 공극은 쉽게 충진되어 버린다. 퇴적물은 공극에 광물질의 침전으로 고화되어서 굳은 암석으로 변하게 된다. 암석의 틈도 광물질이 충진되어 맥(脈)으로 변한다. 동굴이 지하수면 위로 상승하게 되면 빈 동굴 천정에 물방울이 생기고 물에 녹아 있던 석회분〔$Ca(HCO_3)_2$〕은 동굴 천정에 매달려 있는 동안에 약간의 CO_2 가스를 잃고 소량의 $CaCO_3$를 침전시킨다. 이런 침전이 오랫동안 계속되면 고드름 모양의 **종유석**(鐘乳石: stalactite)이 생기고 그 밑에는 **석순**(石筍: stalagmite)이 생긴다.

어떤 곳에서는 용해작용과 침전작용이 거의 동시에 일어나 기존 물질의 화학 성분은 변하여도 그 구조는 완전히 원형을 보존하는 일이 있다. 규화목(珪化木: silicified wood)은 그 좋은 예이다. 광물질이 퇴적암 중의 어떤 부분을 중심으로 거의 구형으로 또는 불규칙하게 침전되면 단괴(團塊: nodule) 또는 결핵체(結核體: concretion)를 만든다.

제 **11** 장

호　　소

　　풍화·침식작용은 기복(起伏: relief)이 심한 지면을 다스려서 바다로 향하여 균일하게 기울어진 사면을 만드나 다른 지질작용이 이를 방해하여 곳곳에 새로운 요지(basin)와 이에 물이 괸 호소를 만들어 준다. 그러나 요지와 호소에는 이를 메워 버리려는 지질작용이 작용하기 때문에 이들은 조만간 소멸될 운명을 지니고 있다.

　　지표에서는 상반되는 작용이 전개되면서 큰 의미의 평탄화작용이 계속된다. 호소는 대기 중에 습기를 증가시켜 국지적으로 기후와 하천의 유량을 조절한다. 또 호소는 저수지의 역할을 맡아 이에서 유출하는 하천 하류의 홍수를 방지하는 동시에 침전지의 작용을 겸하여 유입하는 하천이 운반하여 오는 물질을 그 중에 퇴적시키고 유출하는 배수강(排水江)의 물을 깨끗이 만들어 준다.

1. 호소의 종류

1. 호수·소택·못

　　요지에 물이 괸 곳을 호·소·못이라고 한다. 못(pool)은 수면의 면적이 작은 자연적 또는 인공적인 것을 말하고, 호수(lake)는 수심 5m 이상인 것, 소 또는 소택(swamp)

은 수심 5m 미만의 것을 말한다.

2. 물의 성질에 의한 분류

호소는 물에 녹아 있는 여러 가지 염(salt)의 염도(鹽度: salinity) 또는 염분에 따라서 **염호**(鹽湖: salt lake)와 **담수호**(淡水湖: freshwater lake)로 2대분된다. 전자는 1*l*의 물 중에 용해되어 있는 염분이 500mg 이상(>0.5‰)인 것이고 후자는 500mg 이하(<0.5‰)인 것이다. 바닷물의 염도(35‰)보다 약간 낮은 호수(I5~30‰)를 **기수호**(汽水湖: brackishwater lake)라고 하는데 기수호는 담수에 바닷물이 침입한 호수이다. 염호는 배수강이 없어 염분이 호소에 농축되어 이루어지며 담수호에는 흘러드는 강과 배수강이 있어 염도가 높아지지 않는다. 사해(死海: Dead Sea)는 염도가 315‰로서 해수의 약 10배이며 수면은 −395m인 염호이다. 염호는 다시 **내륙호**(內陸湖: inland lake)와 **해호**(海湖: meeresseen)로 구분된다. 전자는 바다와는 전혀 관계 없는 담수호가 오랫동안에 염분을 농축시키게 된 것이고 후자는 바다의 일부가 막혀서 바다로부터 분리된 것이다. 해호는 보통 염분이 바닷물보다 약간 적은 기수호이다.

3. 수온에 의한 분류

수온으로 호소를 분류할 때에는 물의 밀도가 가장 높은 4℃를 기준으로 한다. 연중 수면의 온도가 4℃ 이상이고 얼음이 어는 일이 없는 호수를 **열대호**(熱帶湖: tropical lake), 여름에는 표면 수온이 4℃ 이상이고 겨울에는 4℃ 이하로 되어 일시 결빙하는 일도 있는 호수를 **온대호**(溫帶湖: temperate lake), 표면 수온이 늘 4℃ 이하이고 겨울에 어는 호수를 **한대호**(寒帶湖: polar lake)라고 한다.

4. 생물학적 분류

호소는 여러 가지 생물이 생존하는 데 필요한 성분의 다과에 따라 다음과 같이 분류된다. **부영양호**(富營養湖: eutrophic lake)는 생물 생존의 조건이 구비되어 있는 것, **빈영양호**(貧營養湖: oligotrophic lake)는 생물 생존에 필요한 성분이 빈약한 것, **악영양호**(惡營養湖: dystrophic lake)는 생물 생존의 조건이 극히 나쁜 것이다.

5. 성인에 의한 분류

호소는 성인에 따라 다음과 같이 분류된다. **구조호**(構造湖: tectonic lake)는 지각운동, 즉 습곡작용·단층작용·지진작용으로 만들어진 것, **폐색호**(閉塞湖: dammed lake)는 하천이 사태·화산분출물·빙하퇴적물·사구로 가로막혀서 호수로 변한 것, **침식호**(侵蝕湖: erosion lake)는 얼음과 바람의 침식작용으로 만들어진 것, **잔적호**(殘跡湖: relic lake)는 바다의 일부가 바다와의 연락을 잃고 만들어진 해호와, 곡류하는 강줄기의 일부가 떨어져서 호수로 변한 우각호를 포함한다. **화구호**(火口湖: crater lake)와 칼데라호(caldela lake)는 화구와 칼데라에 빗물이 괴어 만들어진 것이다.

2. 호수의 성인

1. 지각운동

지각운동은 서서히 일어나서 장구한 시일이 지난 후에 비로소 그 결과가 뚜렷이 나타나는 일이 대부분이므로 현재 진행 중인 지각운동의 양을 인지하기는 보통 곤란하다. 그러나 지진에 동반되는 지각의 변동에는 규모는 작으나 급격한 것이 있다. 지각운동의 결과로 만들어진 호수가 구조호이다.

먼저 한 개의 단층으로 두 지괴가 [그림 11-1]의 (1)과 같이 움직여서 만들어진 호수를 생각할 수 있고 또 두 개의 단층 사이의 지괴가 떨어져서 생긴 (2)와 같은 호수가 있다. (1)의 예로는 바이칼(Baykal)호와 헝가리의 플라튼(Platten)호를 들 수 있고, (2)의 예로는 요르단강·나일강·사해·아프리카호(탄가니카〈Tanganyika〉, 니아싸〈Nyassa〉)를 연결한 6,000km 이상에 달하는 계곡과 30개의 호수를 들 수 있는데 이는 좁고 긴 지대가 함몰하여 생긴 것이다.

지각에 서서히 일어나는 습곡으로 호수가 생기는 일이 있으나 단층에 의한 것에 비하면 그 수는 적다. [그림 11-1]의 (3)과 같이 향사가 호수로 변하는 일과 (4)와 같이 하천에 직각인 축을 가진 융기가 일어나 그 상류측에 호수가 생성되는 일이 있다. 길이 400km인 아프리카의 빅토리아호는 이렇게 하여 생긴 것이다.

지진이 있은 후 지표면에 요지가 생기고 호소가 만들어지는 일은 지진이 많은 지방에서 찾아볼 수 있는 일이다.

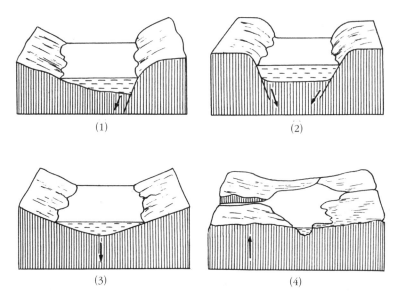

[그림 11-1]　네 가지의 구조호(자세한 설명은 본문 참조)

2. 사　　태

하천의 지류나 하안에서 사태로 다량의 암설이 밀려내려 하천을 가로막으면 호소가 형성된다([그림 11-2](1) 참조).

3. 화산분출물

용암류나 화산분출물이 하천을 가로막아도 호수가 생긴다. 이런 예는 일본의 화산지대에 많다([그림 11-2] (2) 참조).

4. 선상지(扇狀地: alluvial fan)의 생성

지류가 운반해 온 물질을 본류에 급격히 퇴적시켜 하천을 막고 호수를 만드는 경우가 많다([그림 11-2] (3) 참조). 이 밖에 빙하퇴적물이 하천을 가로막는 일, 사구가 하천을 가로막는 일이 있어 호소가 생성된다. 이와 같이 사태·화산분출물·퇴적물로 하천이 막혀서 만들어지는 호수가 폐색호이다.

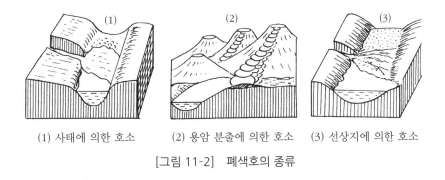

(1) 사태에 의한 호소　　(2) 용암 분출에 의한 호소　　(3) 선상지에 의한 호소

[그림 11-2]　폐색호의 종류

5. 빙하의 침식작용

호수는 고위도 지방에 많으며 이들의 대부분은 빙하작용으로 만들어진 것이다. 빙하가 이동하면서 지면을 깎아서 운반 제거하고 요지를 만들면 빙하가 후퇴한 후에 빙하가 있던 자리가 호수로 변한다. 북미와 유럽과 같이 호소가 많은 곳은 빙하시대에 빙하로 덮였던 곳들이다.

6. 지하수의 작용

지하수의 용식작용으로 만들어진 돌리네와 우발라(uvala)에 물이 괴면(지하수면의 상승으로) 이들은 호소로 변한다. 이런 종류의 호소는 지하수면이 상승한 석회암 지대에 많다.

7. 유수의 작용

강물이 망상절리의 발달이 양호한 암석 위를 흐를 때는 암편을 쉬이 뜯어올려 깊은 구멍을 만든다. 또 폭포수가 떨어지는 곳에도 깊은 구멍이 생기는데 이들은 하도가 이동하면 호수로 남게 된다.

8. 바람의 작용

건조한 지방에서 세립질 풍화생성물이 바람에 날아가 버리면 그 곳에 우묵한 요지가 생성된다. 이런 요지는 연중 물을 담아 두지 못하나 일시적으로 호수로 변하는 일이 있다(p. 186 플라야호 참조). 이와 같이 빙하·지하수·유수·바람의 침식작용으로 만들어지는 호수가 침식호이다.

9. 하천의 곡류

하천이 심히 곡류하여 원에 가까운 유로를 형성케 되면 홍수시 잘룩목 부분이 터져서 강물은 직류하게 되고 원형의 유로는 고립되어 호수로 변한다. 이런 호수는 그 모양이 쇠뿔같이 구부러져 있어 이를 **우각호**(牛角湖: oxbow lake, 또는 crescent lake: 초생달 모양의 호수)라고 한다. 우리 나라 호수의 대부분은 이에 속하는 것이다.

10. 바다와의 연락 단절

해안에 만입부가 있을 때 해안의 파도와 해류는 만입부 앞 해중에 사주(sand bar)와 사취(spit)를 쌓아올려 바다와는 직접적인 연락이 끊어진 만입부, 즉 호수를 만든다. 이런 것이 해호(海湖)이며 이런 호수는 보통 기수호이다. 우각호나 해호는 잔적호에 속한다.

3. 호소의 지질작용

1. 호수의 변화

호수의 파도는 호안을 공격하여 호수 면적을 넓히나 그 결과는 호수 가장자리의 암석과 그 풍화생성물을 호저에 퇴적시켜 호수의 심도를 감소케 한다. 호수로 흘러드는 강물은 운반해 온 물질을 호저에 침적시키고 배수강으로 흘러 나갈 때는 물이 깨끗해진다. 주입되는 강물은 먼저 퇴적물을 호숫가에 삼각주로 퇴적하며 점점 삼각주의 면적을 넓혀 간다. 홍수 때에는 점토분으로 흐려진 물을 호수 중에 주입시키는데 이런 물은 깨끗한 물보다 밀도가 크므로 호수 표면에는 혼입되지 않고 호저로만 밀려 들어가 그 곳에 퍼져서 점점 호저에 점토를 침전시킨다. 이런 흐린 물의 호저 이동의 속도는 비교적 빨라서 최대 3km/hr이다. 이런 흐름을 밀도류(密度流: density current)라고 한다.

호수에는 호수를 파괴하려는 작용이 계속 가해지기도 한다. 배수강이 점점 그 유로를 깊이 하각(下刻)하고 또 폭이 넓어지면 호수의 수위는 낮아지고 나중에는 호저가 드러나서 마른 땅으로 변하게 된다.

배수강이 없는 호수가 염분의 양이 증가하여 염분의 침전이 일어나면 이는 호저에 쌓여서 그 심도를 감해 준다. 이런 호수에 생기는 화학적 침전물로는 암염·석고·초석이 중요하다. 유럽과 남미에는 고생대 말에서 중생대 초에 걸쳐 만들어진 두꺼운 화학적 침전물층이 발달되어 있다. 이들은 그 호수 중에 침전된 것이 다른 퇴적물로 두껍게 덮여 보존되어 있는 것이고 결코 급격한 천변지이로 생겨난 것은 아니다. 사해에서는 현재에도 염분의 침전이 일어나고 있다.

호수는 호수가 만들어질 때와 같은 지각운동으로 파괴될 수도 있는 것이다. 또 얕아진 호수는 소택지로 변하고 이에 식물이 번성하게 되어 다음 절에 설명되는 바와 같이 없어져 버린다. 호수가 말라버리는 예는 세계 각지에서 볼 수 있다. 호저는 농작물에 좋은 비료가 될 물질을 많이 포함하는 일이 있으므로 이런 경우에는 좋은 농토를 제공할 수도 있다.

2. 소택의 변화

호수의 깊이가 낮아지면(5m 미만) 소택으로 변할 수 있으나 보통 소택은 특수한 지역에 생성되어 소택으로 존재하다가 소택으로서의 독특한 종말을 가짐이 보통이다. 소택이 많이 생기는 곳을 보면 다음과 같다.
(1) 얕은 해저가 약간 융기되어 해안이 질퍽질퍽한 습지로 변한 곳
(2) 하천의 범람원과 삼각주에서 지하수면이 지면과 일치되는 곳
(3) 빙식작용을 받아 얕은 요철이 많은 곳

소택은 얕으므로 밑바닥에까지도 많은 수중 식물이 번성케 된다. 소택의 기슭과 중심부에 식물이 더욱 번성하게 되면 소택은 전체가 식물의 유체로 매몰되어 버리고 식물은 수중에서 박테리아의 작용으로 어느 정도까지 분해된다. 박테리아는 유독한 분해생성물을 만들며 이것이 수중에 어느 정도 이상 들어 있게 되면 박테리아 자신도 살 수 없게 되므로 그 후에 쓰러진 식물들은 수중에서 변하지 않고 오랫동안 보존된다. 이렇게 썩지 않고 오랫동안에 다량의 식물이 모이면 이것이 이탄(泥炭 또는 土炭: peat)이 된다.

소택은 이렇게 식물에 의하여 파괴되는데 이런 이탄이 더 두꺼운 퇴적층으로 덮인 후 오랫동안에 탄화되면 갈탄·역청탄이 되고, 더 시간이 지나거나 지각변동이 일어나면 무연탄으로 변한다. 소택에 도랑을 파서 물을 뽑아 지하수면을 낮추어 주면 농작에 적합한 토지가 된다.

3. 호소의 일생

호소는 여러 가지 성인으로 만들어지나 이들은 점점 쇠퇴되어 없어져 버린다. 현재 마른 평야로 변해 있는 호소는 모두 ① 배수강이 침식으로 깊어지고 넓어져서 호수가 말라 버리든가, ② 퇴적물로 메워지든가, ③ 기후의 변화로 건조하게 되어 버리든가, 또는 ④ 이들이 같이 작용하든가 하여 만들어진 것이다. 그러면 호소들은 얼마나 긴 시일을 존재할 수 있을 것인가? 먼저 호저가 계속 침강하지 않는다고 하면 퇴적물로 메워지는 시간을 계산할 수 있을 것이다. 한 예로 미국의 미시간(Michigan)호를 보면 매년 평균 0.76mm의 퇴적물이 쌓임이 측정 결과로 밝혀졌다. 이러한 비례로 간다면 이 호수는 수십만 년간에 완전히 메워질 것이다. 작은 호수일수록 퇴적물의 집결이 빨라 더 빠른 속도로 메워질 것이 짐작된다.

방사성 탄소(^{14}C)를 이용하면 호수의 연령을 최대한 38,000년까지 측정할 수 있다. 호저의 퇴적물에 들어 있는 탄질물의 연령을 측정하면 이로부터 그 호수가 앞으로 가질 수명을 예측할 수 있을 것이다.

이렇게 미루어 보면 호수의 수명은 수만 년 내지 수십만 년일 것으로 추정되며 따라서 수억 년의 지질시대 중에는 많은 호소들이 생겼다가 없어졌을 것으로 생각된다.

호저가 점점 침강하는 경우에는 호소의 연령이 길어진다. 암염·석고·초석을 두껍게 쌓은 호소는 수백만 년 이상 존재해 있었을 것이고 두꺼운 석탄층을 쌓은 소택지도 거의 비슷한 기간 동안 존재했을 것이다.

제 **12** 장

얼음의 작용

대기·바람·물·유수는 거의 어디서나 쉴 새 없이 지구 표면에 작용하여 변화를 일으키며, 지사(地史) 창조에 박차를 가하고 있다. 이로써 지표에 일어나는 여러 가지 변화를 대부분 설명할 수 있으나 아직도 중요한 작용이 하나 남아 있다. 이는 물의 다른 형태인 얼음의 작용이다.

고위도(高緯度) 지방이나 높은 산에 내린 눈이 점점 쌓여서 두꺼운 얼음의 층(層)으로 변하면 이는 중력의 작용으로 움직이기 시작하여 **빙하**(glacier)를 이룬다. 현재 빙하의 얼음으로 변하여 있는 물의 양은 지구상의 물의 전량의 2%이다. 현재의 빙하는 육지면적의 약 10%를 덮고 유수와 바람이 관여하지 못하는 얼음 밑의 지표를 깎아 내리는 침식작용을 담당하고 있으므로 빙하의 작용은 경시할 수 없는 것이다.

1. 빙하의 성인

1. 눈의 변화

눈은 육방정계에 속하는 일종의 광물이다. 잘 발달된 눈의 결정이 쌓여서 만들어진 암석인 **기성암**(氣成岩)의 비중은 0.05 정도이다. 눈의 공극률(porosity)은 대단히 크므로 공기는 쌓여 있는 눈 속을 자유롭게 출입하며, 방사상으로 뻗어 나간 가느다란 눈의 결정을 승화시키거나 태양의 열로부터 녹았다가 다시 얼어서 둥근 눈의 알갱이로 변한다. 이렇게 하여 눈은 지름이 1~2mm인 얼음 알갱이들의 집합체(비중 0.5 정도)로 변화한다.

  내린 눈이 녹지 않고 늘 남아 있는 곳을 **설원**(雪原: snow field), 설원의 눈이 연중 녹지 않는 하한선을 **설선**(雪線: snow line)이라고 한다. 설원에 쌓여서 둥근 알갱이들로 변한 눈(밀도 0.5gr/cm³ 이상)이 **만년설**(萬年雪: névé, 또는 firn)이다. 만년설은 계속 내리는 눈으로 눌려서 공극이 거의 없어지고 공기가 통하지 못하게 되면 밀도가 0.8gr/cm³인 빙하빙(氷河氷: glacier ice)으로 변한다. 얼음은 물보다 밀도가 작은 암석이나 그 층의 두께가 30~60m를 넘으면, 그 층의 밑바닥의 얼음은 가소성의 유동을 일으킨다. 이렇게 유동하게 된 얼음의 두꺼운 층을 **빙하**(氷河)라고 하며, 육지를 덮은 두꺼운 얼음의 층은 중력에 의하여 여러 방향으로 이동하고 있으므로 모두 빙하라고 할 수 있다. 유동이 일어나면 얼음의 결정은 변형되므로 변형된 빙하의 얼음은 변성암에 속하는 암석이다. 빙하의 얼음의 밀도는 0.9gr/cm³ 정도이다.

  눈이 작은 얼음의 입자로 변하고 이것이 재결정작용으로 점점 큰 얼음의 결정으로 변해 가는 과정을 보면 [그림 12-1]과 같다. 얼음의 알갱이들이 압력을 받으면 여러 개가 모여서 한 개의 큰 입자로 변하게 되는데 이렇게 변성된 얼음의 한 개의 결정은 2~3cm로까지 자라게 된다. 빙하 표면에서 수십~수백 m 깊이의 얼음은 [그림 12-1]의 (9)처럼 크기가 2~3cm인 결정으로 되어 있다.

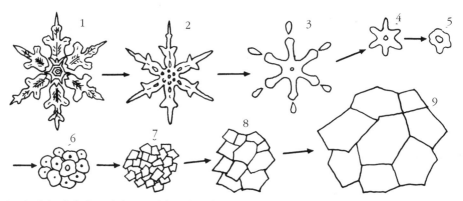

눈이 작은 알갱이로 변하는 모양(1~5), 알갱이들이 재결정작용으로 점점 큰 얼음의 입자로 변하는 모양(6~9)

[그림 12-1] 눈이 얼음 결정으로 변하는 과정

2. 빙하의 종류

빙하는 그 형태에 따라 곡빙하(谷氷河)·산록빙하(山麓氷河)·대륙빙하(大陸氷河)로 나눌 수 있으며, 또 빙하의 온도에 따라 극빙하(極氷河)와 온빙하(溫氷河)로 나눌 수 있다.

곡빙하(valley glacier)는 아름답게 곡류하는 사진으로 잘 알려져 있는 빙하로서 암석에 판 골짜기를 따라 낮은 곳으로 이동한다([그림 12-2] 참조). 그 길이는 수십 m인 짧은 것에서 수십 km인 긴 것까지 있다. 알프스에는 1,200개 이상, 알래스카에는 수천 개의 곡빙하가 있다.

산록빙하(piedmont glacier)는 한 개 또는 몇 개의 곡빙하가 산골짜기에서 흘러내려 산 밑의 평탄한 지면에 점점 퍼져서 넓은 면적을 덮게 된 것이다. 이는 대체로 크고 둥근 볼록렌즈의 모양을 가지며, 곡빙하와 연결되어 있어서 마치 계곡에 대한 선상지(fan)의 관계와 비슷하다([그림 12-3] 참조).

대륙빙하(continental glacier)는 고위도 지방의 육지를 덮은 두꺼운 얼음의 층으로 산과 골짜기는 빙하 밑에 들어 있다. 이런 대규모의 빙하를 대륙빙하·내륙(內陸)빙하 또는 빙개(氷蓋)라고 한다. 직경이 2km 정도인 규모가 작은 것은 빙모(氷帽: ice cap)라고

스위스 알프스 산맥의 융프라요역에서 바라본 알레치(Aletch) 빙하

[그림 12-2] 곡빙하의 모양

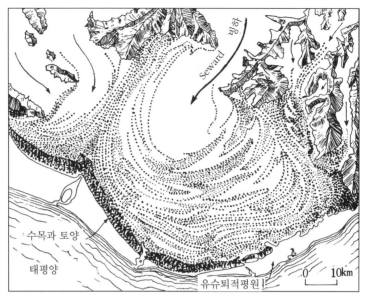

[그림 12-3]   산록빙하

한다.

세계에서 가장 큰 대륙 빙하는 남극의 대륙빙하(면적 약 1,300만 km²)이고, 다음 것은 그린랜드의 대륙빙하(170만 km²)이다. 1952년에 남극 빙하에서 해안으로부터 내륙으로 약 640km간의 얼음의 두께를 탄성파를 이용하여 측정한 결과, 가장 두꺼운 곳은 2,300m였다. 아직 그 중심부의 두께는 알 수 없다. 그린랜드에서 빙하가 가장 두꺼운 곳은 4,000m이다. 이 섬의 해안 부근에는 내륙보다 높은 산지가 있으나 이 산지에 깊은 골짜기를 파고 바다로 흘러들어 빙산(氷山: iceberg)이 된다.

극빙하(polar glacier)는 얼음의 온도가 빙하 전체를 통하여 0℃보다 낮은 빙하로서 차고 굳은 얼음으로 되어 있다. 양극에 가까운 곳의 기온은 낮으므로 이 곳에 내린 눈은 계속 쌓이면서, 그 때의 온도를 유지한다. 대체로 극빙하의 온도는 그 곳의 연평균 기온에 가까운 온도를 가진다. 계절에 따른 온도의 변화는 빙하 표면에서 10m까지에 불과하다. 1965년경에 미국 학자들이 남극의 빙하를 10m 파고들어가서 측정한 얼음의 온도는 −51℃였다. 이는 대체로 그 곳의 연평균 기온에 해당된다. 빙하 밑의 지각에서 방출되는 지열(地熱: 1년에 40cal/cm²)은 빙하로 전해지나 빙하를 가열할 정도는 되지 못한다. 이는 대기의 기온이 낮아서 빙하의 온도를 계속 낮게 유지하기 때문이다. 빙하의 온도가 0℃에 가까우면, 빙하 위에 덮인 두꺼운 얼음의 압력으로 지면 부근의 얼음은 약간 녹는다. 그러나 극빙하는 온도가 대단히 낮으므로 그 밑바닥은 지면의 암석과 굳은 얼음의 결정으로 얼어 붙어 연결되어 있다. 남극 빙하의 대부분, 그린랜드 빙하의 북부, 캐나다 북단의 섬에 있는 빙하는 극빙하이다.

온빙하(temperate glacier)는 빙하의 얼음이 0℃에 가까운 빙하로서 극빙하보다 온도가 높다. 여름철에 얼음이 녹을 정도로 따뜻해지는 곳에서는 녹은 물이 빙하의 틈 속으로 흘러들면서 빙하의 온도를 높여 0℃에 이르게 한다. 겨울에는 빙하의 온도가 낮아질 것이나 온빙하의 내부는 평균 0℃ 정도의 온도를 유지한다. 이런 경우에 지열은 빙하 밑바닥의 얼음의 층을 1년에 5mm 정도 녹일 수 있어서 온빙하는 암석과의 사이에 얇은 물의 층을 두고 접해 있는 셈이 된다.

앞에서 언급한 극빙하를 제외한 모든 빙하는 온빙하로 생각된다. 그린랜드 빙하의 남부, 알래스카의 태평양 쪽, 캐나다의 대부분의 빙하는 온빙하이다.

2. 빙하의 운동

1. 운동의 원인

내리는 눈으로 빙하의 두께가 증가되면, 위에 쌓인 얼음이 밑으로 압력을 가하게 된다. 이 압력은 사방으로 전해지면서 가장 저항이 작은 방향으로 얼음의 층을 움직이게 한다. 빙하의 얼음이 운동하는 데는 두 가지 방법이 있다. 하나는 빙하의 전체적인 이동이고 다른 하나는 빙하의 얼음의 결정분자면들 사이의 미끄러짐에 의한 운동이다 ([그림 12-4] 참조).

곡빙하인 경우에는 골짜기의 기울기도 빙하 운동에 관계를 갖는다. 이렇게 위에서 받는 압력 때문에 빙하가 운동하는 원인으로 생각할 수 있는 것은 ① 얼음 결정의 내부에서 일어나는 미끄러짐, ② 얼음에 생기는 틈과 단층, ③ 기반암 위를 빙하의 밑바닥이 미끄러지는 일 및 ④ 밑바닥이 녹았다가 다시 얼어붙는 일의 네 가지이다.

극빙하는 ①과 ②의 원인으로 운동하는 것으로 생각된다. 암석과 이에 얼어붙은 얼음과의 결합력은 얼음 내부의 결합력보다 크다. 그러므로 극빙하는 돌바닥 위를 미끄러져서 움직이지 않고 얼음 내부에 생기는 변형으로 운동한다. 그 때문에 밑바닥에 대한 침식작용은 아주 약하다. 이런 사실은 남극 대륙의 빙하가 암석 덩어리를 거의 포함하

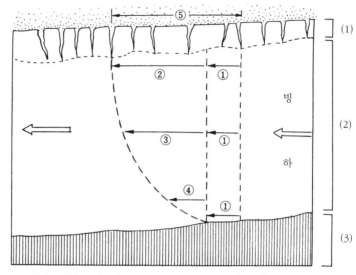

(1) 빙하 표부(30~60m)   (2) 빙하 중부(가소성 변형대)   (3) 기반
① 기반상의 운동량 ②, ③, ④ 가소성 운동량 ⑤ 실운동량

[그림 12-4] 빙하의 운동

지 않음을 보아도 알 수 있다.

온빙하는 ①~④의 모든 방법으로 운동한다. 얼음의 온도가 0℃에 가까우므로 밑바닥에 장애물이 있으면, 이에 접근하여 가는 쪽이 녹아 물이 되었다가 다시 얼게 된다. 또 지열로 물이 약간 생겨 있는 곳도 많다. 이런 곳에서는 빙하의 운동이 상당히 빠르게 일어날 수 있다. 더구나 곡빙하는 지형의 구배(勾配)에 따라 흐르므로 더 쉽게 운동한다.

2. 운동 속도

약 100년 전까지 빙하는 움직이지 않는 것으로 생각되었다. 그 이유는 빙하의 운동속도가 작고 빙하의 말단이 대체로 일정한 곳에 머물러 있기 때문이었다. 그러나 그 후 곡빙하에 장대를 세워 놓고 관측한 결과 빙하가 흐른다는 사실을 알게 되었고 중심선의 속도가 가장 큼을 알게 되었다. 1968년 1월, 연평균 기온이 −28℃인 남극 바이드(Byrd) 관측소 부근의 빙하에 깊이 2,140m의 구멍을 뚫어서 지면에 도달하였는데, 이 곳에서는 물이 나왔고 빙하의 운동속도는 2.5cm/일(日)이었다. 극빙하에서는 밑바닥에 물이 없을 것으로 생각되나 이 곳은 지열이 특히 높은 곳으로 해석된다. 대륙빙하는 대체로 느린 속도로 움직이는 것으로 생각된다.

곡빙하는 구배를 따라 비교적 빨리 운동하여 운동 속도는 10~200cm/일(日)임이 보통이다. 여름에는 더 빨리 흐르는 경우가 있으며 국부적으로 100m/일의 큰 속도를 가지는 곳도 있다.

3. 빙하의 틈(crevasse, 크레바스)

빙하 표면하 30~60m되는 곳보다 더 깊은 곳의 얼음은 위에서 가해지는 압력으로 가소성 유동을 한다. 그러므로 30~60m까지의 표층부에는 틈이 많이 생길 수 있으나 더 깊은 곳에는 틈이 존재하지 않는다. 빙하의 틈은 위에서 아래로 점점 좁아지는 V자형을 이룬다. 이런 틈은 빙하를 연구하는 학자들에게 큰 위험이 된다.

4. 빙하의 후퇴(後退)

빙하가 설선 밑으로 흘러내려서 녹아 버리는 지점을 빙하말단(末端: terminus)이라고 한다. 남극의 빙하에 관하여는 아직 연구가 잘 되어 있지 않으나 북반구의 빙하는 그 두께가 감소되어 가고 있으며, 빙하말단이 점점 상류 쪽으로 이동하고 있다. 즉 빙하의 후퇴가 일어나고 있다. 이는 주로 전보다 눈이 점점 적게 내리게 되고 지구의 기온이

[그림 12-5] 알래스카의 뮈어(Muir)빙하가 후퇴하는 모양

높아지는 데 따른 빙하의 **빠른** 용해와 승화에 의한 것으로 생각된다. [그림 12-5]와 같이 알래스카의 글레시어 베이(Glacier Bay)에 있는 뮈어(Muir)빙하의 말단은 1936년에서 1950년 사이에 6.5km 후퇴하였다. 이는 연평균 470m씩 후퇴한 셈이 된다.

3. 빙하의 지질작용

1. 빙하작용

운동하는 빙하가 지면을 깎는 일을 빙식(氷蝕)작용(glacial erosion), 깎은 돌덩이와 돌부스러기를 운반하는 일을 빙하의 운반작용(glacial transportation), 운반한 물질을 쌓는 작용을 빙하의 퇴적작용(glacial deposition)이라고 한다. 위의 세 가지 작용을 합한 것이 빙하작용(glaciation)이다. 현재의 곡빙하의 대부분은 후퇴하고 있으므로 빙하가 통과한 지면을 관찰할 수 있고, 또 빙하 퇴적물을 볼 수 있다.

2. 빙식작용

빙하는 보습처럼 표토를 긁고 기반암을 쐐기작용(frost wedging)과 뜯어내기작용(plucking)으로 떼어 낸다. 또한 떨어져 나온 돌덩어리를 밀고 내려가면서 기반암을 줄칼처럼 갈아 내는 마식(磨蝕)작용(abrasion)도 한다. 이 때에 돌덩어리와 기반암 위에 **빙하조선**(氷河條線: glacial striae)이 생긴다. 빙식작용 중 뜯어내기작용이 마식작용보다 더 큰 일을 한다. 뉴욕의 센트럴 파크(Central Park)에는 빙하조선이 잘 발달된 암반이 있으며 이는 로셰 무또네(roche moutonée)라고 불린다.

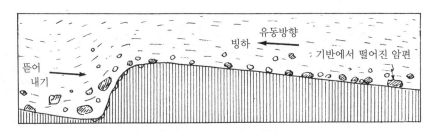

[그림 12-6] 빙하가 흐르며 기반암을 깎고 있는 모양

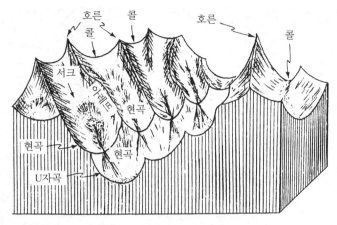

[그림 12-7] 빙식지형

3. 빙식지형

빙하작용으로 이루어진 골짜기를 **빙식곡**(glacial valley)이라고 하며, 하식작용으로 만들어진 골짜기와는 그 형태가 다르다. 그 중 주요한 특징을 들면 다음과 같다.

(1) U자형의 골짜기

(2) 큰 U자곡 양쪽 기슭에 있는 U자형의 현곡(縣谷: hanging valley)

(3) 빙식곡의 상류쪽 끝에 있는 3면이 절벽으로 된 우묵한 서크(cirque)

(4) 뾰죽한 뿔 같은 산꼭대기 호른(horn)

(5) 호른과 호른 사이의 예리한 능선 콜(col)

(6) 빙식곡 사이의 예리한 능선 아레트(aréte)

빙식지형이 침강하거나 바닷물이 유입되어 바닷물에 잠기게 되면 육지로 길게 뻗은 피요르드(fiord)가 생긴다. 피요르드는 그 모양이 강과 비슷하나 물이 짠 바닷물로 되어 있음이 다르다. 남부 노르웨이에 피요르드가 많다.

4. 운반작용

빙하는 흐르면서 뜯어 올린 밑바닥의 돌과 양쪽 기슭에서 떨어진 돌을 운반한다. 이들 돌부스러기들이 쌓인 퇴적물을 **빙퇴석**(氷堆石: moraine)이라고 한다. 밑바닥 부근의 얼음 속에 들어 있는 돌부스러기를 **저퇴석**(底堆石: ground moraine), 빙하 기슭에서 떨어진 것을 **측퇴석**(側堆石: lateral moraine), 두 개의 곡빙하가 합쳐서 측퇴석이 두 빙하

이 산은 유명한 호른(horn)의 보기이다.

[그림 12-8] 스위스의 마타호른산(Matterhorn, 높이 4,477m)(정지곤 제공)

의 접촉부를 따라 모이게 된 것을 **중퇴석**(中堆石: medial moraine)이라고 한다([그림 12-9] 참조). 오랜 빙퇴석 중에는 스칸디나비아 반도에서 영국까지 운반된 돌덩어리가 발견되어 있다. 이런 것을 외래력(外來礫: exotic boulder), 또는 미아석(迷兒石: erratics)이라고 한다. 빙퇴석은 크고 작은 돌덩어리와 돌가루로 되어 있다. 돌가루를 점토라고도 하나, 이는 풍화작용으로 생겨난 고령토와는 전혀 다른 신선한 암석의 분말(粉末)이다. 빙퇴석 중에는 평탄한 면 위에 긁힌 줄(條線)이 생긴 자갈이 있다. 이 줄은 자갈이 기반암과 마찰할 때에 생긴 것이다.

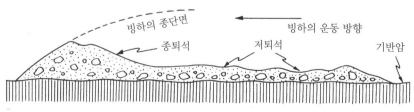

[그림 12-9] 빙하말단의 종퇴석과 저퇴석

5. 퇴적작용

빙하말단에는 운반되어 온 빙퇴석이 모이게 되며, 이것을 종퇴석(終堆石: end moraine)이라고 한다([그림 12-9] 참조). 빙하의 빙식작용의 정도와 빙하가 흐른 시간에 따라 종퇴석의 양이 결정되며, 오랫동안 빙하작용이 계속된 곳에는 많은 빙퇴석이 쌓이게 된다.

6. 표석점토(漂石粘土)

빙하말단에 쌓이는 종퇴석을 표석점토(till, 또는 boulder clay)라고 한다. 이는 큰 돌덩어리로부터 점토의 입자 정도까지의 크기가 다른 여러 종류의 돌부스러기로 되어 있어서 분급(分級: sorting)이 대단히 불량하다. 빙하시대의 퇴적물에 이런 것이 많으며, 유럽 북부·영국·캐나다에 두껍게 쌓여 있다.

대륙빙하가 남긴 특이한 지형을 보여 주는 퇴적물로서 드럼린(drumlin)이라는 것이 있다. 이것은 높이가 60m까지이고 길이는 최대 1km에 달하는 언덕으로서 마치 숟가락을 엎어 놓은 것 같은 유선형의 볼록한 모양을 보여 준다. 이런 언덕은 지면이 두드러진 곳에 남긴 빙퇴석으로 되어 있으며 여러 개가 무리를 지어 분포하는 경향이 있다. 빙하시대에 대륙빙하가 덮였던 유럽과 북미 대륙 북부에서 발견된다([그림 12-10] 참조).

7. 호상퇴적물

빙하말단의 얼음이 녹으면 이 물이 종퇴석 중의 세립질인 물질을 운반하여 부근의

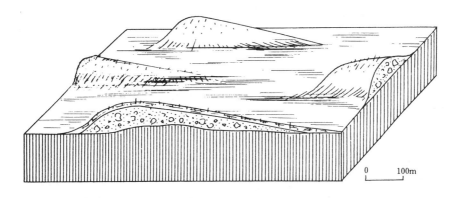

[그림 12-10] 빙하시대에 대륙빙하로 만들어진 드럼린

[그림 12-11] 구조토(김도정 교수에 의함)

낮은 곳에 퇴적시킨다. 겨울과 여름에는 빙하의 녹는 속도가 다르므로 빙하가 녹아서 공급하는 물의 양이 다르기 때문에 운반되어 쌓이는 물질도 달라서 평행한 층리가 잘 발달된 한 쌍씩의 퇴적물을 쌓는다. 이를 **호상점토**(縞狀粘土: varved clay)라고 한다.

8. 구조토(構造土)

극지의 빙하 주변 지역, 특히 영구 동토(permofrost) 지역에서 계절적 및 주야간의 동결·용융의 반복으로 일어나는 토석류로 인하여 표토 위에 다각형의 구조가 생겨나는 데 이를 **구조토**(patterned ground)라고 한다. 극지방에서는 보통 직경 1m 내외의 환구조토(stone-ring)가, 열대 고산과 아극해양성 도서에서는 망상다각토(網狀多角土: stone net polygon soil)가 잘 생긴다([그림 12-11] 참조).

4. 빙하시대

육지 면적의 약 30%는 아직 풍화작용을 많이 받지 않은 빙하퇴적물로 덮여 있다. 이러한 사실은 얼마 오래지 않은 과거에 빙하가 넓은 면적을 덮고 있었음을 알려 준다. 유럽과 미국의 학자들은 이것을 연구하여 150만 년 전부터 지금까지 사이에 적어도 4번의 빙기(glacial age)와 3번의 간빙기(interglacial age)가 번갈아 있었음을 밝혀 내고 이 시대를 빙하시대(氷河時代)라고 불렀다. 빙하시대는 제 4 기의 홍적세 또는 플라이스토세에 해당한다. 최근에는 네 번의 빙기 이전에 두 번 더 한랭기(寒冷期) 또는 빙기가 있었음이 밝혀져 있다. 빙기와 간빙기의 기록이 연속적으로 남아 있는 심해저 시추 퇴적물에 대한 연구 결과 빙기와 간빙기가 지난 80만 년 전까지는 약 10만 년 주기로, 그 이전에는 약 4만 년 주기로 반복되었음이 밝혀졌다.

현재의 빙하가 다 녹아 버린다면 해수면은 현재보다 61~76m 더 높아질 것이며 빙기에는 91~122m 해수면이 낮았다. 현재의 빙하가 녹아서 해수면이 50m 상승한 것을 가상한 한국의 지도와, 해수면이 100m 강하한 가상도를 그리면 [그림 12-12]와 같다. 빙기에는 중위도 지방의 기온이 현재보다 6℃ 정도 더 낮았었다.

현재 그린랜드의 해안에는 빙하가 없는 곳이 대부분이고 곳곳에서 빙하가 바다로 흘러들 뿐, 설선은 대체로 수백~천m이므로 만일 그린랜드의 빙하가 한 번 녹아 버리기만 한다면 그린랜드의 지면은 대체로 설선보다 낮으므로 다시 빙기가 닥쳐올 때까지는 빙하가 생겨나지 않을 것이다. 그러므로 그린랜드의 빙하는 빙하시대의 유물이라고 할 수 있다.

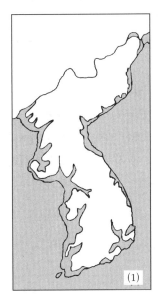
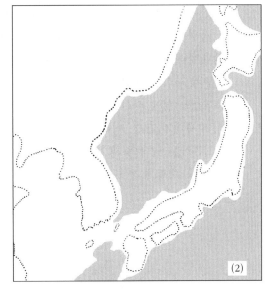

[그림 12-12] 현재의 빙하가 다 녹았다고 가정한 한국 지형(해수면 50m 상승 가상)(1)과
빙기의 지형(해수면 100m 강하 가상)(2)

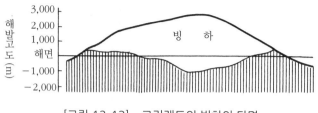

[그림 12-13] 그린랜드의 빙하의 단면

그린랜드의 단면도는 [그림 12-13]과 같으며 두꺼운 빙하 아래의 지면은 해수준면 보다 낮아서 얼음이 제거된다고 하여도 당장은 바다로 존재할 부분이 많고 아이소스타 시적 보정이 일어나 바다로 덮인 부분이 육지로 상승하는 데는 수천 년이 걸릴 것으로 보인다. 그러나 남극의 빙하는 직접 바다로 흘러들어가고 있으며, 설선은 해수준면과 일치한다. 그러므로 남극 대륙의 빙하를 인위적으로 다 녹여 버린다고 해도 눈은 다시 쌓이기 시작할 것이고 얼마 후에는 현재와 같은 대륙빙하가 재생될 것이다.

1985년 11월에는 한국의 남극 대륙 탐험대가 처음으로 40일간 남극 빙하를 밟았고 남극에 태극기를 세웠다. 1988년 2월에는 남극의 킹조지(King George)섬의 남북쪽 해안 에 상주 과학기지인 세종과학기지(남위 63° 13′, 서경 58° 47′)를 설립하여 본격적인 남극 연구를 시작하였다. 세종과학기지에서는 지진파, 지구자기, 고층대기 그리고 성층권의 온도 측정 및 기타의 관측을 수행하고 있으며, 최근에는 지구 환경 변화와 관련한 남극 의 생태계와 환경 변화 연구에 주력하고 있다.

우리 나라는 또한 2002년 4월 노르웨이령 스발바드(Svalbard)제도의 스피츠베르겐 (Spitsbergen)섬에 다산과학기지(북위 78° 55′, 동경 11° 56′)를 건설하여 북극의 기후와 생 태계, 고층대기 환경, 빙하, 지하자원 및 기타의 다양한 과학연구를 수행하고 있다.

최근에는 남극의 제 2 과학기지로서 남극 대륙에 장보고 기지를 건설하려는 준비를 하고 있다. 이렇게 우리 나라는 남극과 북극에 과학기지를 동시에 운영하는 세계 8번째 국가가 되었다.

제13장

바람의 작용

1. 바람의 작용

바람의 간접적인 작용도 지질작용으로 대단히 중요하나 바람은 직접 물질을 운반하고 운반되는 물질을 도구로 하여 다른 물체를 깎아 내는 작용을 가진다. 바람에 운반되는 입자들과 이에 의하여 마식되어 떨어져 나온 입자들은 다른 곳에 떨어져서 풍성층(風成層)을 만든다. 바람의 작용이 큰 힘을 발휘하는 곳은 식물로 덮여 있지 않은 건조한 지방으로서 사막에서 그 작용이 현저하게 나타난다.

건조한 지방의 성인

연간 강우량이 250~500mm이고 증발량이 강수량보다 많은 곳은 아건조 지대, 250mm 이하이면 건조 지대(arid region)라고 한다. 건조 지대는 전 육지 면적의 30%를 차지하며 내륙배수(內陸排水: interior drainage)를 가진 지방으로서 수계(水系)의 물은 내륙에서 증발되거나 지하로 스며들어 버린다.

건조한 기후는 공기가 계속적으로 지면으로 강하하는 곳에 생긴다. 공기는 강하함에 따라 압축되어 그 온도가 높아지므로 공기의 습도는 낮아지고 이 공기가 지표에 부딪치면 지표에 있는 수분을 증발시켜 지면을 건조하게 한다. 공기가 강하하는 조건에는 다음의 두 가지가 있다.

하나는 지형에 관계가 있는 것으로서 습윤공기가 이동하여 높은 산맥의 사면을 따라 올라가는 동안에 단열팽창되어 산맥을 넘기 전에 수증기를 비로 만들어 떨어뜨리고 산맥을 넘어 사면을 강하할 때에는 건조한 공기로 변하는 경우이다. 바람이 이런 방향으로 계속되면 산맥 넘어 지방의 기후는 건조하여 그 지방은 건조 지대로 변한다.

다른 하나는 지형의 기복에 관계 없이 대기의 대순환으로 공기가 강하하는 경우이다. 적도 무풍대에서 상승하는 공기는 공중에서 포함하였던 수분을 비로 만들어 떨어뜨리고 상공에서 남 및 북으로 갈라져 이동하다가 북위 및 남위 $30°$ 부근($15\sim50°$의 중위도 고기압대)에서 지면으로 강하한다. 강하하는 공기는 원래 건조한 것이며 강하하면서 더욱 습도가 낮아져서 지면을 건조하게 하여 이 지대를 사막으로 변하게 한다. 세계에서 유명한 사막들은 모두 이 지대에 있다.

이와 같이 건조하게 된 지면에 바람이 불면 풍화작용으로 푸석푸석하게 된 물질들은 운반되어 이동되고, 이동되는 동안에 지질작용을 일으키게 된다.

2. 바람과 입자와의 관계

바람의 힘

지상 15cm에서의 풍속이 15km/hr(4m/sec)이면 직경 0.05mm 보다 작은 입자들(굵은 실트: silt)은 이 바람에 움직이게 된다. 공기의 밀도는 0.0012875(0℃, 1기압)로서 물의 밀도의 1/800 정도이므로 바람은 같은 유속을 가진 물의 에너지의 수백 분의 1의 힘을 발휘함에 불과하다. 그러나 건조한 지면의 먼지가 구름처럼 날려가고 큰 모래 알갱이까지도 움직임을 볼 때 건조한 지방에서는 바람이 오랫동안에 큰 일을 할 수 있으리라는 것을 이해할 수 있다.

풍속이 20m/sec 이하인 바람으로는 광물의 입자들이 대체로 두 가지 방법으로 이동된다. 하나는 지상 30cm 이하에서 튀며(jump) 움직이는 것과 굴러가거나 미끄러지는 밑짐(bed load)으로서 그 직경은 0.2~2mm이다. 다른 하나는 30cm 이상의 공중을 날아 이동되는 뜬짐(suspended load)으로서 입자들의 직경은 0.2mm 이하이다.

바람으로 운반되는 물질의 양을 유수의 그것과 바로 비교하기는 곤란하나 바람이 부는 범위는 대단히 넓으므로 일시적으로는 더 많은 양의 물질을 운반할 수도 있을 것이다. 대체로는 꾸준히 작용하는 유수의 수백 분의 1의 운반력을 가진 것으로 생각된다. 침식작용에 있어서는 유수보다 그 위력은 약하며 주로 지표에서 돌출된 물체나 암체를 마식(磨蝕)하여 이를 작게 만든다.

3. 풍식작용

바람의 침식작용에는 입자들을 날려 다른 곳으로 운반하는 **식반작용**(蝕搬作用: deflation)과 운반되는 물체로 다른 것을 깎는 **풍마작용**(風磨作用: wind abrasion)이 있다. 이들을 합하여 **풍식작용**(風蝕作用: wind erosion)이라고 한다.

1. 식반작용

지면이 식물로 덮여 있지 않고 그 곳의 토사의 입자가 작아서 바람에 의한 운반이 가능할 때에만 일어난다. 1930년경 미국 오클라호마(Oklahoma) 서부의 큰 목장에서는 가축을 너무 많이 길러서 목초가 없어지게 되었으므로 식반작용을 받기 시작하였으며 수 년간에 전 지면이 평균 1m 낮아졌다. 이는 보통 지면이 침식으로 낮아지는 비율(보통 1mm/년 이하)에 비하여 엄청나게 큰 것이다. 식반작용은 사막에서 현저하나 해안과 호안의 풀이 없는 모래밭과 막 갈아 놓은 밭이 건조하게 되어도 이 작용의 대상이 된다. 건조한 지방에 발달되는 넓은 평원 같은 요지의 대부분은 식반작용으로 만들어진 것이다. 비는 드물게 내리나 빗물은 이런 요지에 몰려들며 세립 물질을 운반하여 그 곳에 쌓으면서 일시적인 얕은 호수 **플라야호**(playa lake)를 만든다. 플라야호의 물이 곧 말라 버리게 되면 후에 남은 요지를 **플라야**라고 부른다. 플라야의 길이는 보통 1~2km이고, 깊이는 1~2m이다. 플라야호가 생기지 않거나 생기더라도 곧 말라서 식반작용을 쉽게 받게 되면 요지는 점점 깊어진다. 미국 와이오밍(Wyoming)에는 깊이가 50m인 요지가 많고 이집트에 있는 리비아(Libya) 사막에는 140m의 깊이를 가진 요지가 있다.

식반작용은 몇 가지 원인으로 중지된다. 지면이 지하수면에 가까와질 때와 식물에 의하여 완전히 덮여 버릴 때, 또는 인위적으로 방풍림이 만들어질 때이다. 이 밖에 식반작용의 결과로 표토 중에 묻혀 있던 암편 또는 기반암이 나타나서 중지되는 일이 많다. 표토 중의 암편들은 식반작용이 계속되는 동안에 운반되지 못하고 [그림 13-1]과 같이

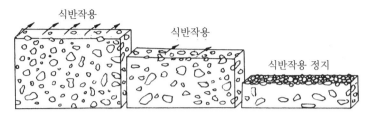

[그림 13-1] 식반역층의 생성 과정

점점 집중되어 지표에 빈틈 없이 깔려서 **식반역층**(蝕搬礫層: deflation armor, 또는 desert pavement)을 형성한다. 이로써 식반작용은 중지되고 그 위에 점점 식물이 자라기 시작한다.

2. 풍마작용

바람으로 운반되는 물질은 사막 지방의 기반암의 표면·표토 중의 암편을 깎아 낸다. 풍마작용은 주로 밑짐에 의하여 이루어지므로 두드러져 있는 큰 바위나 전주의 밑둥을 깎아서 넘어뜨린다. 표토 중에 들어 있는 암편이나 자갈은 날리는 모래에 의하여 평탄한 면과 능선을 가진 독특한 모양의 **풍식력**(風蝕礫: ventifact) 또는 풍마력을 만든다. [그림 13-2]는 자갈에 평탄한 면이 생기는 과정을 나타낸다. 암편 밑의 표토가 바람으로 이동되어 암편이 기울어지면 먼저 생긴 면과는 방향이 다른 면이 하나 더 만들어지므로 두 면 사이에는 능선이 생기게 된다. 보통 풍식력에는 세 개의 면과 세 개의 능이 잘 발달된 삼릉석(三稜石: dreikanter)이 만들어진다. 삼릉석은 사막에 특유하며 식반역층에는 삼릉석이 많이 들어 있어 이를 삼릉석층이라고도 부른다.

보통 돌조각은 한쪽에 2~3개의 능선과 면을 가지는데, 이는 큰 바위에서 돌조각이 떨어질 때에 갖는 특징이다. 이런 돌조각은 더 쉽게 삼릉석으로 변할 가능성이 있다.

빙퇴석 중에 많은 풍식력이 발견되는 곳이 있다. 이는 간빙기에 빙퇴석이 풍식작용

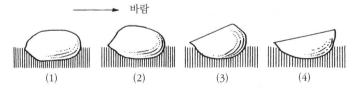

[그림 13-2] 풍식력의 생성 과정

을 받은 결과 생겨난 것이다.

4. 풍 성 층

1. 풍성층의 종류

식반작용으로 운반된 물질은 한때 또는 영구히 쌓여서 풍성층(風成層: aeolian deposit)을 만든다. 굵은 알맹이로 된 밑짐퇴적물은 사구(砂丘: dune)를 만들고 세립으로 된 뜬짐퇴적물은 황토(黃土: loess)를 만든다.

2. 사   구

바람에 불린 모래가 쌓여서 수십 cm 이상의 높이를 가진 언덕이 만들어지면 이를 사구라고 한다. 한 번 이런 사구가 만들어지면 이는 바람에 대한 장애물이 되어서 다른 모래를 계속 퇴적케 하므로 사구는 점점 성장하게 된다. 지금 [그림 13-3] 같은 사구에 대하여 화살표 방향으로 바람이 불고 있으면 왼쪽이 바람윗목(windward side), 오른쪽은 바람아랫목(lee side)이 된다. 바람에 불리는 모래가 사구의 바람윗목의 사면을 굴러서 올라가 고개를 넘으면 바람아랫목에서 일어나는 와류로 모래는 우측 사면에 떨어져서 정지하려 한다. 그러나 모래는 일정한 기울기 이상의 급사면을 만들 수 없으므로 멎을 때까지 굴러내려 일정한 각도, 즉 안식각(安息角: angle of repose)에 달한 사면을 형성한다.

모래의 안식각은 34°이므로 사구의 바람아랫목 쪽의 사면은 30~34°의 구배를 가진다. 바람윗목 사면은 아랫목 사면보다 언제나 작은 각으로 20° 내외이다.

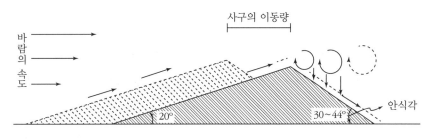

[그림 13-3] 사구의 단면

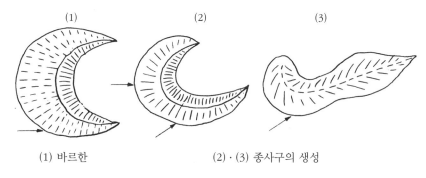

(1) 바르한   (2)·(3) 종사구의 생성

[그림 13-4] 사구의 종류

사구의 높이는 30~100m의 것이 보통이나 아프리카의 수단(Sudan)에는 높이 250m에 달하는 것이 있다. 사구의 높이는 풍속에 관계 있는 것으로 생각되는데 어떤 높이에 달하면 사구 정상의 풍속이 과대하여져서 모래가 쌓이지 못하고 날려 버리므로 사구의 높이가 더 증가하지 못하게 된다.

사립(砂粒)의 이동으로 사구는 바람아랫목 쪽으로 점점 이동한다. 그 이동 속도는 최대 15m/년 정도이다. 사구가 이동하여 인가나 농지를 덮으면 큰 피해를 입게 되므로 이런 때에는 미리 방풍림(防風林)을 만들어 사구의 침입을 예방한다. 사구에는 다음의 세 종류가 있다.

(1) **횡사구**(橫砂丘: transverse dune)   이는 바람이 언제나 일정한 방향으로 오랫동안 불 때에 생겨나는 것으로서 풍향에 대하여 직각으로 길게 뻗은 능선을 가진 사구이다. 능선 각부의 이동에 통일이 무너지면 반월형의 특수한 모양을 가진 한 개 한 개의 독립된 **바르한**(barchan)이 생긴다. 바르한은 횡사구의 일종이다.

(2) **종사구**(縱砂丘: longitudinal dune)   풍향에 평행한 능선을 가진 사주로서 바람이 강하고 모래의 양이 적은 곳에 생긴다. 이는 바람의 방향이 두 방향으로 변하는 곳에서 잘 생기는 것으로 생각된다.

(3) **U자형 사구**   바르한의 능선이 바람윗목으로 향하여 볼록하게 구부려져 있음에 반하여 바람아랫목으로 능선이 볼록한 사구를 말한다. 바르한과 종사구가 건조한 사막에 생김에 반하여 이는 건조의 정도가 심하지 않은 곳에 생겨 낮은 곳은 식물에 의하여 덮이는 일도 있다.

3. 사구의 구성물질

사구는 보통 2mm 내지 0.2mm인 사립으로 구성되어 있으며 사립으로는 석영이 가장 흔하다. 그러나 지역에 따라서는 장석이 섞이는 일이 있고 방해석 또는 석고로 이루어지는 경우도 있다. 어떤 지방에서는 사구가 점토 또는 실트로 되어 있는 경우가 있는데 이는 점토나 실트가 뭉쳐서 모래의 크기로 된 것이 바람의 밑짐으로 되어 모인 것이다. 수중의 모래에는 대체로 모서리가 잘 보존되어 있으나 사구의 모래는 대체로 둥글며 모서리가 떨어진 것이 많고 표면은 젖빛 유리처럼 되어 있다. 이는 공기의 비중이 물의 비중보다 낮기 때문에 사립들 사이의 마찰이 쉽게 일어나는 데 기인한다.

4. 황   토

바람에 날려서 이동된 뜬짐은 바람이 약해지는 곳에 퇴적된다. 보통 아무데나 떨어져서 다른 퇴적물 중에 들어가기도 하나 대체로는 일정한 지역에 집중되어 두꺼운 층을 이룬다. 이런 층을 황토라고 한다.

황토는 직경이 0.05mm 이하인 실트(소량의 점토와 가는 모래를 포함함)로 된 풍성층이다. 황토는 중국 황하강 유역에 널리 분포되어 있으며 이는 중앙 아시아에서 불려 온 것으로서 그 두께는 70m 이상에 달한다. 미국에도 네브라스카(Nebraska)·다코타(Dakota)·아이오와(Iowa)·미조리(Missouri)·일리노이(Illinois)주에 분포되어 있다.

황토를 구성하는 광물립은 주로 신선한 석영·장석·운모·방해석이며 화학적 풍화를 거의 받지 않은 입자들이다. 그러나 황토가 황색을 띠는 사실은 전체로 산화작용을 받았음을 말해 준다. 황토는 응결하는 힘이 있어서 절벽을 만들며 수직 방향의 절리를 발달시킨다.

제14장

퇴 적 암

    지표에 노출된 암석은 표면으로부터 끊임없는 풍화작용과 침식작용을 받아 암설 (岩屑: débris, 데브리) 또는 용해된 이온으로 되어 원암에서 분리된다. 이렇게 분리된 물질과 여러 종류의 생물의 유해가 육상 또는 수저에 쌓여서 만들어진 암석이 **퇴적암**(堆積岩: sedimentary rocks) 또는 광의의 **수성암**이다. 협의의 수성암(aqueous rocks)은 수저에 쌓여 만들어진 퇴적암만을 의미한다.

    육지 표면에 분포되어 있는 암석의 75%는 퇴적암(및 변성퇴적암)이고 25%만이 화성암(및 변성화성암)으로 되어 있다. 학자들이 바닷물에 들어 있는 Na(원래 화성암에서 나온 것)의 양 및 기타 근거로부터 계산한 바에 의하면 육상의 퇴적암층의 평균 두께는 1.5km이다. 그러므로 육지 표면의 3/4을 덮은 퇴적암도 지하로 들어감에 따라 그 양이 감소될 것이고 수 km 지하에서는 화성암(및 변성화성암)이 우위(優位)를 차지할 것이며 15km 밑에서는 거의 퇴적암을 찾아볼 수 없을 것이다. 퇴적암은 지표를 얇게 덮고 있는 껍질이라고 생각할 수 있다.

    퇴적암은 지구의 역사(지사) 연구에 불가결하다. 지질학자들은 지층을 조사하여 수억 년 전부터 지금까지의 지사를 알아 내려고 노력한다. 실상 막대한 양의 사실이 알려져 있고 또 알려져 가고 있는 중이다. 지층이 간직한 모든 사실들이 올바르게 해석된다면 우리는 지구의 과거를 자세히 알 수 있을 것이다. 또 지층 중에 들어 있는 화석을 연구함으로써 지구상에 서식했던 생물과 그 진화의 모습 및 현생물의 기원을 밝힐 수 있을 것이다.

1. 퇴적암의 생성 과정

1. 퇴적물의 기원

최초의 퇴적암이 생성되기 전의 원시지각은 화성암 또는 운석 물질의 집합체였을 것이다. 이것이 풍화 및 침식작용을 받아 돌부스러기로 변하여 물 밑에 쌓여서 최초의 퇴적암이 생성되었을 것이다. 다음에는 생성된 퇴적암이 지각변동으로 물 위에 드러나고 원시지각과 퇴적암의 일부가 변성된 후에는 이들 여러 종류의 암석으로부터 그 재료를 공급받은 새로운 퇴적암이 생성되었을 것이다.

풍화작용은 모든 암석을 지표로부터 파괴하여 여러 가지 풍화생성물을 만든다. 이에는 크고 작은 암설·점토·광물 성분의 용액이 있다. 빙하·바람·유수·파도는 굳은 암석을 침식하여 퇴적물을 장만한다. 이렇게 만들어진 풍화 및 침식의 생성물은 운반 및 퇴적작용으로 대체로 낮은 지면이나 수저에 쌓인 후 고화작용을 받아 굳은 퇴적암으로 변한다.

이상 말한 대륙의 암석의 풍화생성물은 퇴적암의 주요 재료이나 이 밖에 크고 작은 생물의 유해(遺骸)·화산쇄설물(火山碎屑物)·소량의 온천침전물·우주진·운석 물질도 그 재료가 된다.

2. 운반 및 퇴적

흐르는 물이 가장 큰 운반력을 가졌으나 빙하와 바람에 의하여도 풍화생성물이 운반된다. 일단 바다로 운반된 물질은 저류·연안류·해류·해파의 작용으로 퇴적물의 운반과 산포(散布)가 이루어진다. 퇴적암 생성의 다음 순서는 퇴적물의 퇴적이다. 퇴적물은 쇄설성퇴적물·화학적퇴적물·유기적퇴적물로 크게 나누어지며 이들은 각각 퇴적의 과정을 달리한다.

3. 쇄설성퇴적물(碎屑性堆積物: clastic sediments)

처음부터 퇴적될 때까지 고체로 존재하다가 퇴적된 물질이다. 원암으로부터 분리되어 운반되는 도중에 점차 마모되고 변형되어 운반 과정의 말기에는 최종적인 형태를 가진 크고 작은 입자들로 되어 버린다. 이들은 그 크기에 따라 환경에 대하여 안정한 위치를 택하여 퇴적하게 된다. 입자들의 직경 및 형태(shape)는 그들의 퇴적 속도와 퇴적 장소를 정하여 준다. 입자가 크고 구체에 가까운 것은 빠르게 낙하하여 퇴적되므로 얕은 수저에 쌓이고, 직경이 작고 납작한 입자는 침강 속도가 작으므로 떠서 먼 곳까지 운반되어 깊은 곳에 퇴적된다.

쇄설성퇴적물을 입자의 직경에 따라 구분하면 [표 14-1]과 같다.

이 표에서 입자의 직경(diameter)이라고 한 것은 입자들의 장경(長徑)을 가리키는 말이나 학자에 따라서는 직경에 대한 정밀한 정의를 내리는 사람도 있다. 장경과 단경의 평균치 또는 입자의 부피를 구체로 환산한 구의 직경 및 기타 방법을 사용한다. 이 책에서 직경은 장경을 가리키기로 한다. 입자의 구분에 있어 2^n(ø척도 $n = \cdots\cdots -8, -7, -6, -4, \cdots\cdots -1, 0, 1, 2, 3, \cdots\cdots 6, 7, 8\cdots\cdots$)을 사용했음에 주의하라. 퇴적물의 입도(粒度)를 나타낼 때 주로 ø척도(ø scale)를 많이 쓴다.

ø척도는 다음과 같이 정의된다.

$$\text{ø} = -\log_2 d$$

여기에서 d는 mm 단위의 입자의 크기로, $d = 2$(mm)인 경우 ø$= -1$이 된다. ø척도는 입자가 클수록 값이 작고, 입자가 작을수록 값이 크다. ø척도는 정수로 나타나기에

[표 14-1] 쇄설성퇴적물의 크기(mm)

자 갈 (gravel)	왕자갈(boulder) ⋯256 이상	$256 = 2^8$	-8	ø (척도)
	큰자갈(cobble)⋯ 64~256	$64 = 2^6$	-6	
	중자갈(pebble)⋯ 4~64	$4 = 2^2$	-2	
	잔자갈(granule)⋯ 2~4	$2 = 2^1$	-1	
모래(sand)⋯⋯⋯⋯ $\frac{1}{16}$~2		$\frac{1}{16} = 2^{-4}$	4	
실트(silt)⋯⋯⋯⋯ $\frac{1}{256}$~$\frac{1}{16}$		$\frac{1}{256} = 2^{-8}$	8	
점토(clay)⋯⋯⋯⋯ $\frac{1}{256}$ 이하				

퇴적물의 통계 처리에 흔히 이용된다.

왕자갈은 사람의 머리보다 더 큰 돌덩어리로서 약간 둥글게 되어 모서리가 없어진 것이다. 모서리가 떨어지지 않고 예리한 모와 능선이 있는 큰 돌덩어리를 **암괴**(岩塊: block)라고 하여 구별한다.

자갈·왕자갈·잔자갈이라고 하면 장경이 2mm 이상의 큰 알갱이 한 개 한 개를 의미하기도 하고 집합체를 의미하기도 한다. 그러므로 한 개씩의 자갈을 강조하고 싶으면 '한 개의 자갈'이라고 함이 좋을 것이다. 학자 중에는 자갈 한 개를 지칭하는 데 **원석**(圓石: roundstone)이라는 말을 사용하기도 한다.

모서리가 있는 자갈 크기의 덩어리에는 **각력**(角礫: rubble)이라는 말을 쓰는데 이것은 집합체로서의 용어이다. 각력이 굳어진 것이 각력암(breccia)이다. 만일 한 개의 각력을 지적하려면 **각석**(角石: sharpstone)이라는 말을 쓴다.

모래에는 물 속에서 대체로 모서리가 그대로 보존되어 있다. 이는 물이 입자들 사이의 완충 작용을 담당하여 입자들의 마찰을 피하게 하기 때문이다. 이와 반대로 사막의 모래는 서로 충돌하여 둥글고, 표면은 우유빛 유리처럼 갈려 있다. 모래는 풍화작용과 마찰에 대한 저항이 큰 광물들로 구성되어 있다. 가장 풍화에 대한 저항이 큰 광물은 석영이므로 모래의 대부분은 석영립으로 되어 있다.

실트는 큰 입자들이 서로 충돌할 때에 만들어진 작은 입자들과 2차적으로 생성된 입자들의 혼합으로 되어 있다. 육안으로도 점토보다는 약간 거칠게 보이므로 점토와 구별이 가능하다.

점토는 다른 광물이 화학적인 풍화작용과 속성작용으로 변하여 만들어진 2차적인

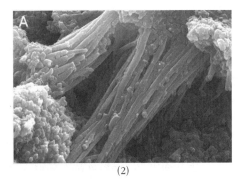

(1)   (2)

(1) 판상 추상형 집합체의 고령토×1,600   (2) 침상의 할로이사이트×6,000

[그림 14-1] 두 가지 고령토 결정의 전자현미경 사진(경남 합천)(노진환 제공)

점토광물들로 되어 있다. 점토의 주성분인 고령토의 입자는 극히 작으나 전자현미경으로 보면 [그림 14-1]과 같은 극히 미세한 결정형을 나타낸다. 이 사진의 (1)은 판상 추상형 집합체인 고령토(kaolinite)의 결정이고, (2)는 침상의 할로이사이트(halloysite)의 결정이다.

침강 속도나 현미경을 이용하여 퇴적물이나 퇴적암의 입도를 측정하여 입도 분포를 알 수 있다. 이를 통하여 입도의 평균 크기, 입자의 분산(分散), 즉 고른 정도를 나타내는 **분급**(分級, sorting) 및 분포의 비대칭성을 나타내는 **왜도**(歪度, skewness)를 구할 수 있으며 이들은 여러 퇴적 구조와 더불어 퇴적 과정과 퇴적 환경을 해석하는 자료가 된다.

4. 화학적퇴적물(化學的堆積物: chemical sediments)

암석 또는 암설로부터 용해되어 운반된 이온들이 모여 화합물로 침전되어 고체로 된 것이다. 용해되었던 이온의 침전은 염분의 추가 및 증발로 물의 염분 농도가 커질 때, 또는 수온이 변할 때에 일어날 수 있다. 또 넓은 바다보다 폐쇄된 바다나 호수에서 침전이 빨리 일어난다.

5. 유기적퇴적물(有機的堆積物: organic sediments)

생물의 유해가 쌓여서 만들어진 퇴적물이다. 동물은 주로 그 껍질이나 뼈를 퇴적물로 공급하는데 그 성분은 물에 용해되어 있던 무기물로서 이들은 생물화학적인 퇴적물이라고 할 수 있다. 식물은 CO_2로부터 취한 탄소를 포함한 유해를 퇴적하여 탄소를 주성분으로 하는 퇴적암, 즉 석탄을 만드는 경우가 있다.

6. 속성작용(續成作用: diagenesis)

퇴적물이 퇴적된 후에 받는 모든 물리적·무기화학적·생화학적인 변화를 속성작용이라 하며 이러한 속성작용을 통하여 퇴적물은 고화(lithification)된다([그림 14-2] 참조). 속성작용은 변성작용(metamorphism) 전까지의 변화로서 이에는 ① 다져짐작용(compaction), ② 새로운 물질의 첨가, ③ 물질의 제거, ④ 광물상(鑛物相: mineral phase)의 변화에 의한 변형(變形: transformation), ⑤ 광물끼리의 교대(交代: replacement)에 의한 변질이 있다. 퇴적암은 여러 단계에 걸친 속성작용을 받는다. 이러한 속성작용을 연구하여 퇴적물이 어떻게 퇴적암으로 변하였는가를 알아내는 것은 경제적으로도 유익하다. 속성작용은 공극수(孔隙水: pore water)와 불가분의 관계에 있으며 퇴적물에서 어떤

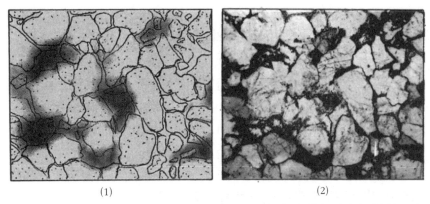

(1) 굳어지기 전의 퇴적물(모래)(×10)　　(2) 굳어진 퇴적암(사암)(교결되어 있음)(×10)

[그림 14-2]　고화되기 전과 고화된 퇴적암

성분을 제거하거나 첨
가하는 역할을 하므로
공극수의 화학 성분 규
명이 중요하다. 퇴적 장
소에는 계속하여 퇴적
물이 쌓이므로 아래의
퇴적물은 두꺼운 지층
으로 덮여서 압력을 받
게 되고 그 속에 들어

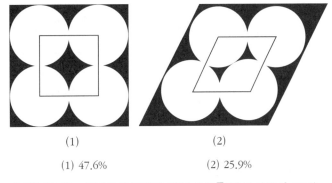

(1) 47.6%　　　　　(2) 25.9%

[그림 14-3]　퇴적물의 배열에 따른 공극률(검은 부분이 공극)

있던 물을 짜내어 입자들 사이의 간격을 좁혀 주므로 입자들은 입자간의 빈틈이 좁아지
면서 맞닿게 된다. 다음에 입자들 사이를 통과하는 물에 들어 있는 규산분·석회분·철
분이 각각 SiO_2, $CaCO_3$, $Fe_2O_3 \cdot nH_2O$로 침전되며 입자들을 교결(膠結)시킨다. 그 중 가
장 강력한 교결 재료는 석영으로서 침전된 SiO_2이다. 교결작용은 결정작용을 동반한다.
[그림 14-3]과 같이 같은 크기의 구로만 이루어진 이상적인 퇴적물을 가상하였을 때에
가장 엉성하게 모여 있는 경우 (1)과 치밀하게 다져진 경우 (2)의 공극률(porosity)은 각
각 47.6% 및 25.9%이다. 공극률을 P라고 하면 P는 다음 식으로 나타낼 수 있다.

$$P = \frac{\text{공극만의 부피}}{\text{공극을 포함한 퇴적물의 부피}} \times 100$$

2. 퇴적물의 퇴적 장소와 퇴적층의 종류

퇴적물이 퇴적되는 곳은 천차만별하나 이들을 크게 2대별할 수 있다. 가장 중요한 곳은 해저이며 퇴적물의 대부분은 이 곳에 퇴적된다. 다음은 육지로서 육상의 물 밑에 퇴적되는 것 및 수면 위 또는 마른 대지에 퇴적되는 것이 있다. [표 14-2]는 해저와 육상에서 퇴적물이 쌓이는 곳과 퇴적물의 종류를 나타낸 것이다.

[표 14-2] 퇴적물의 퇴적 장소와 퇴적층의 종류

퇴적 장소			퇴적층의 종류	
해 저	해빈(조석의 간만선간) 천해(대륙붕) 반심해(대륙사면) 심해(수심 4,000m 이상)	해성층 (marine deposits)	해빈층(littoral deposits) 천해층(shallow sea deposits) 반심해층(bathyal deposits) 심해층(abyssal deposits)	
육 상	수저: { 호저, 하저, 하안 } 수면 위: 사막, 기타 빙하	육성층 (continental deposits)	호성층(lacustrine deposits) 하성층(fluvial deposits) 풍성층(aeolian deposits) 빙하성층(glacial deposits)	

3. 퇴적암의 특징

퇴적암은 퇴적물이 수저나 육지에 쌓여서 만들어진 것이므로 화성암과는 구별이 가능한 몇 가지 특징을 가진다. 그 중 대부분의 퇴적암이 가진 특징으로 중요한 것은 층상으로 발달되는 평행구조(parallel structure)로서 이것이 층리이다. 이 밖에 결핵체·사층리·물결자국·건열·빗방울 자국도 발견되고 화석도 포함된다. 이들은 퇴적암에만 볼 수 있는 특징이다.

1. 층리(層理: stratification, 또는 bedding)

해저는 거의 수평인 면(퇴적면)이며 이 면 위에 퇴적물이 거의 고르게 한 겹 한 겹 쌓여서 점점 두꺼운 지층이 형성된다. 층 사이의 면은 퇴적물이 굳어진 후에도 잘 쪼개지는 면을 형성하며 이 면을 **성층면**(成層面: bedding plane)이라고 한다. 성층면과 직각

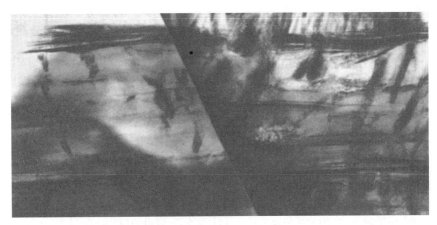

[그림 14-4] 생란작용이 시작된 지층의 X선 사진(캠브리아기 면산층)
(강원도 태백시 동점동)

으로 퇴적암을 잘라 보면 얇게 쌓인 **엽층**(葉層: lamina, 두께는 1cm 이하)들이 입도와 색을 달리 하므로 평행선 모양 또는 대상(帶狀)의 평행구조가 나타나게 되며 이 구조를 층리라고 한다. 퇴적암 중 층리를 나타내지 않는 것을 **괴상**(塊狀: massive)의 퇴적암이라고 부른다. 때로는 퇴적물에 잘 발달된 층리가 생물에 의하여 교란되어 층리가 없어지는 경우가 있다. 생물의 이러한 교란작용을 생란작용(生亂作用: bioturbation) 또는 생물교란작용이라고 하며 괴상의 세립질퇴적암에는 생란작용으로 층리가 지워진 것이 있다. 생란작용이 심하면 퇴적물을 잘 혼합시켜 균일하게 만들기도 한다. 어떤 암석에는 절리가 발달되어 마치 층리와 같이 보이는 일이 있다. 이런 경우에는 층리에 따른 입자들의 배열 상태를 주의하여 관찰하여 절리와 층리와의 혼동을 피하도록 하여야 한다.

층리의 성인은 시간을 달리하여 순차로 쌓이는 퇴적물 입자의 크기와 배열·퇴적물의 종류와 색·운반매질·기타의 변화에 있다. 이런 변화를 일으켜 주는 원인을 보면 다음과 같다.

(1) **일기, 계절 및 기후의 변화**　일기와 계절은 짧은 시일 사이에 강수량의 변화와 풍향의 변화를 일으키고, 기후는 장기간에 어떤 지역에 건습의 차이를 나타내며 풍화 속도에도 변화를 일으킨다.

(2) **해저의 심도 변화**　해수의 증감 또는 조륙운동에 의한 육지의 상승 및 침강으로 해저의 깊이가 변하면 이에 따르는 퇴적물의 입도와 그 구성 성분이 달라진다.

(3) **해류의 변화**　(1)의 변화로 해류의 변화가 일어나고 이 때문에 해류에 의하

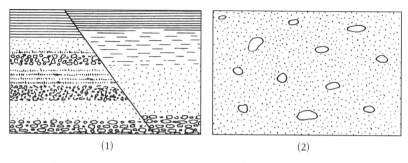

[그림 14-5] 층리(1)와 괴상의 퇴적암(2)

여 운반되는 물질(생물을 포함)의 퇴적 장소가 달라진다.

　　(4) 해수와 호수의 농도 및 수온의 변화　　증발이 심하여지거나 수온이 변하면(보통 높아지면) 용액으로 되어 있던 염분이 과포화 상태에 달하여 침전을 일으킨다. 수온이 높아지면 CO_2가 빠져 나가므로 $CaCO_3$의 침전을 일으킨다.

　　(5) 생물의 성쇠　　식물 또는 동물이 상기한 환경 변화와 진화에 의한 변화로 번성 또는 쇠퇴할 때 그 유해의 공급이 가감되어 층리가 생성된다.

　　2. 사층리(斜層理: cross-bedding)

　　모래나 실트로 된 지층에는 [그림 14-6]과 같이 평행하지 않은 구조가 발견되는 일이 많다. 이런 층리를 사층리라고 한다. 이는 바람이나 물이 한 방향으로 유동하는 곳에 쌓인 지층임을 잘 가리켜 준다. 즉 수심이 얕은 수저 또는 사막의 사구에서 볼 수 있는 퇴적구조이다.

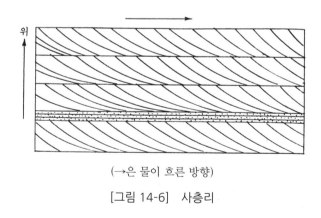

(→은 물이 흐른 방향)

[그림 14-6] 사층리

　　퇴적물이 쌓이며 사층리를 형성할 당시에는 사층리의 각도는 25~35°의 안식각을 유지하나 퇴적 후의 다져짐작용으로 퇴적 당시보다는 훨씬 작은 각도(15~20°)를 나타내게 된다. 그러나 지층이 횡압력을 받아서 변형하게 되면 도리어 안식각보다 큰 각도를 보이는 경우도 있다.

[그림 14-6]과 같은 사층리가 있으면 퇴적의 순서를 쉽게 알아 낼 수 있다. 만일 지층이 지각변동으로 뒤집혀 있으면 그 사실을 곧 판단할 수 있으므로 지질학상 중요한 자료가 된다. 또한 지층에 나타난 사층리를 많이 측정하여 그 방향을 통계적으로 처리하면 그 지층이 퇴적될 때의 고수류(古水流)의 방향과 퇴적물의 공급원(provenance)을 알 수 있어 중요하다. 우리 나라 남동부의 경상분지에서는 백악계 퇴적 당시 대체로 북서쪽에서 남동쪽으로 물이 흘렀던 것으로 알려져 있다.

3. 퇴적소극(堆積小隙: diastem)

물결의 작용이 미치지 못하는 물 밑에는 퇴적물이 계속적으로 쌓일 것이나, 얕은 퇴적분지(sedimentary basin)에는 퇴적물이 계속적으로 쌓일 수 없고 간간히 침식작용이 일어나 쌓인 퇴적물의 일부는 깎여서 더 깊은 곳으로 운반된다. 그러므로 층리(層理)가 보이는 퇴적암 단면에는 침식된 부분이 두께가 없는 면으로 존재하는데, 이 면은 부정합(不整合)보다는 작은 **시간적 간격(break)**을 가진다. 이러한 시간적 간격으로 대표되는 부분을 퇴적소극이라고 한다.

퇴적소극은 침식의 기준면(base level)이 상하로 이동하기 때문에 생겨난다. 바렐

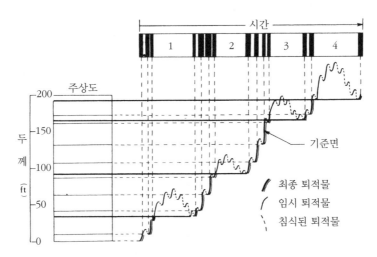

굵은 선에 해당하는 부분만이 퇴적암으로 남으며, 왼쪽의 주상도는 이를 나타낸다. 위의 검은 부분은 퇴적암이 생긴 시간이고, 흰 부분은 퇴적소극이다 (Barrell, 1917).

[그림 14-7] 퇴적분지에서 침식의 기준면의 변화로 생기는 퇴적소극의 설명

(Barrell)은 이미 1917년 퇴적소극이 생기는 원인을 [그림 14-7]과 같이 설명하였다. 이 그림에서는 두께 200ft의 지층이 쌓이는 동안에 일어난 기준면의 변화를 4회 생각하고 각 변화는 더 작은 몇 번의 상하운동을 포함하는 것으로 설명하였다. 물론 이 그림은 모형에 불과한 것이고, 실제로 일어나는 변화는 이보다 더 복잡할 수도 있고, 간단할 수도 있다. 그림에서 시간을 표시하는 부분의 검은 선은 퇴적된 퇴적암을 의미하고 그 사이의 부분은 퇴적소극이며, 1, 2, 3 및 4는 보다 큰 퇴적소극이다. 이들은 왼쪽의 주상도(柱狀圖)에서 1, 2, 3 및 4의 두께가 없는 퇴적소극으로 나타난다.

사층리가 나타난 단면(斷面)에서는 아래의 짧은 사층리가 나타난 층과 위의 사층리가 나타난 층 사이의 경계면이 퇴적소극을 나타낸다([그림 14-6] 참조).

퇴적소극은 시간적으로 상당히 긴 것도 있을 수 있다. 시간적 간격이 커지면 이는 부정합과 다름이 없다. 그러나 퇴적소극은 짧은 시간적 간격을 가진 것만을 가리키는 것이다.

4. 물결자국(漣痕: ripple mark)

잔물결이나 유동하는 물의 작용이 갓 쌓인 퇴적물 표면에 미치면 파상의 요철(凹凸), 즉 물결자국(또는 연흔)이 새겨진다. 이것이 퇴적작용이 계속되는 동안에도 파괴되지 않고 보존되어 있으면 성층면에 따라 쪼개진 면에 나타난다. 경상남북도에 분포하는 중생대층 중에서는 특히 많이 발견된다. 물결자국에는 [그림 14-8]과 같이 정부(crest)가 뾰족하고 곡부(trough)가 평탄한 것이 있으며 이런 물결자국을 포함하는 지층은 뒤집혀도 그 퇴적순서를 판단할 수 있게 해 준다. 심해류로 인하여 깊은 대양저에도 물결자국이 생기는 일이 있다. 물결자국은 사층리와 함께 퇴적 환경을 연구하는 데 중요한 퇴적구조이다.

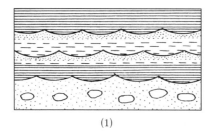
(1)

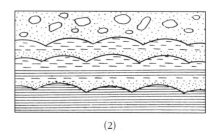
(2)

[그림 14-8] 물결자국이 나타난 지층(1)과 뒤집힌 지층(2)

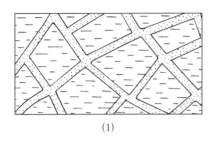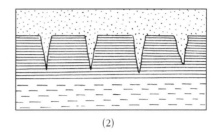

(1)　　　　　　　　　　　　　　　　(2)

[그림 14-9]   건열의 표면(1)과 건열의 단면(2)

5. 건열(乾裂: sun crack 또는 mud crack)

얕은 수저에 쌓인 점토 같은 퇴적물이 한때 수면상에 노출되어 건조하게 되면 수분의 증발로 퇴적물이 수축하여 [그림 14-9]와 같은 틈이 생긴다. 이런 틈을 건열이라고 한다. 건열이 파괴되지 않고 묻혀서 지층 중에 보존되는 일이 많다. 건열은 밑으로 향하는 쐐기 모양으로 [그림 14-9]의 (2)와 같은 단면을 보여 준다. 이로써도 지층의 상하 판단이 가능하다.

건열이 파괴되어 얇은 조각으로 되었다가 부근에 퇴적되면 이를 이편(泥片: mud chip)이라고 하며 화학적퇴적암인 석회암인 경우에는 이를 퇴적분지 내에서 생성된 내쇄설물(內碎屑物: intracrast)이라고 한다.

6. 결핵체(結核體: concretion)

퇴적암 중에는 자갈(礫)이 아닌 구형·편두상·불규칙상의 굳은 물체가 마치 자갈처럼 들어 있는 일이 있으며 이들을 결핵체라고 한다. 그 직경은 수 mm에서 수 m에 달하는 것까지 있다. 그 성분은 인산염(燐酸鹽: phosphate)·경석고·방해석·규산·갈철석·적철석·능철석·황철석이 보통이며, 이들이 수중에 용해되어 있다가 어떤 입자를 중심으로 침전을 일으켜 만들어진 것이다. 성인적으로는 두 종류가 존재할 수 있다. 하나는 퇴적물이 쌓인 후 굳어지기 전에 퇴적물 내에서 성장하여 만들어진 것이고, 다른 하나는 퇴적암이 생성된 후에 지층 중의 어떤 입자가 핵이 되어서 지하수에 녹아 있는 광물질을 집결시킨 것으로서, 두 종류의 결핵체는 그 단면에서 [그림 14-10]과 같은 차이점을 보여 준다.

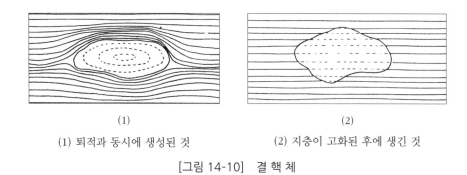

<table>
<tr><td>(1)</td><td>(2)</td></tr>
<tr><td>(1) 퇴적과 동시에 생성된 것</td><td>(2) 지층이 고화된 후에 생긴 것</td></tr>
</table>

[그림 14-10] 결 핵 체

7. 화석(fossil)

퇴적물이 침적되던 당시에 수중에 살던 생물의 유해가 퇴적물과 같이 쌓여서 지층 중에 남아 있으면 이들을 화석이라고 한다. 동물의 발자국은 생물 자체는 아니나 생물의 인상으로서 화석으로 취급된다. 이 밖에도 퇴적암 속에 생물이 판 구멍(burrows) · 기어다닌 흔적(trails)이 남아 있는 경우 이들을 통틀어서 생흔화석(生痕化石: trace fossils, 또는 ichnofossils)이라고 하며 이들을 연구하는 학문을 **생흔화석학**(ichnology)이라고 한다. 생흔화석은 퇴적 속도 · 퇴적 양상 · 퇴적 환경 · 고생물의 생태에 관한 지질학적 정보를 제공한다.

8. 퇴적암의 색

퇴적암의 신선한 파면은 암석에 따라 그 색이 다르다. 다른 색소(pigment)가 들어 있지 않으면 암석의 색은 구성물질의 색에 지배된다. 그러나 소량의 색소가 입자들 사이를 채우거나 구성 입자들의 표면을 피복하면 그 색소가 암석의 색을 전적으로 지배하게 된다. 가장 중요한 색소로서는 산화제이철 · 산화제일철 · 유기물 기원의 탄소가 있다. 산화제이철은 적색 또는 황색, 산화제일철은 녹색, 탄소는 흑색 내지 회색, 소량이면 담회색의 색소가 된다. 산화제이철은 탄소가 들어 있으면 환원작용을 받아 산화제일철로 변하므로 녹색을 띠게 된다. 어떤 이유로 탄소분이 전부 산화된다면 산화제일철은 더 산화되어서 산화제이철로 변하여 암석의 색을 빨갛게 할 것이다. 이런 예는 풍화를 심하게 받은 퇴적암 지대에서 볼 수 있다.

노출된 후 오래 된 암석의 면은 이끼식물로 덮여서 검게 되기도 하고 암석 중에서 용해되어 나와 다시 침전한 이산화망간(MnO_2) · 자철석($FeO \cdot Fe_2O_3$)으로 흑색으로 변해 있는 일이 많으므로 암석의 색을 조사할 때에는 언제나 신선하게 깨진면을 관찰하도록 주의하여야 한다.

4. 퇴적암의 종류

퇴적암은 퇴적물의 종류에 따라 크게 쇄설성퇴적암(clastic sedimentary rocks)·화학적(chemical)퇴적암·유기적(organic)퇴적암으로 나누어진다. 그러나 여기서는 화학적 퇴적암을 탄산염암(carbonate rocks)과 비탄산염암(non-carbonate rocks)으로 나누어 설명한다.

1. 쇄설성퇴적암

퇴적 장소와 퇴적물의 기원에 따라 수성쇄설암·풍성쇄설암·화성쇄설암·빙성쇄설암으로 세분된다. 대부분의 쇄설성퇴적암은 운반되는 동안에 입자(粒子)의 크기에 따라 분급(分級: sorting)이 일어나 비슷한 크기의 입자들이 한 곳에, 또는 조건이 같은 넓은 장소에 모이게 된다. 쇄실성퇴적암에는 다음과 같은 것들이 있다.

1. 수성쇄설암(aqueous clastic rocks)

유수 및 파도의 작용으로 침식되고 운반된 물질이 수저에 퇴적된 암석으로서 3종이 있다([표 14-3] 참조).

역암(礫岩: conglomerate)은 둥근 자갈들의 사이를 모래나 점토가 충진하여 교결케 한 자갈 콘크리트 같은 암석이다. 자갈의 양은 전체 퇴적물의 30% 이상이어야 한다. 자갈이 한 종류의 암석으로 되어 있으면 단성(monomictic 또는 oligomictic)역암, 두 종류 이

[표 14-3] 수성쇄설암의 종류

종 류	예
역질암(rudaceous rock)	역암 · 각력암
사질암(arenaceous rock)	사암
점토질암(lutaceous rock)	실트암 · 셰일 · 이암

상으로 되어 있으면 복성(polymictic)역암이라고 한다. 역암은 주로 해안이나 얕은 바다, 하안이나 하저에 퇴적된다.

　　각력암(角礫岩: breccia)은 각력이 모래나 점토로 교결된 암석이다. 각력은 수마작용을 받지 않고 거의 원형대로 들어 있다. 이는 돌서령(talus)이나 근거리에서 급격히 운반된 암편들로 만들어진 것으로 생각되나 성인이 불명한 것이 많다. 예외로 단층에 따라 생성된 단층각력암(fault breccia)은 지표의 지질작용과는 관계가 없는 각력암이다. 각력을 브렉치아(breccia)라고 부르는 사람이 있는데 브렉치아는 각력암에만 쓰이는 명칭이고 각력은 p. 194에서 설명한 바와 같다.

　　사암(砂石: sandstone)은 모래가 고결된 암석으로서 그 구성 입자는 모래나 자갈 또는 점토가 소량 들어 있을 수 있다. 모래의 주 구성광물은 석영·장석·암편이다. 사암은 기질(基質: matrix)의 함량이 15% 이하인 정사암(正砂岩: arenite)과 15% 이상인 이질사암(泥質砂岩: wacke)으로 나누어지며 이들은 다시 주성분광물의 함량비에 따라 석영사암·장석사암·암편사암, 그리고 이질석영사암(quartz wacke)·장석잡사암(feldspathic graywacke)·암편잡사암(lithic graywacke)으로 구분된다([표 14-4], [그림 14-13] 참조). 사암은 얕은 해저·호저·하저·사막에 퇴적된 것이다.

　　사암은 전 퇴적암의 약 25%를 차지하며 풍화에 대한 저항력이 크므로 돌출한 지형을 이루고 험준한 산악을 만든다. 사암은 5~20%의 공극률을 가진다.

　　실트암(微砂岩: siltstone)은 실트를 주로 한 암석이다. 실트는 석영·장석·운모·기타 광물의 작은 입자로 된 퇴적물로서 입자들은 대부분 $\frac{1}{16} \sim \frac{1}{256}$ mm의 장경을 가진다. 이에 대하여 점토는 장석이나 유색광물이 변한 이차적인 점토광물을 주성분으로 함에 주의하여야 한다.

[그림 14-11] 역　　암

[그림 14-12] 각력암

[표 14-4] 사암의 분류

주성분	기질＜15%	기질＞15%
석 영	석영사암(quartz arenite)	이질석영사암(quartz wacke)
장 석	장석사암(feldspathic arenite, 또는 arkose)	장석잡사암(feldspathic graywacke, arkosic wacke)
암 편	암편사암(lithic arenite)	암편잡사암(lithic graywacke)

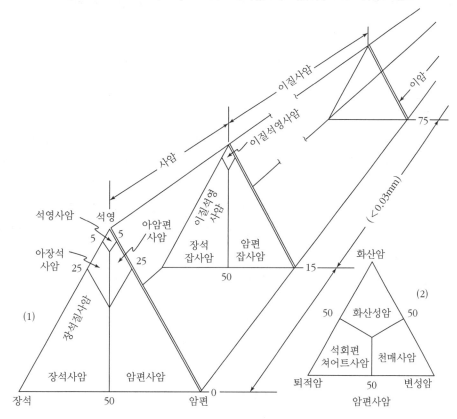

[그림 14-13] 사암의 분류(Pettijohn, 1975)

셰일(shale)은 점토와 실트 크기의 입자로 구성된 암석으로서 실트암과 합하여 전 퇴적암의 55%를 차지하는 가장 흔한 암석이다. 점토가 주로 장석의 풍화생성물이고 장 석은 평균 화성암의 60%를 구성함을 상기하면 셰일이 많은 이유를 알 수 있을 것이다. 셰일은 극히 세립질 물질로 되어 있어서 육안으로는 입자를 구별할 수 없으나 층리가

(1)   (2)

(1) 석영사암(×10)(이창진 제공)   (2) 잡사암(×10)

[그림 14-14]   사암의 현미경 사진

발달되어 보통 성층면을 따라 잘 쪼개지는 성질, 즉 박리성(剝離性: fissility)이 있다. 퇴적암의 박리성은 생물에 의한 생란작용이 없는 곳에서만 잘 보존된다. 또한 이 박리성은 풍화에 의하여 두드러지게 강조되는 경향이 있다. 탄소분이 많이 포함되면 흑색의 **탄질셰일**(coaly shale)을 만드나 보통 흑색 및 갈색 셰일이 많다. **이암**(泥岩: mudstone)은 실트와 점토로 되어 있는 암석이며 평행 구조가 없는 점이 실트암이나 셰일과 다르다. 석회분을 많이 포함하는 이암을 **이회암**(泥灰岩: marl)이라고 한다. 만일 셰일이 압력을 받아 성층면과 평행하지 않은 방향으로 얇게 쪼개지는 성질을 가지게 되면 이를 슬레이트(slate)라고 하며 약한 변성작용을 받은 변성암으로 취급된다.

2. 풍성쇄설암(aeolian clastic rocks)

바람의 작용으로 만들어진 암설과 바람에 날려서 쌓인 암설이 굳어진 것으로서 풍성사암 및 황토가 대표적인 것이다. 풍성사암은 사막에서 사구의 모래가 고결되어 만들어진 사암이다. 이런 사암은 특히 그 구성 사립이 대체로 구에 가까운 입자들로 되어 있고 흔히 양봉 분포(bimodal)를 나타낸다. 또한 풍성쇄설암은 흔히 **삼릉석**(三稜石: dreikanter)을 포함하는 일이 있으며 흔히 사층리를 보여 준다. **황토**(黃土: loess)는 황갈색의 세립질 암석으로서 뜯짐으로 바람에 먼 곳까지 불려가다가 풍속이 약해진 곳에 쌓인 것이다.

3. 화성쇄설암(pyroclastic rocks)

화산분출 때에 분출된 입자들에는 직경이 64mm 이상인 화산탄과 화산암괴, 4~32mm인 화산력, 4mm 이하인 화산재(또는 화산회)가 있다. 이들 입자들로 만들어진 화성쇄설암은 [표 14-5]와 같다.

4. 빙성쇄설암(glacial deposit)

빙하로 운반된 암설이 모인 표석점토가 굳어진 암석을 **빙성암**(氷成岩: tillite)이라고 한다. 빙성암은 직경 수십 m의 큰 암괴로부터 점토까지의 크고 작은 암설을 포함함이 특징이다. 빙성암은 분급이 가장 불량한 퇴적암이다. 암괴에는 평면과 조선(條線)이 발달된 것이 있다. **호상점토층**(縞狀粘土層)은 세립질인 빙성쇄설물로 된 평행 구조를 가진 지층이다. 호상점토층은 주로 빙하말단 부근의 호수에 퇴적되며 대체로 수 cm의 쌍으로 나타나는 계절적인 퇴적물이다. 여름에는 담색의 층을, 겨울에는 유기물질이 많은 검은 색의 얇은 층을 쌓는다. 이러한 쌍을 세어서 빙하퇴적물이 쌓인 연수를 알아

[표 14-5] 화성쇄설암의 종류

응회암(tuff)	화산재(4mm 이하의 입자)로 되어 있다.
화산력응회암(lapilli tuff)	화산력(4~32mm의 입자)을 주로 한다.
각력응회암(tuff breccia)	응회암에 화산암괴가 섞여 있다.
화산각력암(volcanic breccia)	화산암괴를 주로 하고 화산재가 섞여 있다.
집괴암(agglomerate)	화산탄, 화산암괴, 용암, 화산재로 되어 있다.

[그림 14-15] 화산각력암(경주 읍천리)
(이광춘 제공)

[그림 14-16] 응회암의 현미경 사진×14
(독도)(정지곤 제공)

[그림 14-17] 빙 성 암

[그림 14-18] 호상점토

낼 수도 있다.

2. 탄산염암

탄산염암은 탄산기(CO₃)를 포함한 광물로 구성된 암석으로서 다음과 같은 탄산염 광물이 있다.

(1) 방해석(calcite)   탄산염광물로서 순수한 것의 화학 성분은 $CaCO_3$이다. 탄 산염광물 중에서 가장 중요하고 양적으로 많은 것으로서 Mg함량에 따라 고Mg방해석 (high-Mg calcite)와 저Mg방해석(low-Mg calcite)으로 구분된다. 오래 된 석회암층을 구성 하는 방해석에는 저Mg방해석이 많다.

(2) 아라고나이트(aragonite)   화학 성분은 방해석과 같으나 다른 결정계에 속하 며 불안정하여 지질학적 시간이 지나는 동안에 방해석으로 변하여 버린다. 석회조류(石 灰藻類), 연체동물, 산호의 굳은 부분을 구성하며 방해석과 함께 침전되어 있다. 오래된 석회암 중에서는 거의 발견되지 않는다.

(3) 고회석(苦灰石: dolomite)   백운석이라고도 하며, 이는 화학 성분이 $CaMg(CO_3)_2$ 로서 방해석 다음으로 중요한 탄산염광물이다. 방해석과 아라고나이트와는 달리 대체 로 1차적 광물이 아닌 2차적 광물로서 방해석의 Ca가 일부 Mg로 치환되어 생성된다. 현재 퇴적 중인 석회질 퇴적물에 고회석이 1차적으로 퇴적된 듯이 보이는 것이 있으나 이것도 방해석이 침전한 직후에 Mg가 Ca의 일부를 치환하여 만들어진 것이다.

(4) 기타 탄산염광물   위 3종의 광물 외에 능철석(菱鐵石: siderite, $FeCO_3$), 마그네 사이트(菱苦土石: magnesite, $MgCO_3$), 안케라이트(ankerite, $CaFe(CO_3)_2$)가 있으나 퇴적암

석학적으로는 그리 중요하지 않다.

탄산염암은 그 주성분광물에 따라 석회암과 고회암으로 크게 2분된다.

1. 석회암(石灰岩: limestone)

석회암에는 화학적 침전으로 이루어진 것과 유기적으로 형성된 것이 있으며 생물의 생화학적 작용으로 만들어진 것이 많다. 무기적인 석회암은 주로 열대 지방의 얕은 바다에 퇴적되는데 이는 얕은 바다의 수온이 높아져서 CO_2의 탈출이 쉽게 일어나 $CaCO_3$이 침전하기 때문이다. 즉,

$$Ca^{2+} + 2HCO_3^- \rightleftharpoons CaCO_3 + CO_2 \uparrow + H_2O$$

석회암을 구성하는 방해석에는 알로켐(allochem)·오소켐(orthochem)의 두 가지가 있다. **알로켐**(allochemical constituent의 준말, Folk, 1968)은 동일 퇴적분지 내에 기존 석회암에서 떨어져 나온 입자 또는 석회질 퇴적물의 입자나 파편(intraclast), 석회질 어란석(魚卵石: oolite, 또는 oolith), 해서무척추동물의 배설물로 된 소구체(小球體: pellet) 및 화

[그림 14-19] 충식석회암(과천 국립과학관 전시 복제품)

[그림 14-20] 평력석회암역암
(平礫石灰岩礫岩)(화절층)

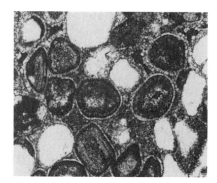

[그림 14-21] 어란상석회암(막골층)
(×20)(백인성 제공)

석의 파편(bioclast)을 말한다.

오소켐(orthochemical constituent의 준말, Folk, 1968)은 동일 퇴적분지에서 화학적으로 침전된 물질로서 거의 운반되지 않은 것이다. 미결정질의 방해석(micrite)이나 입자들 사이의 교질물(cement), 교대광물이 이에 속한다.

알로켐은 물결의 작용이 강한, 즉 고에너지 환경에서 생성되는 것이므로 이들의 존재는 얕은 바다를 지시하며 오소켐이 많으면 저에너지 환경을 지시한다.

석회암은 대륙붕에서 대양저까지의 광범한 퇴적분지에 쌓인다. 현재 탄산염암(석회암)이 퇴적되고 있는 곳은 열대 내지 아열대 지방의 바다이다. 가장 유명한 곳은 바다의 깊이가 10m 미만인 대바하마퇴(大바하마堆: Great Bahama Bank)와 그 주변 일대이다.

대바하마퇴는 미국 플로리다 반도 남동쪽에 있는 안드로스(Andros) 섬을 둘러싼 얕은 바다로서 이 곳에는 화학적으로 석회니(石灰泥: limemud)가 퇴적되고 있다.

담수탄산염암은 담수에서 생성된 석회암이다. 담수호에 사는 석회조류가 석회분을 분비하여 석회암층을 만든다. 온천물에 녹아 있던 석회분이 침전한 것이 온천침전물(travertine)이며 그 중에서 다공질인 것을 석회화(石灰華: tufa)라고 한다.

탄산염암은 조직에 근거하여 분류하며, 던함(Dunham, 1962)의 분류체계가 가장 보편화되어 있다. 던함은 퇴적될 당시의 퇴적조직의 식별 가능성을 고려하고 퇴적당시 퇴적물 조직을 식별할 수 있는 경우, 입자의 조직 및 퇴적 당시 입자의 결속 상태에 따라 석회암을 구분하였다([그림 14-22] 참조). 퇴적될 당시 입자들이 결속되지 않은 암석일 경우 석회이토를 포함한 경우와 거의 포함하지 않은 경우로 구분하였다. 입자들이 석회이토를 포함하는 경우 이를 다시 입자들이 석회이토로 지지된 경우와 다른 입자들

퇴적 조직 식별 가능					퇴적 조직 식별 불능
퇴적시 원래의 성분들이 묶이지 않음				퇴적시 원래의 성분이 묶임	
석회이토 포함			석회이토가 거의 없음		
석회이토로 지지됨		입자로 지지됨			
10% 이하의 입자 함량	10% 이하의 입자 함량				
석회이암	석회입자이암	석회이토 입자함	석회 입자암	결속 석회암	결정질 석회암

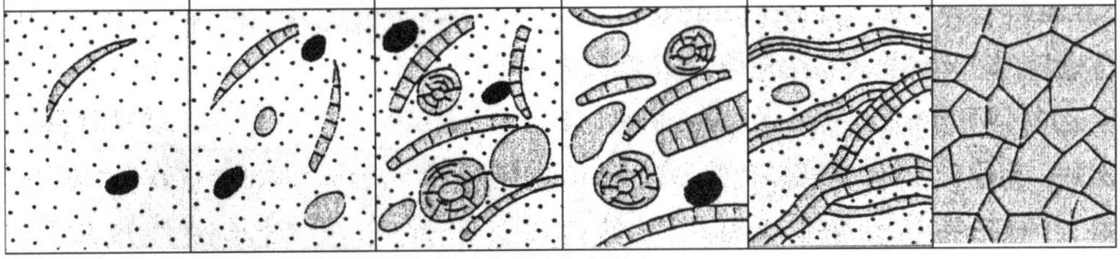

[그림 14-22] 던함(1962)의 석회암 분류

로 지지된 경우의 두 가지로 구분하였다. 던함의 분류에 의하면 석회이암(mudstone)은 입자들의 함량이 10% 미만이면서 입자들이 석회이토로 지지된 석회암이고, 석회입자이암(wackestone)은 입자의 함량은 10% 이상이며, 입자들이 석회이토로 지지된 석회암이다. 석회이토입자암(packstone)은 석회이토를 포함하나 입자들이 다른 입자들로 지지된 석회암이고 석회입자암(grainstone)은 석회이토가 거의 없거나 아주 없으면서 입자들이 다른 입자들로 지지된 석회암이다. 결속석회암(boundstone)은 퇴적될 당시 입자들이 묶여서 단단하게 된 석회암이다. 퇴적조직을 식별할 수 없는 석회암은 결정질 석회암(crystalline limestone)으로 구분하였다.

2. 고회암(苦灰岩: dolostone)(또는 백운암)

고회석과 고회암(또는 백운암)이 영어로는 모두 돌로마이트(dolomite)로 표기되어 왔는데 혼동을 피하기 위하여 고회석을 dolomite로 하고 고회암을 dolostone으로 하자는 제안이 있기도 하다. 석회암이 고회암으로 변하는 것을 고회암화작용(dolomitization)

이라고 하며 Mg가 섞인 해수와 민물의 혼합, 해수의 증발 및 석회질 퇴적물 내 해수의 순환에 의하여 일어나는 것으로 알려져 있다([그림 14-23] 참조). 고회암은 시대가 오랠수록 석회암 중에 많이 들어 있다. 고회암은 석회암보다 용해작용에 강하므로 높은 지형을 만들고 석회암보다 두드러진 지형을 형성한다.

[그림 14-23] 고회암의 현미경 사진(막골층: 강원도 태백시)(×20)

3. 화학적 퇴적암(탄산염암 제외)

물 속에 용해되어 있던 물질이 물의 증발로 침전되어 만들어진 암석을 증발잔류암(蒸發殘留岩: evaporite)이라고 하며 그 주요한 것은 [표 14-6]과 같다.

[표 14-6] 화학적 퇴적암의 종류

화학 성분	암 석 명
NaCl	암염
$CaSO_4$	경석고
$CaSO_4 \cdot 2H_2O$	석고
SiO_2	쳐어트·수석·규화
Fe분	철광

1. 암염(rock salt)

지층 중에 두꺼운 층 또는 암염돔(salt dome)으로 들어 있는 암염은 물이 빠져 나가는 강이 없는 호수나 대양과의 연락이 불량한 좁고 긴 바다의 물이 증발할 때에 침전된 것이다. 암염층에는 대체로 엽층리가 발달되어 있고 검은 색을 띤 암염의 박층이 담색의 암염층에 협재되는 일이 많다. 암염층 중에는 석고·칼리암염(KCl, sylvine)·셰일층이 협재된다. 각 성분이 침전을 일으키는 농도가 다르므로 수중에 용해되어 있는 여러 성분이 서로 혼합된 층을 만들지는 않고 한 층 한 층 성분이 다른 침전물의 층이 만들어진다. 예를 들면 암염은 석고보다 물에 잘 녹으므로 석고가 먼저 침전되고 증발이 상당히 진행되어 석고분이 많이 없어진 후에 비로소 암염층의 침전이 시작된다. 이들이 호층(alternation)을 이루는 것은 장기간에 걸친 기후와 지형 변화로 물의 염분(salinity)이 달라졌기 때문이다. 증발잔류암은 유럽·미국에 많으며 NaCl과 K, I, Br은 광석으로 함께 채굴된다.

암염 같은 증발잔류암은 새로 벌어지는 대륙지각 연변부에 두껍게 퇴적되는 일이 많다. 새로 생겨나는 열개대(裂開帶)는 해수면보다 낮을 경우 그 폭이 좁고 대단히 긴 바다가 생겨 해수의 교환이 잘 일어나지 않기 때문에 증발에 의한 염분의 침전이 일어나고 그 위에 쌓이는 지층에 들어 있는 유기물은 잘 분해되지 않아 석유의 근원 물질로 잘 보존된다. 암염층은 후에 암염돔(salt dome)을 형성하여 석유를 붙잡아 두는 집유구조(集油構造: oil trap) 또는 유포(油捕)를 형성하기도 한다.

열개(裂開) 중에 있는 홍해(紅海: Red Sea) 바닥, 대서양 연안 해저에 있는 두꺼운 퇴적층 아래, 멕시코만 해성층 아래에도 암염층이 있는데 이들은 대륙지각이 쪼개지면서 열개하며 좁고 긴 바다로 존재할 때 퇴적한 것이다[[그림 20-2](2)·(3) 참조].

2. 석고(gypsum) 및 경석고(anhydrite)

석고는 녹기 어려운 물질이므로 그 용액은 가장 먼저 침전을 일으킨다. 페르시아만의 아부 다비(Abu Dhabi)에서는 해변의 저지에서 경석고가 산출된다. 그러나 이렇게 지표 부근에서 생성되는 경석고는 지하수면 아래에서 석고로 변하기도 한다. 또한 지하 깊은 곳에서는 탈수작용으로 경석고로 존재하는데, 석고는 지표 부근에 접근한 경석고의 층이 물과 작용하여 석고층으로 변하기도 한다. 석고는 SO_4기를 가지고 있어서 비료의 원료로 사용된다.

3. 쳐어트(chert)

규질의 화학적 침전물로서 치밀하고 굳은 암석이다. SiO_2 함량은 95%에 달한다. 쳐어트 중에서 지층을 이룬 것이 층상쳐어트(bedded chert)이고 석회암 중에 불규칙한 모양으로 층상을 보이지 않는 것은 단괴상(團塊狀)쳐어트이다([그림 14-24] 참조). 층상쳐어트는 심해저에 침전된 규질의 지층으로서 방산충과 규조가 섞여 있고 이에 극미립의 육원 물질(陸源物質)이 혼입한 것이다. 층상쳐어트에는 벽돌 적색인 것과 담청

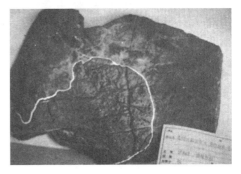

[그림 14-24] 석회암 중의 단괴상 쳐어트
(영월 탄전의 판교층)

색인 것이 있다. 이에 들어 있는 방산충으로 퇴적물의 시대를 결정할 수 있다. 층상쳐어트는 섭입(subduction)이 진행되는 곳에서 오피(誤皮: ophiolite)와 함께 육지에 부가(付

加: accretion)되어 육지를 성장시키는 역할을 한다.

단괴상쳐어트는 석회암 속에 들어 있던 규질 성분이 석회암을 교대하면서 한 곳에 집중하여 생성된 것으로 생각된다.

쳐어드는 수석(燧石: flint) 또는 각암(角岩: hornstone)이라고도 불린다.

4. 철광층(鐵鑛層: iron formation)

화산 활동으로 방출된 철분, 암석의 풍화로 암석 중에서 녹아내린 철분이 호수 중에 들어가면 철박테리아의 작용으로 또는 무기적으로 산화철로 침전하여 철광층을 형성한다. 이 때 동시에 녹아 나온 SiO_2의 침전을 교대로 일으켜서 철광층과 쳐어트의 얇은 층이 호층을 이룬 지층을 만드는 경우도 있다.

세계의 큰 철광상은 대부분이 이렇게 형성된 층상철광층(banded iron formation)이다. 미국의 오대호(五大湖) 지방과 캐나다, 북한의 무산 지방, 호주의 철광상은 이렇게 만들어진 것이며 그 지질시대는 주로 선캠브리아이다.

4. 유기적 퇴적암

유기적 퇴적암을 형성하는 재료와 이로부터 만들어지는 암석은 [표 14-7] 과 같다.

[표 14-7]   유기적 퇴적암의 종류

재　　료	3대 구분	암　　석
생물의 석회질 부분	유기석회질암	석회암 · 백악
생물의 규질 부분	유기규질암	규조토 · 쳐어트
식　　물	탄 질 암	석탄 · 아스팔트

1. 석 회 암

전 항에서는 무기적으로 침전한 석회암을 생각했으나 실은 무기 및 유기의 두 성인을 가진 석회분이 퇴적되어 석회암을 만드는 일이 많다. 그러나 주로 생물에 의하여 만들어진 석회암을 보면 [표 14-8]과 같다.

[표 14-8]   유기적 석회암의 종류

산호 석회암(coral limestone)
해백합 석회암(crinoid limestone)
방추충 석회암(fusulina limestone)
화폐석 석회암(nummulite limestone)
패각 석회암(shell limestone)

2. 백악(白堊: chalk)

유럽의 영불(英佛) 해협, 미국 아컨소(Arkansas)주와 텍사스(Texas)주에 분포된 백색의 지층으로서 주로 코콜리스(coccolith)라는 단세포식물과 유공충으로 이루어져 있다. 시대는 중생대 말엽이다. 성분은 석회암과 같으나 다공질이어서 가볍고 연함이 특이하다.

3. 규조토(珪藻土: diatomaceous earth)

해수 중에 사는 하등의 현미경적 해조인 규조의 유해가 무수히 쌓여서 만들어진 백색의 지층이다. 화학 성분은 SiO_2이다. 다공질이며 좋은 단열재이다.

4. 쳐어트(chert)

전기한 무기적 쳐어트 중에 다수의 생물의 규질 유해가 들어 있으며 그 중 많은 것은 방산충(放散蟲)으로서 이를 방산충쳐어트(radiolarian chert)라고 한다. 방산충이 많이 포함되어 있으면 이 쳐어트를 방산충암(radiolarite)이라고 한다.

5. 석탄(coal)

셀룰로즈($C_6H_{10}O_5$)와 리그닌($C_9H_{24}O_{10}$)을 주성분으로 한 수목이 두껍게 쌓여서 만들어진 층이 그 위에 쌓인 지층의 압력으로 탄화되어 생성된 것이 석탄이다. 탄화 정도에 따른 명칭은 토탄(peat)·갈탄(lignite)·역청탄(bituminous coal)·무연탄(anthracite)이다.

6. 아스팔트(asphalt)

석유에 가까운 화학 성분을 가진 점성의 물질로서 원유에서 휘발분이 증발된 후에 남은 것이다.

이상 기술한 퇴적암 중 쇄설성퇴적암과 탄산염암이 가장 많고 따라서 가장 중요한 지질학적 연구 대상이다.

제 **15** 장

변성암

암석이 생성 당시와 다른 환경하에 놓이게 되면 다소간의 변화를 받게 된다. 암석에 이런 변화를 일으키는 작용이 **변성작용**(變成作用: metamorphism)이다. 암석학자들은 암석이 풍화작용으로 변하는 것을 **변질**(變質: alteration)이라고 하여 이를 구별하고 변성작용이란 말은 풍화가 미치지 못하는 지하 깊은 곳에서 암석을 변하게 하는 물리적 및 화학적 작용에만 국한하여 사용한다. 변성작용은 암석에 큰 압력이나 높은 온도가 가해질 때, 화학 성분의 가감(加減)이나 교대가 일어날 때, 또는 이들의 둘 이상의 작용이 합작할 때에 일어나는 현상으로서, 기존 암석에 대한 변성작용으로 새로운 암석, 즉 **변성암**(變成岩: metamorphic rocks)이 생성된다.

변성암은 기존 퇴적암, 화성암 및 변성암으로부터 만들어지는 것이며 이 사실은 어떤 변성암을 한 방향으로 추적하여 갈 때에 점차로 변성의 정도가 낮은 암석으로 변하여 가고 어떤 경우에는 전혀 변성되지 않은 화성암이나 퇴적암으로 점이(漸移)하여 감을 보아 증명될 수 있다. 변성암에는 변성의 정도가 심한 것으로부터 경미(輕微)한 것까지 있다. 이는 암석에 작용한 변성작용의 요인(압력·온도·화학 성분)의 대소 또는 다소에 의하여 결정된다.

1. 환경과 암석의 변성

암석의 현미경적 연구로 이루어진 가장 중요한 발견은 굳고 변함이 없어 보이는 암석도 그 환경이 변하면 그 환경에 적응하도록 변화하게 된다는 사실이다. 어떤 환경하에서 안전하던 암석도 환경이 달라지면 불안정하게 되고 나중에는 새로운 환경에서 안정한 상태로 변해 버린다.

지각 내부에서 암석 중의 광물들 사이에 변화를 일으키게 하는 요인은 압력·온도·화학 성분의 변화이다. 이들 중의 하나만이라도 변하면 암석 중의 광물들은 그 영향을 받게 된다. 예를 들면 퇴적암은 지표부근의 상온·상압에 가까운 환경하에서 생성된 암석이다. 이런 암석이 습곡작용을 받거나 지하 깊은 곳에 들어가면 압력과 온도의 증가로 그 중의 다수의 광물들은 불안정하게 되어 서로 반응하면서 그 곳에서 안정한 새로운 광물로 변하게 되고 새로운 조직과 구조를 가진 암석으로 변한다. 광물들은 고체 상태(固體狀態)로서도 서로 반응하여 성분을 교환할 수 있으며 액화할 필요가 없음이 밝혀져 있다. 그러나 그 반응 속도는 완만하며 특히 규산염 광물들 사이의 반응은 더욱 완만하여 조건에 따라서는 장기간 후에도 반응이 종료되지 않는다.

변성암은 퇴적암과 화성암으로부터 만들어짐은 물론, 이미 만들어진 변성암으로부터도 새로운 변성암이 만들어진다. 여기에서는 압력·온도·화학 성분의 영향을 먼저 알아보기로 한다.

1. 압력(pressure)

지하의 물질이 받는 압력에는 모든 방향으로 균일하게 가해지는 **지압력**(地壓力: confining pressure)과 어떤 한 방향에 대하여 더 크게 작용하는 **편압**(偏壓: differential pressure)의 두 가지가 있다. 변성작용에서는 강한 지압력이 작용하는 곳에 가해지는 편

[그림 15-1] 이란의 암염류(길이 3km)

압이 변성암의 구조 변화에 중요한 역할을 한다.

　　얼음은 깨지기 쉬운 고체이나 큰 지압력 밑에서 편압을 가해 주면 깨지지 않고 **가소성**(可塑性: plasticity)을 가지고 유동을 일으킨다. 암염도 큰 지압력 밑에서 편압을 받으면 유동을 일으킨다. [그림 15-1]과 같이 이란에서는 지하의 암염층이 큰 압력으로 밀려 지표로 유출되어 **암염류**(岩鹽流: salt glacier)를 이루는 곳이 있다. 루마니아·독일·네덜란드·미국의 텍사스주에서는 지하에 [그림 15-2]와 같은 암염돔이 발견된다. 이는 지하 깊은 곳에 있던 암염층이 유동하여 지표로 나오다가 지중에서 멎어 버린 것들이다.

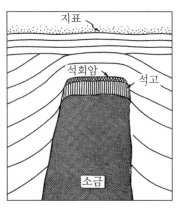

[그림 15-2]　암 염 돔

　　광물이나 암석 같은 깨지기 쉬운 물질도 큰 압력 밑에서는 가소성을 가지게 되며 온도가 높아지면 가소성은 더 커진다. 암석이 가소성을 가지고 천천히 유동할 수 있는 곳은 대륙지각의 하반부라고 생각된다. 대륙지각의 상반부에서는 유동을 일으키는 암석도 있으나 전혀 그렇지 못하여 압력 밑에 파쇄만을 일으키는 암석이 많다. 그러므로 대륙지각의 중간부를 경계로 하여 그 상부를 **암렬대**(岩裂帶: zone of fracture), 하부를 **암류대**(岩流帶: zone of flowage)로 구분할 수 있다.

　　높은 압력 밑에서 새로이 생겨나는 광물은 될 수 있는 대로 작은 공간을 점령하는 광물, 즉 밀도가 높은 광물로 변하려고 한다. 석류석은 큰 압력 밑에서 만들어지는 광물 중 가장 잘 알려진 것이다. 고압하에서 만들어진 변성암은 보통 밀도가 크다.

2. 온도(temperature)

　　온도가 높아지면 화학 반응이 촉진된다. 더욱 중요한 것은 저온에서 일어나지 않는 반응이 고온에서는 일어날 수 있다는 사실이다. 이론적으로 광물 중에 들어 있는 어떤 원자가 다른 원자와 위치를 바꾸려면 일정한 정도 이상의 진폭을 가지고 진동해야 한다. 그런데 원자의 진폭은 온도가 높아질수록 커진다. 그 좋은 예로서 백운모는 녹니석과 어떤 온도 이상에서 서로 반응하여 흑운모로 변하지만 그 온도에 달하지 못하는 경우에는 백운모와 녹니석은 서로 접하여 있어도 영원히 합하지 못한다.

　　온도는 광물의 가소성을 증가시키는 데 힘이 크다. 온도가 10℃ 상승하면 화학 반응의 속도는 거의 2배로 증가된다.

3. 화학 성분(chemical composition)

압력과 온도만은 암석의 전체적인 화학 성분을 거의 변하게 하지 못한다. 그러므로 외부로부터 어떤 성분이 가해지는 것이 화학 성분 변화의 가장 빠른 길이 된다. 마그마로부터 발산되어 주위의 암석으로 공급되는 액체 및 가스는 암석의 화학 성분을 변화시키는 데 가장 좋은 물질이다.

2. 변성암의 구조

암석이 변성작용을 받으면 압력의 방향과 관계 있는 평행구조가 생겨난다. 암석이 재결정작용을 받아 운모와 같은 판상(板狀)의 광물이 평행하게 배열되면 변성암은 평행구조를 나타내게 되며, 이런 구조를 엽리(葉理: foliation)라고 한다.

변성암의 구조에는 쪼개짐(cleavage)·편리(片理: schistosity)·편마구조(片麻構造: gneissosity)가 포함된 엽리와 선구조(線構造: lineation) 등이 있다([그림 15-3] 참조).

1. 쪼 개 짐

셰일이 약간 변성되어서 슬레이트로 변하면 일정한 두께를 가진 얇은 판(板)으로 쪼개지는 성질이 생긴다. 이렇게 세립질인 암석에 틈이 발달되어 쪼개지는 성질을 쪼개짐(cleavage)이라고 한다. 쪼개짐이 발달한 변성암에는 슬레이트(slate)와 천매암(千枚岩)이 있으며 이러한 변성암은 성분광물의 크기가 작아 맨눈으로 광물명을 알기가 쉽지 않다.

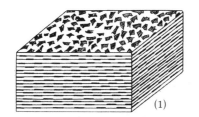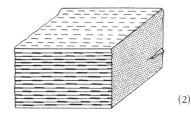

(1) 엽리가 발달된 변성암(편암)에 판상광물이 엽리면에 배열된 모양
(2) 바늘 모양의 광물이 선구조를 나타내는 모양

[그림 15-3] 엽리와 선구조

2. 편   리

재결정되어 만들어진 변성암의 광물들이 세립질이지만 육안으로 구별이 가능하고 엽리를 가졌으면 이런 암석을 편암(片岩: schist)이라 하고 편암이 가지는 엽리를 편리(片理: schistosity)라고 한다.

3. 편마구조

엽리를 가진 변성암의 입자가 크면 그 암석의 평행구조를 편마구조라고 하며, 이런 변성암을 편마암(片麻岩: gneiss)이라고 한다.

4. 선구조와 기타 조직

변성암에 바늘 모양의 광물이나 주상(柱狀)의 광물이 한 방향으로 평행하게 배열되면 이런 특징을 선구조라고 한다. 선구조는 엽리의 발달이 없는 암석에도 나타날 수 있으며, 또 엽리를 가진 변성암에도 나타나서 바늘 모양의 광물이 대체로 엽리면에 집중된다. 선구조에는 이 밖에 습곡축, 주름 같은 작은 습곡, 긁힌 줄, 거의 직교하는 두 방향의 쪼개짐이나 엽리의 교차로 생기는 줄을 포함한다(pp. 274-276 참조).

엽리가 안 보이는 변성암의 조직 또는 구조에는 세립 광물이 방향성 없이 분포한 **혼펠스**(hornfelsic) 조직, 타형의 조립 광물이 모자이크 모양을 이루는 **입상변정질**(granoblastic) 조직, 큰 광물들이 세립질 기질에 둘러싸인 **반상변정질**(porphyroblastic) 조직 및 편마구조를 보이는 세립질 바탕에 눈알 모양의 변정이 분포한 **안구상**(augen) 조직이 있다.

3. 변성암의 종류

변성작용(metamorphism)의 요인에 따라 **파쇄**(cataclastic)**변성작용**, **광역**(regional)**변성작용** 및 **접촉**(contact)**변성작용**으로 구분한다. 파쇄변성작용은 주로 단층 운동과 관련된 압력에 의해 나타나므로 **동력**(dynamic)**변성작용**이라고도 한다.

1. 파쇄암(cataclastic rocks)

파쇄암(破碎岩)에는 재결정작용이 진전되지 않은 경우가 많으며, 이에는 압쇄암(壓碎岩) · 슈도타킬라이트(pseudotachylite)가 있다. 재결정작용이 더 진행되면, 파쇄암은 천매압쇄암(千枚壓碎岩)과 안구편마암(眼球片麻岩)으로 점이한다.

1. 압쇄암(mylonite)

0.01~0.1mm의 작은 가루로 부서진 상태로 굳어진 변성암으로서 재결정이 일어나지 않은 경우와 어느 정도의 재결정이 진행된 경우가 있다. 압쇄암은 암렬대에서 심한 기계적인 압쇄작용(mylonitization)을 받은 암석에 생긴다. 화강암 · 편마암의 조립질 암석이 압쇄화강암 · 압쇄편마암으로 변하는 일이 많다. 육안으로는 미세한 압쇄 현상을 볼 수 없고, 현미경으로 감별된다.

2. 슈도타킬라이트(pseudotachylite)

압쇄암보다 더 심하게 압쇄되어 입자가 0.001mm 정도로 작게 부서진 파쇄암이다. 이는 검은 현무암질유리(tachylite)와 비슷한 외관을 보여 주므로 그 이름이 붙여진 것이다.

3. 천매압쇄암(phyllite-mylonite or phyllonite)

이는 압쇄된 입자의 크기가 평균 1mm인 파쇄암으로서 재결정 작용이 진행된 것이다.

4. 안구상편마암(augen gneiss)

이는 검은 광물과 담색 광물이 호층(互層: alternation)을 이루며 호상구조(縞狀構造: banded structure)를 잘 보여 주는 완전한 재결정된 편마암으로서, 변성되기 전에 있던 자형(自形)의 큰 광물의 결정(예: 장석 · 석영)이 갈리고(磨耗) 압연(押延)되어서 눈(augen) 모양의 단면을 나타내는 **반상변정**(班狀變晶: porphyroblast)을 포함하는 암석이다. 엽리는

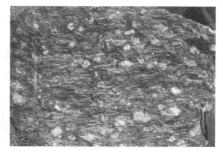

[그림 15-4] 안구상편마암(충남 보령)

천매압쇄암보다 뚜렷하지 못한 편마구조를 보여 준다([그림 15-4] 참조).

2. 광역변성암

1. 광역변성작용

조산운동(orogeny)과 같은 지각변동은 암석에 큰 편압을 가하여서 암류대의 암석에 유동을 일으키고 재결정작용(recrystallization)을 일으켜 암석을 변성케 한다. 이렇게 압력에 의하여 일어나는 변성작용을 **광역변성작용**(廣域變成作用)이라고 한다. 이는 광의로는 **동력열**(dynamothermal)변성작용이며 압력과 열이 함께 작용한 변성작용이다. 조산운동으로 넓은 지역이 동시에 받는 광역변성작용을 동력변성작용이라고 부르는 학자도 있다. 그러나 파쇄변성작용을 동력변성작용이라고도 하는데서 혼란이 생길 수 있다. 이런 혼란을 피하려면 광역변성작용을 동력열변성작용이라고 하는 것이 좋을 것이다.

2. 편마암(gneiss)

입도가 큰 두 종류 이상의 광물들이 불완전하고 불규칙한 호층을 이루며 편마구조를 보여 주는 변성암이다. 편마암에는 화성암에서 기원된 것 및 퇴적암에서 기원된 것이 있다. 후자에는 평행구조가 잘 발달된 것도 있다. 편마암은 장석을 가장 많이 포함하며 다음으로 석영·운모·각섬석·휘석·석류석을 포함한다. 그 구조와 구성 광물 및 원암의 종류에 따라 다음과 같은 명칭으로 불린다.

[그림 15-5] 호상편마암(경기도 양평)
(김형수 제공)

[그림 15-6] 반상변정질편마암(전남 광양)

(1) **구조에 의한 것**　안구상편마암(augen gneiss)·호상편마암(banded gneiss)·모르타르편마암(mortar structured gneiss)·압쇄편마암(sheared gneiss)·반상변정질편마암(porphyroblastic gneiss).

(2) **광물 성분에 의한 것**　화강편마암(granite gneiss)·섬록편마암(diorite gneiss)·반려편마암(gabbro gneiss)·운모편마암(mica gneiss)·각섬석편마암(hornblende gneiss)·휘석편마암(augite gneiss).

(3) **원인의 종류에 의한 것**　① 정편마암(orthogneiss)…화성암 기원, ② 준편마암(paragneiss)…퇴적암 기원, ③ 역암편마암(conglomerate gneiss)…역암 기원, ④ 규암편마암(quartzite gneiss)…사암 기원.

편마구조를 가진 암석 중에는 변성작용에 의한 2차적편마암(secondary gneiss)과 마그마가 유동 중에 고결되어 편마구조와 비슷한 유동구조를 가지게 된 일차적편마암(primary gneiss)이 있다. 후자는 변성암이 아니고 화성암이다. 양자는 현미경하에서 구별이 가능하다.

3. 편암(schist)

가장 분포가 넓은 변성암으로서 육안으로 결정이 구별되나 편마암보다는 작은 결정들로 되어 있는 변성암이다. 엽리구조는 편마암보다 나란하고 더 얇다. 편리에 따라 비교적 잘 쪼개지나 그 면은 완전히 평탄치 못하고 파상을 이루는 일도 있다. 무색광물로서는 석영·백운모·견운모가 가장 많고 장석은 적다. 유색광물로서는 흑운모·각섬석·녹니석·흑연·휘석·녹렴석이 있다.

상기한 광물들 외에 재결정작용으로 만들어진 큰 반상변정으로서 석류석·십자석·옷트렐라이트(ottrelite)·자철석·티탄철석(ilmenite)·남정석·홍주석·전기석·근청석·황철석·흑운모·각섬석·장석·기타 광물이 나타난다.

편암은 그 조직과 구조 및 광물 성분으로 다음과 같이 분류된다.

(1) **조직과 구조에 의한 것**　파상편암(crumpled schist)·점문편암(spotted schist).

(2) **광물 성분에 의한 것**　석영편암·운모편암·견운모편암·각섬편암과 같이 편암 중에 많이 나타나는 광물명을 편암 앞에 붙여서 이름을 짓는다. 두 종류의 광물이 많이 들어 있을 때에는, 한 예로 석영견운모편암과 같이 두 광물의 이름을 다 붙이되, 석영보다 견운모가 더 많을 때에 견운모를 편암 바로 앞에 놓는다.

4. 천매암(phyllite)

변성 정도가 편암보다 낮고 슬레이트보다는 높은 변성암으로서 구성광물의 입자는 육안적으로 식별이 곤란할 정도로 작다. 편리면은 강한 광택을 발하는데 이는 미립의 견운모에 의한 것이다. 구성광물은 미립의 석영과 견운모이며 녹니석·녹렴석·방해석도 다소 들어 있다. 그러나 슬레이트의 구성 입자보다는 입도가 크다. 변성 정도가 높은 천매암 중에는 석류석 같은 큰 반상변정이 포함되는 일이 있다. 편리면에 따라 파상으로 또는 지그재그(zig-zag)로 굴곡된 모양이 보이는 예도 있다. 천매암은 대부분이 퇴적암, 특히 점토질인 암석이 변성된 변성암이다.

5. 슬레이트(slate)

입도가 작은 변성암으로서 보통 육안으로 식별할 수 있는 광물이 발견되지 않는다. 현미경하에서도 극히 작은 석영립과 식별이 불가능한 물질이 보일 정도이다. 슬레이트의 특징은 쪼개짐이 잘 발달되어 있어 평행한 얇은 판으로 잘 쪼개지는 데에 있다. 그러므로 슬레이트를 판암(板岩)이라고도 부른다.

슬레이트는 변성 정도가 가장 낮은 변성암이다. 이는 셰일(shale)로부터 변성된 것이며 점판암(粘板岩: clay slate)은 그 중에서도 셰일에 가까운 변성 정도가 더 낮은 변성암으로서 쪼개짐만이 발달된 것이다. 변성 정도가 높아지면 그 중에 미립의 운모가 발생하며 이를 운모판암(雲母板岩: mica slate)이라고 한다.

슬레이트의 쪼개짐은 층리와 관계 없이 발달되며, 어떤 것에는 거의 층리와 직각으로 나타난다. 그러므로 층면의 주향과 경사 측정에 있어서는 세심한 주의가 필요하다.

[그림 15-7] 운모편암의 현미경 사진 (×40)

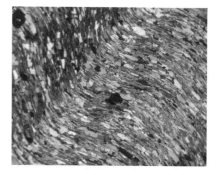

[그림 15-8] 이질천매암(문주리층, 충북 보은)(정지곤 제공)

[그림 15-9] 슬레이트에 생긴 습곡과 습곡으로 생긴 쪼개짐

[그림 15-9]는 습곡에 따라 발달된 쪼개짐이 층리와 전혀 관계가 없음을 잘 보여 주는 그림이다.

알프스에서 채취된 셰일·슬레이트·천매암·편암을 분석해 본 결과 이들 암석은 모두 60% 내외의 SiO₂, 15% 이상의 Al₂O₃ 및 소량의 Fe, Ca, K, Mg, Na을 포함하고 있음이 판명되었다. 이는 점토광물의 분석치와도 비슷하다. 그런데 위의 각 암석이 외관을 달리 하면서도 그 평균 성분에 변화를 일으키지 않은 것은 변성작용이 원소의 재배열로 다른 광물을 만들었을 뿐이기 때문이라고 생각할 수 있다. 변성의 정도가 커짐에 따라 셰일이 변하여 화학 성분이 같은 변성암이 생성되는 순서는 다음과 같다.

셰일 ⟶ 슬레이트(점판암 → 흑운모판암) ⟶ 천매암 ⟶ 편암

3. 접촉변성암(contact metamorphic rocks)

1. 접촉변성작용

지각 중에 관입된 마그마가 완전히 고결하는 데는 비교적 긴 시간(수십만 년 또는 그 이상)을 요한다. 마그마가 방출하는 열과 마그마로부터 분리된 화학 성분은 관입된 마그마 주위의 암석을 변화시킨다. 이들의 작용이 미치는 범위는 마그마의 양(또는 화성암체

의 대소)과 열량 및 화학 성분의 다소에 관계가 있으나 대체로 화성암체에서 수백 m 내지 2km까지이며, 이 범위 안에서 일어나는 접촉변성작용에는 압력이 작용한 증거가 거의 없다. 이와 같이 열의 작용만으로 일어나는 열변성작용(thermal metamorphism)을 정규접촉변성작용(正規接觸變成作用)이라고 한다.

2. 접촉변성암

암석이 상압하에서 녹는 온도는 화강암이 약 800℃이고 현무암은 1,100℃이다. 지하에서는 압력이 커지므로 암석이 녹는 온도는 높아질 것이나 마그마는 수분과 휘발분을 다량 포함하여 고결되는 온도는 암석들이 녹는 온도보다는 낮은 것으로 생각된다. 암석은 열을 잘 통과시키지 않는 물질이므로 관입된 마그마에 가까운 부분은 곧 가열되어도 먼 부분의 가열은 더디고 약하므로 마그마에서 수 km 떨어진 곳의 암석은 거의 변화를 받지 않는다.

3. 정규접촉변성암(normal contact metamorphism)

열변성작용이 일어나면 원암의 성질과 가열의 정도에 따라 여러 가지 암석이 만들어진다. 원암이 화성암인 경우에는 거의 변화를 받지 않고 퇴적암은 쉽게 변화를 받는다. 특히 세립질인 점토질암석(셰일·슬레이트·실트암)과 석회질암석(이회암·석회암·고회암)은 큰 화성암체 부근에서 열의 작용을 받아 혼펠스(hornfels)로 변하거나 완전히 재결정되어 많은 접촉광물(contact minerals)이 생성된다.

4. 혼펠스(hornfels)

혼펠스는 주로 셰일로부터 변성된 접촉변성암으로서 흑색 세립(1mm 이하의 입자)의 치밀·견고한 암석을 말한다. 그러나 광의로는 완전히 재결정된 입상조직(1mm 이하)을 가진 접촉변성암을 총칭한다. 편리의 발달은 없거나 불량하고 주요 구성물은 석영·흑운모·백운모·장석이나 석류석·홍주석·근청석도 포함되고 때로는 휘석이나 각섬석이 포함된다. 파면이 마치 쇠뿔을 부러뜨렸을 때처럼 꺼칠꺼칠한 모양을 보여 주므로 hornfels라고 부르게 된 것이다.

5. 점토질 암석의 혼펠스

셰일의 열변성으로 만들어진 혼펠스는 육안적으로 암적갈색의 치밀한 암석으로서 양적으로 가장 많으며 협의의 혼펠스는 이에 속한다. 주요 접촉광물은 흑운모·홍주석·근청석이다. 화성암체에서 멀어지면 혼펠스는 점문운모판암(spotted mica slate)으로 변하고 더 멀어지면 점문판암(spotted slate)으로, 더 먼 곳에는 슬레이트·셰일이 그대로 존재한다. 점문(點紋) 부분은 흑운모나 탄질물이 집중되어 만들어진 것이다. 홍주석에 탄질물이 많이 들어 있으면 이를 공정석(空晶石: chiastolite)이라고 하며 풍화된 슬레이트에서는 백색의 결정으로 나타난다.

6. 석회질 암석의 혼펠스

순수한 석회암에는 흑색 내지 회색인 것이 많다. 이런 석회암이 고열을 받아 변성케 되면 유백색으로 변한다. 이는 흑색의 색소인 탄소가 빠져나가 방해석의 입자로 재결정되기 때문이다.

석회암 중에 규산(SiO_2)분이 불순물로 들어 있으면 800℃ 이상(지하 8km)에서 규회석(wollastonite)이 만들어진다. 또 석회암 중에 Mg이 들어 있으면 규회석 대신에 휘석류가 만들어지며 그 대표적인 접촉광물이 투휘석이다. 그리고 투휘석이 생기는 곳보다 먼 곳에 각섬석이 생긴다. 이와 같이 규회석과 투휘석은 화성암에 접근한 뜨거운 곳에 생겨나며 그 생성 온도는 약 800℃로 알려져 있으므로 이들을 지질 온도계(geologic thermometer)라고 한다.

석회암 중에 점토분이 있으면 석류석이 생기고 점토분이 더 많으면 담색의 석회질 혼펠스(calcic hornfels)가 만들어진다.

7. 화학 성분이 공급된 것

마그마가 냉각될 때는 다량의 가스와 동시에 Si, B, Fe, W 및 기타 원소를 방출한다. 이들은 접촉변성대 중의 약한 부분을 뚫고 나가거나 석회질인 부분을 교대하고 그곳의 성분과 반응하여 여러 가지 유용광물을 만들며 침전된다. 이들은 광상으로 채굴되기도 한다. Si는 주위의 암석을 규화(珪化: silicify)시켜 굳게 만들고 B는 전기석을 만든다. 석회암은 전체가 석류석으로 변해 버리는 일이 있다.

암석이 마그마에서 방출된 열수의 작용을 받으면 그 중의 광물들은 녹니석·견운모·석영·황철석·방해석으로 분해된다. 변후안산암(變朽安山岩: propylite)은 그 좋은 예이다. 화강암이 열수의 작용을 받으면 석영과 백운모만으로 된 암석으로 변하며 이를 영운암(英雲岩: greisen)이라고 한다.

4. 기타 퇴적암과 화성암의 변성암

1. 규암(珪岩: quartzite)

석영립을 주성분으로 하는 사암이 큰 압력을 받으면 석영립들이 서로 껴안은 굳은 규암이 생성된다. 규암의 파면에는 모래 알갱이들의 원형이 나타나지 않고, 석영의 깨짐면과 비슷한 비교적 매끈한 파면을 보여 준다.

2. 대리암(大理岩: marble)

석회암이나 고회암은 압력과 열의 작용으로 방해석의 결정들의 집합체인 결정질 석회암(crystalline or saccharoidal limestone), 즉 대리암으로 변성된다. 대리석은 석재의 상품명이다.

3. 무연탄과 토상흑연(anthracite & graphite)

석탄이 압력과 열의 작용을 받으면 먼저 무연탄으로 변하고 다음에는 토상흑연으로 변성된다.

4. 편   암

응회암(tuff)이 변성작용을 받으면 천매암, 더 나아가서는 편암으로 되는 일이 있다. 셰일에서 변한 것과 구별이 곤란한 경우도 있다.

5. 녹니석편암(綠泥石片岩: chlorite schist)

마그네슘과 철이 많은 고철질 암석이 광역 변성작용을 받아 편암으로 변한 것이다.

6. 사문암(蛇紋岩: serpentinite)

더나이트(dunite)나 감람암(peridotite) 같은 초고철질 암석(감람석·각섬석·휘석으로 됨)이 열수의 작용을 받아 생성된 변성암으로서 암록색·암적색·녹황색을 띠며, 지방광택을 보여 준다. 일정한 결정이 보이지 않으며, 변성될 때에 분해되어 나온 방해석이 불규칙한 흰 무늬를 나타낸다. 사문암 중에는 석면이 맥상으로 생겨나는 일이 있다.

4. 변성작용

1. 교대작용(交代作用)

파쇄작용이나 가벼운 동력변성작용은 원암(原岩)의 조직과 구조의 변화를 일으키지만 전체적인 화학 성분의 변화를 일으키지는 못한다. 왜냐 하면 화학 성분의 이동은 작은 범위 안에서만 일어나기 때문이다. 그러나 암석의 재결정작용이 완전히 일어나는 경우에는 광물 속에 들어 있던 액체나 기체가 분리되어 나오면서 광물의 화학 성분을 조금씩 녹여서 주위에 있는 다른 암석에 그 성분을 공급하여 화학 성분의 교대를 일으키게 한다. 이러한 작용을 교대작용(metasomatism)이라고 한다. 많은 암석이 교대작용으로 처음의 암석과 다른 변성암으로 바뀐다.

2. 화강암화작용(花崗岩化作用)

지하 깊은 곳의 지압력(confining pressure)이 크고, 온도가 높으면 암석에서 분리된 액체(주로 물)는 암석 중의 알칼리 성분과 SiO_2를 많이 용해하게 된다. 이 용액은 주위로 또는 위로 이동하다가 조산운동으로 깊이 침강한 퇴적암(사암·이암)에 침투하여 들어가서 퇴적암에 장석·운모·석영을 생겨나게 하고 재결정을 일으키게 한다. 이렇게 하여 만들어진 암석은 화강암 또는 화강편마암과 비슷한 광물 성분과 조직 및 구조를 가지게 되므로 이러한 변성작용을 화강암화작용(granitization)이라고 한다.

현무암과 안산암 또는 이와 비슷한 성분을 가진 다른 화성암도 알칼리와 SiO_2가 공급되는 화강암화작용을 받아 화강암질인 암석으로 변한다.

3. 초변성작용(超變成作用)

지각 밑바닥 부근에서는 규장질인 암석이 부분적으로 녹아서 마그마가 만들어진다. 이 때에는 다량의 액체가 기체와 함께 분리되어 위로 향하여 이동해 버린다. 그러므로 원암은 여러 가지 화학 성분을 잃어버리게 되고 새로 생긴 마그마에서 만들어진 암석은 처음과 전혀 다른 조직을 가진 변성암으로 변하게 된다. 이렇게 제 자리에 마그마가 생성되는 일, 또는 이것이 굳어져서 새로운 암석이 되는 작용을 초변성작용(ultrametamorphism)이라고 한다.

학자들 중에는 화강암의 약 80%가 초변성작용으로 만들어진 암석이라고 주장하는 사람이 있다. 즉 화강암은 화성암으로 생각되나 여러 번 마그마로 재생된 것이며, 변성암의 일종이라는 뜻이 된다.

퇴적암이나 다른 여러 종류의 암석이 녹아서 만들어졌다고 생각되는 마그마를 미그마(migma), 미그마가 고결된 암석을 미그마타이트(migmatite)라고 한다.

5. 변성상(變成相: metamorphic facies)

화학 조성(組成)이 일정한 암석이 변성작용을 받을 경우에, 그 암석이 일정한 범위의 압력과 온도의 작용을 받으면 이 환경에서 안정한 특유한 광물들로 된 광물 조합(組合)을 형성할 것이다. 이 암석에 더 높은 범위의 압력과 온도가 작용하면 또 이 환경에서 안정한 특유한 다른 종류의 광물 조합으로 된 변성암이 생성될 것이다. 그리고 화학 성분이 다른 암석에 위와 같은 변화가 가해지면 또 다른 광물 조합을 가진 변성암이 생성될 것이다.

이와 같이 암석에 가해지는 온도와 압력의 범위에 따라 생성된 변성암의 광물 조합이 달라지는데, 이런 광물 조합을 변성암의 변성상이라고 한다.

변성상의 개념은 골드슈미트(Goldschmidt, 1911)가 노르웨이 오슬로(Oslo) 지역의 각종 혼펠스를 변성광물의 조합에 따라 분류한 데서 생겨났다. 후에 에스콜라(Escola, 1914, 1915)는 핀란드의 오리자르비(Orijarvi) 지역을 연구하여 변성광물의 공생(共生)과 원암의 화학 성분 사이에 어떤 규칙성이 있음을 발견하고 변성상의 개념을 밝혔다. 오늘날의 변성상의 정의는 파이프(Fyfe)와 터너(Turner)가 1966년에 내린 것으로 다음과 같다. '한 변성상은 변성광물의 어떤 한정된 조합 또는 집합을 말하는데 이 조합은 조암광물의 성분과 원암의 화학 조성 사이의 상호 관계를 알 수 있게 해 주는 것이다.'

에스콜라는 처음에 5개의 변성상을 제안하였으나 그 후 터너 외(1968)는 이를 재조정하여 [표 15-1]과 같이 9개의 상으로 분류하였다.

[표 15-1]의 각 변성상별 광물조합을 보면 [표 15-2]와 같다.

그러나 변성상의 세분은 오히려 지역적인 변성상 파악에 혼란을 초래하기 때문에 이를 단순화하려는 경향이 일어나고 있다. 쯔바르트(Zwart) 외(1967)는 몇 개의 변성상을 묶은 변성상군(變成相群: metamorphic facies groups)의 개념을 발표한 바 있으며 미야

시로(Miyashiro, 1961)는 변성상계(變成相系: metamorphic facies series)의 개념을 도입하여 각 변성상군을 압력을 기준으로 저압변성상계·중압변성상계·고압변성상계로 나누었다.

　　최근에는 변성상을 판구조론의 입장에서 해석하려는 경향이 있다. 변성암의 일부는 퇴적분지가 깊이 침강하여 생성되거나 화성암체의 관입으로 생성되나 대부분의 변성암은 암판(岩板: lithospheric plate)의 경계 부근에서 생긴다. 예를 들어 청색편암상은

[표 15-1]　9개의 변성상

---

　1. 혼펠스상(Hornfels facies)
　2. 새니디나이트상(Sanidinite facies)
　3. 포도석–펌펠리석–변잡사암상(Prehnite–pumpellyite–metagraywacke facies)
　4. 녹색편암상(Greenschist facies)
　5. 녹렴석–각섬석상(Epidote–amphibolite facies)
　6. 각섬석상(Amphibolite facies)
　7. 백립암상 또는 그래뉼라이트상(Granulite facies)
　8. 청색편암상(Blueschist facies)
　9. 에클로자이트상(Eclogite facies)

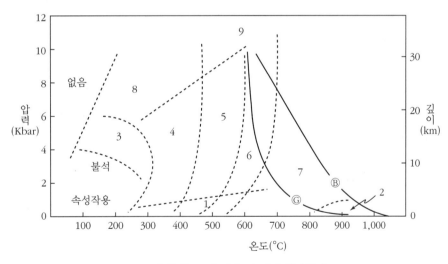

그림 중의 1~9는 [표 15-1]에 해당한다.
Ⓖ: 물로 포화된 화강암의 용융 온도
Ⓑ: 물로 포화된 현무암의 용융 온도

[그림 15-10]　변성상도(Escola 외에 의함)

[표 15-2]   주요 변성상의 광물 조합

상	원암의 종류		
	고철질 화성암	이 질 암	석회질암
혼펠스상 (저압·중온 변성상)	투휘석, 자소휘석, 사장석	흑운모, 정장석, 석영, 근청석, 홍주석	방해석, 규회석, 그로쑬라라이트
녹색편암상 (저온변성상)	녹니석, 양기석, 녹렴석, 알바이트	녹니석, 백운모, 알바이트, 석영	방해석, 백운석, 투각섬석, 금운모, 녹렴석, 석영
녹렴석-각섬석상 (중온·중압변성상)	각섬석, 녹렴석, 알바이트, 앨먼딘, 석류석, 석영	앨먼딘, 석류석, 녹니석, 백운모, 흑운모, 석영	방해석, 고회석, 녹렴석, 사장석, 석영 또는 Mg감람석
각섬석상 (접촉변성상)	각섬석, 안데신, 석류석, 석영	석류석, 흑운모, 백운모, 규선석, 석영	방해석, 고휘석, 투휘석, 사장석, 석영 또는 Mg감람석, 규회석
백립암 (고온·고압변성상)	투휘석, 자소휘석, 석류석, 중성사장석	석류석, 정장석, 중성사장석, 석영, 남정석 또는 규선석	방해석, 사장석, 투휘석, 규회석, Mg감람석 또는 석영
청색편마암상 (＝남섬석편암상) (저온·고압변성상)	남섬석, 로손석, 펌펠리석, 제이드휘석, 녹니석	남섬석, 로손석, 녹니석, 백운모, 석영	투각섬석, 아라고나이트, 백운모, 남섬석
에클로자이트상 (고온·고압변성상)	제이드휘석, 파이로프석류석, 남정석(없을 수도 있음)	ー	ー

저온 고압의 변성상으로 암판이 섭입(攝入: subduction)하는 지역에 나타나며 고온 저압의 백립암상은 호상 화산도(弧狀火山島: volcanic island arc) 지역에 나타나는 변성상이다.

우리 나라에서는 평북-개마(平北-蓋馬)·경기·소백산육괴·마천령계(摩天嶺系)의 변성암이 저압변성상계열에 속한다. 저온변성상을 지시하는 광물은 규선석·홍주석·십자석이며 남정석이 없음이 특징이다. 고온상인 백립암상은 지리산 지역에 분포된다.

연천층군·상원층군·옥천층군은 중압변성상계열에 속하며 비교적 저온성이다. 이에는 남정석·십자석이 포함되며 홍주석과 규선석은 없다.

대체로 저온 고압형의 변성상은 섭입대(subduction zone)에 가까운 곳에 생기고 고온 저압형의 변성상은 섭입대에서 먼 육지 쪽의 습곡지대에 생긴다.

변성암의 특징적인 광물

(1) **녹니석**(chlorite)　　저온변성암에 널리 많이 난다. 변성암을 녹색으로 보이게 하는 원인이 된다.

(2) **스틸프노멜렌**(stilpnomelane)　　저온의 변성암에서 많이 나타난다. 흑운모와 비슷하다.

(3) **석류석족**(garnet group)　　밀도가 크다($3.582 \sim 4.190 gr/cm^3$). 반상변정으로 변성암에 많이 들어 있고 석류석의 일종인 적색의 파이로프(pyrope)는 고압에서 안전하다.

(4) **남정석**(kayanite) · **홍주석**(andalusite) · **규선석**(sillimanite)　　온도와 압력의 지시자로 중요하다.

(5) **십자석**(staurolite)　　광역변성암 지역에 나타난다. 남정석과 동반되는 일이 많다.

(6) **근청석**(cordierite)　　비교적 저압의 광역변성작용을 받은 이질암에서 산출된다. 접촉변성작용으로도 생긴다.

(7) **남섬석**(glaucophane)　　저온 · 고압 변성작용의 좋은 지시자이다.

(8) **제이드휘석**(jadeite)　　석영과 같이 나타나며 저온 · 고압의 지시자이다.

(9) **녹렴석족**(epidote group) · **홍렴석**(piedmontite)　　저온변성암에 다산.

(10) **로손석**(lawsonite)　　광역변성암에서만 산출한다.

(11) **팜펠라이트**(pumpellyite)　　남정석편암상의 광역변성암에 다산.

(12) **포도석**(prehnite)　　저온변성암에 다산.

(13) **불석족**(zeolite group)　　최저온 광역변성암에서 나타난다.

6. 암석의 윤회(岩石輪廻)

퇴적암은 지표에 이미 존재하여 있던 화성암, 변성암 및 퇴적암에서 떨어져 나온 돌부스러기로부터 만들어진 암석임을 알고 있다. 그런데 퇴적암은 변성암으로 변할 뿐 아니라 초변성작용으로 마그마 또는 미그마로 변할 가능성이 있음을 알게 되었다. 그러므로 암석은 오랜 시간 중에는 여러 종류의 암석으로 탈바꿈을 한다는 사실을 알 수 있다. 암석의 윤회를 그림으로 표시하면 [그림 15-11]과 같다.

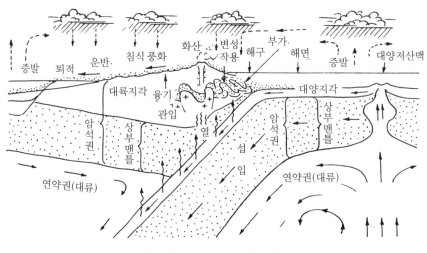

[그림 15-11] 암석의 윤회

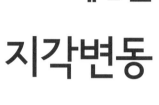

제 2 편

지각변동

□사진설명: 습곡구조(백령도 남포리)(이광춘 제공)

제 16 장

개 설

지각을 상하좌우로 이동케 하고 단층과 습곡으로 변형케 하는 모든 변화를 지각변동(地殼變動: diastrophism) 또는 **지변**(地變)이라고 한다. 이에는 지표의 변화도 간접적인 영향을 미친다.

지각은 굳고 안정한 곳으로 보이나 지질학적으로는 대단히 약하고 불안정하여 시간이 지나는 동안에는 여러 가지 변형이 일어나게 된다. 지각변동은 급격히 일어나는 것으로부터 대단히 서서히 일어나는 것, 변동의 규모에 있어서도 작은 것으로부터 전지구적인 것까지 있다.

지각의 암석이 오래될수록 지각변동을 받은 시간은 길다. 오랜 지질시대 중에 복잡하게 변형된 지각의 모양, 즉 지질구조(地質構造)를 연구하는 지질학의 분과를 구조지질학(構造地質學)이라고 한다.

지각변동은 지질시대가 시작된 후 지금까지 계속되고 있으며 지변이 있으므로 육지가 존재할 수 있다. 만일 지표에 대한 침식작용으로 지표가 계속하여 낮아진다면 지표면은 이미 바다로 덮인 지 오래였을 것이다. 그런데 육지에서 바다로 운반되어 들어간 풍화·침식의 산물은 어김 없이 다시 육지로 되돌아온다. 지구 내부에서 공급된 새로운 물질까지 합하여 대륙을 성장시킨다. 지구과학의 패러다임으로 받아들여지고 있는 판구조론(plate tectonics)은 지질학과 지구물리학의 제반 문제를 통일적으로 해결할 수 있는 장(場)을 장만해 준다. 100km의 두께를 가진 암석권은 그 아래서 일어나는 맨틀대류로 인해 여러 개의 암판(plate)으로 나누어져, 열개경계(裂開境界)에서는 새로운 대양암판이 생성되며 그 좌우의 대륙을 밀어 이동케 하고, 어떤 대양암판은 다른 암판 아래로 섭입(攝入: subduction)하는 수렴(收斂)경계를 형성한다. 열개연변과 수렴연변 퇴적분지의 퇴적물은 결국 대양저퇴적물과 함께 습곡산맥이나 부가대(付加帶)를 형성하여 대륙의 성장에 기여하고, 수렴경계 부근에서는 화산활동과 지진작용이 일어난다.

제17장
지 진

　　각국의 지진 관측소에 기록된 지진 기록(地震記錄)에 의하면 지구는 끊임없이 지진으로 진동되고 있다. 그리고 수 개월 내지 수 년에 한 번씩은 대단히 큰 피해를 주는 지진으로 파괴되는 지역이 있다.

　　1950년 여름, 그리스 서쪽에 있는 섬에 일어난 강진(强震)은 그 섬의 모든 도시를 폐허로 만들었다. 1950년 8월 히말라야 산맥 동단의 앗샘(Assam)에서는 5~6분씩 계속된 지진이 수 주간에 수십 번 일어나서 10만 평방마일이나 되는 산지의 급사면에 큰 산사태(landslide)를 일으켜서 골짜기를 메웠다. 이 때문에 골짜기 상류에 모였던 막대한 양의 계곡의 물은 사태로 막혔던 곳을 터뜨리고 큰 홍수를 일으켰다.

　　1923년 9월에는 일본 동경 부근에 큰 지진이 일어났다. 동경만에 정박 중이던 어떤 배의 선장이 목격한 바에 의하면 요꼬하마(橫濱)시의 건물들은 마치 바닷물결처럼 굼실거리다가 모두 쓰러져 버렸고 동시에 먼지가 충천하고 불바다로 변했다고 한다. 동경은 지진의 피해보다도 화재로 파멸되었다. 이 때의 사망자는 14만 명이다. 1903년에는 같은 곳에서 20만 명이 사망하였다. 그러나 역사상 가장 큰 인명 피해는 1556년에 중국 산서성에 일어난 지진으로서 83만 명이 사망하였다.

　　이탈리아도 지진이 많은 곳이며 그 중 시실리(Sicily)는 1509년, 1599년, 1783년 및 1908년에 큰 피해를 입었다. 1908년에는 높이 38ft의 지진해일의 공격을 받았다. 1755

년에는 포르투갈의 리스본(Lisbon)이 높이 50ft의 지진해일(또는 쓰나미)로 해안이 휩쓸렸다.

최근에 일어난 것으로는 2010년 1월 아이티에서 발생한 지진으로 30만 명의 사망자와 150만 명의 이재민이 발생하였다.

1. 지진의 원인

1. 단층지진(斷層地震)

지각은 탄성체(彈性體: elastic body)인 암석으로 되어 있다. 그러므로 탄성 한도 이내에서 변형되면 지각표면부(地殼表面部)는 판유리처럼 어느 한도까지는 구부러졌다가 힘을 제거하면 원형으로 돌아간다. 그러나 한도를 넘으면 깨진다. 미국 서해안의 샌프란시스코에서 동남으로 길게 뻗어 있는 산안드레아스(San Andreas) 단층 양측의 여러 지점은 1847년부터 측량망(測量網)으로 연결되어 있어 각 지점의 상대적 이동이 관측되고 있다. 1906년의 지진이 일어난 후에 측량하여 본 결과 양쪽의 지괴[[그림 17-1](2) 참조]는 수평으로 7m나 어긋났으며 단층의 서쪽은 크게, 동쪽은 작게 북서쪽으로 이동하여 결국 단층의 동쪽은 남쪽으로, 그 서쪽은 북쪽으로 이동한 결과를 나타냈음을 알았다. 이 지진의 원인은 [그림 17-1]과 같이 설명된다. 1906년까지는 단층에 대하여 직각인 선 ABCDEFG상의 점들이 단층 양쪽의 지괴운동으로 A′B′C′D′E′F′G′처럼 구부러지게

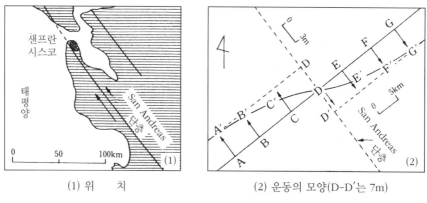

(1) 위   치   (2) 운동의 모양(D-D′는 7m)

[그림 17-1] 산안드레스(San Andreas) 단층

되었으나 단층면에 작용하는 마찰력으로 미끌어지지는 못하였다. 그러나 1906년에는 마찰력이 더 이기지 못하게 되어 D는 D'와 D''로 갈라져서 AD와 DG는 각각 A'D'와 D''G'로 이동하게 되었다. 이와 같은 현상은 수직단층에서도 볼 수 있으며([그림 17-2] 참조), 단층이 급격히 운동하면 큰 지진이 일어날 수 있음을 보여 준다. 이렇

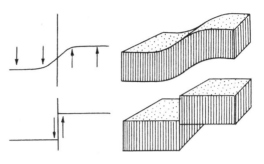

[그림 17-2] 수직단층운동에 의한 지진의 원인
(이 때에는 단층절벽이 생긴다.)

게 단층으로 인하여 일어나는 지진을 단층지진(fault earthquake)이라고 하며 이러한 지진 발생 메카니즘을 **탄성반발설**(elastic rebound theoy)이라고 한다.

　지진은 확인되나, 단층이 발견되지 않는 경우가 많다. 그러나 단층은 수평 방향으로나 수직 방향으로 무한히 연속되는 것은 아니고 소멸되어 없어진다. 만일 지하 깊은 곳에 생긴 단층이 지표로 향하여 소멸된다면 지진은 전해질지라도 단층은 발견되지 않을 것이다. 화산지대에서 멀리 떨어진 곳에 일어나는 큰 지진의 대부분은 단층지진일 가능성이 많다.

　대양저산맥에는 변환단층(transform fault, p. 142)이 산맥의 연장 방향과 거의 직각인 방향으로 다수 발달되어 있어서 단층 양쪽의 대양지각이 서로 반대 방향으로 움직이며 지진을 일으킨다. 산안드레아스 단층은 변환단층으로 밝혀져 있다.

2. 베니오프대(Benioff zone)의 지진

　세계에서 지진이 가장 많이 일어나는 지대는 환태평양 지진대(環太平洋地震帶)이다. 일찍이 베니오프(Hugo Benioff, 1899~1968)는 해구(海溝: trench)를 따라 천발지진이 많고, 해구 옆의 대륙 쪽에는 중발지진이, 더 먼 곳에서는 심발지진이 일어난다는 사실을 발견하였고 그 지진의 진원은 해구에서 대륙쪽으로 기울어진 면 위에 분포한다는 사실을 밝혔다([그림 17-3] 참조). 후의 지진학자들은 베니오프가 지적한 지진이 많이 발생하는 면을 **베니오프대**라고 명명하였다. 그런데 판구조론이 나온 후에 는 베니오프대가 섭입대(攝入帶: subduction zone)와 일치한다는 사실을 알게 되어 베니오프대는 섭입대와 같은 것으로 생각되게 되었으나 실제로는 전자는 지진대이고 후자는 대양암판(대양지각을 포함한 암석권으로 두께 약 100km)이 해구에서 다른 암판 아래로 들어가는 지대를

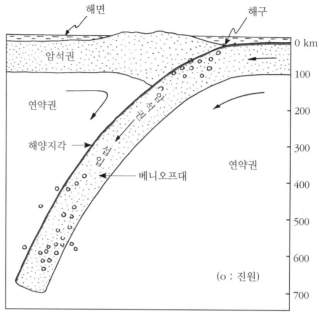

[그림 17-3] 베니오프대의 지진

말한다.

    섭입대에서 발생하는 지진의 영향을 가장 많이 받는 곳은 환태평양 지대로서 이 지대는 화산대와 지진대가 겹쳐져 있고 습곡산맥이 발달되거나 호상열도가 분포되어 있는 지대이다. 대부분이 태평양판의 영향을 받고 있는 수렴지대(收斂地帶: covergent zone)에 해당한다.

    이렇게 보면 전기한 대양저산맥 정선부·변환단층·베니오프대 모두가 판구조론으로 설명할 수 있는 지대임을 알 수 있다. 따라서 단층 지진과 다음에 설명할 화산지진은 거의 모두 판구조론의 이론으로 해석이 가능한 것들이다.

3. 화산지진(火山地震)

    활화산 주위에도 소규모의 지진이 많이 일어난다. 이는 지하에서 마그마가 유동하거나 방출된 가스가 지각의 응력(應力: stress)을 일으켜 지각을 움직이게 하는데 원인이 있는 것으로 생각된다. 화산이 폭발할 때에는 지진이 일어나고 새로이 화산이 생겨날 때(Paricutin의 경우 p. 38)에도 일어난다. 이렇게 화산과 관계 있는 지진을 화산지진

(volcanic earthquake)이라고 한다. 지하에 마그마가 관입하여도 지진이 일어날 수 있다. 이것도 화산지진에 속하는 것이다.

대양저산맥에는 그 능선부에 따라 V자 모양의 **열곡**(裂谷: rift valley)이 발달되어 있다([그림 9-12] 참조). 이 열곡은 맨틀에 일어난 대류로 상승하는 마그마가 대양지각에 첨가되는 곳으로서 이 때문에 열곡 양쪽에 새로운 대양지각이 생긴다. V자형의 열곡에 따라서도 많은 지진이 발생하는 것은 마그마와 관계 있는 것으로 생각되며, 역시 화산지진으로 해석되어야 할 것이다.

4. 그 밖의 원인

지하에 생긴 큰 공동(석회암이나 석고층에 생긴 동혈)의 천정이 떨어지면 소규모의 지진이 생길 수 있다. 이런 지진을 **함락지진**(陷落地震: depression earthquake)이라고 하며 이는 지하에 가용성(可溶性) 암석이 분포되어 있는 곳에 국한된다.

이 밖에 대규모의 사태가 일어나면 작은 지진이 생긴다. 또 인공적으로는 폭발물을 지중에 묻고 폭발시켜 인공지진을 일으킬 수 있다.

2. 지 진 파

1. 진원(震源)과 진앙(震央)

지진이 발생한 곳을 진원(seismic center, 또는 focus)이라고 한다. 진원은 지하 수 km에 있음이 보통이며 단층지진의 경우에는 진원이 긴 평면으로 나타날 것이다. 진원 바로 위의 지표의 지점을 진앙(seismic epicenter)이라고 한다.

2. 지진파(地震波: seismic wave)

기체·액체·고체 중으로 전달되는 진동의 모양은 잘 연구되어 있다. 음차(音叉)를 진동시키면 이에서 진행 방향으로 진동하는 음파인 **종파**(縱波: longitudinal wave)가 나온다. 종파는 액체 중에도 전파되며 수중에서는 그 속도가 1,500m/sec이다. 기체나 액체는 종파를 통과시키나 **횡파**(橫波: transverse wave)를 통과시키지 않는다. 탄성체인 암석은 종파와 횡파를 모두 통과시키므로 지진으로 생겨난 이 두 탄성파를 지진파라고 한다. 깊이에 따라 지진파의 종파는 7.8~13km/sec, 횡파는 4~7.5km/sec의 속도로 암석 중을 통과한다. [그림 17-4]는 단층이 급격히 운동할 때 암석 중으로 강한 지진파가 사방으로 전해지는 모양이다. 종파는 빠른 속도로 전해져서 다른 지점에 가장 먼저 도착되므로 이를 P파

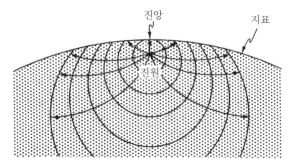

[그림 17-4] 진원에서 지진파가 사방으로 전해지는 모양

(primary wave)라고 하고, 다음으로 도착하는 횡파를 S파(secondary wave)라고 한다. 진동이 크고 파장이 긴 지진파는 지표를 따라 사방으로 전해지는데 이는 최후에 도달하는 L파(long wave)이다. P 및 S파는 각(角)거리로 103°, 지표의 거리로 11,400km까지 직접 전해진다. P, S 및 L파가 전해지는 속도는 [그림 17-5]와 같다. 이로 보아 P 및 S파는 지하 깊은 곳을 통과할 때 그 속도가 커짐을 알 수 있다.

3. 지진기록(地震記錄)

지진파는 지진 관측소에 설치된 여러 종류의 지진계(seismograph, 수평동지진계, 상

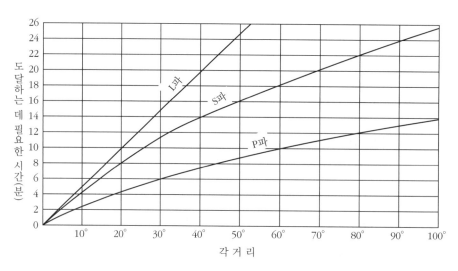

[그림 17-5] P, S 및 L파가 전해지는 시간과 진앙까지의 거리

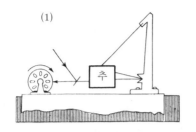 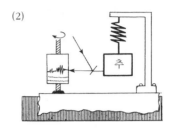

[그림 17-6]   (1) 수평동지진계   (2) 상하동지진계

하동지진계 및 기타 종류)로 포착되며 최소한 수평동지진계는 직교하는 두 방향으로 2 대, 상하동지진계 1대를 놓아야 한다. 이들 지진계의 중요한 부분은 무거운 추와 드럼 (drum)이다. 추는 지진계의 모든 부분이 흔들려도 관성으로 정지되어 있고 드럼은 지진 에 따라 흔들리므로 추에 달린 펜이나 추에 붙은 거울에서 반사되는 광선으로 진동의 모양이 드럼 위에 감긴 종이나 인화지에 기록된다. 이 기록을 지진기록(seismogram)이 라고 한다. 물론 드럼은 늘 일정한 속도로 회전된다. 먼 곳에서 오는 지진파는 약하므 로 진폭을 증폭해야 한다. 그러므로 여러 가지 목적에 적응하도록 여러 종류의 지진계 가 필요하게 된다.

　　[그림 17-7]에서 처음의 진폭이 작은 진동은 P파, 다음으로 진폭이 넓은 것은 S파, 가장 진폭이 큰 것은 L파이다. 이 기록에서 가장 중요한 것은 P파의 계속 시간, 즉 PS시

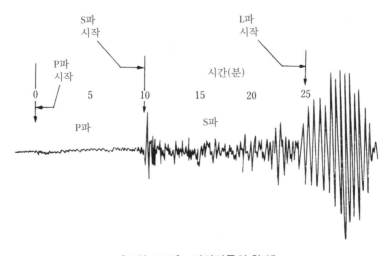

[그림 17-7]   지진기록의 한 예

로서 이것을 알면 진앙까지의 거리가 계산된다.

PS시간이 100sec 이내이면 P파 및 S파의 속도는 각각 8km/sec 및 4km/sec 정도이다. 지금 PS시간이 100sec인 경우를 생각해 보자. 진앙과 그 관측소 사이의 거리를 $x$km로 하면 P 및 S파가 관측소에 도달하는 데 요하는 시간은 각각 $\frac{x}{8}$sec 및 $\frac{x}{4}$sec이다. 즉 $100\text{sec}=\frac{x}{4}\text{sec}-\frac{x}{8}\text{sec}$이므로 이에서 x를 구하면 $x=800$으로서 진앙까지의 거리는 800km로 계산된다. 진앙이 1,000km 또는 PS시간 100sec 내외이면 다음과 같은 간단한 식을 사용하여 x를 구할 수 있다.

$x=8\times\text{PS시간(sec)}$

그러나 거리가 멀어지면 P 및 S파의 속도가 커짐에 주의해야 한다. 다년간의 연구 결과로서 지진학자들은 PS시간만 알면 곧 진앙까지의 거리를 알 수 있는 표를 완성하였다. [그림 17-5]는 이런 표의 하나로 이용할 수 있으며, 도수를 표시하는 선이 P파 및 S파와 만나는 두 점 사이의 시간은 PS시간에 해당한다. 지진기록에서 얻은 PS시간과 동일한 시간을 P 및 S파 곡선 사이에서 발견하면 그 선 밑의 도수가 진앙까지의 각거리(角距離)가 된다. 실제 거리는 각거리에 111km를 곱하여 얻을 수 있다.

한 예로 PS시간이 420sec인 경우에 [그림 17-5]에서 P 및 S파 사이가 420sec되는 선은 대략 45°선이다. 그러면 45°가 곧 진앙까지의 각거리가 된다. 지표면에서의 실거리는 45×111km=4,995km로서 약 5,000km가 된다.

4. 진앙의 결정

진앙까지의 거리가 알려져도 1개소의 관측 결과로서는 진앙을 알 수 없다. 이 때에는 몇 곳의 관측소(최소한 3개소)가 서로 정보를 교환하여 각 관측소에서 얻은 거리를 반경으로 한, 원을 각 관측소를 중심으로 지도에 그려서 원들의 교점을 찾으면 이 교점이 진앙으로 결정된다. 이렇게 하여 진앙은 지진이 발생한 후 몇 시간 내에 결정된다. 바다를 진앙으로 하는 지진이 많으나 이들의 진앙도 같은 방법으로 육상에 있는 관측소들의 합작으로 결정된다.

5. 진원의 깊이

진원의 깊이가 수 km 정도이면 지진파는 진앙에 먼저 도달하고 진앙에서 수백 km 떨어진 곳에는 얼마 후에야 도달하게 될 것이다. 그러나 진원의 깊이가 수백 km이면 진원과 지표 사이의 거리가 넓은 범위에 걸쳐 거의 비슷하게 되므로 진앙과 진앙 주위의 넓은 면적에는 거의 동시에 지진파가 전달된다. 이 사실과 P, S 및 L파의 도달 시간으로부터 진원의 깊이가 계산한다. 현재까지 보고된 진원의 최대 심도는 700km이다. 지진학(seismology)에서는 깊이 300~700km의 지진을 **심발지진**(深發地震: deep-focus earthquake), 65~300km의 것을 **중발지진**(中發地震: intermediate-focus earthquake), 65km보다 얕은 것을 **천발지진**(淺發地震: shallow-focus earthquake)으로 구별한다. 지진의 대부분은 천발지진이고 심발지진은 태평양 주변과 서인도제도(West Indies)에서만 알려져 있다. 중발지진은 거의 국한된 곳에서만 일어난다.

3. 지진의 분포와 피해

1. 지진의 분포

지진은 주기성을 가진 현상은 아니다. 자주 강한 또는 약한 지진이 일어나는 지대가 있다. 이런 지대를 **지진대**(seismic belt)라고 한다. 가장 큰 것은 환태평양지진대이고 다음 것은 아시아에서 지중해에 이르는 지진대이다. 이 밖에 홍해(紅海: Red Sea) 동쪽과

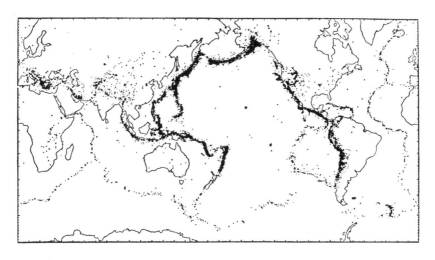

[그림 17-8]　세계의 진앙 분포도(진원깊이 0~100km, 1961~1967년, Barazangi & Dorman, 1969)

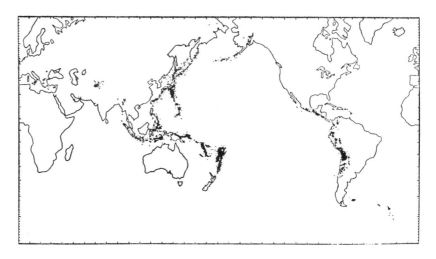

[그림 17-9] 세계의 진앙 분포도(진원깊이 100~700km, 1961~1967년, Barazangi & Dorman, 1969)

아프리카 동쪽을 연한 지대와 대서양저산맥 및 기타가 있다([그림 17-8, 9] 참조).

2. 해구에 따른 지진

대륙의 연변(緣邊)과 호상열도(弧狀列島: island arcs)에 접하여 발달된 깊은 흠, 즉 해구(海溝)에 따라서도 지진이 많이 일어난다. 해저확장설(海底擴張說: p. 306)에 의하면 해구는 대양지각이 대륙지각 아래로 밀려 들어가는 곳이며([그림 19-34] 참조) 일종의 단층착용이 일어나므로 지진이 동반되는 것으로 생각된다. 이런 곳에서는 수백 km에서 700km 깊이까지의 중발 및 심발지진이 해구와 반대쪽 바다나 육지에 발생한다. 이런 지진은 대륙암판 아래로 대양암판이 깊숙이 들어가서 일으키는 마찰 때문에 일어나는 지진으로 생각된다.

3. 조산대의 지진

조산작용(造山作用)이 계속되고 있는 곳이나 지각에 융기가 일어나고 있는 곳에도 지진이 발생한다. 조산대는 단층작용과 화산작용이 함께 일어나는 곳으로서 지진의 발생이 빈번하다. 세계의 큰 습곡산맥(褶曲山脈)에 화산과 지진이 집중되어 있는 것은 이 때문이며 습곡산맥에는 융기작용도 활발하여 더욱 지진을 많게 한다. 융기는 침식을 촉진시키고 산맥의 높은 부분을 깎아내므로 융기는 계속되고, 평야에는 퇴적물이 쌓여져 무거워지므로 이들 사이에 평형을 취하기 위하여 단층이 생긴다.

4. 지진해일(地震海溢)

해양저에서 발생한 강력한 지진으로 해수에 일어난 큰 물결이 해안을 습격하는 일이 있다. 지진에 인한 이런 큰 물결을 지진해일(seismic sea wave) 또는 **쓰나미**(tsunami)라고 한다. 2004년 12월 인도네시아의 수마트라(Sumatra)섬 인근 해역에서 지진으로 발생한 쓰나미로 약 17만 명이 사망하였고 이 쓰나미는 약 6,000km 떨어진 아프리카 동해안까지 피해를 주었다. 1877년 페루(Peru) 대지진 때에 생긴 지진해일은 16,000km 떨어진 일본에 달하였는데 파고는 2.5m였다고 한다. 지진해일의 속도는 700km/hr 내외이다.

지진해일은 지진과 깊은 관계를 가진 현상이므로 해안·섬·해저에 일어나는 단층활동과 화산 폭발에 기인하는 것이다.

5. 지진의 피해

지진파의 P파, S파 및 L파 중에서 인명 재산에 큰 피해를 주는 것은 L파이다. 이것이 지면을 크게 진동시키므로 사태가 일어나고 건물이 무너진다. 암석으로 되어 있는 지면보다도 물로 포화되어 있는 부드러운 충적 평원 같은 곳은 마치 조그만 진동에 두 붓모가 흔들리듯이 쉽게 흔들려서 먼 곳에서 도달한 지진에 의하여도 큰 피해를 입는 일이 있다.

6. 지진의 크기

지진이 일어나면 진원에 가까운 곳에서는 강하게, 먼 곳에서는 약하게 진동을 느낄 것이다. 동일한 지진이 거리에 따라 느껴지는 정도가 다른 것을 지진의 **진도**(震度: seismic intensity)라고 한다.

지진이 진원에서 발산시키는 에너지를 알 수 있다면 이는 더 좋은 지진의 강도를 나타내는 방법이 될 것이다. 미국의 리히터(C.F. Richter)는 1935년에 간단한 숫자로 지진의 세기를 표시할 수 있는 척도를 발표하였다. 이 척도는 리히터의 척도(Richter scale)로 알려져 전 세계적으로 사용되고 있는데 그의 척도를 **지진의 규모**(規模: magnitude)라고 하는데, 그는 지진의 크기를 에너지의 단위(erg)로 나타낸 식을 내놓았다. 에너지 E와

[표 17-1]   지진의 규모와 에너지 양

지진의 규모(M)	에너지(erg)
2	6.309×10^{14}
3	1.995×10^{16}
4	6.309×10^{17}
5	1.995×10^{19}
6	6.309×10^{20}
7	1.995×10^{22}
8	6.309×10^{23}

[표 17-2]   지진의 규모와 에너지 양
(Mallory 와 Cargo, 1978)

지진의 규모(M)	에너지(erg)
3.0~3.9	$7.9 \times 10^{15} \sim 1.8 \times 10^{17}$
4.0~4.9	$2.5 \times 10^{17} \sim 5.6 \times 10^{18}$
5.0~5.9	$7.6 \times 10^{18} \sim 1.8 \times 10^{20}$
6.0~6.9	$2.5 \times 10^{20} \sim 5.6 \times 10^{21}$
7.0~7.9	$7.9 \times 10^{21} \sim 1.8 \times 10^{23}$
8.0~8.9	$2.5 \times 10^{23} \sim 5.6 \times 10^{24}$

지진의 규모 M을 포함한 식은 다음과 같다.

$$\log_{10}E = 11.8 + 1.5M$$

규모 M은 2.0에서 8.0까지의 소수로 나타낼 수도 있다. 규모 3은 2의 10배, 규모 4는 3의 10배로 각각 10배씩 에너지의 양이 증가한다.

[표 17-1]은 위의 식에 M값을 대입하여 리히터의 지진의 규모를 erg로 표시한 것이다.

리히터가 위의 식을 내놓은 후에 여러 학자가 다른 식을 내놓았으므로 그들 각각의 식에 따라 M값이 다르게 나오게 되어 있다.

다른 표시 방법을 두 가지 더 인용하면 [표 17-2] 및 [표 17-3]과 같다.

[표 17-3]   지진의 규모와 TNT 해당량(Young, 1975)

지진의 규모(M)	TNT 해당량	지진의 규모(M)	TNT 해당량
1.0	6온스	5.5	1,000톤
1.5	2파운드	6.0	6,270톤
2.0	13파운드	6.5	31,550톤
2.5	63파운드	7.0	199,000톤
3.0	397파운드	7.5	1,000,000톤
3.5	1,000파운드	8.0	6,270,000톤
4.0	6톤	8.5	31,550,000톤
4.5	32톤	9.0	199,999,000톤
5.0	199톤		

7. 동일본 대지진

일본은 전 세계에서 지진이 가장 흔히 발생하는 나라이다. 그 이유는 일본이 불의 고리(ring of fire)라고 불리는 환태평양 지진대에 속하며, 태평양판과 유라시아판, 북아메리카판, 그리고 필리핀판이 만나는 지점 한가운데에 자리잡고 있기 때문이다. 일본에서 발생하였던 대표적인 지진으로는 간토(관동)대지진과 한신대지진을 들 수 있다. 1923년 발생한 간토대지진은 규모가 7.9로서, 9만여 명의 사망자가 발생하였으며, 일본 국가 예산의 1년 4개월에 해당하는 재산 피해를 입었다. 1995년 효고현 아와지 섬 북쪽에서 발생한 한신·아와지 대지진 또는 고베 대지진은 규모가 7.2였으며, 6,400여 명이 숨지고 약 20조원의 재산 피해가 발생한 바 있다.

2011년 3월 11일 오후 2시 46분 경 규모 9.0의 강력한 지진이 일본 동북 지방을 강타하여 사상 최악의 피해가 발생하였다. 이 대지진은 태평양판과 북아메리카판의 충돌로 발생한 것으로, 진앙은 일본 동북 지방의 센다이시(미야기현)의 동쪽 130km 지점의 태평양이고, 진원은 해저 24.4km 지점이었다. 이 대지진으로 지구의 자전축이 10cm 이동하고 일본 열도가 2.4m 이동한 것으로 알려져 있으며, 규모 5.0 이상의 강한 여진이 500여 차례나 지속적으로 발생하였다. 이 지진은 1945년에 히로시마에 투하된 원자폭탄의 400배의 방사능 오염을 일으켜 사상 최악의 원자로 사고로 알려진 1986년의 체르노빌 원자력 발전소 폭발 사고와 비교되는 사상 최악의 재해로 알려져 있다.

진앙에서 가까운 미야기현, 후쿠이현 및 이와테현의 해안지대는 지진의 충격으로 발생한 10m 이상의 파고를 가진 초대형 쓰나미(지진해일)의 침입으로 큰 피해가 발생하였다. 쓰나미 습격으로 인한 사망자와 행방불명자는 2만 3천여 명에 이르고 피난민은 12만 명, 재산피해는 약 350조원에 달하는 것으로 추정되었다.

후쿠시마현 해안에 위치한 3개의 원자력 발전소의 폭발로 이어진 방사성 물질의 확산으로 원전 위치에서 반경 20km 이내 지역이 완전히 폐쇄되었다.

제 **18** 장

변동의 기록

1. 지각변동의 산 증거

우리가 직접 경험할 수 있는 지각변동의 예에는 앞 장에서 배운 지진뿐만 아니라 단층운동과 육지의 상하운동이 있다.

1. 단층운동(斷層運動)

지각에 생긴 틈을 따라 틈 양쪽의 지각이 상대적으로 반대 방향으로 움직이는 일을 단층운동이라고 하며, 이 틈을 **단층**(fault)이라고 한다. 예를 들면 미국의 중앙 네바다(Nevada)주에서는 1915년에 소노마(Sonoma) 산맥 서쪽 기슭에 높이 5m, 길이 수십 km에 걸친 급한 단층절벽이 생성되었다. 이 단층은 산맥 쪽이 상승하고 평야 쪽이 낙하한 결과로 생겨난 것이다([그림 18-1] 참조).

1899년 알래스카의 야쿠타트(Yakutat)만에 지진이 있은 후 해안이 약 15m 상승하였고 1964년에는 10m 상승하였다. 이는 바다 속에 생성된 단층과 관계 있는 운동으로서 위에서 말한 것보다 더 높은 단층절벽이 바다에 생겨 있을 것으로 생각된다.

1906년에 일어난 샌프란시스코 지진 때에는 산안드레아스(San Andreas) 단층 양

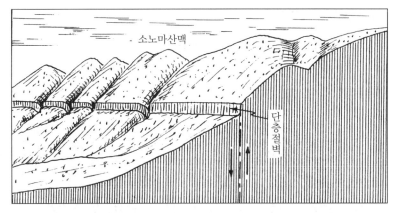

[그림 18-1] 소노마 산맥 서쪽 기슭에 형성된 단층절벽(높이 5m)

쪽의 땅이 서로 반대쪽으로 수평운동을 하여 지표의 표식들이 약 4m 어긋났고([그림 18-2]의 (1)), 1940년에도 같은 단층의 일부에 수평운동이 일어나서 5m 어긋난 기록이 있다. 일본에서는 1891년에 일어난 지진과 함께 [그림 18-2]의 (2)와 같은 단층절벽이 생긴 일이 있다.

위에서 설명한 단층은 지진을 동반한 급격한 성질의 것이나 지진 없이 서서히 생성되는 단층도 많다. 캘리포니아의 베이커스 필드(Bakersfield) 부근의 유전에 설치된 유정의 철파이프는 이런 단층의 운동으로 매년 약 3cm씩 구부러지는 사실이 알려졌다. 이는 느린 단층운동이나 10,000년 간에는 300m의 이동을 일으키는 계산이 된다.

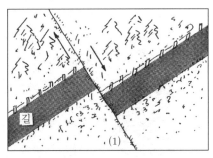

(1) 산안드레아스 단층의 어긋남(1906년)
　　(수평이동단층)

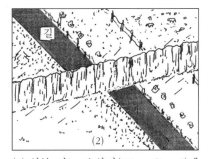

(2) 일본 미노-오와리(Mino-Owari)에
　　생긴 단층절벽

[그림 18-2] 단층운동의 예

2. 육지의 상하운동

육지는 전체적 또는 국부적으로 상하운동을 한다. 그 운동량이 비교적 명백히 나타나는 곳은 해안이다. 해안에서는 해면을 기준으로 육지의 상하운동 양을 측정할 수 있다. 세계적으로 현저한 운동량을 보여 주고 있는 곳은 발틱해 부근으로서 스웨덴과 핀란드

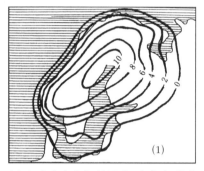

(1) 스칸디나비아 부근의 지각이 매년 상승하는 높이(mm)

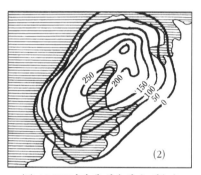

(2) 10,000년간에 상승한 높이(m)

[그림 18-3] 스칸디나비아 부근의 상승

에서 잘 관측되고 있다. 특히 스웨덴 북서쪽 해안의 융기(uplift)는 최대의 것으로 100년간에 1m에 달한다. [그림 18-3]의 (2)는 발틱해 주위의 육지가 약 10,000년 전에 빙하가 후퇴하기 시작한 후부터 상승한 높이를 해안단구와 기타 자료로부터 조사한 결과이다.

역사 시대 중에 일어난 육지의 상하운동의 증거로서 가장 유명한 예는 이탈리아의 나폴리(Naples) 서쪽 해안에 있는 세라피스(Serapis) 사원의 돌기둥이 겪은 역사이다([그림 18-4] 참조). 이는 로마 사람들에 의하여 서력 기원전에 세워진 것이며 지금 남아 있는 세 개의 대리석 기둥은 밑바닥에서 6m 되는 곳에까지 해서

[그림 18-4] 세라피스 사원의 돌기둥
(Lyell, 1828)

연체동물(海棲軟體動物)인 구멍 뚫는 조개(boring shell)가 살던 구멍과 간혹 조개 껍질이 그대로 들어 있는 구멍이 발견된다. 이는 사원 부근의 육지가 6m 침강하였다가 다시 상승하였음을 의미하는 것으로서 2,000년 동안에 일어난 변화이다. 부근 해안의 상태로 보아 이는 해수면의 변화에 의한 것이 아님이 알려져 있다.

최근 뉴질랜드에서는 1,000년 동안에 1~11m, 로스앤젤레스에서는 4~6m의 지각의 상승이 있는 곳이 보고되어 있다.

2. 지각변동의 증거

이상은 대체로 단위 시간 중에 일어난 지각의 운동량을 알 수 있는 예들이다. 운동량이 명백하지 않으나 지각운동을 잘 가리켜 주는 증거로서는 다음과 같은 것이 있다.

1. 융기해빈(raised beach)

현재의 해안선보다 높은 위치에 해안의 암석이 침식작용으로 깎인 자국과 구멍 뚫는 조개가 판 구멍들이 남아 있고 또는 둥근 자갈이나 모래로 덮인 부분이 있어 과거에 이 곳이 바다의 침식 및 퇴적작용을 받았음을 말해 주는 곳이 있다. 이렇게 상승된 과거의 해빈을 융기해빈(隆起海濱)이라고 한다.

2. 해안단구(marine 또는 coastal terrace)

해안에는 계단상으로 평지가 발달되는 일이 있다. 이는 옛날 바닷가의 평탄화된 파식대지(波蝕臺地: wave-cut bench)나 퇴적대지(堆積臺地)가 상승된 것으로서 높은 것일수록 먼저 만들어진 것이고 시대적으로 오랜 것이다. 단구는 육지가 일정한 속도로 계속하여 상승할 때에는 생성되지 않고 급격한 상승과 정지의 반복으로 이루어지는 것이다. 융기해빈과 해안단구는 우리 나라 동해안에서도 발견된다([그림 18-5] 참조).

3. 침강해안(depressed coast)

심히 굴곡된 해안선과 다도해는 대체로 육지의 침강 또는 해수면의 상승으로 요철(凹凸)이 있는 육지가 침수되어 만들어진다. 만일 같은 대륙의 일부가 융기되었고 다른 곳이 침강하였다면 이는 육지의 국부적인 침강으로 이루어졌을 가능성이 많다. 우리 나

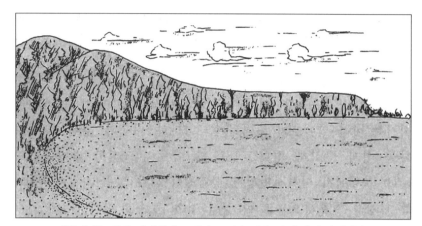

단구면에는 둥근 자갈밭과 조개가 구멍을 뚫은 돌이 많이 발견된다.

[그림 18-5] 강원도 묵호 지역의 해안단구(높이 50m)

라 남해안 및 서해안은 육지의 침강으로 만들어진 침강해안으로 생긴 다도해이다. 인천 부근에서 연구된 바에 의하면 육지의 침강 속도는 지난 6,700년 동안에 5.5m였다.

4. 수몰육지(drowned land)

알래스카·알류샨 열도 북쪽의 해저 지형을 조사해 보면 그 내용은 대단히 복잡하여 산계와 곡계가 발달되어 있음이 육지의 모양과 근사하다. 이런 해저 지형의 성인은 전에 육지였던 곳이 침수된 것으로 설명함이 가장 합리적일 것이다. 이 해저는 평균 400m 깊이에 있다. 넓은 해역을 더 자세히 조사하면 이런 곳이 앞으로 많이 발견될 것으로 보인다.

5. 내륙의 상하운동

육지의 상하운동은 해안에서 비교적 쉽게 측정할 수 있으나 내륙에서는 이를 알아보기 곤란하다. 그러나 다음과 같은 예는 지각의 변화를 쉽게 인식케 한다. 1811년 미국 미주리주의 뉴마드리드(New Madrid) 부근에서 미시시피강의 범람원이 넓은 범위에 걸쳐 비교적 급격히 침강을 일으켰으므로 이곳이 점차 호수로 변하였는데 침수되어 죽은 나무의 끝이 그 후 오랫동안 수면상에 나타나 있었다.

미국의 수페리어(Superior), 미시건(Michigan) 및 휴런(Huron)호의 북쪽 호안에는 현재의 호안선보다 80m 더 높은 곳에 융기된 호안선이 발견되고 이보다 낮은 곳에 계단상으로 몇 개의 호안선의 흔적이 더 발견된다. 이러한 사실로 보아 호수들 북쪽의 지면은 계속하여 상승하고 있음을 알 수 있다. 이 곳의 지면의 상승은 약 10,000년 전부터 시작되어 현재에 이르고 있다.

6. 심성암과 변성암의 노출

심성암은 지하 깊은 곳(수 km 내지 수십 km)에서 고결된 암석이다. 그런데 지표에는 심성암(가장 많은 것은 화강암)이 곳곳에 널리 분포되어 있다. 깊이 들어 있던 암석이 지표에 나타나려면 심성암을 덮고 있던 암석이 위로부터 침식 제거되어야 하고, 또한 지각은 전체로 상승되어야 한다. 그러므로 심성암의 노출은 곧 지각변동의 증거가 되는 것이다. 또한 변성암도 지하 깊은 곳에서 생성되므로 심성암과 같이 지표 부근의 암석이 침식 제거됨에 따라 지하 깊은 곳의 변성암이 상승하게 된 결과 나중에 지표에 나타나게 된 것이다. 그러므로 심성암(또는 반심성암)이나 변성암이 지표에 나타나 보이는 것은 지각이 상승한 결과라고 할 수 있다.

7. 퇴적암에서 볼 수 있는 증거

퇴적암의 대부분은 해저에서 생성된 것이다. 이것이 육지의 높은 곳에 나타나 있는 것은 지각의 이 부분이 높이 상승되었음을 설명해 준다. 퇴적암은 대체로 수평으로 쌓여서 수평에 가까운 성층면과 층리를 가진다. 그런데 지층은 습곡으로 물결치듯이 구부러져 있는 일이 많고 또 단층으로 지층들이 어긋나 있는 일이 많다. 또 퇴적암이 변성되어 변성암을 만들기도 한다. 이것도 지층에 가해진 횡압력(橫壓力)에 의한 현상이다. 이러한 지질구조들이 지표에서 관찰되는 것도 지각이 상승한 결과이다.

3. 지질구조

지각변동의 증거들 중 지표에 기록된 것은 조만간 소실되나 지각 중에 특히 퇴적암 중에 남겨진 증거는 상세한 기록으로 잘 보존된다. 퇴적암의 대부분은 수평으로 퇴적된 것이므로 후에 받은 변형의 양은 측정이 가능하다.

지질구조(geologic structure)를 지배하는 주요한 구조적 요소는 습곡·단층·부정합·절리·선구조로서 이들이 지각을 복잡하게 만든다.

1. 주향(strike)과 경사(dip)

수평으로 퇴적된 지층이 후에 받은 변동으로 기울어졌을 때 그 성층면이 기울어진 모양을 기재하려면 주향과 경사를 측정해 두어야 한다.

주향(走向)은 성층면과 수평면과의 교선(交線)이 남북 선(線)과 이루는 각도를 북을 기준으로 하여 나타낸 것이다. [그림 18-6]에서 암석의 기울어진 면이 성층면이고 수평면과의 교선은 주향이 되며, 이 주향선이 남북 선의 북으로부터 30° 동쪽으로 회전되어 있으면 N30E, 북쪽으로부터 서쪽으로 60° 회전되어 있으면 N60W라고 기재한다. 주향은 S30E, S60W로 표시하지 않게 약속되어 있다. 이 때에 N30°E와 같이 기록하는 것이 좋으나 노트에 적을 때에는 N30E로 적어서 °를 0으로 잘못 읽지 않도록 하는 편이 좋다.

경사(傾斜)는 성층면과 수평면이 이루는 각 중 90° 이하이면서 가장 큰 것을 말한다. 이는 성층면상의 주향선에 직각으로 그은 선과 수평면 사이의 각이 된다. 주향선에 직각이 아닌 모든 선과 수평면 사이의 각도는 언제나 경사보다 작으며 이를 위경사(apparent 또는 partial dip)라고 한다. 경사를 기재할 때는 35E, 50W, 50SE와 같이 각도를 쓴 다음에 경사한 방향을 기입한다.

주향과 경사를 측정하는데는 클리노미터(clinonmeter)나 브란튼컴퍼스(Brunton compass), 또는 클리노컴퍼스(clinocompass)를 사용한다. 어떤 지점에서 측정된 주향과 경사를 지도상에 표시할 때에는 [표 18-1]과

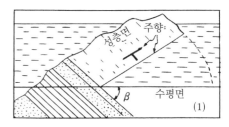

(1) 주향과 경사의 조감도

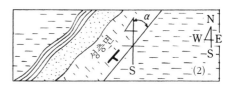

(2) 평면도 α: 주향(N40E), β: 경사(40SE)

[그림 18-6] 주향과 경사의 측정

[표 18-1] 주향과 경사 부호와 주향의 보정

부 호	주 향	경 사
⟋35	N45E	35SE
60⟋	N50W	60SW
⊤ 30	EW	30S
70⊣	NS	70W
+ ⊕	수평	0
─┼─	EW	수직

측정된 주향	진북으로 고친 주향
NS	N6W
EW	N84E
N40E	N34E
N40W	N46W

같은 부호(符號)를 사용한다. 긴 선은 주향, 짧은 선은 경사와 그 방향을 가리킨다.

　　주향을 지도상에 기입할 때에는 지도의 북이 자북(磁北)인가 진북(眞北)인가를 주의해야 한다. 자북은 자침(磁針)이 가리키는 북쪽 방향이며, 진북은 자오선이 가리키는 북쪽 방향이다. 지도가 자북을 기준으로 한 것이면 클리노미터로 얻은 주향을 그대로 그려 넣어도 좋으나, 지도가 진북으로 된 것이면 측정치를 보정할 필요가 있다. 우리 나라에서는 자북이 진북에 대하여 약 6° 서편(西偏)하므로 언제나 시계의 회전 방향과 반대로 6°를 가감하여 진북의 값을 구한다([표 18-1] 참고). 브란튼 컴퍼스를 사용할 때는 도판(度板)을 미리 6° 회전시켜서 바로 진북에 대한 각도를 얻을 수 있게 되어 있다.

4. 습　곡

　　수평으로 퇴적된 지층이 횡압력을 받으면 물결처럼 굴곡된 단면을 보여 주게 된다. 이런 구조를 습곡(褶曲)이라고 한다. 습곡에는 한 개 한 개의 물결 사이의 거리, 즉 파장이 작은 것으로부터 수 km 이상에 달하는 큰 것까지 있다. 습곡이 위로 향하여 구부러진 것을 **배사**(背斜: anticline, 지층이 반대 방향으로 기울어졌다는 뜻), 이와 반대인 것을 **향사**(向斜: syncline, 지층이 마주보는 방향으로 기울어졌다는 뜻)라고 한다. 처음에 지표는 지층과 같이 굴곡하나 풍화·침식됨에 따라 점차로 파괴되어 도리어 향사구조를 가진 부분이 산맥을 만들고 배사부가 계곡으로 되어 버리는 일이 많다. 이는 향사부가 압축을 받고 배사부가 장력을 받아 후자가 풍화·침식에 대하여 약화되기 때문이다([그림 18-7] 참조).

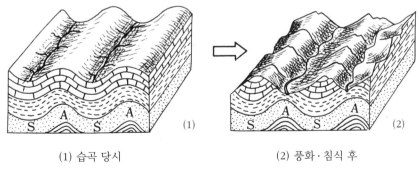

(1) 습곡 당시　　　　　　　　　　(2) 풍화·침식 후

[그림 18-7]　습곡이 생긴 후의 지형의 변화, (A) 배사 (S) 향사

1. 습곡 각부의 명칭

배사와 향사 사이의 기울어진 부분을 날개(wing, 또는 limb)라고 한다. 특히 배사에서 두 날개가 마주치는 곳을 정부(apex)라고 하며 정부를 연결한 선을 **배사축**(背斜軸)이라고 한다. 향사에서 두 날개가 마주치는 곳이 저부(底部)이고, **향사축**(向斜軸)은 향사의 두 날개가 마주치는 점을 연결한 선이다. 배사에서 [그림 18-8]의 (2)와 같이 축면(軸面)이 기울어져 있을 때에는 정부 외에 가장 고도가 높은 곳이 따로 있다. 이 곳을 관(冠: crest)이라고 부른다. (1)과 같은 대칭적 습곡에서는 정부와 관이 일치된다.

2. 습곡의 종류

습곡은 날개의 경사와 습곡축면의 경사에 따라 여러 가지 종류로 구별된다([그림 18-9~12] 참조).

(1) **정습곡**(正褶曲: normal fold)　　축면이 수직이고 두 날개는 반대 방향으로 같은 각도로 경사하는 습곡이다.

(2) **경사습곡**(傾斜褶曲: inclined fold)　　축면이 기울고 두 날개의 경사가 다른 습곡이다.

(3) **완사습곡**(緩斜褶曲: open fold)　　날개의 경사가 45° 이하로서 파장에 비하여 파고가 낮은 습곡이다.

(4) **급사습곡**(急斜褶曲: close fold)　　날개의 경사가 45° 이상인 습곡이다.

(5) **등사습곡**(等斜褶曲: isoclinal fold)　　축면과 두 날개의 경사 방향이 같은 습곡

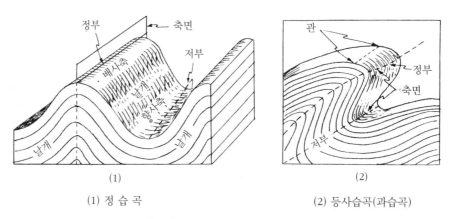

(1) 정 습 곡　　　　　　　(2) 등사습곡(과습곡)

[그림 18-8] 습곡 세부의 명칭

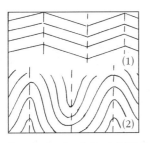 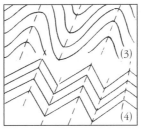 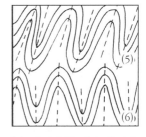

[그림 18-9] 습곡의 종류((1)·(2)·(6) 정습곡, (3)·(4)·(5) 경사습곡, (1) 완사습곡, (2)·(3)·(5)·(6) 급사습곡, (5)·(6) 등사습곡, (4) 셰브론습곡, (2)·(5)·(6) 평행습곡, (3) 동형습곡)

으로서 [그림 18-9]의 (1)~(4)가 더 큰 횡압력을 받은 결과 이루어진 것이다. 이에는 축면과 날개들이 모두 수직인 것도 포함된다.

(6) **셰브론습곡**(chevron fold)　소규모의 습곡이 W자형으로 예리하게 꺾인 습곡이다[[그림 18-9]의 (4) 참조].

(7) **평행습곡**(parallel fold)　성층면이 평행하게 굴곡한 습곡이다[[그림 18-8]의 (1), [그림 18-9]의 (2) 참조]. 이 습곡에서는 두 개의 층면이 평행하므로 두 층면의 거리는 어디서나 같다. 이런 습곡에서는 배사의 꼭대기가 위로 올라갈수록 곡률 반경이 커지고 아래로 내려갈수록 그것이 작아지다가 마침내 예리하게 꺾일 수밖에 없어진다.

(8) **동형습곡**(similar fold)　성층면의 굴곡이 기하학적으로 같은 모양을 보여 주는 습곡이다[[그림 18-9]의 (3) 참조]. 동형습곡에서는 두 층면이 평행하지 않고 지층의 윗쪽이나 아랫쪽으로 층면의 습곡된 형태가 꼭 같다. 그러므로 습곡의 꼭대기나 골짜기에서는 층면들 사이의 거리가 크고 날개(wing)에서는 그 거리가 작다.

(9) **횡와습곡**(橫臥褶曲: lying fold, 또는 recumbent fold)　습곡의 축면이 거의 수평으로 기울어져 있는 것이다([그림 18-10] 참조).

(10) **배심습곡**(背心褶曲: dome-shaped fold)　어떤 지점을 중심으로 하여 지층이 모두 밖으로 향하여 경사한 구조로서 대접을 엎어 놓은 듯한 습곡이다.

(11) **향심습곡**(向心褶曲: centroclinal fold)　지층의 경사가 모두 한 점을 중심

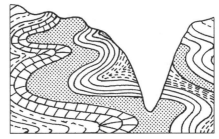

[그림 18-10]　횡와습곡(강원도 도계 탄광)

으로 기울어져서 마치 우묵한 대접 같은 구조를 가진 습곡이다. 배심 및 향심의 두 습곡은 직교하는 두 방향으로 횡압력이 가해질 때에 생성된다([그림 18-11] 참조).

(12) **복배사**(複背斜: anticlinorium) 배사가 다수의 작은 습곡의 집합으로 되어 있는 것이고, **복향사**(複向斜: synclinorium)는 향사가 다수의 습곡으로 되어 있는 것이다([그림 18-12] 참조).

(13) **침강습곡**(沈降褶曲: plunging fold) 습곡의 축이 한쪽으로 기울어진 것이고 이런 습곡을 침강습곡, 배사를 **침강배사**(plunging anticline), 향사를 **침강향사**(plunging syncline)라 하며, 축의 경사각을 **축경사**(pitch)라고 한다([그림 18-13] 참조).

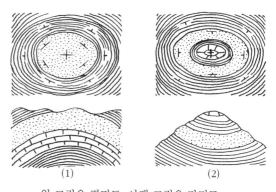

윗 그림은 평면도, 아랫 그림은 단면도

[그림 18-11] 배심습곡(1)과 향심습곡(2)

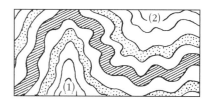

[그림 18-12] 복배사(1)와 복향사(2)

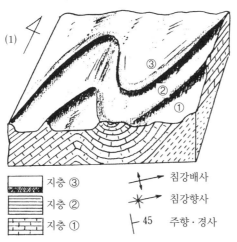

▓ 지층 ③	↔	침강배사
▤ 지층 ②	✳	침강향사
▦ 지층 ①	⊢45	주향·경사

(1) : (2)의 조감도   (2) : (1)의 지질도

[그림 18-13] 침강습곡

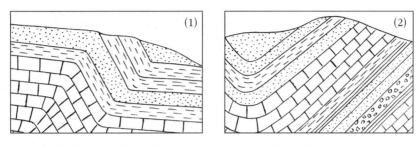

[그림 18-14] 단사(경사가 큰 부분)(1)와 동사(날개 부분)(2)

3. 단사(單斜: monocline)

수평 내지 완만하게 경사한 지층이 넓게 분포하여 있는 곳에 국부적으로 급경사한 부분이 있으면 이런 부분을 단사(구조)라고 한다([그림 18-14] (1) 참조).

4. 동사(同斜: homocline)

지층이 한 방향으로 같은 각도를 유지하며 기울어져 있는 구조를 말한다. 큰 습곡의 날개는 국부적으로는 동사구조를 보여 주는 부분이다([그림 18-14] (2) 참조).

5. 단   층

지각 중에 생긴 틈을 경계로 하여 양측의 지괴가 상대적으로 전이(轉移)하여 어긋나면 이 틈을 단층(斷層: fault)이라 한다. 단층은 모든 암석 중에 생길 수 있으나 화성암이나 변성암 같은 괴상 암석 중에서는 단층 양쪽의 암석의 차이가 발견되지 않는 경우가 많으므로 단층을 인식하기 어려운 경우가 있다. 그러나 퇴적암에서는 단층 양쪽의 암석이 달라지는 경우가 많으므로 단층을 발견하기 쉬울 뿐 아니라 전이의 양까지도 알아 낼 수 있다. 단층은 한 줄만 존재하기도 하나 평행하는 몇 개의 단층이 발달되어 있는 일도 많다. 이런 지대를 단층대(fault zone)라고 한다. 또 단층들이 돌에 맞아 깨진 유리에서 보는 바와 같은 방사상의 모양을 보여 주는 일이 많다.

[그림 18-15] 긁힌 줄이 생긴 단층면(충북 단양 부근)

1. 단층면(fault surface, 또는 plane)

한 줄의 단층에는 양쪽에 각 1개의 면이 있으며 이 두 면을 단층면이라고 한다. 단층면은 작은 범위 안에서는 평탄하나 크게 보면 요철(凹凸)이 심하고 긁힌 줄(groove)이 생긴 면으로 되어 있음이 보통이다. 단층이 전이할 때의 마찰로 연마(研磨)되어 마치 거울과 같이 번쩍이는 면을 보여 주는 일이 있다. 이런 단층면을 **단층활면**(斷層滑面: slickenside) 또는 단층 마찰면이라고 한다. 단층면에 대하여도 성층면과 같이 그 주향과 경사를 측정하여 기재한다.

단층면은 수직인 경우가 드물고 대체로 한쪽으로 기울어져 있고 기울어진 정도가 심하여 수평 내지 수평에 가까운 것까지 있다. 단층의 두 단층면은 서로 접하여 있는 경우, 두 면 사이에 빈 곳이 발견되는 경우, 단층면 사이에 점토가 끼어 있는 경우가 있다. 후자는 단층이 미끄러질 때에 암석이 돌가루로 변한 것으로서 이를 **단층점토**(fault clay)라고 한다. 단층면 사이에 각력(角礫: rubble)이 들어 있으면 이를 **단층각력**(fault rubble), 이것이 고화되었으면 이를 **단층각력암**(角礫岩)이라고 한다. 단층면·단층점토·단층각력·단층각력암은 단층을 찾는 데 좋은 단서가 된다. 단층면 사이에는 그 속을 통과하던 용액에서 침전된 물질로 채워지는 일이 있다. 그 중에 유용광물이 들어 있으면 이는 광

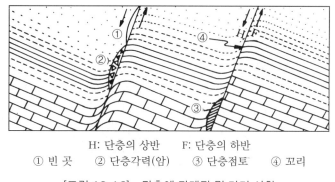

H: 단층의 상반   F: 단층의 하반
① 빈 곳   ② 단층각력(암)   ③ 단층점토   ④ 꼬리

[그림 18-16] 단층에 관계된 몇 가지 사항

맥으로 채굴의 대상이 된다.

경사를 가진 단층에서 단층 윗쪽에 있는 암반을 **상반**(上盤: hanging wall), 그 아랫쪽에 있는 암반을 **하반**(下盤: foot wall)이라고 한다. 퇴적암 중에 생긴 단층에서 한쪽 암반이 미끄러지면 단층에 접한 지층이 국부적으로 구부러지기 때문에 어느 쪽이 다른 쪽에 대하여 미끄러져 떨어졌는지 알 수 있는 경우가 있다. 이 구부러진 부분을 **꼬리**(drag)라고 한다([그림 18-16] 참조).

지각 표면부에 급격히 생긴 단층은 지표에 **단층절벽**(fault scarp)을 나타낸다([그림 18-17] 참조). 시간이 지남에 따라 단층절벽은 점차로 후퇴하여([그림 18-17]의 (2) 참조) 단층 위치에서 멀어지거나 처음과는 반대쪽에 절벽이나 사면이 생기게 된다. 이런 절벽은 단층선에 평행한 절벽이므로 이를 **단층선절벽**(fault-line scarp)이라고 하여 구별한다.

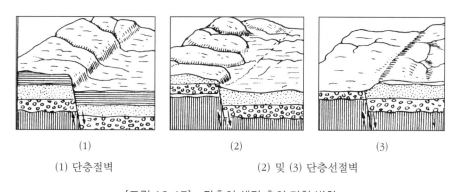

(1)   (2)   (3)
(1) 단층절벽   (2) 및 (3) 단층선절벽

[그림 18-17] 단층이 생긴 후의 지형 변화

2. 단층의 운동

단층의 크고 작음을 간단히 표시하는 데는 단층의 **낙차**(落差: throw)를 참고로 한다. [그림 18-18]에서와 같이 단층이 A-A′ 방향으로 비스듬히 미끄러진 경우에 AA′를 **실이동**(實移動: slip)이라고 한다. AA′만큼 실제로 이동할 때에는 수직·주향·경사·수평의 각 방향으로는 각각 BD, DA′, AD, AB만큼 이동하게 되며, BD를 낙차, DA′를 **주향이동**(走向移動: strike slip), AD를 **경사이동**(傾斜移動: dip slip), AB를 **수평이동**(水平移動: heave)이라고 한다.

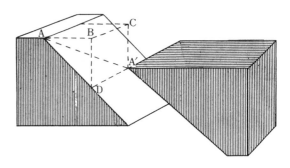

[그림 18-18] 단층운동에 의한 암석의 이동(BD: 낙차, AD: 경사이동, AA′: 실이동, DA′: 주향이동

단층의 성인은 지각에 가해지는 장력과 횡압력에 관계가 있는 현상이며 또 지각의 평형을 유지하기 위한 절충 현상이기도 하다.

지층이 연하거나 지하 깊은 곳에 있어 암석이 연성(ductile)을 가졌을 때에는 횡압력을 받아 습곡이 생성되지만 지표 부근의 암석이 견고하면 압력과 장력에 상응하는 단층이 생기는 것으로 생각된다. 한 번 생긴 단층은 운동을 완전히 정지하지 않고 시간적 간격을 두고 반복하여 운동하거나 서서히 계속적으로 운동하여 낙차를 증가시킨다.

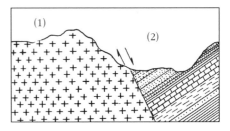

[그림 18-19] 변성암 또는 화성암(1)과 퇴적암(2) 사이의 단층

퇴적암 중의 단층은 지질 조사로 그 낙차를 밝힐 수 있으나 화성암 중의 단층은 그 낙차 계산이 불가능할 뿐 아니라 어느 쪽이 떨어졌는지도 알 수 없음이 보통이다. [그림 18-19]와 같이 퇴적암과 변성암 사이의 단층은 그 낙차를 알기 곤란하나 이는 퇴적암 쪽이 떨어진 단층이며 낙차는 대체로 크다. 심

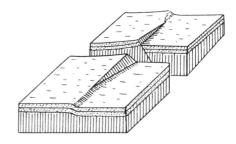

[그림 18-20] 단층이 양쪽으로 소멸되는 모양

성암과 퇴적암 사이의 단층은 대체로 퇴적암 쪽이 떨어진 것으로 생각할 수 있으나 관입 접촉부에서는 이와 반대일 수 있다.

단층은 어떤 연장을 가지고 있으나 무한히 계속되는 것은 아니다. 단층을 추적하여 가면 점차로 그 낙차를 감하여 나중에는 지층의 굴곡으로 변하여 소멸된다([그림 18-20] 참조). 그렇지 않은 경우에는 다른 단층으로 잘린다.

6. 단층의 종류

단층면의 경사와 상반 및 하반의 이동 방향, 퇴적암에 대한 단층의 주향에 따라 단층은 여러 가지 이름으로 불린다.

1. 단층의 종류

(1) **수직단층**(垂直斷層: vertical fault)　　단층면이 수직인 단층이다.
(2) **정단층**(正斷層: normal fault)　　상반이 떨어진 단층으로서 지각에 장력이 작

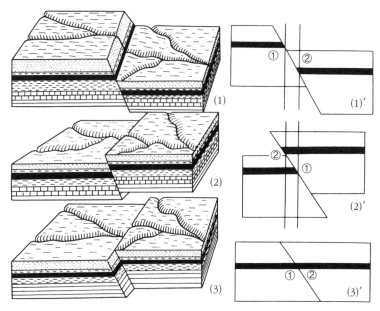

[그림 18-21]　정단층 또는 중력단층(1), 역단층(2) 및 주향이동단층(3)

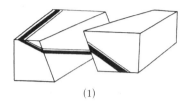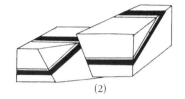

| (1) | (2) |

[그림 18-22]   정단층 운동으로 만들어진 역단층(1)과 역단층 운동으로 만들어진 정단층(2)

용할 때에 생길 수 있는 것이다. 정단층을 **중력단층**(gravity fault)이라고도 한다〔[그림 18-21]의 (1)′에서 ① 및 ②의 관계에 주의〕.

(3) **역단층**(逆斷層: reverse fault)   하반이 떨어지거나 상반이 상승한 단층으로서 지각에 횡압력이 가해질 때에 생겨날 수 있는 것이다〔[그림 18-21]의 (2)′에서 ① 및 ②의 관계에 주의〕. 정단층과 역단층에서 주의할 것은 단층의 상반이 떨어진 정단층이지만 나타나는 모양은 역단층인 경우가 있고 반대로 상반이 상승한 역단층이지만 정단층과 같은 결과를 보여 주는 경우가 있다는 사실이다. 경사진 지층 중에 생긴 경사진 단층의 주향이 지층의 주향과 거의 직교 내지 사교할 때는 이 단층이 정단층 또는 역단층으로 보이게 된다([그림 18-22] 참조).

[그림 18-22]에서 (1)은 역단층처럼 보이는 정단층이고, (2)는 정단층처럼 보이는 역단층이다. 즉 한 단면만 보고 단층을 속단하면 안 된다.

(4) **주향이동단층**(走向移動斷層: strike-slip fault, transcurrent fault, wrench fault, lateral fault)   단층 양쪽의 지괴가 상하운동을 일으키지 않고 주향 방향으로만 미끄러진 단층이다〔[그림 18-21]의 (3) 및 (3)′〕. 대양저산맥에 직각으로 생긴 변환단층(transform fault)도 주향이동단층의 일종이다. 산안드레아스단층도 주향이동단층에 속한다.

(5) **우수향단층**(右手向斷層: right-handed, 또는 dextral fault) 주향이동단층을 두 다리 사이에

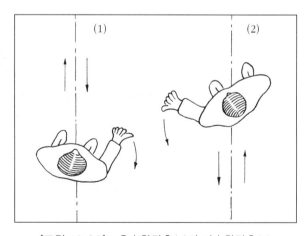

[그림 18-23]   우수향단층(1)과 좌수향단층(2)

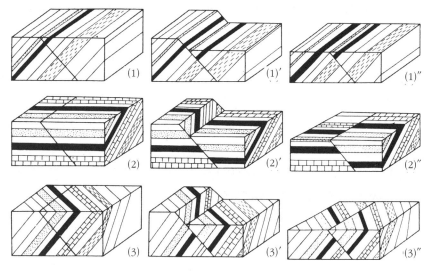

[그림 18-24] 주향단층(1), 경사단층(2) 및 사교단층(3)

두고 섰을 때 오른발이 뒤로 이동하여 몸을 시계바늘 방향으로 회전시킨 듯이 움직인
단층이다([그림 18-23] 참조).

(6) **좌수향단층**(左手向斷層: left-handed 또는 sinistral fault)   [그림 18-23]의 우수
향단층과는 반대로 움직인 단층이다.

(7) **주향단층**(走向斷層: strike fault)   단층의 주향이 지층의 주향에 평행하거나 거
의 평행한 단층이다[[그림 18-24] (1) 참조].

(8) **경사단층**(傾斜斷層: dip fault)   단층과 지층의 주향이 거의 직교하는 단층이다
[[그림 18-24] (2) 참조].

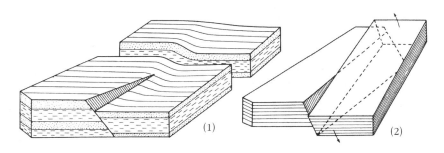

[그림 18-25] 경첩단층(1)과 회전단층(2)

(9) **사교단층**(斜交斷層: oblique fault)   지층의 주향과 45° 내외로 교차하는 단층이다[[그림 18-24] (3) 참조].

(10) **경첩단층**(hinge fault)   단층의 실이동이 단층의 연장상에서 동일하지 않은 단층으로서 한쪽은 습곡 또는 단사구조로 이화(移化)하는 경우가 많다. 이를 경첩단층[[그림 18-25]의 (1) 참조]이라고 한다.

(11) **회전단층**(廻轉斷層: pivotal or rotational fault)   한 점을 중심으로 회전한 단층이다[[그림 18-25]의 (2) 참조].

(12) **계단단층**(階段斷層: step fault)   [그림 18-26]과 같이 몇 개의 단층이 거의 평행하게 발달되어 여러 개의 지괴를 계단상으로 떨어지게 한 일군의 단층이다.

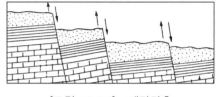

[그림 18-26]   계단단층

2. 지루(地壘)와 지구(地溝)

두 개의 단층 사이에서 지괴가 상승되었으면 이를 지루[horst, [그림 18-27] (2)], 하강하였으면 이를 지구[graben, [그림 18-27] (1)]라고 한다.

3. 오버드러스트(overthrust)

단층면의 경사가 45° 이하인 대규모의 역단층을 오버드러스트라고 한다. 이는 지층에 가해진 큰 횡압력으로 처음에 습곡이 생겼다가 이것이 횡와습곡으로 변하며 [그림 18-28]과 같이 미끄러져 올라간 일종의 역단층이다. 오버드러스트는 알프스와 같은 습곡산맥에서 많이 발견된다. 우리 나라에서는 삼척 탄전 북부와 동부에 그 예가 있다.

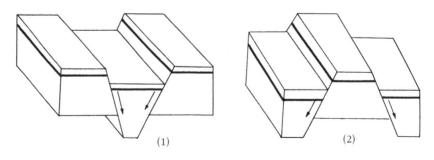

[그림 18-27]   지구(1)와 지루(2)

[그림 18-28] 오버드러스트의 형성 과정

4. 점완단층(漸緩斷層: listric fault)

역단층 중에는 지표 부근에서 경사가 비교적 급하나 지하로 깊어짐에 따라 단층의 경사가 완만해져서 위로 향하여 오목한 곡면을 보여 주는 단층이 있다. 이런 것을 점완단층이라고 하며 정단층에도 이런 단층이 있을 수 있다([그림 18-29] 참조).

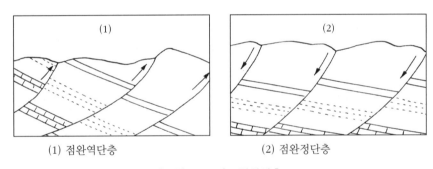

(1) 점완역단층   (2) 점완정단층

[그림 18-29] 점완단층

5. 성장단층(成長斷層: growth fault)

지금까지 설명한 단층과는 성질이 조금 다른 단층으로서 퇴적분지에 퇴적이 일어나는 동안에 운동을 계속하여 단층으로 낙하되는 쪽에 동시적인 퇴적층이 더 두껍게 쌓이게 하는 단층이다. 그러므로 성장단층을 **동시단층**(同時斷層: contemporaneous fault)이라고도 한다([그림 18-30] 참조).

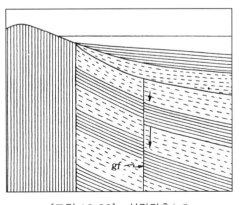

[그림 18-30] 성장단층(gf)

7. 부 정 합

　　습곡과 단층은 지각 중에 지각변동의 대소(大小)를 양적으로 기록해 준다. 그런데 지각 중에 두께를 가지지 않은 면으로 존재하면서 장기간에 걸친 큰 지각변동을 알려 주는 부정합면이 있다. 부정합면은 어떤 지역이 침식을 당한 후에 해침을 받아 새로운 지층으로 덮인 경우 아래 있는 오랜 지층과 위에 쌓인 새로운 지층과의 관계를 **부정합**(不整合: unconformity)이라고 한다. 부정합은 두께가 없는 면으로 대표되지만 긴 지질학적인 시간을 내포하며 부정합이 대표하는 시간 중의 지사(地史)는 소멸되어 버린 것이나 마찬가지이다. 그러므로 부정합 없이 지층이 보존된 곳을 찾아서 지사를 보충해야 할 것이다.

　　다만 부정합면 아래에서 발견되는 암석의 종류와 암석이 교란(攪亂)된 상태로부터

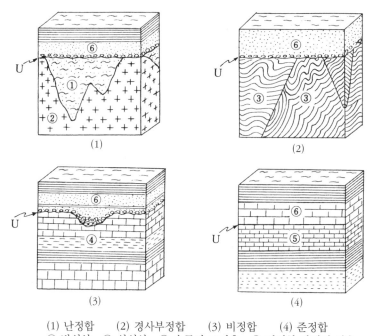

　　(1) 난정합　　(2) 경사부정합　　(3) 비정합　　(4) 준정합
　① 변성암　② 심성암　③ 습곡된 고지층　④ 비정합 아래의 지층
　⑤ 준정합 아래의 지층　⑥ 부정합 위의 신지층　U: 부정합

[그림 18-31]　부정합의 종류

부정합면 위에 쌓인 지층이 퇴적되기 전에 어떤 지각변동이 일어났는지 알 수 있다. [그림 18-31]은 이것을 설명하는 그림이다.

1. 난정합(難整合: nonconformity)

부정합면 아래에 결정질인 암석(심성암·변성암)이 있으면 이를 난정합이라고 한다. 난정합은 그 지역이 해침을 받기 전에 오랫동안 침식작용을 받아 지하 깊은 곳에 들어 있던 암석까지 드러나게 되었음을 알게 한다[[그림 18-31] (1) 참조].

2. 경사부정합(angular unconformity)

부정합 아래의 퇴적층이 심한 습곡 및 단층작용을 받았으면 그 지역이 해침을 받기 전에 조산작용을 받아 높은 습곡산맥으로 변하였을 가능성이 있으며, 이 습곡지대가 침식을 받아 완전히 낮아진 후에 해침을 받았음을 알게 한다. 이런 부정합이 경사부정합(또는 사교부정합)이다[[그림 18-31] (2) 참조].

3. 평행부정합 또는 비정합(非整合: disconformity)

부정합면 아래 지층의 성층면이 부정합면 위 지층의 성층면과 평행하고 부정합면이 뚜렷하면 이는 비정합 또는 평행부정합이다. 비정합은 신지층 퇴적 전에 조륙운동과 침식작용이 있었음을 알려 준다[[그림 18-31] (3) 참조].

4. 준정합(paraconformity)

부정합면이 발견되지 않고 성층면으로 대표되나 그 사이에 큰 결층(缺層: break)이 있으면 이것이 준정합이다. 준정합은 침식작용보다도 대단히 느린 퇴적작용 또는 무퇴적(無堆積)의 가능성을 보여 주나 아직 그 성인에 관하여는 완전히 이해되어 있지 않다[[그림 18-31] (4) 참조].

난정합은 실로 시간적인 간격이 큰 부정합이다. 경사부정합의 경우에 부정합면을 따라가면 국부적으로 비정합의 관계를 보여 주는 곳이 있다. 이는 부정합면 아래의 지층이 습곡되었음에 기인하는 것이다. 비정합은 이런 국부적인 것이 아니고 넓은 범위에 걸쳐 부정합면 위아래의 지층이 평행한 것이다.

부정합의 시간 간격은 보통 수백만 년 이상이며 생존 기간이 짧은 한 종(種)의 생물이 생존하는 시간의 길이 정도 이상이다. 비교적 작은 부정합은 추적하여 가면 정합

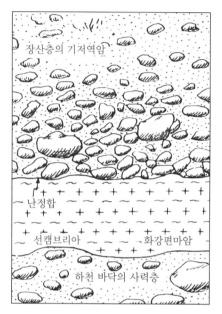

[그림 18-32] 화강편마암과 장산규암
사이의 난정합 (강원도
태백시 동점동)

[그림 18-33] 비정합 (대석회암층군과
만항층 사이의 비정합, 강
원도 태백시 장성동)

으로 변해 버릴 수 있다. 이는 퇴적분지가 전체적으로 약간 상승하여 수면 위에 나타나
게 된 부분이 침식된 후 다시 침강한 경우와, 퇴적분지의 깊은 부분이 습곡작용으로 구
부러져 올라서 침식을 받고 깎인 후에 침강이 일어나서 부정합이 생기는 경우를 생각할
수 있다.

　　우리 나라에서 유명한 난정합은 선캄브리아의 화강편마암과 이를 덮은 캄브리아계
(장산규암) 사이에 볼 수 있다(강원도 태백시 동점리, [그림 18-32] 참조). 한국에 사교부정
합의 좋은 예가 없다. 비정합은 한반도와 북중국에서 잘 알려진 전기 고생대층과 후기
고생대층 사이에서 뚜렷하며 그 시간적 간격은 약 1억 년이다([그림 18-33] 참조). 준정
합은 1984년에 발견된 훌륭한 예가 있다. 영월군 영월 탄전 마차리(磨磋里)에서 발견된
것으로 석탄계와 페름계 사이에 약 1천만 년의 시간적 간격을 가진 준정합은 방추충(紡
錘蟲)의 연구로 밝혀진 것이다. 부정합은 지층을 구분하는 데 사용되는 경우가 많다.

　　큰 부정합은 전 세계적으로 같은 시기에 생긴 것이라고 생각하는 것은 위험하다.
지각변동은 장소에 따라 시간을 달리하여 일어났으므로, 부정합도 장소에 따라 생긴 시간이 달라질 수 있다.

8. 절   리

절리의 종류는 p. 70에 열거된 바와 같으나 지각변동에 관계 있는 절리는 지각의 극히 완만한 배사 및 향사구조인 만곡(慢曲: warping)과 습곡 및 단층이 생길 때에 가해진 응력(應力: stress)으로 만들어진 것이다. 이 때의 절리는 모두 같은 성질을 가지고 거의 평행하게 나타난다. 퇴적암과 화성암을 막론하고 폭이 20~30m의 절리 없는 암괴를 얻기는 대단히 곤란할 만큼 절리는 아무데나 잘 발달되어 있다.

지표면에 평행한 절리는 대체로 풍화에 의한 것이나 절리 사이의 암편이 두꺼우면 풍화만으로는 설명이 곤란하다. [그림 6-1](p. 90)의 절리는 그 위에 놓여 있던 두꺼운 암괴가 침식으로 제거되었으므로 압력이 감소되어 생긴 굽은절리(curved joint)이다.

9. 선 구 조

암석에 2차원의 층상의 평행구조와는 달리 지각변동으로 생긴 1차원의 선으로서의 평행구조가 발견되면 이를 선구조(線構造: linear structure)라고 한다. 예를 들면 성냥통에 차곡차곡 들어 있는 성냥개비는 한 방향으로만 향한 선구조를 가진 상태에 있다. 암석의 선구조는 조암광물들이 그들의 연장된 방향을 서로 평행하게 가질 때에 나타난다. 화성암의 경우에는 화성암이 용융 상태에서 유동하는 동안에 광물들이 장축(長軸)을 서로 평행하게 유지한 대로 굳어져서 생기는 선구조가 있다. 변성암의 경우에는 압력의 방향과 평행한 선상의 구조로서의 선구조를 가지게 된다.

1. 선구조의 종류

선구조에는 다음과 같은 종류가 있다.

(1) **퇴적암에 생긴 것**   역암이나 함력사암이 압력을 받아 역(礫)들이 한 방향으로 연장(延長)되어 선구조를 나타내는 것.

(2) **암질의 차이에 의한 것**　　압력에 질긴 지층과 질기지 못한 지층이 얇은 호층(互層)을 이루었던 것이 어떤 방향으로 압력을 받아 약한 지층이 소세지 모양으로 끊어지되 한 방향성을 가지게 되는 경우에 이런 구조를 **소세지구조**(sausage 또는 boudin structure)라고 한다.

(3) **마그마의 유동에 의한 것**　　조암광물이 용융 상태에 있을 때에 압력을 받아 유동하여 유동 방향에 평행하게 나열되어 선구조를 나타내는 것이다.

(4) **평행구조와 쪼개짐의 교차**　　편리면(片理面)이나 성층면과 같이 평행구조를 가진 암석에 쪼개짐이 발달되어 이들의 교선이 선구조를 나타내는 것이다.

(5) **면(面) 위에 나타나는 것**　　편리면·쪼개짐면·단층면 위에 어떤 방향성을 가진 주름살이 생기거나 미끄러진 자국이 방향성을 나타내는 선구

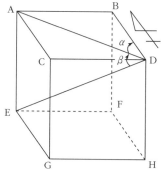

[그림 18-34]　선구조의 도시

[표 18-2]　선구조의 표시법

기　호	주　향		경　사	
	면	선상구조	면	선상구조
(1) ⟍40	−	N45W	−	40NW
(2) ⟋	−	N30E	−	수 평
(3) ◆	−	−	−	수 직
(4) 20⟍→30	N45W	EW	20NE	30E
(5) 50⟋■	−	N45E	수 직	50SW
(6) ⊕⟍	−	N30E	수 평	수 평
(7) 10⟋20	N40E	N60E	10NW	20SW

조이다. 특히 **단층활면**(斷層滑面: slickenside)에는 평행한 줄이 생겨 있다. 다만 이는 내부까지 침투되어 있는 선구조는 아니다.

2. 선구조의 표시

선구조는 주향(bearing)과 경사(plunge)를 측정하여 표시한다. [그림 18-34]에서 선구조의 방향이 DE이면, 그 주향은 DE를 수평면 ABCD 위에 투영한 DA로 나타내고 $\angle ADB = \alpha$(DB가 남북선임)를 주향으로 측정하고 $\angle ADE = \beta$를 경사로 한다.

이것을 지질도 위에 기록할 때에는 화살 모양의 기호를 사용한다.

[그림 18-34]에서 $\alpha = 45°$ 이고, $\beta = 40°$ 라고 하면 이는 (1)과 같이 표시된다. 즉 선의 방향은 주향(N45W)이고 숫자는 경사이며, 화살의 방향으로는 기울어져 있는 선구조를 나타낸다. 편리면·성층면·단층면에 나타난 선구조는 이들의 주향·경사와 함께 화살표를 기록하여 표시한다〔[표 18-2] (4)~(7) 참조〕.

3. 선구조의 이용

선구조를 많이 측정하여 통계를 내보면 암체에 따라 그 차이가 나타나므로 암체의 분류에 이용되며 광상 조사에 있어서는 선구조가 탐광에 도움이 된다.

제 **19** 장

지구구조론

지구 내부는 층상구조를 이루고 있으며 지표에서 지구 내부로 지각, 맨틀 및 핵의 순서로 되어 있다. 이러한 구조는 지진파의 연구로 알아 낼 수 있었다. 여기서 지구구조론이라고 한 것은 지구 내부의 층상구조뿐 아니라 지구 표면부가 지구 내부에 대하여 어떠한 구조를 가지고 이동 또는 운동하는지를 연구하는 자연과학의 한 분과를 일컫는 것이다.

지각은 지질학 연구에 가장 중요한 부분이다. 그러나 이에 관한 지식은 최근에 이르러서야 비로소 그 상세한 내용이 알려지기 시작하였다. 지구구조론을 논함에 있어서는 대륙지각과 대양지각에 관한 충분한 지식을 가지고 임하여야 한다.

1. 대륙지각

미국 로스앤젤레스에서 일본 동경까지의 거리는 약 5,000km이고 로스앤젤레스와 뉴욕 사이의 거리는 약 4,200km로서 뉴욕까지의 거리가 더 가깝다. 그런데 로스앤젤레스에서 일어난 지진의 L파가 태평양저의 지각을 지나 일본에 도달하는 시간은 로스앤젤레스에서 뉴욕에 도달하는 시간보다 빠르다는 사실이 알려져 있다. 이는 태평양저의 지

각을 통과하는 지진파의 속도가 육지의 지각을 통과하는 지진파의 속도보다 **빠르다는**
뜻이 되며 이 사실은 태평양저 아래의 물질과 대륙의 물질이 다르다는 것을 의미한다.

육지를 구성한 물질은 주로 화강암질인 암석으로서 그 밀도는 2.7gr/cm³이다. 그러
므로 대양저 아래의 물질은 이보다 밀도가 큰 암석이어야 할 것이다. 대양저를 통과하는
지진파의 속도로 보아 대양저에는 밀도가 3.0gr/cm³ 정도인 암석이 있을 것으로 알려졌
다. 실제로 바다에는 화산섬이 많은데 이들은 밀도가 3.0gr/cm³인 현무암으로 되어 있다.
또 최근에 조사된 해저의 암석과 해저 심부 시추로 채취된 표품에 의하여 대양저 아래에
는 현무암질인 암석이 깔려 있음이 밝혀졌다. 그래서 대양 아래의 대양지각은 현무암질
암석이고, 대륙을 만든 대륙지각은 화강암질 암석으로 되어 있다고 할 수 있게 되었다.

한 개의 대륙지각 안에서 진원
의 거리가 1,000km 이내에 있는 지
진의 기록(記錄)을 다수 연구한 결
과 P 및 S파의 기록이 두 쌍 있음이
알려졌다. 그 중 한 쌍은 진원에서 관
측소까지 거의 직선적으로 전해진 것
이고, 다른 한 쌍은 [그림 19-1]과 같
이 밀도가 큰 깊은 곳을 지나 온 것이
다. 즉 두 쌍의 지진파는 각각 밀도를

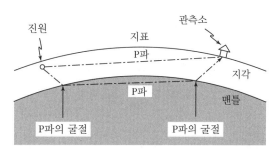

[그림 19-1] 대륙지각을 지나는 P파가 2개의 진로를
취하는 모양

달리하는 두 개의 층을 통과하여 온 것이다. 이로부터 밀도를 달리하는 두 층 사이의 경
계면의 깊이를 계산한 결과 유럽 서부 및 미국 동부와 서부의 평야(야산 포함)에서는 그
경계면이 지표면 아래 15~40km에 있으며 알프스 산지에서는 약 65km에 있음을 알게
되었는데 이 면이 모호로비치치면(Mohorovičić面) 또는 **모호면**이다. 모호면의 깊이 측정
은 인공지진으로도 가능하다. 이들 방법에 의하면 대륙지각의 평균 두께는 약 35km이
고, 그 평균 밀도는 2.7gr/cm³이며, 그 아래는 밀도가 더 큰 암석으로 되어 있는 것으로
나타났다. 이 밀도가 큰 암석은 대양지각을 형성한 현무암질의 암석인지 또는 대양지각
아래에 있는 초염기성인 더 밀도가 큰 암석인지에 관하여는 아직 밝혀져 있지 않다.

대륙지각의 단면

지진파 연구로 대륙지각의 성질과 두께는 대체로 알려졌다. 1962년까지 대륙 및 대

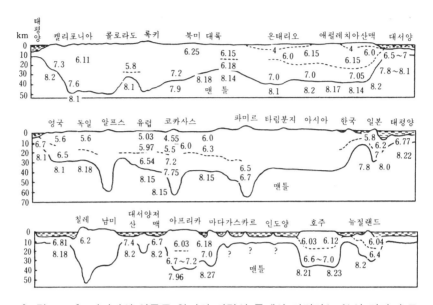

[그림 19-2] 지진파의 연구로 알려진 지각의 두께와 지진파(P파)의 전파 속도 (傳播速度)를 숫자로 표시한 단면도(A. Holmes의 교과서 1965판 p. 928)(전파 속도가 8 이상이면 감람암으로, 6.5~7이면 현무암이 나 반려암으로, 6~6.5이면 화강암질 암석으로 생각할 수 있다. 4는 퇴적암이다.)

양지각에 대한 지진파 연구의 결과로 종합된 북미 대륙, 아시아 대륙 및 남미-아프리카-호주의 지각의 단면도를 보면 [그림 19-2]와 같다.

　　지진파의 P파는 지하로 깊어질수록 빠른 속도로 전파(傳播)되는데 전파 속도를 보아 암석의 종류를 짐작할 수 있다. 보통 P파의 전파 속도가 4km/sec이면 퇴적암이고, 6.0~6.5km/sec이면 화강암질인 암석이며, 6.5~7.0km/sec이면 현무암질인 암석(현무암과 반려암)이고, 8.0~8.5km/sec이면 감람암질 암석이다. [그림 19-4]의 대륙지각 하부에서 전파 속도가 6.54~7.75km/sec인 부분은 압력에 의하여 현무암질 암석이 높은 전파 속도를 보이고 있는지, 감람암과 반려암의 혼합에 의한 것인지 불명하다. 이 그림에서는 이 두 부분을 해양지각과 연결시켜 해양지각과 같은 성분일 가능성을 보여준다.

　　모호면은 전파 속도가 7.75km/sec 이하인 지각 부분과 8.0km/sec 이상인 맨틀(mantle) 부분 사이에 그려져 있다. 모호로비치치는 1909년에 근거리 지진의 지진파를 연구하여 전파 속도에 차이가 있는 불연속면을 발견하였으므로 그의 이름을 따서 **모호**

로비치치 불연속면 또는 모호면이라고 하게 되었으며 이 면이 대륙지각과 맨틀 및 대양
지각과 맨틀 사이의 경계면이다.

대륙지각은 크게 ① 순상지(楯狀地: shield), ② 대지(臺地: platform) 및 ③ 현생누대
(顯生累代) 조산대로 3분할 수 있다.

1. 순 상 지

대륙지각 중에서 가장 오래 된 것이며 선캄브리아누대 중에 여러 번 지각변동을 받
은 복잡한 내용과 구조를 가진 지각의 일부로서 서로 떨어져 있는 각 대륙지각의 핵심
역할을 맡아 가지고 있다. 이는 지형적으로 비교적 낮은 지대를 형성하며 지질학적으로
는 고생대 이래 지각변동이 일어나지 않은 곳이다. 다만 큰 암판에 속하여 있으며 암판
의 수평이동에 참가하여 왔다. 중요한 순상지로는 시베리아의 앙가라(Angara) 순상지,
서유럽의 발틱(Baltic) 순상지, 북미 대륙의 캐나다 순상지(그린랜드 포함), 남미 대륙의
기니아-아마존(Guinian-Amazonian) 순상지, 호주 순상지, 인도 순상지, 아프리카의 이디
오피아 순상지, 남극 대륙 순상지가 있다.

2. 대   지

순상지 주변에 넓게 분포되어 있는 지형적으로 낮은 지각으로서 지표 부근에는 고
생대와 그 후의 퇴적암층을 퇴적시켰으나 이들 지층은 거의 수평 상태를 유지하거나 경
사가 아주 작은, 교란된 일이 없는 지층으로 되어 있으며, 아래에는 심한 지각변동으로
굳어진 선캄브리아의 지각(순상지의 암석과 같음)이 있다. 이것을 대지(臺地), 탁지(卓地)
또는 탁상지(卓狀地: plateau)라고 한다. 유럽에서는 고생대 전반에 칼레도니아 조산운동
(Caledonian orogeny)이 있었는데 이 때에 조산운동으로 굳어진 지각을 기반으로 한 대
지를 신기대지(新期臺地)라고 하고 위에 설명한 것을 고기(古期)대지라고 한다. 대지로
는 한국, 시베리아, 유럽, 북미 대륙 중축부, 남미 대륙 중축부, 중국의 일부, 아프리카,
아라비아, 인도, 호주가 있다.

3. 현생누대 조산대

순상지와 대지를 합하여 이를 강괴(剛塊: craton) 또는 크레이튼이라고도 하는데 강
괴 주위의 육지가 고생대 이후의 조산대로서 큰 습곡산맥을 포함한 불안정한 지대이다.
이들은 서로 접근하는 암판들 사이에 위치하여 변형을 받았거나 변형이 일어나고 있는

부분이다. 지중해 부근, 중국 대륙의 대부분, 동시베리아, 일본, 말레이시아, 인도네시아, 필리핀, 호주 동부, 북미 및 남미 대륙의 서쪽 지대가 이에 속한다. 대부분의 지진대와 화산대가 이에 들어 있어서 현재에도 활발한 변동이 일어나고 있음을 알 수 있다.

4. 강   괴

순상지와 대지를 합한 강괴 또는 크레이튼은 현생누대의 조산대와는 뚜렷한 차이가 있다. 강괴는 암판과 함께 수평운동을 하는 외에는 소규모의 해침을 받아 기껏 2,000~3,000m의 퇴적층으로 덮였을 뿐 깊이 침강하는 퇴적분지로 변한 일이 없다. 최근 S파를 이용한 연구에 의하면 강괴 아래에는 약 35km 두께의 화강암질 지각이 있고 그 아래에는 지표에서 약 200~300km까지 감람암으로 된 층이 있다. 이는 굳은 고체 상태에 있으므로 강괴의 강도를 더 크게 해 준다.

암석권의 이동을 일으키게 해 주는 **연약권**(asthenophere)은 지하 70~400km 사이에 있는데 이는 지진파의 느린 전파 속도로 추측되는 층이다. [그림 19-3]에서 보는 바와

같이 순상지(4)의 온도 분포는 지하 250km에서도 맨틀이 용융되기 시작하는 온도(5)에 도달하지 못한다. 이는 250km 지하에서도 순상지의 지각 아래에는 굳은 감람암층이 있다는 뜻이 된다. 그렇게 되면 순상지 아래의 맨틀은 250km보다 더 깊은 곳에서야 연약권을 형성하게 될 것이다. 이러한 상태는 순상지의 암석권 아래에 암석권과 비슷한 역할을 하는 굳은 부분이 첨가되는 결과를 가져오게 한다. 이것이 강괴를 더 안정하게 유지시키는 원인이 된다.

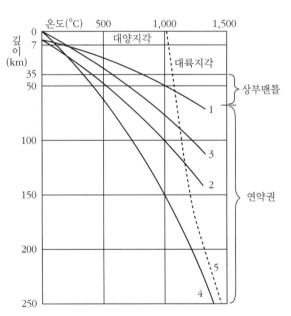

(1) 새로 형성된 대양지각 (2) 오랜 대양지각 (3) 현생누대 조산대 (4) 순상지 (5) 맨틀이 용융되기 시작하는 온도

[그림 19-3] 지진파 연구로 알려진 지각과 맨틀 속의 온도 분포

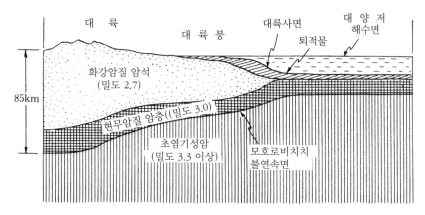

[그림 19-4] 1970년대까지의 지각의 구조(단면도)

선캠브리아 순상지에서 주로 발견되는 킴벌라이트(Kimberlite)는 파이프상으로 산출되며 이는 고생대 이전에 형성된 화산체가 침식되어 없어지고 남은 암경(岩頸: neck)으로 해석되는데 이에는 석류석감람암의 포획암이 발견된다. 이 포획암을 암석학적 및 지구화학적으로 연구한 결과 지하 100~250km에서 떨어져 나온 맨틀의 구성암임이 밝혀졌다. 이런 포획암도 순상지 아래의 맨틀이 그 깊이에서 녹지 못할 상태에 있음을 알게 한다.

1970년대까지도 대륙지각 아래에 대양지각이 연속되어 있고 대양저보다 두꺼운 대양지각이 있는 것으로 생각되었으나([그림 19-4] 참조) 최근에는 대양지각은 대륙대(continental rise) 아래까지에만 있고 대륙붕 아래에는 대륙지각이 있으며 곳에 따라서는 대양지각과 대륙지각 사이의 관계가 불명한 것으로 되어 있다.

2. 대양지각

대양지각은 지구 표면적의 약 70%를 덮는 대양저 아래에 거의 빈틈 없이 깔려 있으며 대륙지각 아래에도 존재할 가능성이 많은 지각의 중요한 일원이다. 종래(1970년대 전반까지)에는 대양지각을 간단히 두께가 5km 가량인 시마(sima)층 또는 현무암질 지각이라고 불렸으나 연구의 결과 그렇게 간단하게 취급할 수 없는 지각임이 판명되었다.

L파가 전파되는 속도는 대륙지각보다 대양지각에서 더 크므로 대양지각은 밀도가

큰 암석으로 이루어져 있을 것이라는 생각이 오래 전부터 있었고 그 암석은 현무암질일 것이라고 일컬어져 왔다. 그러나 그것을 증명할 방법은 태평양이나 대서양에 솟아오른 화산도의 암석을 조사하거나 1968년부터 시행된 글로마 챌린저호(Glomar Challenger)라는 심해저 시추선에 의존하는 수밖에 없었다. 이 탐사선으로 수행된 심해저 시추 계획(DSDP: Deep Sea Drilling Project)에 의하여 깊이 4,000m의 바다에서 대양저퇴적물을 뚫고 내려가 곳곳에서 대양지각을 이루는 현무암의 시추 표품을 채취하였다.

1. 앨빈호의 탐사

대양저를 사람 눈으로 직접 관찰하기 위한 계획이 세워져서 1973년부터 실행에 들어갔다. 이에 사용된 잠수정은 앨빈호(Alvin)였다([그림 19-5] 참조). 이 잠수정(submersible)은 처음에 포르투갈 서쪽 바다 1,500km에 있는 아조레군도(Azores Islands) 남쪽 350km의 대양저 산맥 정선부의 조사를 시행하였다. 먼저 해저의 지형을 자세히 조사한 후 잠수하여 그 곳에 있는 높이 100m의 해저절벽을 관찰하고 암석의 표품을 채취하였다. 여기서는 여러 겹으로 쌓인 베개구조를 가진 현무암이 발견되었다.

두 번째로는 카리브해(Caribbian Sea)에 있는 자마이카(jamaica) 남해의 해저열곡(裂谷: rift valley)의 벽을 관찰하였는데 여기서도 베개현무암을 많이 관찰하였고 곳곳에서 반려암의 암맥이 현무암 속에 관입되어 있는 것이 관찰되었으며 간혹 감람암도 발견되

[그림 19-5]   심해저 정밀 탐사를 위하여 건조된 유인 잠수정 앨
빈호(잠수 시간은 6시간)

었다.

　　대양지각에 대하여는 지진파에 의한 탐사가 오래 전부터 시행되어 왔으므로 대양지각은 대체로 3층의 층상구조를 가지고 있음이 알려져 있었다. 즉 제 1 층(first layer)은 퇴적물로 된 상부의 층이고, 제 2 층(second layer)은 현무암으로 된 층이며, 제 3 층은 현무암과 반려암으로 된 층일 것이라는 예상이 되어 있었다. 여러 가지 방법에 의한 탐사와 육상에 나타난 대양지각의 연구로 얻은 대양지각의 모양은 [그림 19-8]과 같다.

　　(1) 제 1 층　　제 1 층은 심해저에 퇴적된 유기적 및 육원(陸源) 퇴적물로서 대양저산맥 정상부에는 거의 쌓여 있지 않으나 대양저산맥에서 멀어져 감에 따라 그 두께가 증가하여 대체로 500m의 두께를 유지하는 곳이 많다. 그러나 육지로 접근함에 따라 1,000m의 두께를 가지는 곳이 많아지고 대륙대에 접근하면 더 두꺼워지다가 대륙대에서는 수천 m에서 1만 m를 넘는다. 제 1 층의 지진파(P파)의 전파 속도는 4.0km/sec으로 가장 속도가 낮으며 대양저평원에서의 퇴적 속도는 100~1,000년에 1mm이다.

　　유기적퇴적물로는 글로비게리나 연니(*Globigerina* ooze)와 방산충 연니(radiolarian ooze)가 있는데 후자는 굳어져서 방산충쳐어트(chert)를 형성한다. 쳐어트에는 시대를 잘 알려 주는 미화석이 많아서 쳐어트가 육지에 나타나면 좋은 표준화석의 역할을 한다.

　　(2) 제 2 층　　제 2 층은 심해저 시추에 의한 표품 채취, 화산섬의 연구 및 잠수정에 의한 관찰과 표품 채취로 밝혀진 바와 같이 베개구조를 가진 현무암이 계속하여 덮인 누층으로 되어 있으며 이들은 대양저산맥의 정선부에서 분출되어 겹겹으로 쌓인 것이다. 이 층의 두께는 1~2km이며 이 층 표면에는 곳곳에 높거나 낮게 솟은 해산과 용

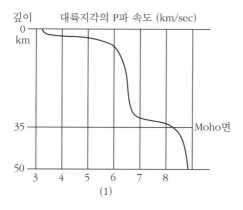

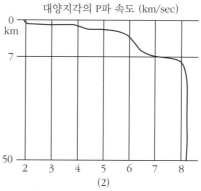

[그림 19-6]　대륙지각과 대양지각 및 상부맨틀의 P파 전파 속도

암 무더기가 즐비하여 그 표면은 복잡한 지형을 보여 주나 대양저산맥에서 멀어짐에 따라 퇴적물의 두께가 증대하여 해저는 평탄하게 되어 버린다. 곳에 따라서는 반려암의 암맥이 관입되어 있음을 볼 수 있다.

제 2 층의 지진파(P파)의 전파 속도는 3.5~6.0km/sec로서 제 2 층은 부분적으로 불균질한 곳이 있는 것으로 보이며 그 하부의 현무암은 치밀하여 6.0km/sec의 속도를 보여 준다.

(3) 제 3 층   이것은 대양저산맥 정선부에서도 직접 관찰할 수 없는 부분으로 지진과 관측에 의해서만 연구할 수 있는 층이다. 제 3 층의 지진파(P파)의 전파 속도는 6.8km/sec로서 전체적으로 균질인 것으로 나타나며 그 두께는 3~5km이다. 지진파 속도로 보아 이 층은 현무암과 반려암으로 되어 있는 것으로 생각된다. 이들의 밀도는 3.0gr/cm³ 정도이다.

제 3 층 아래에는 지진파의 전파 속도가 8.0~8.2 km/sec인 층이 있어서 제 3 층의 전파 속도와 현격한 차이를 보여준다. 이로 보아 이런 암석은 밀도가 3.3gr/cm³ 정도인 감람암일 것으로 생각된다.

2. 오피(誤皮: ophiolite)

이미 대양저에서 대양지각으로 생성된 현무암과 반려암 또는 감람암이 대양지각의 이동 단계에서 육지에 노출하게 된 것을 오피 또는 오피올라이트라고 한다. 오피는 보통 대양지각이 대륙지각 아래로 들어가는 곳, 즉 섭입(攝入: subduction)을 일으키는 곳에서 밀려 올라와서 습곡산맥 중에 그 일부가 현무암이나 감람암 또는 사문암의 파편으로 발견되는 경우가 있다. 그러나 드문 예로서 키프로스(Cyprus)섬이나 오만(Oman)에서처럼 큰 대양지각의 덩어리가 대륙지각 위에 밀려 올라와서, 즉 압등(押登: obduction)하여서, 대양지각의 층서를 그대로 유지하며 놓여 있는 희귀한 경우가 있다. 이런 곳에서는 대양지각의 층서를 연구하는 데 큰 도움을 얻을 수 있다.

육상에 노출된 대양지각, 즉 오피 중 연구가 잘 된 곳은 지중해 동쪽 끝의 이스켄데룬만(Iskenderun Gulf)에 있는 섬나라 키프로스이다[[그림 19-7] (1) 참조]. 이 섬은 동서로 220km의 길이를 가진 제주도와 비슷한 생김새의 섬이다. 이 섬의 최고봉인 올림푸스산(Olympus, 1,953m)을 포함한 트루도스 산지(Troodos Massif)가 오피 노출지로 유명하여 1970년대 후반부터 많은 조사와 연구가 이루어졌다. 키프로스섬의 높은 곳에는 대양저에서 쌓인 유기적퇴적암인 방산충쳐어트가 있고 이 층 아래에는 베개현무암층

(1) 키프로스와 대양지각 노두가 있는 올림푸스산

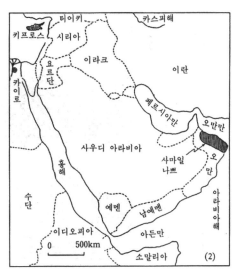

(2) 아라비아 반도 오만북동단 해안의 사마일 나쁘(nappe)

[그림 19-7] 대규모로 대양지각이 나타나 있는 곳

이 있으며 그 하부는 간혹 반려암 암맥의 관입을 당하였다. 이 부분까지는 위에서 말한 제 2 층으로 보인다. 그 아래에는 거의 연속적인 반려암의 수직암맥으로 100% 관입된 부분이 있다. 이런 점으로 보아 이는 제 3 층으로 생각된다. 최하부에는 감람암으로 된 층이 있다. 이것은 맨틀의 암석일 것이다. 이렇게 대양저였던 지각이 지표에 나타나 보이는 일은 드문 것인데 키프로스섬은 유라시아판과 아프리카판이 접근할 때에 두 암판 사이에서 큰 압력을 받으며 솟아올라 육화한 것으로 생각된다.

키프로스와 같이 대양지각의 노출지로 유명한 곳은 아라비아 반도 동쪽 끝부분의 오만이다([그림 19-7] 참조). 오만 동북쪽 해안에는 북동에서 남서로 압등(obduction)을 일으킨 큰 오피, 즉 상륙한 대양지각이 거의 원형대로 수평을 유한 상태로 노출되어 있다. 이 압등된 부분은 일종의 나쁘(nappe)이므로 이들 지명을 따라 사마일(Samail) 나쁘라고 한다. 여기서도 최상부에 제 1 층인 방산충암, 그 아래에 제 2 층인 베개현무암, 다시 그 아래에 제 3 층이 반려암의 암맥층이 발견되며 최하부에는 감람암의 층이 있다. 다만 감람암층과 반려암의 암맥층 사이에는 층상의 반려암이 있다. 이와 같은 모든 연구 자료를 연구하여 얻은 대양지각의 모양은 [그림 19-8]과 같다.

종래 오피라고 하면 지층 중의 현무암이나 사문암 또는 반려암을 생각한 일이 있었

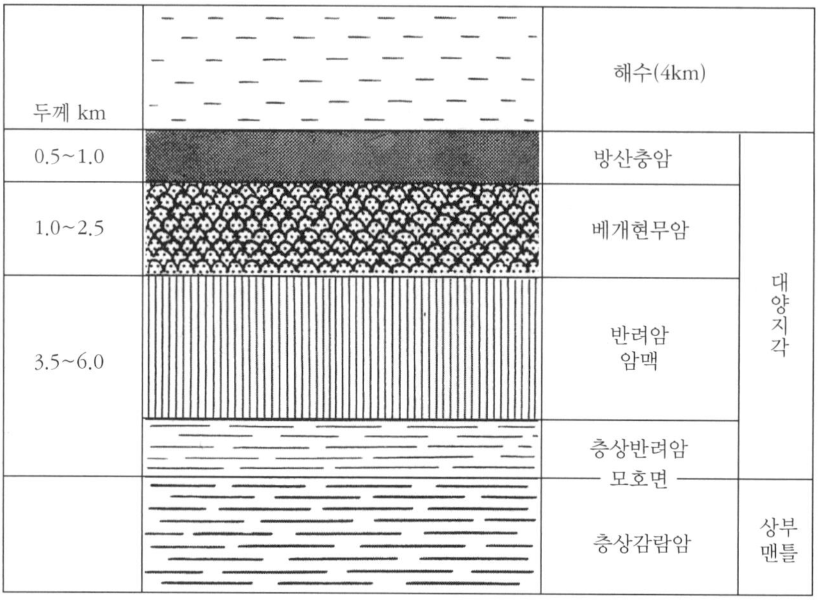

두께 km			
		해수(4km)	
0.5~1.0		방산충암	대양지각
1.0~2.5		베개현무암	
3.5~6.0		반려암 암맥	
		층상반려암 ― 모호면 ―	상부맨틀
		층상감람암	

반려암의 맥암으로 된 부분(제 3 층)을 시트암맥군(sheeted dike complex)이라고도 한다. 맥암의 두께는 보통 1m이다.

[그림 19-8] 대양지각의 모식도

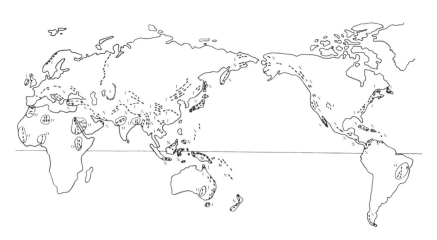

(N) 2억 년보다 새 것   (I) 2~5.4억 년 사이의 것   (O) 5.4~12억 년 사이의 것.

[그림 19-9] 오피의 세계 분포와 그 연령

으나 이는 반드시 대양지각이나 그 일부가 판구조 운동에 의한 섭입이나 압등에 의하여 육화된 것이어야 한다. 그러므로 현재 대양저에 있는 대양지각은 오피가 아니고 또 대양지각과 관계가 없는 현무암이나 반려암 또는 감람암도 오피가 아니다.

보통 오피는 방산충암과 밀접하게 동반될 수 있음은 [그림 19-8]에서 보아도 알 수 있다. 세계의 오피 분포지는 대체로 조산대에 일치한다([그림 19-9] 참조).

3. 상부맨틀

지각 밑의 모호(Moho)면과 지구의 핵(核: core) 사이에는 두께가 2,900km인 맨틀이 있다. 맨틀은 상부맨틀과 하부맨틀로 구분되며, 상부맨틀은 모호면에서 약 400~700km까지의 껍질 부분이고 이는 위의 암석권과 아래의 연약권으로 나누어진다. 암석권은 지각과 합하여 두께가 80~100km이며 굳은 암석으로 구성되어 있어서 이를 통과하는 지진파의 속도가 빠르다.

1. 상부맨틀의 상부

지각과 연약권 사이에 있는 상부맨틀의 상부는 약 80km 정도의 두께를 가지는데 이는 항구적으로 존재하여 있는 것일까? 그렇지는 않을 것이다. 왜냐 하면 상부맨틀의 상부는 지각과 함께 암판을 이루는 암석권으로서 맨틀 대류로 밀려서

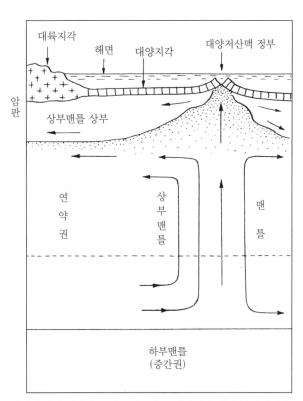

상부맨틀의 상부가 대양저산맥에서 멀어짐에 따라 두꺼워진다. 〔S과 저속도층(연약권)의 구분〕

[그림 19-10] 상부맨틀의 구분

이동해 가다가 해구에 이르면 그 곳에서 섭입하여 연약권과 그 아래로 들어가 소멸되기 때문이며 소멸된 분량만큼은 대양저산맥 아래에서 늘 새로이 생성되어야 할 것이다. 대양저산맥에서는 그 최상부에 대양지각이 생성되지만 그 아래에서는 맨틀대류로 솟아오르는 용융물질 중의 대부분이 대양지각 아래에서 굳어져서 감람암으로 구성된 상부맨틀의 상부를 형성하게 되는 것이다. 천천히 움직여 산맥에서 멀어져 감에 따라 상부맨틀 상부의 밑바닥은 식을 것이고 이에 따라 상부맨틀의 상부, 즉 암석권의 주부(主部)는 두께가 증대될 것이다.

2. 연 약 권

연약권은 지표면 아래 80~100km에서 약 400km까지 사이이며 그 두께는 약 300km인데 연약권의 상반부의 두께 약 200km의 층은 지진파의 전파 속도가 느린 저속도층으로서 이는 연약권의 주된 부분을 형성한다. 그 하반부의 약 150km는 점차로 지진파의 속도가 커지는 부분이다.

지하 350km에서 400km까지 사이에는 지진파의 속도가 급격히 증대되는 얇은 층이 있고 이 층의 아래(지하 400~2,900km 사이)에는 하부맨틀이 있으며 전체가 상당히 굳은 상태를 유지하고 있다. 하부맨틀을 중간권(mesosphere)이라고 부르기도 한다. 학자에 따라서는

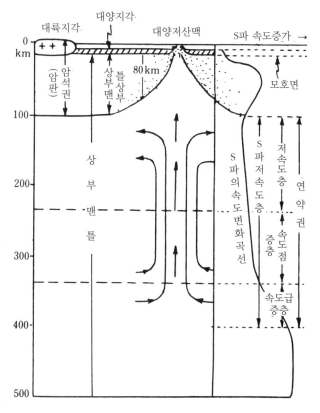

[그림 19-11] 지각에서 연약권을 지나 하부맨틀을 통과하는 지진파(S파)의 속도 변화

지하 700km까지도 연약권으로 취급하는데 그 이유는 해구(海溝)에서 대양지각이 섭입(subduction)하여 가라앉는 한도가 지하 700km까지임을 참고한 생각이다.

연약권은 액상은 아니지만 가소성을 가졌으므로 굳은 암석권과는 대조적이다. 연약권이 지진파에 대한 저속도층인 것은 연약권에서 감람암질 암석의 부분용융(partial melting)이 일어나기 때문인 것으로 해석된다. 즉 상부맨틀의 감람암 중의 현무암 성분이 녹아서 연약권의 유동을 가능케 하며 그 분량은 10~20%일 것으로 추측된다.

지진파가 지구 내부를 통과하는 모양은 [그림 19-11] 및 [그림 19-12]와 같다.

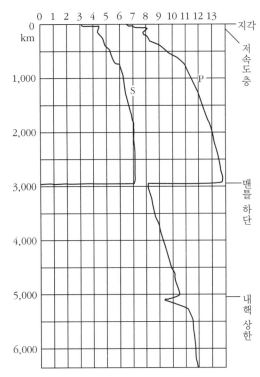

속도(km/sec)

S파는 지하 2,900km에서 진행이 중지되고 P파는 급격히 속도가 떨어진다.

[그림 19-12] 지진파 P파와 S파가 지구 내부를 통과하며 속도를 변화시키는 모양

3. 지구 내부의 온도

땅을 깊이 파내려가면 암석의 온도가 점점 높아진다. 곳에 따라 온도가 높아지는 비율이 조금씩 다르나 일반적으로는 100m 내려감에 따라 3℃씩 높아진다. 이런 깊이에 따른 온도 증가를 3℃/100m로 표현하는데 이를 **지온경사** 또는 **지하증온율**(地下增溫率: geothermal gradient)이라고 한다. 그런데 3℃/100m의 증온율은 지표 부근 5,000m 정도까지의 지하에서는 적용이 되나 더 깊은 곳의 증온율은 알 수가 없다. 다만 지진파의 속도변화와 예상되는 지하의 압력으로 추측하는 수밖에 없다. 만일 3℃/100m를 지구 중심부까지 적용한다면 지구 중심의 온도는 20만℃ 이상이 될 것이고 지하 200km인 연약권의 온도도 6,000℃가 되는 계산이 나온다. 이는 태양 표면과 같은 온도로서 지구 표면 부근에서는 있을 수 없는 온도이

다. 이 곳의 압력이 크기는 하지만 S파가 통과할 수 있는 고체 상태이므로 6,000℃일 수는 없다.

지구의 열의 근원은 지구가 생성될 때부터 집적된 것이다. 처음에는 태양계 공간에서 물질이 지구의 작은 중심체에 모여들 때, 즉 낙하할 때에 충돌열로 모아지기 시작했고 물질의 하중으로 지구에 압력을 가하게 되어 이것도 열로 남았을 것이다. 여기에 지각에 들어 있는 방사성 동위 원소들, 즉 우라늄(U)·토륨(Th)·칼륨(K)·기타의 미량 원소들의 붕괴열이 더해진다.

이러한 열원이 지구 내부를 용융 상태에 놓이게 하고 맨틀을 가열하며 열의 일부는 지구 밖으로 달아나고 있다. 그러므로 지구에 들어 있는 방사성 원소의 양을 알면 대체로 지구의 열 수지(收支)를 알아 낼 수 있을 것이다.

대륙지각의 화강암질 암석에는 우라늄이 5gr/t의 비율로 들어 있음이 알려져 있다. 대양지각인 현무암질 암석에는 1gr/t 정도 들어 있다. 우라늄과 그 밖의 방사성 원소들은 지구가 형성된 당시에는 지구 전체에 골고루 퍼져 있었으나 지질시대를 지나는 동안에 이들은 지표 부근의 지각으로 집중되었다. 그 이유는 방사성 원소들은 모두 이온 반경이 크기 때문에 이온 반경이 작은 규소(Si)·알루미늄(Al)·마그네슘(Mg)·칼슘(Ca)·철(Fe)과 함께 지구 내부의 높은 압력하에 머물러 있기가 곤란하여 쫓겨서 지표 부근으

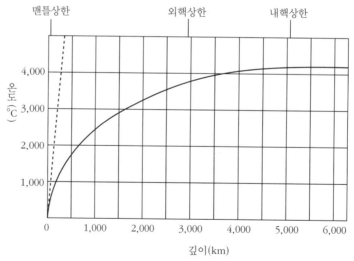

파선은 지하증온율을 2℃/100m로 가상하였을 때의 지하의 온도.

[그림 19-13] 지구 내부의 온도(Mallory & Cargo, 1979)

로 천천히 이동하여 올라갔기 때문이다.

여러 가지 자료를 참고하여 얻은 지하의 온도 분포는 [그림 19-13]과 같다. 이 그림에서 보면 지하증온율은 급속히 작아져서 지하 4,000km에서는 4,000℃이고 지구 중심에서는 4,200℃이나 최근의 고압실험으로 7,173℃라는 결과를 얻었다. 연약권과 하부맨틀의 경계면(지하 400km)의 온도는 1,500℃ 내외이다.

4. 열 류 량

지구 형성 이래 여러 열원에서 발생한 열은 대류·전도·복사의 형식으로 지구 내부에서 표면부로 이동하다가 지구 밖으로 발산되고 있다. 지구 내부에서 지구 표면으로 향하는 열의 흐름의 양은 10^{-6}cal/cm^{2}sec라는 단위(HFU: heat flow unit)를 사용하거나 mW/m^{2}를 사용하는데 1HFU = 42mW/m^{2}이다.

지구 표면에서 우주로 방출되는 열량은 태양에서 지구로 공급되는 열량에 비하면 아주 작다. 태양이 지구로 보내는 열량은 지구가 복사하는 열량의 5,000배로서 이는 지구가 방출하는 열을 16년간 모아야 태양이 하룻동안에 공급하는 양과 같다는 계산이

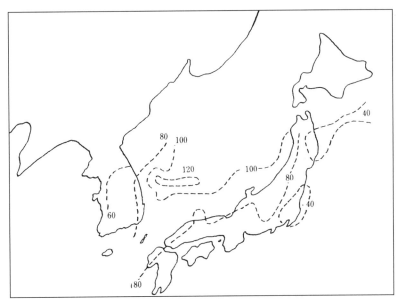

단위는 mW/m^2. 일본은 화산국이지만 80 정도이고 해구의 열류량은 낮은 것이 특징이다.

[그림 19-14] 한국과 일본 부근의 열류량

된다.

열류량 Q는 다음 식으로 계산된다.

$Q = K \cdot dT/dZ$ (여기서 dT/dz는 지하증온율이다.)

여기서 K는 암석이나 퇴적물의 열전도율, T는 측정된 온도, Z는 깊이이다. 지표 부근에서는 태양열의 영향을 받을 가능성이 많으므로 태양의 영향이 미치지 않는 곳을 택하여 측정한다. 실제로 측정할 때는 수직 방향으로 어떤 거리를 둔 두 지점의 온도를 측정하여 그 차를 내고 이에 암석이나 퇴적물의 열전도율을 곱하여 열류량을 얻는다.

세계 평균 열류량은 대륙과 대양저에 관계 없이 약 1.4×10^{-6}cal/cm²sec이며 이는 1.4HFU로도 나타낸다. 한국과 일본 사이의 열류량은 [그림 19-14]와 같으며 한국의 남동부는 2.0HFU로서 세계 평균보다 높은 편이고 일본 해구에서는 1.0HFU로 비교적 낮다. 동해의 열류량은 2.5HFU로 높은 곳이 있다.

4. 대륙이동설

1. 지구 표면의 요철

지표에는 육지와 바다가 있고 육지는 평야와 산맥으로 크게 구분된다. 바다에는 약 4,000m 깊이의 바닷물 아래에 대양지각이 있으며 이에는 대양저산맥이 있어 해저에서는 높은 위치를 차지한다. 이러한 지표의 요철은 오랜 시간 동안에 이루어진 것으로서 지금도 조금씩 조절되고는 있으나 대체로는 균형이 취해져 있는 상태라고 할 수 있다.

상식으로는 높은 곳은 가라앉고 낮은 곳은 솟아올라야 할 것인데 높은 곳과 낮은 곳이 균형이 취해져 있는 듯이 보이는 데는 어떤 이유가 있을 것으로 생각하지 않을 수 없다. 이런 의문을 풀기 위하여 실험과 이론적인 계산이 이루어졌다. 이런 연구를 가장 먼저 행한 사람은 인도의 프라트(Pratt, 1811~1871)와 영국의 에어리(G. B. Airy, 1801~1892)였다. 이들의 실험은 다음과 같았다.

넓은 평야에서 실에 추를 달아 늘어뜨린 연직선(鉛直線: plumb line)은 지구 중심으로 향한다. 그러나 큰 산맥에 가까운 평야에 세운 연직선은 산맥 쪽으로 끌려서 약간 기울어진다. 우리는 측량과 계산으로 산의 부피를 구할 수 있으므로 산맥과 평야

를 만든 암석의 밀도가 같다
고 하면 연직선이 기울어지
는 양을 정밀히 계산할 수 있
다. 그러나 실제로 히말라야
와 록키 산맥 부근에서 연구
된 바에 의하면 연직선의 편
차(deflection)는 계산에 의
한 값보다 훨씬 작았다([그림
19-15] 참조). 이러한 사실로
부터 우리는 산맥과 산맥 아
래에 들어 있는 암석은 평야
아래에 들어 있는 암석보다

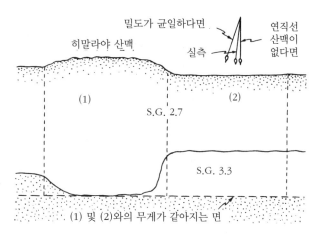

[그림 19-15] 연직선의 방향이 산맥으로 향하여 끌리는 모양

비중이 낮을 것으로 추측할 수 있다. 이런 추측은 정밀한 흔들이를 사용하여 산맥 위와
평야에서 중력을 측정함으로써 점검해 볼 수 있다.

　　만일 지각의 밀도가 균일하다면 지구상의 모든 지점의 중력값은 정밀히 계산될 수
있다. 그런데 산맥 중에서 측정된 중력의 값은 계산에 의한 값보다 보통 작다. 이런 모
순은 다음과 같이 설명된다. 즉 평야 위에 나타나 있는 산맥만큼의 체적은 그 아래에 들
어 있는 산맥 뿌리의 밀도가 낮기 때문에 솟아올라와 있는 것이다. 그렇다면 큰 산맥들
은 인접하여 있는 낮은 부분과 대체로 균형이 취해져 있다고 생각할 수 있고, 대륙은 대
양저와 균형이 취하여져 있어서 지표면은 현상 유지가 가능하다. 이렇게 가상되는 균형
상태를 **지각평형**(地殼平衡: isostasy)이라고 한다. 이런 생각은 위의 두 사람에 의하여 주
장되었는데 이 생각을 **지각평형설**(Theory of isostasy)이라고 한다.

　　지각평형설은 간단한 실험으로 설명이 가능하다. 물위에 떠 있는 대소의 얼음 덩
어리를 생각하여도 좋을 것이고 [그
림 19-16]과 같이 수은에 구리 덩어리
를 띄워도 좋다. 얼음이나 구리가 두
꺼우면 아래로 가라앉는 부피도 클 것
이고 액체면 위에 나타나는 부피도 크
다. 얇으면 아래로 들어가는 부분과
위에 나타나는 부분의 부피가 모두 작

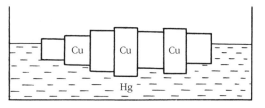

[그림 19-16] 수은과 구리 덩어리로 설명되는 지
각평형설

다. 고체와 액체의 비중의 차가 작으면 작을수록 액체면 위에 나타나는 부피에 대해 액체 속으로 들어가는 부분의 부피가 크다. 이러한 조절은 액체에 떠 있는 고체에 대하여도 가능하지만 점성이 있는 상부맨틀 위에 놓여 있는 지각에 관하여도 가능하다.

지구구조론은 1960년대에 들어서면서부터 주목되기 시작하였다.

이는 세계적인 규모를 가진 대양저산맥, 해구(海溝), 해저의 변환단층, 호상열도, 육지의 대습곡산맥, 지진대, 화산대와 같이 지구 표면에 발달된 현저한 특징의 성인을 밝히려는 연구가 진전됨으로써 성과를 거두었다.

음향측심법·고지자기(古地磁氣) 측정법·지진학·방사성 원소에 의한 절대연령 측정법의 발전이 크게 기여하였음을 잊어서는 안 될 것이다.

대륙이동의 생각은 **대륙이동설**(大陸移動說) 또는 **대륙표이설**(大陸漂移說: Theory of continental drift)에서 **해저확장설**(海底擴張說: Concept of sea-floor spreading)로, 이는 다시 **판구조론**(板構造論: plate tectonics)으로 발전하였다. 물론 앞으로 더욱 연구가 이루어져야 하겠지만 지금까지의 발전 과정을 살펴보면 다음과 같다.

2. 대륙이동설

이 가설은 독일의 기상학자이며 지구물리학자인 베게너(A. Wegener)가 1912년 대서양 연안의 육지의 윤곽이 서로 가져다 맞추면 잘 들어 맞을 것 같은 데에 착안하고 모든 대륙이 한 덩어리의 초대륙(超大陸: Pangaea, [그림 19-17] 참조)이 분리되어 표이하여 퍼져서 현재와 같은 모양의 대륙과 해양의 분포를 보여 주게 된 것이라고 생각하고 자기의 생각을 뒷받침할 증거를 찾기 시작하였다.

그런데 대륙이동설을 베게너에 앞서 주장한 사람이 몇 사람 더 있었다. 19세기 말엽에 수스(E. Suess, 1831~1914, 오스트리아의 지질학자)는 남반구의 대륙들은 인도와 함께 한 개의 대륙인 곤드와나(Gondwana)를 형성하고 있었다고 주장하였는데 이는 지형적인 특징뿐 아니라 남반구의 여러 대륙에 유사한 지층이 분포되는 데 근거를 두었다. 미국의 테일러(F. B. Taylor)는 1908년에, 베게너는 1910년과 1912년에 같은 생각을 발표하였는데, 베게너의 논문의 원제목은 'Die Entstehung der Kontinente und Ozeane'였다. 그러나 세계적인 파문을 던진 것은 베게너가 1924년에 영국에서 출판한 *Origin of Continents and Oceans*라는 책이었다. 이 책에서 그는 다음과 같이 주장하였다(베게너는 여러 번 그의 책을 개정했는데 최종판은 1929년에 출판한 것이다).

'지각평형(isostasy)의 원리에 따라 대륙은 시알(sial)로 되어 있고 육지는 밑에 있는

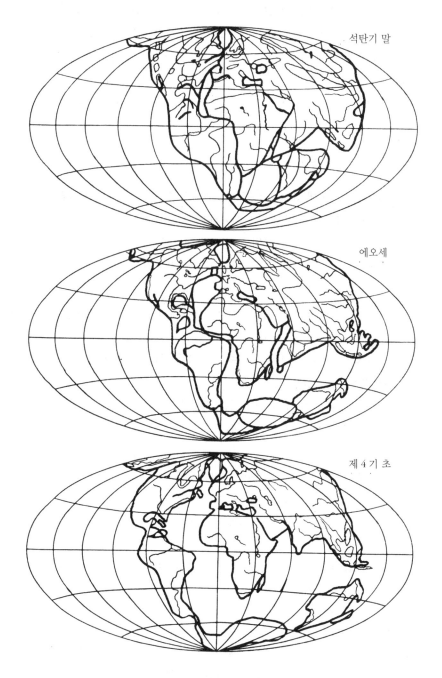

석탄기 말

에오세

제 4 기 초

[그림 19-17] 베게너의 초대륙과 그 분열(베게너, 1915).

시마(sima) 위에 떠 있다. 지질시대(고생대 말엽)에는 모든 대륙이 한 덩어리로 모여서 초대륙을 이루고 있었고 태평양은 그 때부터 존재한 시마의 노출부였다. 지구에 작용하는 달의 인력과 지구 자전에 의한 원심력으로 중생대 초부터 대륙은 약선(弱線)을 따라 분리되어 동서로 갈라지게 되었으며 시마를 헤치며 이동하였다. 이 때문에 시마와 부딪친 대륙 연변에 습곡산맥이 생기고, 조륙운동·지괴운동·단층지진이 일어났다.'

초대륙을 둘러싼 바다를 판탈랏사(Panthalassa)라고 불렀다.

3. 베게너의 증거

베게너가 알아 낸 대륙이동설의 증거 중 중요한 것을 들면 다음과 같다.

(1) 북미 대륙의 고대(古代) 애팔래치아(Appalachian) 산맥은 스코틀랜드의 칼레도니아(Caledonian) 산맥과 연결되고 스코틀랜드에 있는 그레이트 글렌(Great Glen) 단층은 미국 보스톤에서 뉴펀들랜드(Newfoundland)까지 연장된 캐보트(Cabot) 단층에 연속된다.

(2) 남극 대륙·호주·남미·남아프리카에서는 다같이 *Glossopteris*와 *Gangamopteris*라는 식물화석이 많이 난다.

(3) 인도·아프리카·남미·호주는 대부분 현재 열대 내지 온대 지방이지만 고생대 말에 빙하작용이 있었다.

(4) 보통 열대 지방에서 생성되는 석탄층이 남극 대륙에서 발견된다. 이는 남극 대륙이 남쪽으로 이동하였음을 시사한다.

[그림 19-18]은 수심 1,000m를 기준으로 맞춘 초대륙의 형태이다. 최근에 발견된 대륙이동의 증거로서는 다음과 같은 것이 있다.

(1) 고지자기 측정 결과는 초대륙이 이동하여 각 대륙이 현재의 위치로 이동하였음을 증명해 준다.

(2) 초대륙 시대에 서로 접하여 있던 두 대륙에 걸쳐 분포된 암석의 생성 시대가 같다는 사실이 화석과 절대연령 측정으로 밝혀졌다.

이러한 증거가 밝혀졌음에도 불구하고 이 가설에 반대한 사람들은 대륙이동을 일으킬 에너지의 출처(出處)와 굳은 대륙지각이 비슷하게 굳은 대양지각을 헤치고 이동할 수 있는 효과적인 기작(機作: mechanism)에 대한 설명이 불가능하므로 이 가설을 받아들

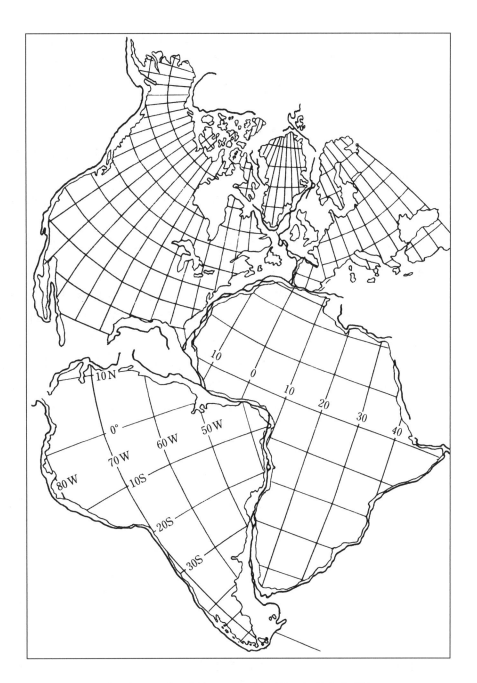

[그림 19-18] 수심 1,000m를 기준으로 맞춘 초대륙

이려 하지 않았다.

대륙이동설은 1920년대에서 1930년대까지 큰 논쟁거리가 되었으나 유럽과 미국의 학자들의 대부분이 베게너의 대륙이동설에 반기를 들었다. 더구나 1937년에 남아프리카의 지질학자 뒤 토아(A. Du Toit)가 어느 정도 계략적인 글 'Our Wandering Continents'를 발표하여 논쟁을 뜨겁게 달구었는데 그 때는 베게너가 별세한 지 7년 후였다. 뒤 토아는 다음과 같이 주장하였다.

'북반구에는 로라시아(Laurasia) 대륙이 있었고 남반구에는 곤드와나 대륙(Gond-wanaland)이 있었는데 두 대륙 사이에는 테티스(Tethys)해 라는 고지중해(古地中海)가 있었다. 이 고지중해가 두 대륙의 접근으로 없어지고 충돌로 알프스 히말라야 산맥이 생겨났다.'

그 때까지 베게너의 생각에 반대하던 학자들이 승리하여 조용해진 때라 더욱 거센 반대에 부딪치고 말았다. 그러나 이 생각은 1950년 초까지 영국의 홈즈(Arthur Holmes, 1890~1965) 교수, 남아프리카의 킹(L.C. King), 타스마니아(Tasmania)의 캐리(S.W. Carey) 외 소수 학자들에 의하여 명맥이 유지되었다. 이들은 용감하게 지적으로 대처했으나 거의 모든 학자들이 조소하고 무시하는 대륙이동설을 20년이나 수호하기는 대단히 힘든 일이었다. 그러던 차에 아주 엉뚱한 곳에서 베게너의 생각을 되살리는 계기가 마련되었다. 그것은 고지자기(古地磁氣) 연구의 성과에서 온 것이다. 이것이 대륙이동에 관한 뒷받침이 되자 1960년대에는 해저확장설이 나오고 이것은 판구조론으로 발전하였다.

4. 화석에 의한 증거

오래 전부터 고생물학자들은 멀리 떨어져 있는 두 대륙에 거의 비슷한 화석이 발견되는 사실을 놓고 고민하였다. 왜냐 하면 각각 다른 대륙에서 생물이 비슷하게 진화하였다고 생각하기는 곤란하기 때문이다. 그래서 그들은 육교(陸橋: land bridge)설을 내놓았다. 1910년 이전의 일이다.

예를 들면 주머니를 가진 유대류(有袋類: marsupials)는 호주와 남미 대륙에 거의 국한되어 있다. 호주와 인도는 가까우나 유대류가 없고 다른 생물상도 현저하게 다르다. 또 고생대 말기에 살던 작은 파충류의 일종인 *Mesosaurus*는 남미 대륙의 브라질과 남아프리카 대륙에서 오래 전부터 화석으로 산출됨이 알려져 있었다.

1967년에는 남극 대륙에서 데본기의 양서류의 화석이 발견되었다. 이것은 남미와 아프리카에서 발견되었고 1969년에는 중생대 초에 살던 파충류(*Lystrosaurus*)가 발견되었다. 고생대의 석탄기에 번성했던 식물화석 *Glossopteris*는 인도·호주·남미·남아프리카·남극 대륙에서 발견된다.

이상에서 설명된 화석과 생물들은 육교설로 그 분포가 설명되던 것이나 지금은 초대륙(pangaea)의 존재와 초대륙의 분열로 설명할 수 있게 되었다. 육교가 깊이 4,000m나 되는 태평양이나 대서양에 있었다는 생각은 터무니없다는 사실이 밝혀지자 육교설은 사라지고 말았다. 20세기 초반까지의 지질학자들은 가상적인 육교가 아주 가느다란 다리처럼 대륙 사이에 걸쳐 있었는데 그것이 대양 속에 빠져 버린 것으로 생각했던 것이다.

고생물학적인 증거 외에도 곤드와나 대륙에 발생하였던 선캄브리아의 빙하의 증거, 남미 대륙과 아프리카 사이의 산맥과 순상지의 연결을 들 수 있다.

5. 고지자기

대륙이동설을 의외의 방향에서 재인식하게 한 고지자기(paleomagnetism)는 '지질시대에 암석 중에 고정(固定)된 그때 그때의 지자기의 요소들'이다.

현재의 지자기의 자기장은 마치 지구의 핵 속에 쌍극자 자장(雙極子磁場)을 보이는 막대자석을 놓은 것 같은 자장을 보여준다. 이 쌍극자의 축은 지구의 자전축과 11°의 차이를 가지고 있으며 지자기의 북극, 즉 자북극(磁北極)은 지리적인 북극과는 일치하지 않고 현재는 그린란드의 북서쪽에 위치한다.

우리는 지구상의 임의의 지

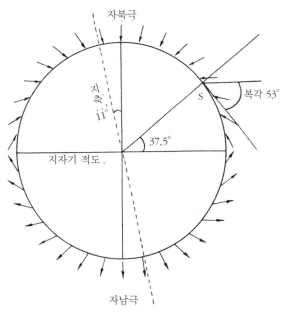

서울(S)은 북위 37.5°에 위치하며 복각은 약 53°이다.

[그림 19-19] 위도와 복각

점에서 지자기의 편각(偏角: declination)과 복각(伏角: inclination)을 측정하여 자북극을 구할 수 있다.

　[그림 19-19]는 지자기의 복각을 위도에 따라 기입한 것이다. 예를 들어 서울은 북위 37.5°에 위치하고 있으며 서울에서 측정한 복각은 53°N이다.

　거꾸로 북반구의 어떤 지점에서 복각을 측정하였더니 53°N이라는 각도가 나왔다고 하면 그 지점은 북위 37.5°임을 알 수 있고 지자기의 적도는 37.5° 남쪽에, 지자기의 북극(자북극)은 북쪽으로 52.5° 지점에 있음을 알 수 있다. 다만 경도(經度)로 몇 도에 있는지는 알 수 없다.

1. 고지자기의 측정

　철의 산화물, 즉 자철석(Fe_3O_4)과 적철석(Fe_2O_3)을 많이 포함한 화산암이 식어서 굳어질 때에는 이들 광물이 지자기의 방향으로 자화(磁化)된다. 또 퇴적암이 퇴적할 때에는 물 속을 가라앉는 광물의 입자가 자화되어 자력선의 방향과 일치하게 퇴적면에 내려 앉는다. 즉 광물 입자들은 자침과 같이 자화되어 한쪽 끝을 극으로 향하게 된다. 퇴

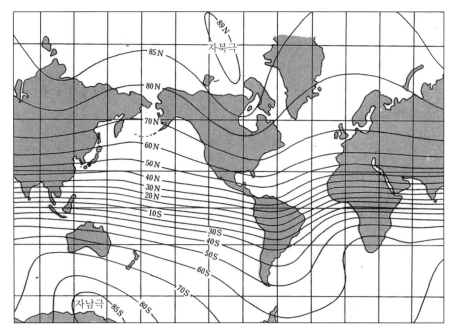

[그림 19-20]　세계의 복각 분포도

적암이 그대로 굳어지면 자력선의 방향이 고정되어 버린다. 이렇게 자화된 광물을 포함한 암석의 표면이 수평으로 나타나 있는 부분을 찾아 표면에 자침(磁針)이 가리키는 남북 방향을 표시한 후 주의하여 암석의 표품을 채취하여다가 강력한 자석을 이용하여 암석에 고정된 지자기의 편각과 복각을 측정한다.

최근에 굳어진 화산암이나 최근의 퇴적암은 그 편각과 복각이 대체로 현재의 자북극을 가리킬 것이다. 현재 세계의 복각 분포를 보면 [그림 19-20]과 같다.

고지자기의 연구는 1950년경부터 시작되었으며 일본에서는 많은 학자들이 중생대와 제 3 기의 암석을 연구하여 일본이 현재의 모습으로 꺾여서 휘어졌다는 결론을 내렸다. 영국에서는 1950년대 중반부터 고지자기 연구에 열을 올려 중생대 초 이래 영국이 30° 정도 시계 바늘 방향으로 회전했다는 결론을 내렸다. 그 후 한 무리의 학자(P. M. S. Blackett 교수 휘하의)들은 인도의 지자기 연구로 인도 대륙이 남반구에서 현 위치로 북상하였다는 주장을 하였다. 그들은 쥬라기의 암석에서 복각이 위로 향하여 64° (위로라는 것은 복각계의 N극이 수평보다 위쪽을 가리키는 것, 즉 64° S임을 의미한다), 제 3 기 초에는 26° S, 제 3 기 중엽에는 아래로(북쪽으로 기울어짐) 17° N임을 알아 낸 것이다.

2. 겉보기 극 이동경로(apparent polar wondering path, APW path)

지금 한 대륙에서 어떤 일정한 시대의 암석(보기로 페름기의 암석)을 골라 여러 지점에서 편각과 복각을 측정하여 기록한다고 하자. 그리하여 [그림 19-21] (1)과 같은 결과

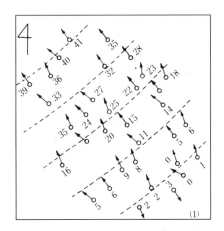
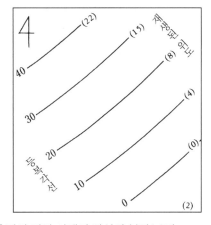

[그림 19-21] 가상의 한 대륙에서 측정된 어떤 시대의 암석의 복각(1)과
(1)로부터 그려진 등복각선(2)(괄호 안은 위도)

를 얻었다고 하자. 화살표의 동그라미는 측정 위치이고 화살표는 복각이 북서쪽으로 기울어져 있음을 의미하며 숫자는 복각의 측정치이다.

이런 측정치를 $10°$를 단위로 하는 등복각선(等伏角線)을 그리면 [그림 19-21] (2)처럼 될 것이다. 복각으로부터 위도를 계산하면 괄호 속의 숫자가 나올 것이다. 이로부터 자북극을 계산하면 지리적 북극을 훨씬 넘어간 위치에 자북극이 위치할 것이 짐작된다.

이런 방법을 써서 각 시대별로 각 대륙의 지자기의 편각과 복각을 측정하여 알아낸 자북극의 위치와 겉보기 극 이동경로는 [그림 19-22]와 같다. 원인은 불명하나 극의 위

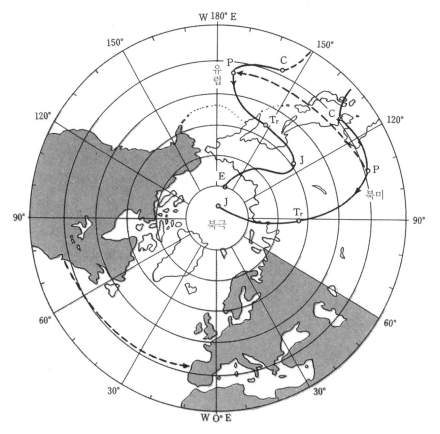

P: 페름기   Tr: 트라이아스기   J: 쥬라기   E: 에오세

[그림 19-22] 북미 대륙과 유럽 대륙에서 측정된 편각과 복각으로 얻은 지질 시대의 자북극의 위치와 겉보기 극 이동경로

치는 점점 변하여 현재의 북극으로 접근하였는데 유럽에서 얻은 자북극의 위치가 변해 나간 궤도와 북아메리카에서 얻은 궤도는 각각 다른 위치를 보여 준다.

3. 겉보기 극 이동경로의 의미

같은 시대에는 지구상에 자북극이 하나밖에 있을 수 없다. 그러나 북미에서 얻은 페름기의 자북극은 중국의 산서성(山西省) 부근에 있었고 유럽에서 얻은 것은 일본 북해도 동방 약 2,000km 부근에 있었다. 그런데 두 지점은 수천 km나 떨어져 있는 것이다.

한 개밖에 없는 자북극이 두 개로 된 데에는 어떤 대단히 중대한 원인이 있을 것으로 생각된다. 만일 두 점(p와 p')을 접근시켜 일치시키면 어떻게 될까? 그러면 두 궤도는 거의 비슷하게 일치된다. 두 대륙의 위치도 함께 이동시켜야 한다. 그러면 북미와 유럽이 붙어 버리므로 대서양은 없어진다.

1950년대에 세계의 고지자기를 측정하던 영국의 블래킷(P.M.S. Blackett) 교수는 인도의 지자기 측정으로 인도 대륙의 북진을 설명하였으나, 같은 영국의 란콘(S.K. Runcorn) 교수는 위와 같은 극의 궤도를 합치시킴으로써 페름기에는 대륙이 하나였다고 주장할 수 있게 되었다. 이 주장은 참으로 뜻밖의 일이어서 세계를 놀라게 하였다. 그는 베게너의 대륙이동설을 뒷받침할 증거를 제공한 것이다.

6. 맨틀대류

1929년 베게너는 대륙이동설을 편 책을 최종으로 출판하고 1930년 북극 빙하 탐험에 나섰다가 빙하에서 별세하였는데 그는 여러 가지로 대륙이동의 증거를 마련하였으나 그 후 거의 30년간 그의 가설은 무시당하였다. 그러나 영국의 홈즈(A. Holmes) 교수는 1928년에 맨틀대류에 관한 이론을 발표하고 그 후에 내 놓은 교과서(*Principles of Geology*, 1944, 1965)에도 맨틀대류를 소개하였다([그림 19-23] 참조).

거의 대부분의 지질학자들은 맨틀대류를 믿지 않았다. 그러나 지자기 연구에 의한 대륙이동의 가능성이 생각되기 시작하였고 해저지질 연구에 의한 자료가 많아지며 대서양저산맥(Mid-Atlantic Ridge)의 자세한 지질학적 특성이 알려지게 되었다. 이윙(M. Ewing)과 헤젠(B. Heezen)은 1958년까지의 음향측심법에 의한 많은 해저 지형 측량의

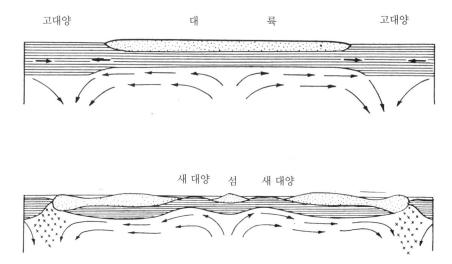

[그림 19-23]　맨틀의 대류로 한 개의 대륙(윗 그림)이 갈라져서 두 개의 대륙이 형성
되고 새로운 대양이 만들어지는 모양(아랫 그림)

자료를 총정리하여 연장 6만 km 이상의
길이를 가진 대양저산맥(midoceanic ridge,
해령〈海嶺〉이라고도 함)의 존재를 밝히는
데 성공하였다([그림 19-24] 참조).

　그 후 많은 학자들이 대양저산맥을
연구하여 그 정선(頂線)에 따라 V자 형의
깊은 열곡(裂谷)이 계속되어 있음을 발견
하였고, 이 열곡은 벌어져 가고 있음이 상
상되었다. 지진학자들은 V자형의 중심선

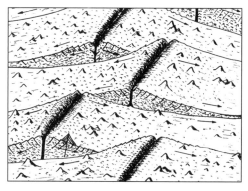

[그림 19-24]　대양저산맥과 변환단층 조감도

을 따라 많은 지진이 일어나고 이에는 해저화산 활동이 동시에 일어나고 있음을 알았
다. 다음으로 중요한 발견은 대양저산맥이 다수의 **변환**(變換)**단층**(transform fault)으로 잘
려 있다는 사실이다([그림 19-25] 참조). 지진학자들은 이 단층에 따라 천발지진(淺發地
震)이 일어나고 있음을 밝혔으며, 지진의 원인은 변환단층 양쪽의 지각이 서로 반대쪽
으로 움직이기 때문임을 알았다.

1. 해저확장설

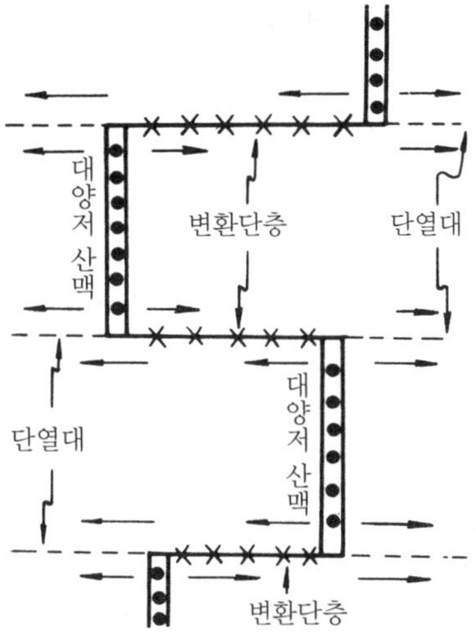

헤스(H.H. Hess)와 디이쯔(R.S. Dietz)는 1961
년과 1962년에 여러 관찰 결과를 정리하여 해저
확장설이라는 가설을 제창하였다. 그들은 맨틀에
서 위로 치솟는 용암물질이 대양저산맥을 만들고,
V자형 골짜기의 양쪽에 용암이 부착되며 굳어져
서 새로운 대양지각을 형성하므로 산맥 양쪽의 대
양지각은 V자형 골짜기를 중심선으로 하여 서로
반대 방향으로 이동하며, 이 때문에 대양지각이
확장을 일으킨다는 것이라고 주장하였다. 새로운
대양지각이 생겨나므로 오래된 지각은 계속 밀려
서 이동하다가 마침내 대륙 주변이나 호상열도 옆
에 있는 해구(trench)에서 다시 맨틀 속으로 들어
가 버린다고 하였다([그림 19-26] 참조).

흑점은 지진과 화산 활동이 있는 곳,
X는 천발지진의 진앙들

[그림 19-25] 대양저산맥과 변환
단층

헤스와 디이쯔는 해저확장설을 주장하는데
홈즈가 내세운 맨틀대류설을 다시 등장시킬 수밖에 없었다. 이 가설로 비로소 대륙이동
에 필요한 에너지와 이동의 기작을 설명할 수 있었다.

윌슨(J.T. Wilson)은 변환단층의 운동이 헤스의 가설과 맞아든다는 사실을 증명했

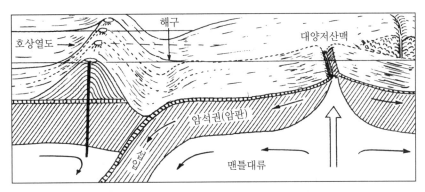

(1) 새로운 해양지각이 생기는 곳
(2) 해양지각이 호상열도 밑으로 들어가는 곳. 이 곳에 해구가 생긴다.

[그림 19-26] 해저확장과 맨틀대류(수직으로 과장됨)

다. 다른 지구물리학자들은 대양 지각의 열류량을 측정하여 대양저 산맥의 중심선에서는 그것이 크고 (1cm²당 약 240cal/yr) 해구에서는 작다(1cm²당 13cal/yr)는 사실을 밝혔다. 지각의 평균 열류량은 1cm²당 40cal/yr이다.

다음으로 중요한 해저확장설의 증거는 고지자기 측정 결과에서 얻어졌다. 바인(F.S. Vine)과 매튜(D.H. Mathews)는 그것을 증명하기 위하여 대양저산맥에 대한 고지자기 측정을

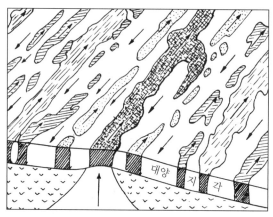

[그림 19-27] 대양지각에 고정된 고지자기 극이 반전된 모양

시작하여 산맥 정선(頂線) 양쪽의 현무암질 암석에 고정된 고자기가 대칭적으로 남북극이 반전되었음을 보여 주는 사실을 밝혔다([그림19-27] 참조). 하이르쯜러(J. Heirtzler)는 1967년 각 부분에 대한 절대연령을 측정하여 본 결과 대양지각은 100만 년에 10~60km씩(1~6cm/yr) 확장된다는 사실을 밝혔다. 그는 대양지각의 확장은 열곡의 좌, 우에서 대칭적으로 일어나며 확장의 극(極) 부근에서는 작고, 적도 부근에서 클 것이라는 생각도 내놓았다.

2. 대양저산맥 정선부의 모양

대양저산맥의 정상에는 그 중심선을 향하여 기울어진 정단층들이 생겨나며 이를 통하여 현무암의 분출이 일어난다. 이 때문에 생긴 열곡 양쪽의 절벽의 높이는 수백 m, 폭은 50km 정도이며, 이 곳에 분출된 현무암은 식을 때에 지자기를 그 속에 고정시키게 된다. 이 부분이 쪼개져서 좌우 양쪽으로 갈라져 이동해 간다. 이런 곳에는 350℃에 달하는 열수를 분출하는 열수분출구가 생기며 열수에는 여러 가지 금속원소가 포함되어 있다. 열수분출구 부근에는 특이한 게, 조개, 파이프상의 생물이 살고 있다.

3. 대류의 모형

1928년에 이미 홈즈가 지각 아래에서는 대류가 일어나고 있어서 대류가 솟구쳐 올라가는 곳의 대륙이 갈라지며 대양이 만들어진다는 생각을 하였으나 그 대류는 어떠한

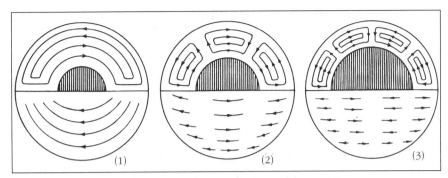

핵이 커질수록 대류의 세포가 작아짐을 보여 준다.

[그림 19-28] 지구의 핵의 성장에 따른 대류의 모형

것인가에 대하여는 밝히지 못하였고 아직도 이상적인 대류의 모형은 정해져 있지 못한 형편이다([그림 19-28] 참조).

냉랭한 티끌의 집합체였던 지구 탄생 초기에는 지구 중심부에 핵이 없었을 것이나 얼마 후에 지구 내부의 열로 녹아 내린 철을 주로 한 액체 상태의 핵이 생겨났을 것이고 이 핵이 커짐에 따라 맨틀대류가 일어나기 시작하였을 것으로 생각된다. 초기의 핵이 작았을 때와 핵이 자라던 도중 및 현재의 핵으로 자란 오늘날의 맨틀대류는 [그림 19-29]와 같았을 것으로 생각된다.

핵의 크기에 따라 일어나기가 가장 쉬운 대류 세포의 수와 크기는 수학적으로 계산하여 얻을 수 있다.

다음으로 대류의 세포가 아래 위로 한 층이어야 하느냐, 아니면 두 층일 수 있느

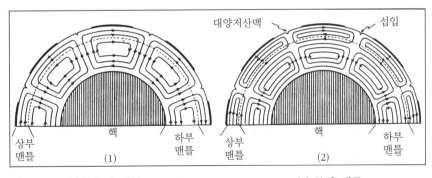

(1) 한 층 대류   (2) 두 층 대류

[그림 19-29] 맨틀대류의 두 가지 모형

냐 하는 문제가 생기는데 최근에는 두 층일 가능성이 있다는 생각이 유리하다. [그림 19-29]에서 (1)은 한 층의 대류이고 (2)는 두 층의 대류인데, (1)은 이러한 대류가 연약권을 포함한 상부맨틀과 고체 상태에 있는 하부맨틀에 관계없이 일어나는 모델이고, (2)는 상부 및 하부맨틀에서 각각 더 작은 세포로 된 대류를 일으키고 있음을 보여 준다.

[그림 19-29]에서 (2)와 같은 두 층의 대류가 더 바람직한 이유는 지구에 포함되어 있는 방사성 원소 함량과 관계가 있다. 즉 지구화학적인 면에서 그렇게 해석되는 것이다. 만일 (1)의 경우라면 맨틀 전체의 방사성 원소 함유량이 균일할 것이다. 하부맨틀보다 상부맨틀에 방사성 원소가 더 많다고 하면 하부맨틀의 대류가 상부맨틀에 방사성 원소를 계속 공급하고 상부맨틀은 아래에서 올려 보내는 방사성 원소를 받기만 할 것이고 대류로 하부맨틀에 섞여서 함유량이 다시 고르게 되지 않을 것이다. 이러한 이유로 연약권을 한 층으로 한 얇은 대류가 존재할 가능성이 큰 것으로 생각된다. 실제로 지각과 상부맨틀에 방사성 원소 함량이 크고 하부맨틀에는 함량이 적다.

또 [그림 19-29]에는 소수의 세포를 그렸으나 대류의 세포가 더 작을 가능성도 있다. 그러나 아직도 지각 아래에서 일어나고 있는 대류의 양상은 잘 알려져 있지 않다.

7. 판구조론

1. 해저확장설의 발전

해저확장(sea-floor spreading)이라는 이론은 대양저산맥과 대양저에 관한 지질학적 및 지구물리학적 지식을 토대로 한 것이며, 이는 대륙이동설을 뒷받침하는 것이 되었다. 그러나 지구팽창설(地球膨脹說)을 지지하는 사람들은 해저확장의 이론을 곧 지구가 커진다는 생각에 일치시키려고 하였으나 해저확장설이 판구조론(plate tectonics)으로 변신하여 이런 생각은 곧 사라지고 말았다. 헤스와 디이쯔는 대양저산맥에서의 대양저 확장을 시적(詩的)인 기분으로 발표하였고 이 사실을 증명하는 작업이 뒤따라 일어나는 동시에 확장된 대양지각이 어떻게 되어 가는가 하는 문제도 해결되었다. 그것이 판구조론으로서 해저확장의 이론을 포함한 광범한 내용을 가진 이론으로 등장하게 된 것이다.

1968년 아이작스(B. Isacks) 외 2인은 지구의 대규모적인 구조에 관한 이론을 **신지구구조론**(new global tectonics)이라는 말로 표시하였다. 그들은 지구 표면 부근에서 연약권 위를 천천히 이동하는 굳은 암석으로 형성된 부분을 암석권이라는 종래의 용어를 썼으나 그 내용은 지각과 상부맨틀의 상부를 합한 두께 100km 내외의 지구의 껍질로 규정한 것이다. 1950년내 초엽까지도 암석권이라고 하면 이는 지각(두께 평균 35km)과 같은 의미로 사용되었던 것이다. 암석권은 **암판**(plate)(또는 판, 지판)으로 되어 있으며 대륙의 암판은 대륙지각(두께 평균 35km)과 그 아래의 상부맨틀 상부(두께 80~100km)로, 대양의 암판은 대양지각(두께 5~9km)과 상부맨틀 상부로 되어 있다.

암판과 그 경계

대양저산맥에서 새로 생겨나는 대양지각은 산맥의 정선(頂線)에서 좌우로 갈라져 퍼져 나간다. 그러므로 대양저산맥의 정선, 즉 열곡(裂谷)이 암판의 경계가 되며 이를 **열개경계**(裂開境界) 또는 **발산경계**(發散境界)라고 한다. 열계경계(divergent boundary)는 대서양저산맥, 인도양저산맥, 동태평양저산맥 및 기타의 대양저산맥([그림 19-30] 참조)으로 총연장 약 6만km의 연결된 체계를 형성한다. 대양저산맥은 그 대부분이 아프리카·호주·남미 대륙 남쪽에서 동서 방향으로 연속되나 북쪽으로 대서양저산맥, 동태평양저산맥을 분기시킨다.

열개경계로서 특이한 곳으로 육상에 열곡이 보이는 동아프리카와 아이슬랜드가 있다.

새로 생겨난 대양지각은 상부맨틀과 함께 이동하여 대륙암판 아래로 들어가거나 대양에 있는 도호(島弧: island arc) 아래로 들어간다. 이렇게 들어가는 경계를 **수렴경계**(收斂境界: convergent boundary)라고 한다([그림 19-31] 참조). 수렴경계에서 대양지각을 실은 암판이 다른 암판 아래로 비스듬히 들어가는 것을 **섭입**(攝入: subduction)이라고 한다. 세계의 대부분의 수렴경계에서는 섭입이 일어나면서 대양저산맥에서 만들어진 대양암판을 흡수하여 이들은 맨틀로 돌려 보내고 극히 일부만을 화산 활동의 형식으로 지표에 환원시킨다.

열개경계와 수렴경계 사이 및 한 수렴경계와 다른 수렴경계 사이에는 대양지각을 실은 암판(대양암판) 및 대륙지각과 대양지각을 실은 암판(대륙암판)이 있다. 이렇게 지구상에는 크고 작은 암판이 10여 개가 있다. 중요한 암판으로는 태평양판, 인도판(또는 인도·호주판), 아프리카판, 유라시아판, 북아메리카판, 남아메리카판, 남극판이 있고 작은 암판으로는 필리핀판, 나즈카판(Nazca plate), 코코스(Cocos)판, 카리브판(Caribbian plate), 아라비아판(Arabian plate)이 있으며, 더 작은 것으로는 이란판(Iran plate), 터키판

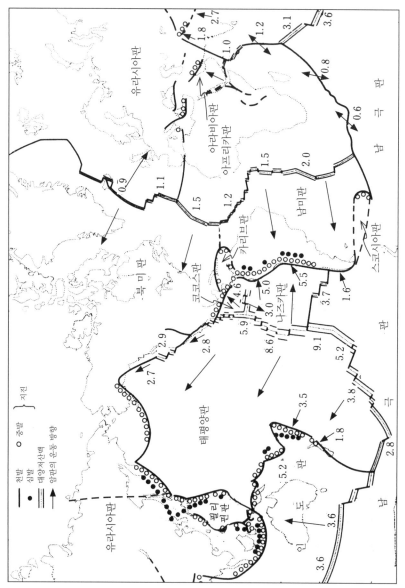

[그림 19-30] 암판들 사이의 경계, 암판의 명칭, 암판의 이동 속도(cm/년), 대양저산맥의 위치, 지진의 진원 분포 (Lutgens 외, 2011 참조)

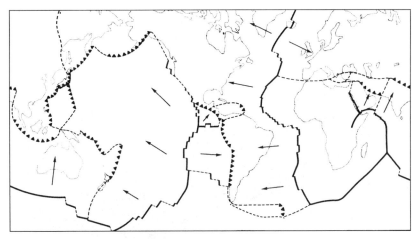

— 열개경계, ---- 보존경계, ▲ ▲ ▲ 수렴경계(섭입하는 곳),
↙ 암판의 운동 방향(Lutgens 외, 2011)

[그림 19-31] 암판의 경계

(Turkish plate), 헬렌판(Hellenic plate) 및 기타가 있다.

암판의 경계 중에는 발산도 수렴도 하지 않고 수평으로 서로 반대로 미끄러지는 **보존경계**(保存境界: conservative boundary)가 있다. 이들은 대부분이 변환단층으로 인정된다. 또 섭입이 불완전한 곳, 즉 대륙지각과 대륙지각이 **충돌**(collision)하는 곳도 있다(예: 인도와 유라시아의 충돌). 대단히 드물지만 대양지각이 대륙지각 위에 올라앉는 경우, 즉 압듕(押딭: obduction)을 일으키는 경우가 있다(예: 아라비아 반도 북동 해안의 오만).

2. 대양암판의 이동

대양저산맥은 맨틀대류가 위로 향하여 상승하며 용융물질(주로 현무암과 반려암의 마그마)을 대양지각에 첨가하고 대양지각의 열개(裂開)가 일어나는 곳이므로 대양저산맥 아래의 맨틀 부분은 온도가 높고 밀도는 낮다. 그러므로 대양저산맥은 다른 대양저보다 열류량이 높고 대양저산맥은 대양저(평균 5,000m)에서 3,000m 정도 높이 솟아 있어서 해면하 2,000m의 얕은 능선부를 형성한다. 산맥은 정선에서 멀어져 감에 따라 점점 고도가 낮아져서 정선부에서 수백 km 떨어진 곳에서는 대양저의 깊이로 가라앉게 된다. 대양저에는 곳에 따라 산정부가 평탄한 평정해산(平頂海山: guyot, 기요라고 읽음)이 모여 있다. 이는 대양지각이 대양저산맥 부근에 있을 때에 분화하여 형성된 해산(海山:

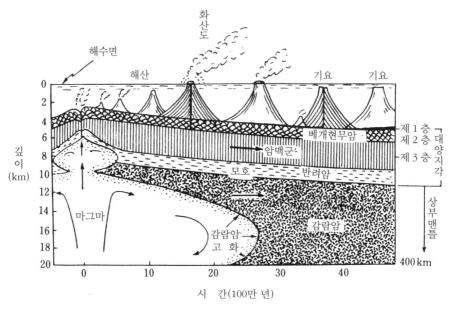

해산과 화산도는 수직 높이가 과장되었다. 실제로는 제주도의 단면 [그림 4-8]과 비슷한 단면을 가진다.

[그림 19-32]   대양저산맥, 퇴적물의 두께 및 기요의 형성을 설명하는 그림

seamount)이 더 성장하여 섬으로 되었다가 파도로 정부(頂部)가 깎여서 평탄한 정상부를 가지게 된 것이 산맥에서 멀어짐에 따라 대양지각이 식으면서 물 속에 잠기게 된 것이다. 물론 해수면 위로 높이 솟지 못한 해산은 정부가 평탄하지 않다([그림 19-32] 참조).

　대양저산맥 양쪽에는 산맥의 정선에 평행하게 대상으로 대자(帶磁)의 방향을 달리하는 현무암이 번갈아 대칭적으로 분포하여 대양지각이 확장되었음을 알 수 있으나 어떤 속도로 확장하는지는 현무암의 연령을 측정하여야만 알 수 있다. 이런 연구에 의하면 한쪽 암판의 운동 속도는 0.3~10.7cm/년이다. 측정된 연령을 대양저산맥 양쪽에 기입하면 [그림 19-33]과 같이 된다.

　대양지각은 점점 확장되어 결국에는 대륙지각을 실은 암판 아래로 섭입하게 되므로 무한히 오래된 대양지각은 존재할 수 없음은 자명하다. 세계에서 가장 오래 된 대양지각은 약 2억 년의 연령을 가진 것이며, 이는 열개경계에서 가장 먼 곳에 있는 부분이어야 하므로 태평양 북서쪽 구석의 대양지각이 이에 해당되어야 할 것이다. [그림 19-33]에는 가장 오래 된 대양지각이 표시되어 있다.

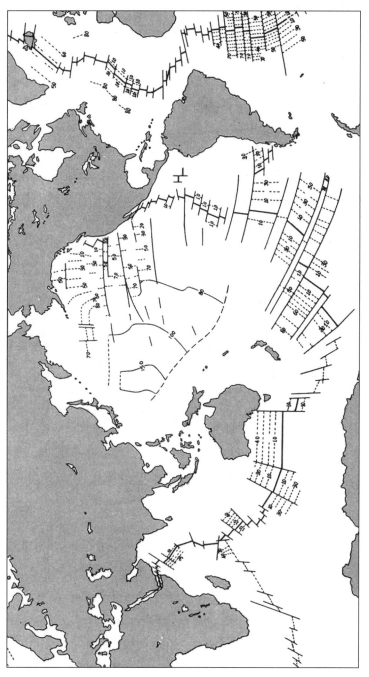

[그림 19-33] 많은 변환단층으로 잘린 대양저산맥 양쪽의 현무암의 연령(단위 100만 년)

1. 암판의 섭입

대양지각을 실은 암판(대양암판)이 맨틀대류로 이동하여 다른 암판 아래로 섭입할 때에는 그 각도가 평균 45° 정도이다. 이 각도는 반사지진파(反射地震波)의 연구로 세밀히 알아 낼 수 있다. 암판이 섭입하는 부분에는 해구(海溝)가 형성되어 심해저보다 수천 m 더 깊은 골짜기가 생긴다. 이런 섭입부가 두 암판이 수렴하는 경계선이다.

대양암판이 섭입하는 곳에는 그 앞에 호상열도가 생기거나 큰 산맥이 생긴다. 그리고 그 곳에는 지진이 강하고 화산 활동이 심하다. 태평양 서부에는 알류산(Aleutians), 쿠릴(Kuril), 일본, 류큐(Ryukyu), 마리아나(Marianas), 필리핀, 인도네시아, 솔로몬(Solomon), 뉴질랜드(New Zealand) 열도가 있고 큰 산맥은 거의 없으나 태평양 동쪽에는 북미의 해안산맥(Coastal Range)·안데스 산맥(Andes Range)이 있고 호상열도로는 쿠바에서 동남동으로 뻗은 카리브 열도와 남미 남쪽의 사우스 샌드위치(South Sandwich) 열도가 있을 뿐이다. 태평양 서부의 호상열도는 대부분 태평양 중심 쪽으로 호상으로 볼

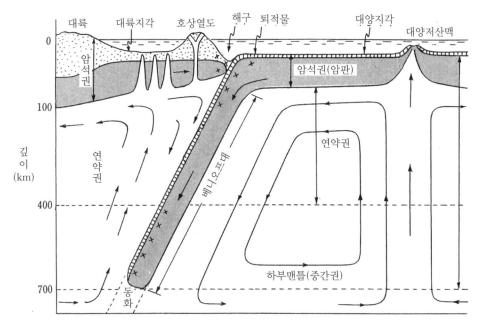

섭입한 부분은 베니오프대이고 그 상부에서 생긴 안산암의 마그마가 분출하여 호상열도를 만든다(X표는 진원).

[그림 19-34] 대륙의 암판 아래로 대양의 암판이 섭입하는 모양

록하게 휘어 있다. 이렇게 휜 열도가 연결된 것을 화채열도(花綵列島: festoon islands)라
고 한다.

[그림 19-34]에서는 대양암판이 베니오프대를 형성하며 지표하 약 700km까지 약
45°의 각도로 대륙암판 아래로 섭입하여 들어감을 표현한 것이다. 섭입이 시작되는 해
구 부근에서는 천발지진이 많이 일어나며 300km까지에도 지진이 많으나 300~500km
사이에서는 지진이 적고, 500~700km까지 가장 깊은 심발지진이 발생하나 700km보다
더 깊은 곳에서는 지진이 일어나지 않는다. 이는 깊은 곳에 들어간 암판이 맨틀과 같은
온도로 가열되고 성질이 같아져서 결국 동화되어 버렸기 때문인 것으로 추측된다([그림
19-34] 참조).

해구와 대륙 사이의 암석권은 그 아래에서 형성된 대류로 장력을 받아 일시적인
확장이 일어나는 경우도 있다. 예를 들면 동해는 일본 해구에서 섭입한 태평양판의 베
니오프대 위에서 일어난 대류로 확장된 바다라는 생각이 있으나 아직 확인되지는 못하
였다.

베니오프대에서 일어나는 지진은 이 대 중에서 온도가 가장 낮은 부분에서 일어난
다는 사실이 밝혀졌다. 이 그림에서는 대체로 암판의 중층부에서 대양지각 쪽으로 치우
친 곳이 된다.

2. 암석권의 섭입 속도

1975년까지에 알려진 여러 암석권의 섭입 속도와 진원 심도 및 기타를 보면 [표
19-1]과 같다. 이 표에서 보듯이 대륙을 실은 암판이 섭입하는 곳은 두 곳(12, 13)에 불
과하고 대부분은 대양성 암판이 섭입하고 있다. 섭입 속도는 멀리 대양저산맥에서 확장
되는 속도와 비슷할 것이며 진원 심도가 얕은 경우는 섭입이 시작된 지 얼마 안 되었거
나(3, 4, 5) 섭입 속도가 아주 느려서 베니오프대가 다 녹아 버리고 짧은 상부만 남게 된
것(7, 8, 9)을 의미한다. 세계에서 베니오프대가 가장 깊은 것은 730km이다

여기서 섭입 속도는 현재의 값이다. 지질시대 중에는 그 속도가 달랐을 것으로 생
각할 수 있고 더 빨랐을 것으로 짐작된다. 만일 대양의 암판이 페루·칠레의 경우처
럼 1년에 9.3cm의 속도로 섭입했다면 700km 깊이까지 도달하는 데는 750만 년이 걸
릴 것이고, 카리브해처럼 1년에 0.5cm의 속도로 섭입한다면 200km에 도달하는 데에도
4,000만 년이 걸릴 것이다. 이런 섭입 속도로 보아서 속도가 빠르면 700~730km에 도
달할 수 있으나 속도가 느리면 200km 정도에서 완전히 동화되어 암판으로서의 역할을

[표 19-1]   여러 암판의 섭입 속도 및 기타(M. Nafi Toksöz, 1975에 의함.)

관계 암판난은 왼쪽 암판 아래로 오른쪽 암판이 섭입함을 의미함.

임시 번호	섭입 지대	관계 암판	베니오프대의 특징	섭입 속도 (cm/년)	섭입대의 수평연장 (km)	최대진원 깊이 (km)	섭입하는 암판
1	쿠릴 · 일본	유라시아/태평양	표준형	7.5	2,800	610	대양
2	통가 · 뉴질랜드	인도 · 호주/태평양	〃	8.2	3,000	660	〃
3	중 미	북미/코코스	섭입을 시작함	9.5	1,900	270	〃
4	멕시코	북미/태평양	〃	6.2	2,200	300	〃
5	알류샨	북미/태평양	〃	3.5	3,800	260	〃
6	순다 · 쟈바 · 수마트라 · 미얀마	유라시아/인도 · 호주	〃	6.7	5,700	730	〃
7	사우스 샌드위치	스코티아/남미	섭입 속도 작음	1.9	650	200	〃
8	카리브해	카리브/남미	〃	0.5	1,350	200	〃
9	에게해	유라시아/아프리카	〃	2.7	1,550	300	〃
10	솔로몬 · 뉴헤브리데스	태평양/인도 · 호주	심부에서 누움	8.7	2,750	640	〃
11	마리아나 · 오가사와라	필리핀/태평양	〃	1.2	4,450	680	〃
12	이 란	유라시아/아라비아	중간부가 절단됨	4.7	2,250	250	대륙
13	히말라야	유라시아/인도 · 호주	〃	5.5	2,400	300	〃
14	류큐 · 필리핀	유라시아/필리핀	〃	6.7	4,750	280	대양
15	페루 · 칠레	남미/나즈카	〃	9.3	6,700	700	〃

하지 못하고 그 존재조차 알 수 없게 되는 것이다.

세계의 모든 섭입대로 암석권이 섭입하여 없어지는 면적은 1억 6천만 년 동안에 전 지구 면적과 맞먹는 것이 된다는 계산이 된다.

3. 대륙지각의 충돌

[그림 19-35]와 같은 상황에서 (2)판이 (1)판 쪽으로 계속 이동해 가면 얼마 후에는 (1)판과 (2)판의 대륙지각이 접근하게 되고 결국에는 두 암판이 충돌(collision)을 일

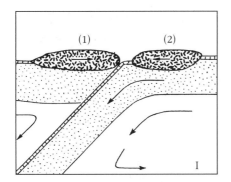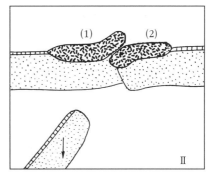

[그림 19-35] 두 대륙지각 (1)과 (2)가 충돌한 후에는 섭입하던 암판이 떨어져 가라
앉고 두 대륙지각은 겹쳐져서 두꺼운 대륙지각을 형성하여 높은 산맥
으로 변한다.

으키게 된다. 두 암판은 밀도가 같으므로 (2)판의 대륙지각은 대양지각과 함께 섭입하
지 않고 [그림 19-35]처럼 일부가 섭입하다가 섭입은 중단되고 (1) 및 (2) 두 지각은 겹
쳐져서 두꺼워지고 지표에 높은 산맥을 형성하게 된다. 이 충돌대에는 충돌하기 이전의
대륙지각 연변에 쌓인 퇴적물과 대양지각 위에 쌓인 퇴적물이 습곡작용을 받으며 모여
서 대륙지각 위에 높은 산맥을 만들고 곳곳에 대양지각이 따라 올라가 오피(誤皮)로 노
출되기도 한다.

이 때에 일어나는 퇴적암층의 변화에 대하여는 다음 장에서 알아보기로 한다.

현재 일어나고 있는 가장 현저한 대륙지각 충돌의 현장은 유라시아판과 인도-호주
판이 충돌하고 있는 히말라야 산맥 지대이다. 인도-호주판은 두껍고 굳은 암판, 즉 강괴
이어서 약한 유라시아판을 들어올려 습곡산맥을 형성한 것으로 보인다. 티벳에서의 대
륙지각의 두께는 70km로 측정되었다.

4. 열점과 암판의 이동

화산이 분출하는 위치를 지구상에서 거의 일정하게 고정시켜 암판의 이동 방향에
관계 없이 마그마를 지표로 분출하는 곳이 있다. 이런 마그마 분출구를 **열점**(熱點: hot
spot)이라고 한다. 가장 유명한 열점 중의 하나는 하와이섬의 킬라우에(Kilaue) 화산이
다. 하와이열도는 서북서-동남동 방향으로 8개의 비교적 큰 활화산이 없는 섬들〔남동단
의 하와이(Hawaii)섬, 그 북서쪽으로 마우이(Maui), 몰로카이(Molokai), 오아후(Oahu, 호놀룰루
〈Honolulu〉가 있는 섬), 카우아이(Kauai) 섬 등이 있음〕이 나열되어 있고 그 서북서쪽으로는

암초와 산호초로 10여 개의 섬과 해산이 점재(點在)한다. 이들 섬의 현무암을 채취하여 연령을 측정한 결과 하와이섬에서 서북서로 멀어질수록 연령이 많아졌다([그림 19-36] 참조). 이런 사실은 현재 킬라우에 화산을 만든 열점이 하와이열도를 만들었다는 것이 된다. 열점이 이동하지 않고 태평양판이 서북서로 이동하였음은 대양저산맥에서 태평양판이 확장되고 있다는 사실로 미루어 알 수 있다.

　　　[그림 19-36]에서 섬들의 연령을 보면 하와이섬이 0-100만 년, 미드웨이(Midway)섬이 1,800만 년, 천황해산군 최북단의 해산이 7,000만 년이다. 그러므로 연령 7,000만 년인 해산은 7,000만 년 전에 하와이섬의 위치에서 만들어진 후 북쪽으로 이동하여 가면서 미드웨이섬에 가까운 해산(연령 4,300만 년)이 생길 때까지는 태평양판 전체가 북서북쪽으로 이동했음을 알 수 있다. 그 후에는 하와이제도가 가르키는 서북서 방향으로 태평양판이 전체로 이동했음을 알 수 있다.

　　　하와이섬의 열점이 움직이지 않는다면 그 마그마의 근원지는 움직이는 암판, 즉 상

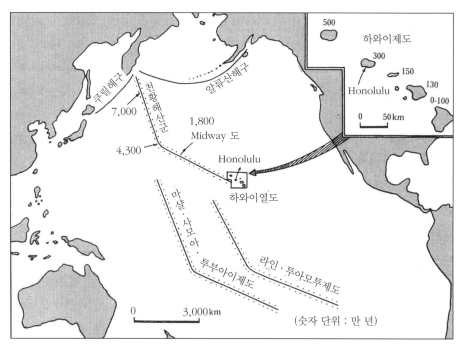

이들의 배열 상태로 태평양판이 7,000만 년 전에서 약 4,000만 년 전까지는 북서북으로 이동하다가 약 4,000만 년 전부터 오늘까지는 서북서로 이동하고 있음을 알 수 있다.

[그림 19-36]　하와이열도와 천황해산군(Emperor seamounts)

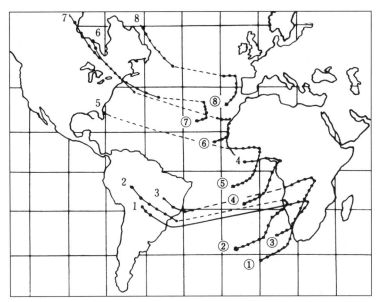

①~⑧: 현재의 열점, 1~8: 오래된 열점

[그림 19-37]   열점으로 본 암판 이동의 모양

부맨틀 상부 속에 있을 수도 없고 또 대류하는 연약권 속에도 있을 수 없을 것이다. 아마도 연약권 아래, 즉 하부맨틀에 그 근원이 있을 가능성이 크다. [그림 19-29]의 (2)에서 상부맨틀의 대류로 그 위에 있는 암판이 이동하더라도 하부맨틀에 자리잡은 열점의 뿌리에서 솟아오르는 마그마가 상부맨틀을 뚫고 지표에 열리는 경우를 생각할 수 있다.

최근까지 연구된 바에 의하면 잘 알려진 하와이섬의 남동 5,000km에 있는 피트케언섬(Pitcairn Island)도 열점이다. 이 섬은 서북서로 투아모투(Tuamotu)제도를 두고 그 북쪽에 북으로 뻗은 라인(Line)제도가 있어서 이들은 각각 하와이제도와 천황해산군(天皇海山都: Emperor seamounts)과 방향이 평행하다. 이는 하와이 열점과 함께 태평양판이 움직인 방향을 증명해 준다.

이 밖에도 미국 와이오밍주의 옐로스톤 파크(Yellowstone Park) 및 기타 여러 개의 열점이 있어서 암판들이 이동한 모양을 밝혀 준다([그림 19-37] 참조).

5. 열주(熱柱)

열점은 하부맨틀에서 가소성을 가지고 지표로 상승하는 뜨거운 바위, 즉 열주

(plume, 플룸)에서 부분용융으로 생겨난 현무암이 분출하는 곳이다. 열점에서 분출되는 용암은 반드시 현무암이고 안산암인 경우는 없다. 또 열점의 현무암은 대양지각의 현무암과 성분이 다르며 Na, K 및 Li의 함량이 많다. 지금까지 발견된 열점은 50개 정도이다. 해저에는 미발견된 열점이 더 있을 것으로 생각된다. 이들 열점의 분포가 어떤 원칙을 가지고 있는지 아직 불명하나, 열점의 연구는 중요한 사실을 밝혀 줄 것으로 생각된다.

3. 열주구조론

암판의 운동을 동력학적으로 설명하는 통일 이론으로서 판구조론이 등장한지 25년이 지난 1994년 그 동안 축척된 연구 결과와 함께 초고압실험과 지진파 토모그래피(tomography) 연구 결과 지구 내부의 운동을 설명하는 **열주구조론**(熱柱構造論, plume tectonics)이 발표되었다. 지진파 토모그래피 기법의 발달로 밝혀진 지구 내부의 온도구조로부터 추정된 맨틀 열주들의 모식도는 [그림 19-38]과 같다. 열주구조론(Fukao 외,

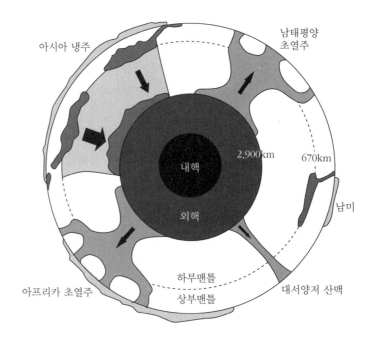

[그림 19-38] 열주구조론 개념도(Y. Fukao 외 3인(1994)에 의함)

1994)에 의하면 지구의 내부에는 아시아 대륙 밑에서 섭입에 기인한 거대한 **냉주**(冷柱, cold plume)가 하강하고 있고, 이에 대한 역작용으로 발생하는 남태평양 **초열주**(超熱柱, superplume)와 아프리카 초열주가 상승함으로써 맨틀 전반에 걸친 원통상의 대류운동이 지구조운동을 지배한다.

섭입하는 암판의 덩어리(슬랩)는 상하부 맨틀의 경계면인 670km 부근에서 체류하기 시작하여 체류 슬랩이 형성된다. 시간이 지남에 따라 체류 슬랩은 지속적으로 축적되며, 중앙해령에서 판의 생성속도 및 확대속도는 점차 감소하게 된다. 결국 한계를 넘어선 체류 슬랩은 붕락(崩落)하여 차가운 플룸이 되는 것이다.

열주구조론을 주장하고 있는 학자들은 아시아 중앙부에 형성된 거대한 분지는 체류 슬랩의 붕락에 의한 것이며, 분지의 규모는 낙하 슬랩의 넓이에 해당된다고 믿고 있다. 냉주의 주원인이 되는 붕락 슬랩이 핵과 맨틀 경계에 도달하면 핵은 냉주에 대해 민감한 열적 반응을 일으키게 되고, 경계면의 온도 구조가 교란되어 열주의 생성을 유발한다. 이렇게 생성된 열주들은 초대륙들을 분열시키는 데 주된 작용을 했다고 한다. 2억 년 전 아프리카 초열주는 아프리카 대륙을 분열시켰고, 남태평양 초열주는 6~7억 년 전 탄생하여 초대륙 곤드와나를 분열시킨다. 이에 비해 아시아 하부의 냉주는 약 3억 년 전에 발생한 것으로 추정하고 있다.

결론적으로 열주구조론에 의하면 판의 섭입이 시작되고, 냉주가 생성되면, 그 영향으로 열주가 형성되면서 지구 내부는 맨틀 대류에 의하여 모든 운동의 지배된다는 것이다.

판구조론이 지구의 표피를 지배하는 판운동을 관장하는 데 비하여 열주구조론은 판구조운동의 근본적인 원동력인 맨틀을 포함한 지구 내부의 구조를 지배한다고 할 수 있다. 다시 말하면 판의 섭입이 시작되기 전까지는 판구조론의 영역으로, 판의 섭입이 시작되면서부터는 열주구조론이 지구 내부의 운동을 지배하는 것이 된다. 판의 섭입으로 기인한 냉주와 이에 관련된 열주에 의하여 지구 내부의 운동이 지배된다. 판구조론의 완전한 원동력에 대한 이해와 열주구조론과 같은 지구 전체의 운동에 대한 체계적인 연구가 기대된다.

제 **20** 장

퇴적분지

1. 퇴적분지의 종류

모든 퇴적물은 바다 밑이나 육지에 쌓이므로 지각(또는 암석권)과는 불가분의 관계를 갖는다. 모든 퇴적분지를 퇴적분지가 생성되는 기작과 분지의 침강기작에 따라서 나누어 보면 대륙연변(大陸緣邊: continental margin), 육지 및 대양저로 구분할 수 있다. 대륙연변은 다시 섭입이 없는 연변과 섭입이 일어나는 연변으로 구분되는데, 전자는 대서양형 연변이고 후자는 태평양형 연변이다. 이들 2형은 큰 퇴적분지를 발달시키므로 중요한 연구 대상이 되어 있다. 캐나다의 마이알(A.D. Miall, 1984)은 비활성(非活性)인 대서양 연변의 분지를 열개연변분지(裂開緣邊盆地: divergent margin basin) 또는 발산연변분지, 활성인 태평양형 연변의 분지를 수렴(收斂)연변분지(convergent margin basin)로 구분하였다. 또 육지의 퇴적분지는 강괴상분지(剛塊上盆地: cratonic basin)라고 명명하였고 대양저의 분지는 변환단층과 관계 있는 것과 오울라코켄(aulacogen) 및 대륙충돌(continental collision)과 관계 있는 분지로 구분하였다.

1. 열개연변분지

대서양저산맥이 열개하기 시작한 지 오래 되었지만 현재의 대서양 서쪽의 남·북미 대륙연변과 동쪽에 있는 아프리카·유럽 대륙연변은 열개연변분지이다. 이들 대륙이 열개하기 시작했을 때의 모양은 현재의 아프리카 동부의 열곡(裂谷: rift valley)과 비슷했을 것으로 생각된다([그림 20-1] 참조). 아프리카 동부의 열곡보다 좀더 열개가 진행된 곳은 홍해이다. 열곡에서 주목할 것은 열곡 양쪽의 험준한 산지이다. 열곡은 원래 지하에서 일어나는 대류가 용승(湧昇: upwelling)하는 곳에 생겨나므로 고온의 가소성 용승은 암판을 3~4km 높이 솟구쳐오르게 만든다. 그러면 높이 솟은 산지가 활발한 침식을 받아 깎여서 낮아지지만 대륙지각이 깎여 가벼워지면 더욱 밀어올리는 힘이 크게 작용하여 지각을 더 얇게 만들게 된다. 홍해 정도의 단계에서는 열곡 양쪽의 산지가 계속 침

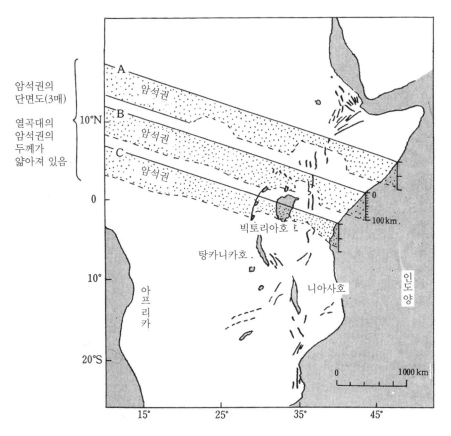

[그림 20-1] 동아프리카의 열곡계(裂谷系)

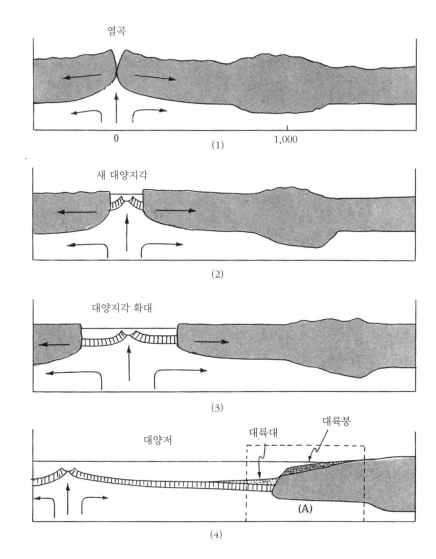

(1) 대륙에 열곡이 생김.
(2) 대양지각이 나타나기 시작하고 양쪽의 높아진 부분이 깎여서 대양지각 위에 퇴적물을 공급함.
(3) 대륙지각이 얇아지고 가라앉기 시작함. 열개연변분지에 퇴적물이 더 쌓임.
(4) 대륙붕이 생겨나고 대륙붕에도 퇴적물이 쌓이기 시작함. 대륙대에는 퇴적이 계속됨.

[그림 20-2] 열개연변분지의 형성 과정

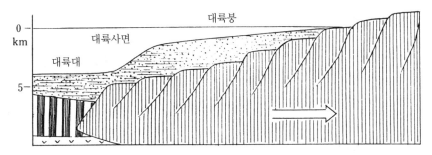

대륙지각은 맨틀대류로 → 방향으로 열개하므로 대양 쪽으로 기울어진 정단층(점완
단층)이 많이 생겨난다.

[그림 20-3]   열개연변분지의 일부분([그림 20-2] (4)에서 (A)로 표시한 부분의 확대도)

식되나 대양저산맥에서 1,000km 이상 멀리 벌어지면 얇아진 대륙지각이 가라앉기 시작
하여 해수면 아래로 잠겨서 대륙붕을 형성하게 된다. 대륙붕이 가라앉으면 그 앞에 접
해 있는 대양지각을 같이 가라앉게 할 가능성이 있으며 대륙붕과 대륙대(아래에는 대양
지각이 있음)에 퇴적물이 쌓이기 시작하면 그 무게로도 가라앉으며 두꺼운 퇴적물을 쌓
게 된다.

열곡에서 시작되어 대서양저와 같은 열개연변분지를 형성하게 되는 과정은 [그림
20-2]와 같다. 여기서 (1)의 열곡은 아프리카 동부의 열곡과 비슷한 것이고, (2)는 홍해
에 근사한 것이며, (4)는 대서양 양쪽 연변의 성숙된 열개연변분지이다.

대륙붕 부근의 대륙지각은 맨틀대류의 영향으로 [그림 20-3]과 같이 화살표 방향
으로 신장되어 점완정단층(漸緩正斷層)이 생겨남을 보여 준다.

[그림 20-2]의 (2) 내지 (3)의 단계로 해저가 확장되어 있을 때에는 바다가 좁아서
바닷물이 대양과 교류되지 않고 염분이 높아져서 대륙붕과 대륙대 부근에 두꺼운 암염
(岩鹽)층을 퇴적시킨다. 현재 홍해 바닥에는 5,000m 두께의 암염층이 발견되어 있으며
대서양의 육지 가까이에도 암염층이 있다.

2. 대양저평원

대양저산맥과 대륙대 사이는 대양저평원이 있다. 이는 대양저산맥의 정선에서 거
리가 멀수록 두꺼운 퇴적물로 덮여 있다. 육지에 가까운 대양지각일수록 연령이 높으므
로 오랫동안에 많은 퇴적물로 덮게 된 것이다. 퇴적물의 두께는 육지 쪽의 대양저평
원에서는 1,000m에 가까우나 대부분의 대양저에서는 500m이다.

퇴적물은 육지에서 운반된 미립자와 바다에서 무기적으로 침전된 화학적인 입자와 생물의 미세한 유해의 집합체이다. 심해의 퇴적물일수록 규질(珪質)의 퇴적물이 많고 석회질인 것은 적다. 규질인 퇴적물은 탄산염보상심도(炭酸鹽補償深度: carbonate compensation depth: CCD)보다 깊은 곳에 많으며 방산충을 많이 포함한다. 탄산염보상심도보다 얕은 곳에는 석회질연니가 우세하며 이에는 부유성 유공충의 껍질이 많다.

3. 오울라코겐(aulacogen)

깊은 하부맨틀에서 대륙암판으로 향한 열주(熱柱: plume)가 생겨나면 가소성(可塑性) 물질의 용승(upwelling)이 일어나면서 직경 수백 km의 대륙암판을 높이 들어올린다. 그러면 대륙지각이 높이 솟아오르고 높아진 부분에 침식작용이 일어나며 그 주위에 퇴적물을 쌓게 된다. 만약 이런 작용이 계속되면 대륙지각에는 120°로 교차하는 3개의 가지로 된 열곡이 생긴다. 이것을 삼지(三枝: triple junction)라고 한다. 이런 열곡이 열개하는 곳으로 변하는 경우에는 두 개의 열곡이 벌어지면서 대양저산맥을 만들고 나머지 한 개의 열곡은 확장되지 못하여 대양저산맥을 형성하지 못하게 되는데 이 가지를 실패지(失敗枝: failed arm)라고 한다. 열곡의 확장으로 하부의 온도가 낮아져서 실패지의 열곡은 지하로 가라앉게 되고 골짜기에는 두꺼운 퇴적물이 쌓이게 된다. 이런 실패지로서의 분지를 오울라코겐이라고 한다. 오울라코겐에는 수직단층이 몇 개 생기며 지구(地溝)로 변형되고 퇴적층이 두껍게 퇴적된다([그림 20-4] 참조).

4. 수렴연변분지

다른 암판 아래로 대양암판이 섭입하는 지대를 수렴연변분지라고 한다. 이런 분지는 태평양 연안에 잘 발달되어 있으며 크게 두 종류로 나눌 수 있다. 하나는 남·북미 대륙처럼 큰 대륙이나 일본열도 같은 대륙암판 아래로 대양암판이 섭입하는 경우이고 다른 하나는 대양의 화산열도(예: 마리아나 열도), 또는 통가(Tonga)-케르마데크(Kermadec)해구에서처럼 대양암판 아래로 대양암판이 섭입하는 경우이다.

남·북미 대륙의 동쪽 연변은 열개연변분지의 상태에 있으면서 두꺼운 퇴적물로 덮여 있다. 만일 대륙 아래로 갑자기 대양암판의 섭입이 일어나면 그 동안에 퇴적된 지층이 습곡되며 산맥이 형성될 것이다. 이 경우는 분지퇴적물이 [그림 20-5]처럼 습곡대로 변하게 되고 이 습곡대는 점점 솟아올라서 습곡산맥이 될 것이다. 대양지각 위에 퇴적된 심해저퇴적물이 섭입대에 접근하면 육지에서 공급된 퇴적물로 덮인 후 이것이 습

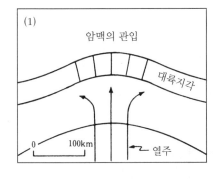

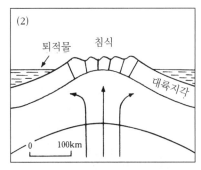

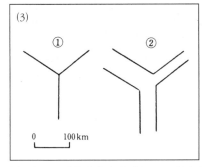

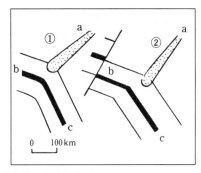

(1) 열주로 대륙지각이 솟아오르고 맥암이 관입한 모양(다면도)
(2) 솟아오른 부분이 침식되고 그 주위에 퇴적물이 쌓이는 모양
(3) 1: 솟아오른 부분에 삼지가 형성된 모양(평면도)
(3) 2: 삼지가 넓어지기 시작하는 모양(평면도)
(4) 1: 삼지 중 b, c는 확장축으로 되나 a는 실패지로 남고 삼각주퇴적물과 열곡의 퇴
  적물을 두껍게 쌓는 오울라코겐으로 남게 되는 모양(평면도)
(4)-2: b는 변환단층으로 변하고 c만이 확장축으로 변하며 a가 계속 오울라코겐으로
  남아 있는 모양(평면도)

[그림 20-4] 오울라코겐의 형성 과정

곡대와 부딪치며 습곡대에 부가(付加: accretion)된다. 이런 일이 주기적으로 반복되어
서 여러 개의 부가된 퇴적체가 생겨난다. 이렇게 부가된 퇴적물의 판상체를 부가퇴적물
(付加: accretionary prism)이라고 한다. 처음에 부가된 부가퇴적물에 들어 있는 방산충화
석과 오랜 후에 부가된 부가퇴적물의 방산충화석은 시대적으로 다른 것이며 후에 부가
된 부가퇴적물의 방산충은 연령이 어린 것이다. 이로 보아 지질시대를 달리하여 주기적
으로 부가가 일어났음을 알 수 있다. 이미 생긴 습곡지대와 이렇게 부가된 퇴적물은 대
륙붕에 부가되어 대륙지각의 성장을 일으킨다. 이런 수렴지대에서도 육지 쪽의 바다와
해수로 덮인 부가대 및 대양지각 위에는 계속하여 퇴적이 일어나는 퇴적 분지가 유지

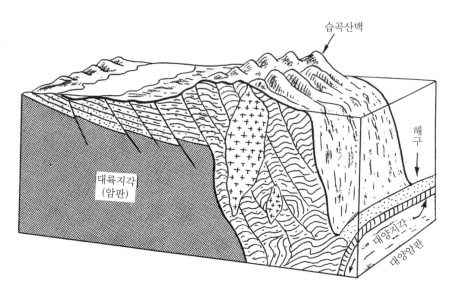

[그림 20-5] 열개연변분지가 갑자기 대양암판의 섭입을 받아 퇴적물이 습곡산맥으로 변한 모양

된다.

어떤 경우에는 섭입한 대양암판과 연약권 사이에 대류가 일어나서 대륙암판에 열개를 일으키는 일이 생긴다. 그 예로서 거론되고 있는 것이 일본열도와 대륙 사이에 있는 동해(東海)이다. [그림 20-6]은 이러한 관계를 나타낸 것이다.

[그림 20-6]에서 동해 밑에 새로운 대양지각을 상정(想定)하였지만 아직 확인된 것은 아니다. 이와 같이 대륙과 호상열도 사이에 형성되는 퇴적분지를 후배호분지(後背弧盆地: backarc basin)라고 한다. 부가대 옆에는 대양분지가 있는데 부가대에 가까운 대양저는 평균 대양저보다 1,000m 정도 높이 솟아 있고 수백 km의 너비를 가진다. 이 곳을 팽대(膨臺: rise)라고 한다.

일본열도는 그 대부분이 부가퇴적물로 성장된 섬이며 부가는 고생대 말의 페름기부터 시작되어 중생대를 거쳐 신생대 전반까지, 그리고 태평양 바닥에는 신생대 후반에서 현재까지 부가된 부가대가 일본해구까지 계속되어 있는 것으로 해석되고 있다. [그림 20-6]에는 오랜 부가대로 이루어진 일본도호(島弧)와 태평양 쪽의 새로운 신생대의 부가대가 표시되어 있다.

화산열도 아래로 섭입하는 곳에도 대양지각 위에 쌓인 퇴적층이 긁혀서 부가대를

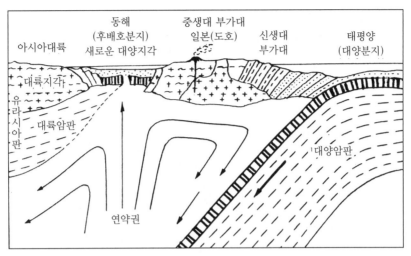

[그림 20-6]　동해의 성인을 설명하는 가설 중의 한 가지 예를 나타낸 그림

형성하여 화산열도의 너비를 점차로 넓혀 준다.

5. 북미 서해안의 부가대

알래스카에서 캐나다와 미국의 서해안 부근의 육지는 지질과 지질구조가 복잡하기로 유명한 곳인데 이 곳에는 약 2.5억 년 전부터 신생대 초까지 태평양판이 북미의 대륙암판 아래로 섭입하면서 여러 종류의 암석을 운반하여다가 부가시킨 것으로 밝혀져 가고 있는데 이렇게 부가된 지괴(terrane)는 모두 100개가 넘는다. 이렇게 딴 곳에서 운반되어 부가된 작은 덩어리를 외래지괴(外來地塊: exotic terrane)라고 하며 이런 작은 지괴의 운동을 논할 때 판구조론에 대응하여 미판구조론(微板構造論: microplate teclonics)이라는 말을 사용한다.

[그림 20-7]에서 (I)은 부가대이고 (II)는 오래 된 순상지와 오래 된(3억 년 이전) 암석으로 된 지대이다. 대양저의 화산도와 심해저퇴적물이 부가되었으며 부가된 대양지각은 오피로 생각할 수 있는 것이다.

6. 변환단층 퇴적분지

대양저에 발달된 변환단층의 연장부는 단열대(斷裂帶: fracture zone)를 동반하여 그 양쪽의 지형에 큰 차이가 있음이 보통이고 지형이 거칠다. 단열대에서는 지진이 자주 일어나지 않지만 양쪽의 성질이 다르며 단열대의 한쪽이 다른 쪽에 비하여 1~2km 낙하되어 있는 경우가 있다. 이렇게 깊숙한 곳이 변환단층과 단열대에 관계된 퇴적분지이다([그림 20-8] 참조).

7. 대륙지각 충돌분지

인도와 아시아 대륙의 충돌로 생겨난 히말라야 남쪽에는 광대한 힌도스탄 평원(Hindostan plain)이 있고 그 서쪽에는 대인도 사막이 있으며 이에는 두꺼운 육성층이 퇴적되는 중에 있다. 그리고 벵갈만(Bay of Bengal)에는 해성층(해저선상지 퇴적층)이 쌓이고 있다.

8. 강괴상분지
(Intracratonic Basin)

순상지나 대지는 두꺼운 대륙지각으로서 지질학적으로 안정된 큰 지괴이므로 침강이나 융기가 천천히 광범위하게 일어

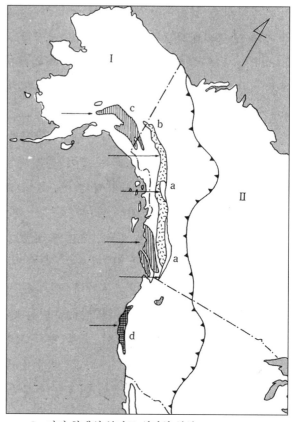

Ⅰ. 여러 차례의 부가로 성장한 부분
Ⅱ. 원래의 순상지와 오랜 암석
a. 대양지각과 석회암(페름계)
b. 화산성 호상열도의 암석(석탄기-트라이아스기)
c. 화산성 열도와 석회암(신생대)
d. 대양지각, 방산충암, 저탁암(쥬라기-백악기)

[그림 20-7] 북미 대륙 서해안에 부가로 추가된 지괴
(D.L. Jones 외, 1982)

나서 그 위에 얇은 지층을 수평으로 쌓는 경우가 있다. 이러한 지역으로는 캐나다 순상지·모스코 대지를 들 수 있다. 이러한 퇴적은 강괴에 작용한 완만한 침강(사면의 각도는 1° 이하)을 일으키는 육향사(陸向斜: syneclise) 운동으로 이루어지는 것으로 생각된다. 캐나다 순상지에는 하부 고생대층이 1,000m 정도 퇴적되었고 모스코 대지에는 수천 m의 고생대와 중생대의 지층이 쌓였다. 다만 강괴상의 분지가 판구조론과 어떤 관계를 가지

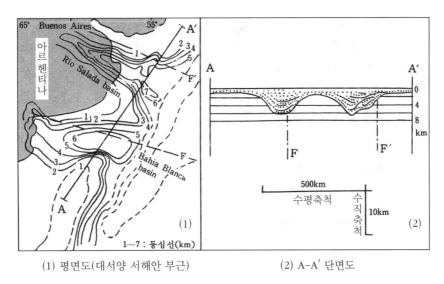

(1) 평면도(대서양 서해안 부근)   (2) A-A′ 단면도

[그림 20-8] 변환단층의 연장부(F)인 단열대 부근의 퇴적분지의 발달

고 있는지는 아직 불명하다. 북미 대륙에 있는 강괴상 분지(미시간 분지, 일리노이 분지)는 초기 열개작용이 있다가 중지되고 점차 식으면서 지반 침하가 일어나 형성된 것으로 알려져 있다.

2. 퇴적분지와 판구조론

판구조론에 의하면 모든 퇴적분지(강괴상분지 제외)는 암판의 이동에 따른 암판들의 열개와 수렴에 관련지을 수 있고 두꺼운 퇴적암층이 쌓인 퇴적분지는 열개연변분지에서 찾을 수 있다. 이러한 열개연변의 퇴적분지가 수렴대로 변하게 되면 퇴적암은 습곡산맥으로 변하게 되고 대양저에 퇴적된 대양저분지의 심해퇴적물은 섭입대에서 부가대를 형성하여 대륙을 성장케 한다.

지향사설로서는 현재의 지향사를 지목하기 어려웠으나 판구조론으로는 그 장소가 뚜렷이 되며, 지향사설에서는 습곡산맥을 일으키는 힘의 원천을 몰랐으나 판구조론에서는 암판의 이동에 의한 것임이 분명히 되었고 암판이 이동하는 방향과 그 속도까지도 밝혀지게 되었다. 다만 암판의 이동을 일으키는 맨틀대류에 관하여는 그 자세한 기구를 알 수 없으나, 연약권 내의 대류를 생각할 수 있다.

판구조론으로는 광상의 성인도 설명된다. 대양저산맥 정상 부근에서 발견된 열수 분출구는 350℃의 열수를 분출하며 이 열수 중에는 다량의 금속이 용해되어 있다. 홍해 저에서 발견된 50℃의 열수도 다량의 금속 원소를 포함하며, 부근 퇴적물에는 같은 종 류의 금속 원소가 다량 포함되어 있다는 사실도 알려져 있다.

대양저에 퇴적된 유용 원소는 대양암판이 대륙암판 아래로 섭입할 때 대륙지각에 광상을 만들어 준다. 암판의 열개 초기에는 새로 생긴 대양저에서의 해수의 순환이 불 량하여 유기물이 퇴적물 중에 보존되는 환경이 조성되고 이것이 석유를 만들 수 있는 근원 물질이 된다. 석유가 만들어지는 환경에서 새로운 대양지각 위에 암염이 쌓이고 이것이 암염돔을 형성하여 석유를 집중시키는 집유구조(油罠: trap)를 형성한다는 사실 이 판구조론으로 설명된다.

3. 퇴적분지의 지층

여기서는 퇴적암석학적으로 문제가 되어 있거나 종래 충분히 이해되어 오지 못한 몇 가지 지층 또는 퇴적층에 대하여 설명한다.

1. 활이층(滑移層: olistostrome)

수저의 퇴적분지에서는 퇴적면의 경사가 3° 미만이라도 땅꺼짐(slump)이 일어나거 나 저탁류(turbidity current)가 발생하기 쉽다. 퇴적분지 주위의 높은 곳에 쌓인 오래 된 세립질퇴적층이 대단히 느린 땅꺼짐의 양상을 보이며 미끄러져 내려서 퇴적물이 쌓이 고 있는 해저를 덮은 다음 그 위에 퇴적이 계속되면 전체로는 새로운 지층 중에 오랜 지 층이 협재된 결과를 나타낼 것이다. 이런 경우에 새로운 지층 사이에 끼어 있는 오랜 지 층을 활이층이라고 한다. 미끄러져 이동하는 지층은 지층의 구조를 그대로 가지고 큰 덩어리로 이동하는 경우와 교란이 일어나서 층리가 없어져 버리는 경우가 있다. 전자는 굳어 버린 퇴적암이 그대로 미끄러지는 경우이고 후자는 퇴적층이 이동하는 동안에 교 란되면서 일종의 암설류(岩屑流: debris flow)로 변한 경우이다.

활이층의 규모는 두께가 1m에서 2km인 것까지 있다. 활이층에는 미끄러져 내릴 때 그 바닥의 크고 작은 돌덩어리를 많이 포함하는 일이 있는데 이런 외래(外來)의 암괴를 활이석(滑移石: olistolith)이라고 한다.

2. 멜랑지(mélange)

큰 암괴의 혼합 집합체로서 각 암괴는 출처가 다르다. 암괴들 사이에는 세립질인 기질(基質)이 있는데 이에는 전단력(剪斷力)에 의한 쪼개짐이 생겨 있다. 이런 점으로 보아 멜랑지는 섭입이 일어나고 있는 해구에서 압력과 교란작용을 받아 생겨나는 것으로 생각된다. 멜랑지는 거력암의 일종(diamictite)이다([그림 20-9] 참조).

3. 플리시(flysch)

플라시라는 용어는 오늘날과 같은 판구조론의 개념이 없었던 19세기에 지향사설이 생겨나면서 쓰이기 시작한 용어이며, 이는 지향사에 조산운동이 일어나기 전, 또는 조산운동 초기에 지표의 낮은 부분에 퇴적된 퇴적층이라고 생각되었다. 플리시의 특징은 10~수십 cm의 두께를 가진 얇은 층이 여러 겹 쌓여 있는 것이며 이들 얇은 층은 각각 점이층리로 특징지어져 있다. 암석은 성인적으로 저탁암에 속하며 화석의 포함이 거의 없다. 잡사암(graywacke)으로 이루어지는 경우도 있으며 심해성층이다.

지향사설로 퇴적분지를 설명할 때에는 좋았으나 판구조론으로 플리시를 생각하면 플리시는 여러 환경에서 만들어질 수 있으며 조산운동시의 신고(新古)를 따질 필요도 없으므로 1980년대에 들어와서는 플리시라는 용어는 잘 사용되지 않고 있다. 판구조론

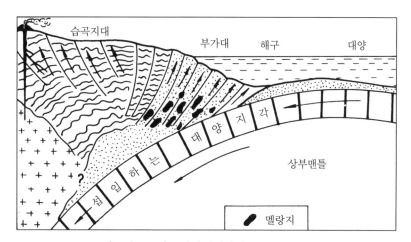

[그림 20-9] 섭입대에서의 멜랑지 형성

에서 보면 두 대륙암판이 충돌할 때 아직 완전히 사라지지 않은 해양에 쌓인 퇴적물을 가르킨다.

4. 몰라세(molasse)

플리시와 함께 지향사의 조산운동시기와 관련시켜 생각한 지층에 대한 용어로서 몰라세는 조산운동의 후기에 쌓인 조립질의 퇴적물로 인식되어 왔으나 이 용어도 판구조론의 등장으로 잘 사용되지 않고 있다.

5. 저탁암(底濁岩: turbidite)

저탁류에 의하여 운반 퇴적된 지층으로서 점이층리가 발달됨이 특징이다. 깊은 바다의 퇴적층인 경우에는 대륙붕에서 대륙사면을 지나 대륙대에 이르러 퇴적된 것으로 한 개의 저탁암층의 두께는 수 cm~수 m로 얇으나 한 개 한 개의 저탁암층은 연속성이 좋다.

열개연변분지와 수렴연변분지에서는 각각 광물조성을 달리하는 저탁암이 만들어진다. 즉 전자에서는 석영이 많고 장석과 암편이 적은 지층이, 후자에서는 석영이 적고 화산암의 암편을 많이 포함한 잡사암(graywacke)이 퇴적된다.

6. 부마윤회층(Bouma sequence)

네덜란드의 퇴적학자 부마(Bouma, 1962)가 연구한 결과로 밝혀진 저탁류 퇴적층(저탁암)의 층서로서 아래에서 위로 5개의 퇴적구조 변화를 보여 주는 심해윤회층(輪廻層)이다. 한 개의 층은 그 두께가 수 cm에서 1m 또는 그 이상에 달하며 아래서는 조립질이고 위로 향하여 세립질로 점변한다. [그림 20-10]에서 (1)은 위로 향하여 모래의 입자가 점점 작아지는 점이층리를 보여 주는 사암이며, 그 기저는 아래 있는 원양성의 셰일 위에 뚜렷한 침식의 경계를 가지고 놓인다. (2)는 평행층리를 가진 사암으로 되어 있다. (3)은 사층리를 보여 주는 세립질사암으로 이루어져 있다. (4)는 이암(泥岩)으로 된 최종적인 지층이고 (5)는 최상부의 원양성 셰일

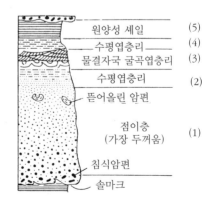

원양성 셰일 (5)
수평엽층리 (4)
물결자국 굴곡엽층리 (3)
수평엽층리 (2)
뜯어올린 암편
점이층 (가장 두꺼움) (1)
침식암편
솔마크

[그림 20-10] 저탁암의 부마윤회층

로 된 층이며 이는 다시 새로이 시작되는 윤회층의 조립사암으로 덮인다.

7. 윤회층(輪廻層: cyclothem)

사암, 셰일, 사암, 셰일의 순서로 계속하여 반복되는 지층이 있으면 이를 반복성 (repetitive)층리라고 한다. 반복성층리 중에는 3~10개의 얇은 층들이 거의 일정한 순서를 유지하며 반복되는 육성층이 있다. 이런 반복성의 층리를 나타내는 지층을 윤회층이라고 한다. 가장 이상적인 윤회층으로 알려진 것은 [그림 20-11]의 (1)과 같이 10개의 지층으로 된 것이다. 이런 윤회층에서는 그 기저를 가장 조립질인 사암이나 역암에 두는 것이 좋다.

[그림 20-11]의 A는 이상적인 윤회층이 아래서 위로 비정합, ① 사암, ② 사질셰일, ③ 담수석회암층, ④ 하반셰일, ⑤ 석탄층, ⑥ 회색셰일, ⑦ 석회암(해성), ⑧ 흑색셰일, ⑨ 석회암(해성), ⑩ 셰일로 되어 있으며, [그림 20-11] (B)는 강원도 태백시의 장성탄광에서 관찰되는 5개의 층으로 된 간단한 윤회층으로서 하부로부터 ⓐ 사암, ⓑ 셰일, ⓒ 하반 셰일, ⓓ 석탄층, ⓔ 셰일로 이루어져 있다.

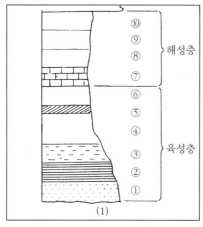
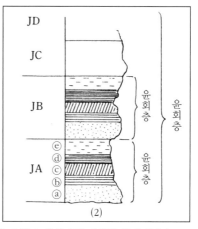

(1) 이상적인 윤회층(두께 20m 내외) (2) 강원도 장성탄광 장성층의 윤회층(20~30m)

[그림 20-11] 윤 회 층

제 3 편

지 사 학

□사진설명: 미국 시카고 자연사박물관의 티라노사우루스(오성진 제공)

제21장

개 설

 지질학은 학문적으로 규명하고 성취하여야 할 거대한 목적을 지니고 있다. 모든 지질학자들이 사명감을 가지고 협력하여 이룩하여야 할 그것은 지구의 역사를 밝히는 중대한 사업이다. 지금까지 우리는 지구 구성 물질과 그 성분, 지구에서 일어나는 물리적 및 화학적인 현상에 관하여 배웠다.

 이러한 사항들은 개별적으로도 흥미 있는 연구 대상이 되지만 이들의 연구 결과는 궁극적으로 지구 역사 편찬에 공헌하게 된다. 지구에는 과거로부터 현재까지 여러 가지 작용이 가해져 왔다. 이러한 작용의 결과가 이해되고 변화의 과정이 시간적인 순서에 따라 정리된다면 지구의 역사가 밝혀질 것이다. 지금까지는 생물에 관한 현상이 취급되지 않았으나, 지구의 역사에서는 생물의 역사도 중요한 부분이 된다. 생물은 언제나 지질학적인 환경 속에서 그 지배를 받으면서 변천해 왔으며 진화의 기록은 지구 속에 보존되어 있다.

 그러면 우리가 직접 관찰한 바 없는 지구의 과거를 어떻게 하여 알아 낼 수 있을 것인가? 우리는 현재 지구상에서 관찰할 수 있는 현상과 이들로부터 찾아 낸 원리에 의하여 과거를 해석하고 정리하는 수밖에 없다. 지구의 역사는 지구를 구성한 암석 속에 남아 있기 때문이다. 한 예를 들어서 현재 흐르고 있는 빙하를 생각해 보자. 빙하는 특수한 성질의 퇴적물을 쌓음이 알려져 있다. 만일 옛날의 빙하퇴적물이 있다면 우리는 빙하가 흐르고 있던 모양을 본 일이 없더라도 그 곳에는 빙하가 존재했었다고 해석할 수 있는 것이다.

　　이리하여 지구의 역사를 점점 먼 옛날로 거슬러 올라가면 우리는 점점 희미하여 잘 알 수 없는 시대에 도달할 것이다. 이는 마치 인류의 역사가 그러함에 비할 수 있다. 그러나 지질학자들은 지구의 역사 탐구를 최종 목적으로 하고 꾸준히 연구를 계속한다. 지질학이라는 학문이 18세기 초부터 과학적인 연구 방법이 용이하게 되면서 오늘날까지 200년 동안에 밝힌 사실이 막대한 양에 이르렀으나 20세기 중엽 이후에 과거 2세기 동안에 이룩한 성과보다 더 큰 연구 결과를 성취하였다. 현재까지 알려진 사실도 막대하나 앞으로 수행해야 할 일은 더 많다.

　　지사학(historical geology)은 지구의 역사를 구명하는 데 전념하는 지질학의 한 분과로서 과거 약 200년 간에 수집된 지질학적인 자료와 이들로부터 추출된 원리를 수단으로 지구의 역사, 즉 지사를 꾸민다. 제22~23장에서 지사 연구의 방법·법칙·기초적 지식을 미리 알아 둔 다음에 지사 기술에 들어가기로 한다.

제22장

지사학의 방법

역사학자(歷史學者)들은 인류의 역사를 편찬하는 데 선인(先人)들이 남긴 기록(고대 여러 나라의 글)과 유품(遺品)을 연구의 자료로 한다.

지질학자들은 암석이라는 책에 적혀 있는 오랜 지사(地史)의 기록을 읽는다. 고대 문자를 읽는 학자들과 같이 지질학자들은 암석 중의 글을 읽어야 한다. 그들은 광물과 화석 및 암석에 대한 깊은 지식을 가지고 있어야 하며, 암석이 의미하는 바를 이해할 수 있는 능력을 키워야 한다.

역사학자들은 어떤 한 권의 기록에만 의존하지 않는다. 왜냐 하면 주관적인 기술에 사로잡히지 않고 객관적인 사실을 추출하기 위하여 다수의 자료를 참고로 하는 것이다. 이와 꼭같이 지질학자들은 접근할 수 있는 모든 지층을 조사하고 여러 지방의 지질 조사를 시행하여 지사학적인 기록을 객관적으로 정리한다. 이렇게 자료를 수집하고 해석하는 데는 오랜 연구와 경험에서 추출된 법칙과 방법이 사용된다.

1. 시대 구분

인류가 남긴 기록이나 유물로부터 꾸며진 역사 6,000년간을 역사 시대라고 함과 같이 지구가 생성된 후 지질학적으로 추적해 올라갈 수 있는 지구의 역사 약 46억 년간을 **지질시대**(地質時代: geologic time)라고 한다. 지질시대 전에는 우리가 추리로써만 그 모양을 그려 볼 수 있는 시대가 있었다. 이에 대하여는 지질학적인 연구 방법이 효과를 발생하지 못하므로 지질학의 연구 범위를 떠나게 된다. 지구 초창기의 이 시대를 지구의 **성시대**(星時代: cosmic time)라고 한다.

성시대는 지구의 원형이 점점 갖추어져 가던 시대로서 우주 물질이 계속하여 지구로 낙하(落下)하던 수억 년에 걸친 검은 행성(行星)의 시대이다.

지구의 성시대의 수억 년간의 역사는 이를 천문학자들에게 물을 수밖에 없는 것이고 지질시대의 역사, 즉 지사는 지질학자들에게 물어야 할 것이다.

역사 시대는 지질학적으로는 지질시대 말단에 있는 순간적인 시간으로서 '사람'의 선조가 그들의 역사를 창조하기 시작했을 때부터 우리의 후손들이 존속하는 한 계속될 것이다. 역사 시대라고 따로 구별해 놓은 시대는 지질학적으로 보아서 앞으로 얼마 더 계속되지 못할 것으로 보이나 역사 시대를 포함한 지질시대는 지구상에서 생물계와 무생물계가 변천을 계속하는 한 계속될 것이다. 현재라는 시점(時點)은 언제나 긴 지질시대의 최종 단면인 것이다.

2. 지사학의 3대 법칙 및 부정합과 관입의 개념

지사 연구는 공간적 존재인 암석으로부터 시간적인 내용을 추출(抽出)할 수 있게 됨으로써 비로소 가능하게 된 것이다. 지질학자의 노력으로 밝혀진 법칙들로서 공간과 시간을 연결시키고 사물의 역사를 정당하게 순서대로 정리하는 데 필요한 원리들을 들어 보면 다음과 같다.

① 동일과정의 법칙(Law of uniformitarianism)
② 누중의 법칙(Law of superposition)
③ 동물군 천이의 법칙(Law of faunal succession)
④ 부정합(unconformity)
⑤ 관입(intrusion)

모든 법칙이 그러함과 같이 지사 편찬의 지주(支柱)가 되는 이들 법칙도 그 원리는 대단히 간단하고 알기 쉬운 것이다. 그러나 이것을 실지로 응용하여 지사를 꾸미는 데는 상당한 훈련과 경험이 선행되어야 한다.

1. 동일과정의 법칙(同一過程의 法則)

지하에 두꺼운 암염층이 있는 것과 지층 중에 바다 화석이 들어 있는 것을 본 사람 중에는 다음과 같은 생각을 할 사람이 없지 않을 것이다. 즉 옛날 지구에는 큰 변동이 자주 일어나서 땅이 뒤집혔을 것이며, 이 때에 바다가 땅 속에 묻혀서 암염층을 만들게 되고, 바다의 생물들은 화석으로 변하게 되었다고. 약 200년 전의 학자들 중에도 이런 생각을 가진 사람이 있었고, 일반인들은 당연히 그렇게 생각했다. 현재에도 이렇게 생각하는 사람이 많다.

그러나 지표에서 일어나고 있는 여러 가지 변화를 유심히 살펴본다면, 매일 조금씩 일어나는 변화가 쌓이고 쌓여서 오랫동안에 큰 변화를 나타낼 것임을 알게 될 것이다. 현재에도 지진이 매일같이 일어나고 있으며, 그 중에는 상당히 큰 변화를 초래하는 것이 있고, 화산도 세계 각지에서 위력을 떨치고 있다. 이미 배운 바와 같이 지각은 천천히 수평으로 움직이고 있으며, 해수면과 지면은 상하 운동을 한다. 높은 곳은 깎여서 낮아지고, 이 과정에서 생긴 돌부스러기는 강물로 운반되어 낮은 곳에 이르러 쌓이게 된다. 물의 염분 농도가 높아지면 수저에 염분이 쌓일 것이고, 바다에 살고 있던 생물이 죽은 후에 퇴적물로 덮이면 보존되어 화석으로 남게 될 것이다.

매년 1mm씩 지층이 쌓이고, 산이 매년 1mm씩 낮아진다고 하여도 10만 년 동안에는 100m의 변화가 일어날 것이다. 지구의 연령을 10만 년보다 더 길다고 하면 변화의 양은 더 클 수 있을 것이다. 그런데 지구의 역사가 10만 년 또는 100만 년보다 짧은 것이라고 생각할 아무런 근거도 없다. 그렇다면 작은 변화량이 쌓이고 쌓여 오랫동안에 막대한 변화를 가져올 수 있을 것이 짐작된다.

18세기의 몽매(蒙昧)한 시대에 여러 가지 제약(制約)을 받으면서도 용감하게 새로운 주장을 내세운 사람이 있었다. 그는 스코틀랜드의 지질학자 허튼(James Hutton, 1726~1797)이었다. 그의 논문 "Theory of the Earth"(1795)는 지질학적인 사고 방식에 일대 전환을 가져왔다. 그의 근본 사상은 현재 지구상에서 일어나고 있는 변화와 같은 변화가 과거를 통하여 같이 일어났다는 것이다. 그는 'The present is the key to the past.'라고 주장하여 현재를 알면 과거를 알 수 있다고 밝혔다. 허튼의 이런 신념은 제일설(齊一說) 또는 동일과정설(uniformitarianism)이라고 불리게 되었고 19세기의 유명한 영국의 지질학자 라이엘(Charles Lyell, 1797~1875)은 허튼의 설을 강력히 지지하는 여러 가지 사실을 그의 유명한 저서 *Principles of Geology*(1830) 중에 밝혔다. 이로써 그는 동일과정설을 한 개의 법칙으로 만드는 데 공헌하였다. 이 책은 현대지질학의 기초가 되어 있고 이 법칙은 지질학과 지사학의 존립을 확고히 한 대원칙인 것이다.

라이엘의 저서가 나올 때까지도 세상에는 **천변지이설**(天變地異說: catastrophism) 또는 격변설이 큰 세력을 떨치고 있었다. 이 설은 지구상에 때때로 격변(激變)이 일어나 지표의 모양을 완전히 변케 하고 생물을 전멸케 한 후 새로운 종류의 생물이 창조되었다고 주장한다. 프랑스의 유명한 고생물학자 퀴비에(Georges Cuvier, 1769~1832)는 이 설의 가장 열렬한 지지자였다. 이로 보아 19세기 초엽까지는 지질학계는 양설(兩說)이 크게 대립한 시대라고 하겠다. 가장 평범한 진리가 확인될 때까지에는 막대한 시간과 노력이 필요함을 알 수 있다.

그러나 동일과정의 법칙은 무조건 적용될 수 없는 것이다. 왜냐 하면 현재 일어나고 있는 변화를 시생대나 원생대에 그대로 적용시킬 수는 없기 때문이다. 선캠브리아 시대 초에는 기권(氣圈)과 수권(水圈)이 없었고, 이후 점점 기권과 수권이 생겨났지만 대기의 조성이 현재와는 매우 달랐으며 대기 중에는 산소가 없었다. 생물은 없었으며 유기물이 합성되기 시작하여 생명체 창조의 기초가 마련되기 시작한 것으로 보인다. 기후(氣候)와 천기(天氣)도 달랐을 것이다. 고생대는 중생대에 비하여, 또 중생대는 신생대에 비하여 더 원시대기에 가까왔을 것이고 현재의 상태와는 현격한 차이가 있었을 것이다. 그러므로 우리는 동일과정의 법칙을 받아들이되 조금씩 변화해 가는 자연계 또는 진화가 계속되는 자연계라는 것을 잊지 않고, 생물도 진화를 통하여 무생물계에서 생물계로 이어졌다는 생각을 토대로 하여 받아들여야 하는 것이다. 이런 의미로서의 동일과정설을 유럽 학자들은 actualism이라는 말로 바꾸려고 하고 있다. 이를 현재주의(現在主義)라고 번역하는 사람도 있는데 동일과정이라는 말이 언제나 오늘날과 같았다는 뜻으로 받아들여질 소지가 있다고 해서 새로운 용어로 바꾸자는 것이다. 현재주의는 '그 때 현재'라는 뜻으로 해석되며 시생대 현재에는 과정은 동일하였으나 그 때 현재의 상황하에서 동일과정의 법칙이 적용된다는 뜻이 되는 것이다.

2. 누중의 법칙(累重의 法則)

이는 퇴적암의 생성 순서를 밝혀 주는 법칙으로서 지층이 퇴적된 그대로의 순서를 유지하고 있을 때에는 아래 놓여 있는 것이 먼저 쌓인 지층이고 위에 놓여 있는 것이 후

[그림 22-1] 격포 채석강에 발달한 거의 수평의 지층. 단층과 붕락 구조가 보인다.

에 쌓인 지층이라는 대단히 간단한 법칙이다. 다시 말하면 이 법칙은 지층 중에서 상대적인 시간 개념을 얻게 하는 중요한 법칙이라고 하겠다.

이 법칙은 처음 덴마크의 스테노(Nicolaus Steno, 1631~1687)에 의하여 주장되었으나 이를 활용한 사람은 거의 없었다. 그런데 영국의 유명한 지질학자로서 처음에는 측량기사였던 스미스(William Smith, 1769~1839)가 운하 공사 중 많은 지층을 관찰하는 동안에 비로소 이 법칙의 진가를 인식하게 되었고 그는 누중의 법칙을 사용하여 영국 남부의 모든 지층을 순서대로 기억할 수 있었으므로 한 조각의 암석만을 보아도 그것이 어느 층에서 떨어진 것인지 곧 알아맞힐 수 있었다고 한다.

수저에서 퇴적된 지층이 조륙운동으로 융기되면 지층은 거의 수평으로 수면 위에 나타날 것이다. 이는 지층이 퇴적될 때에 수평 또는 거의 수평으로 쌓임을 의미한다. 지층이 기울어져 있으면 지층 퇴적 후에 지층을 교란시키는 작용이 가해졌음이 분명하다. 퇴적물의 퇴적면은 원래 수평 또는 거의 수평이라는 사실도 1669년 스테노에 의하여 밝혀졌으며 이 법칙은 **퇴적면 수평성의 원리**(堆積面水平性의 原理: Principle of original horizontality)로 알려져 있다. 그는 또한 **지층 연속성의 원리**(Principle of original continuity)를 내놓음으로써 퇴적된 지층은 횡적으로 연속되며 멀리 가서는 얇아지거나 다른 종류의 퇴적암으로 변해 나갈 수 있음도 명백히 하였다.

넓은 범위에 걸쳐 지층이 수평으로 놓여 있으면 우리는 누중의 법칙을 곧 적용하여 지층의 상하를 판단할 수 있다. 또 지층이 기울어져 있어도 이 법칙의 적용이 가능하다. 그러나 지층이 수직이거나 역전(逆轉: overturn)되어 버리면 국부적으로는 지층의 상하 판단이 잘못될 수가 있다. 이런 때에는 지층이 교란되지 않은 곳에서 상하의 순서를 기억하여 가지고 있으면 무난히 교란된 지층의 상하 판단을 할 수 있다. 또 지층의 상하 판단은 사층리·물결자국·건열·점이층리(漸移層理: 보통 지층에서는 아래로부터 위로 향하여 퇴적물의 입도가 작아진다)·동물의 화석으로 누중의 법칙 적용이 가능하다. 두 지층의 상하 관계가 불명할 때에 한쪽 암층의 암편이 다른 암층 중에 포함되어 있음이 밝혀지면 전자가 오랜 것이고 후자가 새로운 지층임을 알 수 있다.

3. 동물군 천이의 법칙(動物群 遷移의 法則)

누중의 법칙을 적용하여 지층을 아래로 또는 위로 계속하여 따라 가면, 지층 속에 들어 있는 화석의 내용이 점점 달라짐을 알 것이다. 특히 동물화석을 조사해 보면 1종의 화석도 점점 변하여 가지만 화석동물군의 내용도 변하여 감을 알 수 있다. 이는 시대가 달라지면 동물군에도 변화가 일어난다는 것으로서 시간이 흐름에 따라 동물에 진화가 일어났다는 의미를 내포한다. 크게는 고생대·중생대·신생대의 지층이 각각 화석 내용을 달리하는 것은 오랫동안에 동물들이 일부 멸망하고 일부는 진화하여 다른 종류로 바뀌게 된 결과이다. 또 수십 m의 차를 둔 상·하 양 지층 사이에서도 화석동물군에 차이를 볼 수 있다. 이와 같이 시간을 대표하는 지층 상·하에서 화석동물군의 내용이 달라진다는 사실을 **동물군 천이의 법칙**이라고 한다. 이 법칙은 스미드에 의하여 주장되었다. 화석동물군뿐 아니라 화석식물군에도 변화가 일어났다.

이 법칙은 또한 어떤 내용을 가진 화석동물군은 한 시대밖에 존재할 수 없음을 가르쳐 준다. 왜냐 하면 시대가 변하면 동물군의 내용이 변하기 때문이다. 그러므로 동물군의 내용을 잘 연구하여 두면 지층의 신고를 판단할 수 있음과 동시에 멀리 떨어져 있는 같은 시대의 지층을 찾아내는 데, 즉 대비(對比)하는 데에도 큰 도움이 될 것이다.

4. 부정합(不整合)

지층이 퇴적되다가 오랫동안 퇴적이 중단되거나 퇴적면이 육화되어 침식을 받은 면이 퇴적층 속에서 발견되면 이 면을 부정합면이라고 하고 이 면 상위 및 하위의 지층

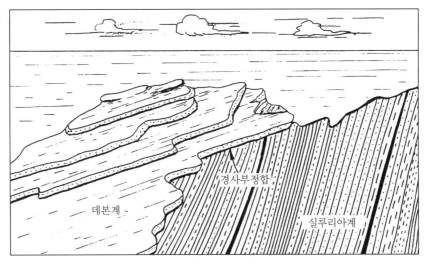

[그림 22-2] 스코틀랜드 버윅샤(Berwickshire) 식카 포인트(Siccar Point)의 경사
부정합(허튼이 부정합을 설명한 곳)

사이의 관계를 **부정합**이라고 한다. 부정합을 처음에 설명한 사람은 허튼이었다. 그는 스
코틀랜드 버윅샤(Berwickshire)의 식카 포인트(Siccar Point)에서 경사부정합을 발견하고
부정합의 의의를 이해하게 된 것이다([그림 22-2] 참조). 부정합면은 두께가 없는 면에
불과하나 긴 시간을 대표한다. 부정합면이 대표하는 시간의 길이는 상하 두 지층에서
발견되는 화석의 차이로도 알 수 있다. 또 부정합면의 상위 및 하위의 지층의 변형의
정도도 참고가 된다. 만일 하위의 지층이 심한 습곡을 받았거나 부정합면 아래 화성암
이 있을 경우에는 부정합면은 대단히 긴 시간적 간격을 의미한다. 이는 부정합면 상위
의 지층이 퇴적되기 전의 오래된 지층에 습곡이 일어나고 화성암이 관입한 후 또는 변
성작용이 일어난 후에 융기하여 지표에 노출된 후 침식작용이 가해졌음을 의미하기 때
문이다. 물론 평행부정합일 때에도 대단히 긴 시간적 간격을 가지는 일이 있다. 부정합
의 시간적 간격이 큰 경우에는 상·하 양 지층 중의 화석 내용에 큰 차이가 생겨난다.

5. 관입(貫入: intrusion)

야외에서 퇴적암 또는 변성암이 관찰되고 이들과 인접한 화성암의 노출이 발견되
면 앞의 암석들과 화성암과의 관계는 관입접촉인 경우와 단층접촉인 두 가지 경우를 생
각할 수 있다. 물론 접촉부(very contact)를 잘 조사함으로써 양자 중 어떤 것인가의 판단

이 가능하다. 단층이면 접촉부에 단층점토나 단층각력암이 발견될 것이고, 관입인 경우에는 양자 사이에 조직의 변화가 발견될 뿐이고 다른 교란이 발견되지 않을 것이다. 양자의 관계가 단층이 아님이 확정되면 화성암은 퇴적암이나 변성암 중에 관입되었음이 분명하고 이 때에는 화성암의 관입시대가 퇴적암 또는 변성암의 퇴적 또는 변성 시기 이후라는 것이 자명하다. 이와 같이 노두에서 관입의 증거를 조사함으로써 관입된 암석과 관입을 당한 암석 사이의 시간적인 선후관계를 알아낼 수 있다. 관입의 개념도 허튼에 의하여 가장 먼저 발견되었다. 허튼 이전에는 화성암의 관입에 관한 생각도 없었으며 하물며 기존암과 관입암체에 대한 시간적 개념은 전혀 없었다.

　　이로 보아 화성암에는 퇴적암에 적용되는 하고상신(下古上新)의 법칙을 적용할 수 없다. 특히 관입암은 퇴적암의 층리면에 들어가 있어 언뜻보면 그 위의 지층보다 오랜 것같이 보이나 이것도 새로운 것이다. 그러므로 화성암이 관입되었을 때에는 화성암의 위치에 관계 없이 화성암이 새로운 것이다. 예외로서 용암(lava)이 퇴적 중인 퇴적면에 흘러나와 굳어진 후 다시 퇴적물로 덮이게 되는 경우가 있다. 이런 용암류를 분출암상(extrusive sheet)이라고 하며 그 시대는 퇴적암의 생성 순서와 같이 취급되어야 한다.

3. 화석에 관한 지식

　　세계 각지의 퇴적암 중에는 동물의 뼈・조개 껍질・식물의 인상(植物의 印像)이 발견되는 곳이 많다. 이런 생물의 유해는 지질시대 중에 살고 있던 생물이 죽은 후에 묻혀서 지층 중에 남아 있게 된 것이며, 그 대부분은 굳은 돌로 변해 있다. 이들을 화석(化石: fossil)이라고 하며 화석을 포함한 모든 옛 생물을 고생물(古生物: pre-historic life)이라고 한다.

　　화석이라는 말은 200년 전까지도 뚜렷한 정의 없이 사용되어, 땅 속에서 파낸 기묘한 것을 모두 화석이라고 불렀으나 그 후 지질학자들은 그 뜻을 국한하여 생물에 관계 있는 물체에만 사용하게 되었다.

　　화석의 정의
　　화석은 다음과 같이 정의된다.
　　'지질시대(역사 시대를 제외한)로부터 보존된 생물의 유해・인상・흔적으로서 생물체의 구조가 인지(認知)되는 물체를 화석이라고 한다.'

화석은 고생물학자(paleontologist)에 의하여 연구된다.

석탄이나 석유는 생물의 유물임에 틀림없으나 화석으로 취급되지 않는다. 이들은 보통 생물의 구조를 보여 주지 않기 때문이다. 그러나 석탄 중에는 식물의 구조가 육안 또는 현미경으로 관찰되어 화석으로 취급될 것이 있다. 고생물의 발자국, 누웠던 자국, 앉았던 자국, 배설물도 화석으로 취급된다. 이를 생흔화석이라고 한다.

역사 시대에 살던 생물의 유해는 화석으로 취급되지 않는다. 역사 시대의 생물은 당연히 현생생물학자(neontologist)들에 의하여 연구되어야 하기 때문이다. 그런데 역사 시대의 한계가 불분명함과 동시에 생물이 사망한 시대도 불분명한 것이 있으므로 역사 시대를 전후하여 살던 생물은 때로는 화석, 때로는 현생 생물로 취급되며 충적세(沖積 世) 초기의 생물을 준화석(準化石: subfossil)이라고 하기도 한다. 그러나 고생물학자들은 고생물에 대한 이해를 깊이하기 위하여 현생물에 관한 지식도 갖추어야 한다.

화석의 대다수는 이미 멸종해 버린 종(種: species)들이지만 반드시 절멸한 종들만 이 화석이 아니다. 고생대나 중생대의 화석은 대부분 멸종된 종으로 되어 있으나 신생 대의 화석에는 현재 살아 있는 종에 속하는 것이 많다.

화석은 반드시 **석화**(石化)된 것만이 아니다. 석화되지 않고 본질이 그대로 보존되 어 있어도 1만 년 이전의 생물의 유해이면 화석이다. 가장 유명한 예로서는 1900년에 시베리아에서 발견된 매머드(mammoth)를 들 수 있다. 이것은 약 2만 년 전에 살던 것으 로 생각되는 코끼리의 일종으로서 얼어 붙은 땅 속에 묻혀 있었다. 시베리아의 땅은 거 의 연중 얼어 붙어 있으므로 땅 속에 묻힌 매머드의 몸뚱이와 다리에는 살·껍질·털· 위 속의 식물(植物)이 그대로 남아 있었고, 살은 빨간 색이어서 동행했던 개가 먹을 수 있었다고 한다. 이 매머드에서 지표에 노출된 두골은 물론, 살·껍질·털·위 속의 식물 까지도 화석으로 취급되어야 할 것이다. 이 런 모양으로 바로 어제 죽어 묻힌 듯이 보 이는 냉동된 신선한 화석은 극지방에 상당 히 많을 것으로 생각된다.

암석의 틈 속에는 화석같이 보이나 무 기적인 성인을 가진 것이 있으므로 주의해 야 할 것이다. 모수석(模樹石: dendrite)은 그 좋은 예이다. 이는 망간(Mn)분이 물에 녹아 암석 중의 틈을 따라 흐르다가 이산화

[그림 22-3] 모 수 석

망간(MnO_2)으로 침전되어 만들어진 교묘한 무늬에 불과한 것이다([그림 22-3] 참조).

4. 화석의 보존

1. 완전 보존

생물이 그대로 보존된 예로는 식물, 매머드(수십 마리), 한 마리의 무소(rhinoceros)가 플라이스토세의 토탄지에서 발견되었을 뿐이다. 아스팔트 풀(pool)에 빠져 죽은 동물도 비교적 잘 보존된다. 신생대의 식물이나 조개 껍질에는 거의 그대로 보존된 것이 많다. 물론 조개의 연한 육질부는 없어졌다.

2. 석화(petrification)

제3기 이전의 화석에는 석화되어 보존되어 있는 것이 많다. 석화는 다음의 몇 가지 방법으로 일어난다.

(1) 광물 성분의 삼투(permineralization)   화석 생물체가 다공질이면 지하수에 녹아 있던 SiO_2나 $CaCO_3$가 삼투하여 들어가 구멍을 메워 버린다. 이로써 생물체는 무거워지고 견고해져서 보존이 용이하게 된다.

(2) 치환작용(replacement)   지하수는 그 중에 녹아 있는 광물 성분으로 매몰된

[그림 22-4] 포항 부분의 제3계에서 발견된 규화목(길이 1.4 m, 연령 약 2000만년). (서울대 기상학과 정창희 교수 제공)

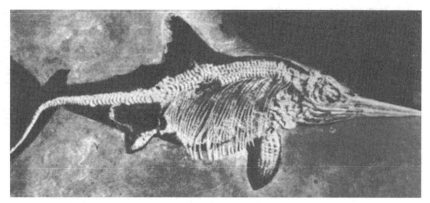

살과 지느러미의 연한 부분이 탄화되어 체구의 원형이 잘 보존된 예.

[그림 22-5]　중생대의 바다 파충류 어룡(魚龍)의 화석(길이 3m)

생물의 조직을 치환하는 일이 있다. 특히 나무줄기는 SiO_2로 한 분자 한 분자씩 치환되어 **규화목**(珪化木: silicified wood)으로 변하게 되며 이는 현미경적 구조를 그대로 보존한다. 이런 치환 현상을 조직 치환(histometabasis)이라고 한다. 포항 부근의 제 3 기층 중에는 나무 줄기가 규화목으로 변한 것이 발견되며([그림 22-4] 참조), 평양의 화석림은 쥐라기의 삼림의 수목이 서 있는 대로 매몰되어 규화목의 삼림으로 변한 것이다. 화석의 조직이 급히 용해되어 나간 뒤에 남은 공간은 지하수가 공급하는 광물질(SiO_2, $CaCO_3$)로 교체(substitution)되는 일이 있다. 이런 화석을 위상(僞像: pseudomorph)이라고 한다.

　(3) **건류**(distillation)　　생물체는 탄소 화합물로 되어 있다. 땅 속에서 오랫동안 압력과 지열을 받으면 이들은 건류되어 흑연에 가깝게 탄화된다. 일단 탄화되면 산화되기 곤란하고 녹지도 않고 보존이 잘 된다. 식물화석에 이런 예가 많고 동물화석에도 그런 예가 있다([그림 22-5] 참조).

　(4) **몰드**(mold)**와 캐스트**(cast)　　화석이 삼투해 들어간 지하수에 녹아 버리면 구멍이 남게 되고 이 구멍은 화석의 외형을 잘 반영한다. 이를 **몰드**라고 한다([그림 22-6] (2)). 만일 구멍 속에 다른 광물질이 들어가 가득 차 버리면 새로운 물질로 된 화석이 생기며 이것을 **캐스트**라고 한다([그림 22-6] (3)). 나뭇잎새처럼 얇은 것이 만든 몰드를 **인상**(印象: imprint)이라고 한다([그림 22-8] 참조). 조개 껍질 안에 진흙이 가득 찬 후에 조개 껍질이 녹으면 내부 몰드(internal mold)가 생긴다. 몰드 중 가장 훌륭한 것은 호박(琥珀) 속에 들어 있는 곤충의 화석(속이 비어 있음)이다([그림 22-7] 참조). 이탈리

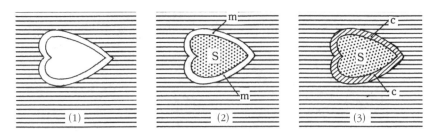

[그림 22-6] 몰드와 캐스트((1) 지층 속의 화석, (2) 몰드(m), (3) 캐스트 (c), S: 석
핵(石核: core))(석핵 표면은 내부 몰드이다.)

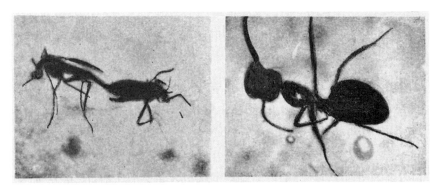

(1) 교미 중인 곤충화석   (2) 개미화석

[그림 22-7] 호박 중의 곤충 화석의 몰드

아 폼페이시는 서기 79년 베스비우스 화산 폭발 때의 화산재로 두껍게 덮였다. 화산재
에 묻힌 사람은 화산재가 응회암으로 변하는 동안에 완전히 용해되어서 제거되었다. 응
회암 속에는 사람의 몸이 빠져나간 구멍이 생겼다. 이 구멍은 사람의 몰드다. 이 몰드에
작은 구멍을 뚫고 석고를 풀어 주입한 다음 석고가 굳어진 후에 응회암을 제거하면 사
람과 꼭 같은 석고상이 나온다. 이 석고상은 캐스트이다. 응회암은 2000년도 못 된 것이
므로 몰드는 화석이 아니지만 1만 년 이상 된 것이면 화석이다(p.54 [그림 4-16] 참조).

3. 화석이 되려면

산야에서는 크고 작은 많은 동식물이 살다가 죽는 일이 되풀이된다. 그러나 죽어
넘어진 뒤에 그들이 남긴 시체를 볼 기회는 극히 드물다. 생물이 죽으면 곧 이들을 파괴

[그림 22-8] 한국 고생대 페름기의 식물화석(인상)($\times 2/3$)

하는 작용이 일어나서 흔적도 없이 처리되어 버리기 때문이다. 그렇다면 수많은 화석들이 어떻게 생성되었을까? 생물이 죽으면 곧 묻혀서 다른 동물이나 박테리아로부터 방어되어야 한다. 그러므로 제 1 의 조건은 생물의 유해가 퇴적물로 묻혀서 보호되는 것이다.

지하에 묻혀도 연한 부분은 썩기 쉽다. 그러므로 화석으로 남는 것은 거의가 굳은 부분이다. 따라서 제 2 의 조건은 생물이 굳은 부분을 가져야 한다는 것이다.

위에 말한 두 조건만 만족되면 화석으로 될 가능성은 많아진다. 특히 산소가 부족하여 박테리아의 작용이 약한 물 밑에 떨어진 생물은 얼마 후에 퇴적물로 덮여서 화석이 될 가능성이 많다.

지표에는 곳곳에 특별한 곳이 있어서 큰 동물들이 빠져 죽는 일이 있다. 아스팔트 풀(asphalt pool)·소택지·부사(浮砂: quicksand)가 그런 곳이다. 아스팔트 풀은 유전 지대에서 발견되는 일이 많으며, 옛날 이런 풀에 빠진 동물의 뼈가 발굴되는 곳이 있다. 소택지에도 큰 동물이 빠져 죽는다. 뉴욕주에는 200마리 이상의 마스토돈(Mastodon: 코끼리의 일종)의 완전한 뼈가 발견된 곳이 있다. 부사는 하안에 생기는 것으로서 동물이 기어 들어가면 점점 빠져 들어가서 죽는 곳이다.

화산재가 다량으로 급격히 분출되어 낙하하면 생물을 묻어 버리는 일이 있다. 사막에서는 바람에 불린 모래가 생물을 덮어 화석을 만드는 일이 있다.

5. 화석에 대한 생각의 변천

화석은 유사 이전에도 인류의 관심을 끌었던 것으로 보인다. 그 한 예로서 프랑스에서 발견된 네안데르탈(Neanderthal)인의 유골과 함께 완족류의 화석이 발견되며 이는 그들에 의하여 장식품으로 소지되었던 것으로 보인다. B.C. 450년경의 학자 헤로도투스(Herodotus)는 이집트를 여행하면서 조개 화석을 발견하고 지중해 부근은 전에 더 넓은 범위까지 바다였다는 옳은 생각을 피력했다. 그러나 유명한 철인 아리스토텔레스(Aristotle)는 화석을 생물이라고 생각하면서도 그런 것이 암석 중에서 자라난 것이라고 믿었다. 그의 제자의 한 사람은 지층이 퇴적될 때에 들어간 동물의 알〔卵〕이나 식물의 씨가 암석 중에서 자란 것이라고 분명히 말하였다.

이렇게 중세(이른바 암흑 시대) 전까지는 화석이 생물이었음이 널리 용납되어 있었던 것으로 보인다. 그러나 특수 창조론(성서에 나타난)이 세력을 가지게 되자 지구의 역사는 수천 년으로 규정되어 버렸으므로 생물의 변화 또는 진화·멸망·지표의 큰 변화를 생각할 여지가 없어지고 말았다. 이런 때에도 유명한 기술자이며 예술가인 레오나르도 다 빈치(Leonardo da Vinci, 1452~1519)는 수에즈 운하를 팔 때에 화석을 많이 발견하고 그 곳이 전에 바다였다는 수기를 남겼다. 그러나 그 후 약 200년은 화석을 괴이하게 해석하는 사람들로 지배되었다. 그들은 지질학적인 시간과 변동의 기간에 대한 지식을 가질 수 없었기 때문이다. 어떤 사람은 암석 중에 조형력(造形力)이 있어서 광물처럼 화석도 만들어질 수 있다고 하였고 또 어떤 사람은 '사람을 미혹(迷惑)케 하려는 귀신의 장난'이라고 주장하였다.

독일에서는 1696년에 발견된 매머드의 화석을 둘러싸고 큰 시비가 일어났다. 당시 인문계 고교의 선생이던 텐첼(E. Tentzel)은 이 화석을 전사시대(前史時代)의 거대한 동물의 뼈라고 하였기 때문에 많은 사람들의 적의를 사게 되었다. 그래서 의학 선생들에게 조사케 하였더니 그들은 화석을 '자연의 장난'으로 만

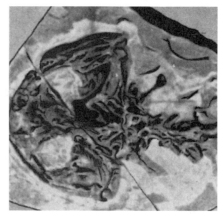

[그림 22-9] 사람의 화석이라고 해석되었던 양서류의 화석

들어진 것이라고 하였다. 이러는 동안에도 인지(人智)가 발달되어 화석이 생물의 유해라는 사실이 종교적인 신심(信心)이 깊은 사람의 귀를 의심치 않게 하자 화석에 대한 해석법이 돌변하게 되었다. 즉 노아(Noah)의 홍수로써 모든 지층의 생성과 화석의 수수께끼를 풀어 보려고 쇼이쩌(J.J. Scheuchzer, 1672~1733)는 1702년에 [그림 22-9]와 같은 화석을 'Sports of nature'라고 하였고, 1726년에는 이를 'Homo diluvii testis', 즉 홍수 때에 죽은 사람의 뼈라고 하였던 것이다. 퀴비에(Cuvier)가 연구한 결과 이는 큰 도롱뇽의 화석임이 밝혀졌다.

　　1706년에는 뉴욕주에서 높이 15cm, 무게 1kg 이상인 코끼리의 이빨〔齒牙〕이 발견되었다. 매사츄세츠(Massachusetts)주의 지사는 이 화석을 사람의 이라고 믿고, 어떤 사람에게 보낸 편지 중에 '이런 이를 가진 사람은 거인으로서 홍수 때에는 맨 나중까지 견디다가 물이 그 큰 키를 넘쳤으므로 죽은 것이고 이 때에 생긴 지층이 두꺼운 이유도 알 수 있는 것'이라고 썼다고 한다.

　　독일 뷜츠부르크(Würzburg)의 지질학 교수인 베링거(J.B.A. Beringer, 1667~1740)는 화석의 수집광이었는데 학생들이 장난으로 만들어서 화석 산지에 버려 놓은 곤충·꽃·개구리·천체의 화석을 알지 못하고 그대로 기재하여 1726년에 출판하였었다. 얼마 후에 그는 히브리(Hebrew)어로 자기 이름이 새겨진 화석을 발견하자 크게 놀라서 출판된 책을 모두 회수하기에 힘쓰다가 실망한 가운데 죽어 버렸다. 빈곤에 빠진 유가족은 이

[그림 22-10]　베링거 교수가 속아서 기재 발표한 가짜 화석들

를 재출판하였다고 한다.

이런 비극까지 일어나게 된 화석 논쟁도 1800년경에는 거의 해결되어 화석이 지질 시대의 생물임이 인정되기에 이르렀다. 화석 때문에 많은 걱정을 한 바티칸(Vatican)궁 에서도 1800년까지는 굉장한 양의 화석을 채집하였다고 한다.

6. 화석의 가치

1. 고지리도(古地理圖)

히말라야 산맥에서는 해발 6,000m에 달하는 곳에서 신생대의 바다 생물의 화석이 발견되었다. 우리 나라에서도 해발 1,000m 이상 되는 강원도 삼척탄전(三陟炭田)에서 고생대에 속하는 바다 생물의 화석이 많이 발견된다. 만일 이들 화석이 발견되는 곳을 연결하면 신생대 또는 고생대의 어떤 시대에 분포되어 있던 바다의 모양과 그 면적을 최소 한도로 지도 위에 표시할 수 있을 것이다. 또 각 지역에서 발견되는 화석의 종류를 비교함으로써 각 대륙 또는 각 지역이 서로 연결된 일이 있었는가 없었는가를 알 수 있다. 한 예를 들면 북미에서는 신생대 중엽까지 코끼리의 화석이 발견되지 않다가 신생대 말엽에 비로소 발견된다. 이로 보아 신생대 초부터 발전한 유라시아(Eurasia)의 코끼리가 북미로 건너간 것임에 틀림없을 것이다. 그렇다면 우리는 북미와 유라시아는 신생대 말엽에 육지로 연결되어 있었다는 가능성을 짐작할 수도 있는 것이다.

또 어떤 대륙이나 지역들 사이의 고생물이나 고생물 내용이 대단히 다르다고 하면 이들 대륙은 오랫동안 연락이 없이 떨어져 있었음을 짐작할 수 있을 것이다.

이런 방법으로 각 지역에서 산출되는 화석을 자세히 조사하여 비교하면 각 시대별 로 고지리도(古地理圖: paleogeographic map)의 작성이 가능하게 된다.

2. 고기후의 지시자

우리는 어떤 생물이 어떤 기후를 좋아하는지 알고 있다. 만일 지층 중에서 열대 기후를 좋아하는 어떤 종류의 생물과 비슷한 화석이 발견되었다면 우리는 그 생물이 살던 환경이 열대였다고 짐작해도 거의 틀림없을 것이다. 이는 앞에서 설명한 동일 과정의 법칙에 따르는 것으로 이런 방법으로 우리는 어떤 지질시대의 지구의 기후를 알아 낼 수 있다. 그러나 이 방법은 시대가 중생대 이전이면 점점 적용이 위험하게 된다. 왜 냐 하면 화석생물의 종류와 현생 생물의 그것과의 사이에는 큰 차이가 있어서 어떤 것 이 어떤 기후를 좋아하였는지 알기 어렵기 때문이다.

식물의 연륜은 기후대와 계절의 차이가 있었음을 가르쳐 주며 석탄기 식물에도 나타나지만 뚜렷한 연륜은 중생대 중엽부터 나타난다. 화석을 잘 연구하면 고기후학 (paleoclimatology)이 가능하게 된다.

3. 진화론의 실증자

화석을 종류에 따라 시대순으로 나열해 가지고 그 변한 모양을 살펴보면, 그들은 간단한 것으로부터 점점 복잡한 것으로, 작은 것으로부터 큰 것으로 변해 갔음을 알 수 있다. 더 자세히는 두께 수백 m의 지층 사이에서 고생물의 형태가 조금씩 조금씩 변한 일련의 화석을 발견할 수 있다. 따라서 화석은 생물 진화에 관한 가장 확실한 물적 증거 를 제공하는 존재라고 하겠다. 미국에서 수행된 말[馬]의 진화에 관한 연구는 가장 유 명한 것이다.

4. 지층동정(地層同定)의 재료

생물은 진화하므로 시대에 따라 그 종류가 변해 갈 것은 사실이다. 더구나 진화의 정도가 급격한 생물은 어떤 형의 화석을 어떤 시대에만 국한케 한다. 이런 화석을 **표준 화석**(標準化石: index fossil)이라고 하여 멀리 떨어져 있는 지층의 동시성을 발견하는 데 사용된다. 한 예로 우리 나라 삼척 탄전에서 발견되는 필석(筆石)은 세계적으로 분포가 넓은 화석이며 이 화석은 고생대의 오르도비스기와 실루리아기(Ordovician-Silurian)에만 특유하므로 이로부터 필석을 포함하는 지층은 이 지질시대에 퇴적한 지층임이 곧 판명 된다. 이와 같이 하여 전 세계의 지층을 서로 대비(correlation)할 수 있게 되고 전 세계를 통한 지질시대의 연대학(年代學: chronology)이 가능케 된다.

5. 지질시대의 구분

동물군 천이의 법칙에서 언급한 바와 같이 화석동물군은 시대에 따라 그 내용을 달 리하므로 이로써 지질계통과 지질시대의 구분이 가능하게 된다.

6. 화석의 학명(scientific name)

현생 동식물에 학명이 있음과 같이 고생물에도 학명이 붙여진다. 학명은 세계적으로 공통된 규약 밑에 붙여지는 것으로서 **이명법**(二名法: binominal nomenclature)이 적용된다.

한 예를 들어 사람의 학명을 보면 *Homo sapiens* LINNE이고 이는 사람의 종명(種名)이다. *Homo*는 속(屬: genus)의 이름이고, *sapiens*는 종소명(種小名: specific 또는 trivial name)이다. 마지막에 붙어 있는 것은 학명을 붙인 학자의 이름이다. 즉 사람의 학명은 Linne에 의하여 *Homo sapiens*라고 붙여진 것이다. 세상에 살아 있는 모든 인종은 모두 *Homo sapiens*에 속하여 있다. 그러나 선사 시대에 살던 어떤 화석인의 골격을 연구해 본 결과 우리와 퍽 다르게 보이나 다른 동물 중에 이와 더 가까운 것이 없어 이를 연구한 학자는 종소명만을 달리하여 *Homo erectus*라고 명명하였다. *erectus*란 그 화석 생물이 바로 서서 다녔음을 의미한다. 사람에 가까운 점보다 다른 동물에 가까운 점이 더 많으면 이를 *Homo*에 속하게 할 수는 없다. 아프리카 · 자바 외 여러 곳에서 발견된 원숭이와 사람의 중간형인 골격에는 *Australopithecus*라는 새로운 속명이 붙여졌다.

고생물학에서는 화석의 파편이나 발자국이 다 같은 종에 속하는 것이면 모두 같은 학명을 붙여 준다. 만일 화석인의 이빨(齒牙) 한 개가 발견되어도 그것이 *Homo erectus*의 것이면 같은 이름을 붙여 준다. 그러나 오랫동안 부분에 따라 다른 이름으로 불리어 온 것들은 습관상 원래의 이름을 사용한다.

7. 지층의 대비와 신고 판단법

1. 대비(correlation)

바다로 모여드는 퇴적물은 육지의 상태 · 계절 · 기후 및 기타 여러 가지 조건에 따라 그 종류가 달라진다. 그러나 같은 시간 중에 같은 깊이를 가진 해저에 퇴적되는 퇴적물은 대체로 작은 범위 안에서는 거의 동일하므로 생성된 암층은 거의 일정한 순서를 가지게 된다. 즉 한 곳에서 석회암이 침전된 후 셰일이 두껍게 쌓였다고 하면 같은 조건을 가진 조금 떨어진 곳에도 이와 같은 암석들이 같은 순서로 겹쳐져 있을 것이다. 그러므로 어떤 지층을 구성하는 단위 지층들의 성질을 순서대로 기록하여 가지고 다른 곳에서 그와 비슷한 순서를 가진 부분을 찾아냈다면 이 두 지층은 같은 시대에 이루어진 것임을 짐작할 수 있다.

이렇게 하여 멀리 떨어져 있는 지층들이 서로 같은 시대에 생성된 것인지 또는 다른 시대에 퇴적된 것인지를 비교하여 알아보는 일을 대비(對比)라고 한다.

우리 나라의 예를 들면 이른바 사동층(寺洞層)은 두꺼운 무연탄층을 2~4층 협재한다는 사실과 암석의 색이 전체적으로 검다는 사실을 기초로 다른 지역의 같은 특징을 가진 지층과 쉽게 대비할 수 있고, 하위에 놓인 이른바 홍점층(紅店層)은 주로 붉은 색을 띠고 있으므로 다른 지역의 유사한 층과 쉽게 대비할 수 있다. 그러나 지층의 특징만으로 대비가 불가능한 경우에는 지층 중에 들어 있는 화석을 이용하여 더 확실한 결과를 얻을 수 있다. 같은 표준화석이 두 지역에서 산출되거나 두 곳의 지층 중에 들어 있는 화석동물군이 같으면 두 곳의 지층을 같은 시대의 지층으로 대비할 수 있다. 암층만으로는 넓은 지역에 걸친 대비가 불가능하므로 세계적인 규모에서는 화석만이 대비의 기준으로 사용된다.

2. 암석의 신고 판단법

퇴적암의 신고(新古)를 결정하려면 누중의 법칙이 곧 효과를 나타내나 [그림 22-11]과 같이 화성암과 부정합이 동시에 나타날 때에는 부정합과 관입의 관계를 적용함으로써 쉽게 암석들의 상대적인 신고관계를 알 수 있다.

(1)에서는 화성암 A가 오랫동안의 침식으로 지표에 나타나게 된 후 더 낮게 깎여서 낮아진 다음에 해침이 일어나 지층 B가 기저역암(基底礫岩)부터 사암·셰일·석회암의

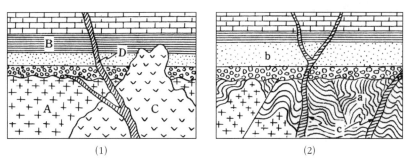

(1)   (2)

A, B, C 및 D와 a, b 및 c의 순서로 새 것임.

[그림 22-11] 암석의 신고 판단

순서로 쌓였다. 그 후에 새로운 화성암 C가 관입하여 들어갔다. 이 사실은 부정합면이 관입당한 것을 보아 알 수 있다. 다음에 D는 암맥으로서 A, B 및 C를 꿰뚫고 있음을 보아 가장 새로운 암석임을 알 수 있다. 그러므로 암석의 시간적인 순서는 A, B, C 및 D의 순이다.

(2)에서는 a라는 두꺼운 지층이 쌓인 후에 조산운동이 일어나 습곡이 생겼고 산맥이 침식되어 낮아진 다음에 해침을 받았다. 이 때에 지층 b가 쌓였고 후에 암맥 c의 관입을 받았다. 그러므로 암석의 시간적 순서는 a, b 및 c의 순임을 알 수 있다.

위에서 말한 방법으로 어떤 지층이 다른 지층과 시간적으로 어떤 관계에 있는지를 대비하고 접촉 관계로서 암석의 시간적 순서를 결정하여 지구상의 모든 암석을 시대별로 구분할 수 있다. 지질학자들은 오랜 연구로써 대부분의 암석과 암층의 시대를 밝혀 냈다.

3. 대비의 종류

대비의 종류로는 조직, 성분, 구조와 같은 암석의 성질에 근거한 **암석대비**(岩石對比: lithocorrelation), 고생물(화석)에 의한 **생물대비**(生物對比: biocorrelation), 방사성 동위원소로 측정된 암석의 연령에 의한 **시간대비**(時間對比: chronocorrelation) 및 고지자기 측정에 의한 **자기대비**(磁氣對比: magnetocorrelation)가 알려져 있다. 한 가지 유의할 것은 암석대비와 시간대비는 환경에 따른 **암상변화**(岩相變化: lithofacies change) 때문에 일치하지 않는 경우가 있을 수 있다는 점이다. 은행과 같이 살아 있는 화석과 같은 예외가 있기는 하지만 생물대비는 시간대비와 거의 일치하는 것으로 생각할 수 있다. 지자기의 고극성은 전 지구적으로 **정상**(normal)과 **역전**(逆轉: reverse)을 반복하므로 시간대비에 준하는 것으로 볼 수 있다.

제 23 장

지질시대의 구분

지구의 성시대(星時代)가 지난 후 지구에 대기권과 수권이 생겨 암석에 풍화와 침식을 일으키기 시작하고, 풍화·침식의 생성물인 퇴적물이 쌓이기 시작한 때부터 오늘날까지가 '지구의 역사 시대'이며, 지질학에서는 이 시대를 지질시대라고 함은 전술한 바와 같다. 지질시대에서 역사 시대를 구별하였으나 이는 편의상의 일이고 지질시대는 역사 시대를 지나 앞으로 거의 영원히 계속될 것이다. 그러나 보통 지질시대라는 말은 전사 시대(前史時代)를 가리키는 의미로 쓰인다. 지질시대 중에 지각에 가해진 변화는 풍화·침식·퇴적·지각변동·화성작용·변성작용의 반복이고 생물계의 변화는 발생·진화·이동·멸망의 되풀이이다. 이런 변화를 시간적으로 정리하고 지사 내용에 현저한 전환을 일으킨 때를 경계로 지질시대를 구분하여 모든 변화에 사적 의의(史的意義)를 주는 중요한 일을 **지질학적 편년**(地質學的編年: geologic chronolgy)이라고 한다. 우리가 지층과 암석의 신고(新古)만을 문제로 하고 절대년수를 불문에 붙일 때에는 **상대적 편년**(相對的編年)을 행하는 것이다. 지질조사나 지질학적 기술에는 상대적 편년만으로 충분하다. 그러나 19세기 전부터 지구의 연령을 측정하려는 시도가 시작되었고 구분된 지질시대의 길이, 지각변동의 시기, 화성암관입의 시기를 절대년수로 알아보고자 하는 노력이 계속되고 있다. 지질시대를 절대년수로 표시하는 것을 **절대편년**(絶對編年)이라고 한다. 20세기 초까지는 절대편년에 그리 큰 성과가 없었으나 방사성 동위원소에 관한 연

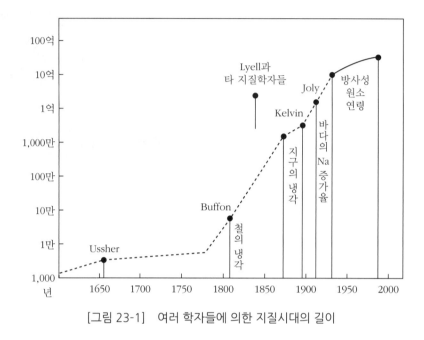

[그림 23-1]   여러 학자들에 의한 지질시대의 길이

구의 발전에 따라 정밀한 절대편년이 가능하게 되었다. 학자들이 계산한 지질시대의 길 이를 보면 [그림 23-1] 과 같다.

1. 지질시대 구분의 기준

1. 지층의 구분

지질시대는 지층과 그 속에 들어 있는 화석에 의하여 도출된다. 그러므로 지질시대 구분도 지층과 화석으로 이루어질 수밖에 없는 것이다. 먼저 지층만을 상대로 지층을 어떻게 구분할 수 있을까를 생각해 보자. 지금 두꺼운 일련의 지층이 있을 경우에 그 일부가 어떤 특징을 가져 딴 지층과 구별이 가능하다고 하자. 예를 들어 아래 위로 검은 지층이 있는데 그 사이에 200m의 두께를 가진 백색의 지층이 있다면 이 지층은 쉽게 구별된다. 이 지층에 그 지방의 이름을 따서 가령 백산층(白山層, 가명)이라는 이름을 주었다고 하자. 그러면 백산층의 상위 및 하위의 지층도 잘 조사하여 층명을 줄 수가 있을 것이다. 이렇게 주어진 지층명은 시간과는 거의 관계가 없는 것이다. 이렇게 붙여진 지층의 이름은 암석의 특징에 의한 구분이다. 물론 이름이 붙여진 지층들의 상하 관계는 뚜렷하므로 상대적인 시간은 인식할 수 있으나 화석이 없고 방사성 원소로 연령 측정이 되지 않는 경우에는 이런 지층들로부터 시대 결정은 불가능하다. 두꺼운 지층 중에서 경사부정합 같은 큰 부정합이 발견되면 퇴적암을 시간을 달리하는 두 개의 지층으로 나눌 수 있다. 이런 경우에는 부정합이 지층을 구분하는 데 사용될 수 있다.

이렇게 지층의 특징으로 이루어지는 지층의 구분을 **암석층서적 구분**(lithostrati- graphic classification)이라고 한다.

그러나 지층 중에 포함된 화석을 지층 구분에 같이 사용할 때에는 지층은 완전히 시대를 대표하는 존재가 되어 버린다. 발견되는 화석의 종류에 따라서는 대단히 국한된 시대를 가리키는 지층이 되어 지사학상 중요한 위치를 차지하게 된다. 이렇게 화석으로 시간이 밝혀지는 지층의 구분을 **시간층서적** 또는 **연대층서적 구분**(time-stratigraphic classification)이라고 한다. 이것은 위에서 말한 암석층서적 구분과는 전혀 다른 것이다. 지층의 시간층서적 구분으로 얻어진 시대 또는 연대 구분표는 p. 367의 [표 23-1]과 같다.

2. 부정합과 화석 내용과의 관계

지층이 쌓이던 바다 지역에 지각변동이 일어나서 육화하거나 산맥이 생성되면 바다가 물러나간다. 이를 **해퇴**(海退: regression)라고 한다. 이 육지나 산맥이 오랫동안 침식을 받아 낮아지면 멀리 물러나갔던 바다가 다시 접근하게 되고 마침내 다시 전의 위치를 덮고 퇴적물을 쌓게 된다. 이렇게 바다가 침입해 들어와서 퇴적물을 쌓게 되는 것을 **해침**(海侵: transgression)이라고 한다. 육지나 산맥이 낮아져서 바다로 변하는 데는 수백만 내지 수천만 년 또는 그 이상의 시간이 걸릴 것이다. 그 동안에 먼 곳으로 생물들과 함께 쫓겨 나간 바다에서는 생물들이 진화와 흥망을 거듭하다가 해침이 일어날 때에는 이런 생물들이 따라 들어오게 된다. 만일 부정합의 시간 간격이 작으면 생물의 변화는 크지 않을 것이다. [그림 23-2]는 부정합과 화석의 관계를 그린 것이다. 이 그림 (1)에서 a, b, c, d, e는 해침이 일어나기 전까지에 멸망한 종류, f는 존속된 것, a′, b′, c′는 각각 a, b, c에 가까운 것, d′는 새로 생긴 것이다. 그림 (2)에서 B, C, D는 해침이 일어나기 전까지에 멸망한 종류이고 B′, C′, D′는 B, C, D가 진화한 것, A, E, F는 존속한 것이다.

그림 (1)의 경우에는 부정합에 따르는 화석 내용이 퍽 다르므로 시대 구분에는 대

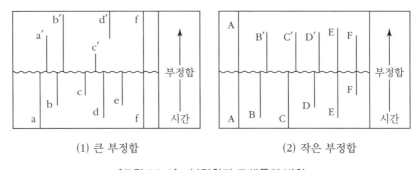

(1) 큰 부정합   (2) 작은 부정합

[그림 23-2] 부정합과 고생물의 변화

단히 좋은 기준이 된다. (2)는 지방적인 구분의 기준이 될 것이다. 부정합면이 발견되지 않아도 (1) 또는 (2)와 같은 화석의 급변이 발견되면 이도 구분의 기준으로 훌륭한 것이다.

지층을 구분하기 위하여 부정합을 이용하지만 실은 부정합은 그것이 대표하는 시간의 길이만큼의 지구의 역사를 잃어버린 존재라는 것을 알아야 할 것이다. 가능하면 부정합의 연장선을 추적하여 기록이 많이 남아 있는 곳을 찾아서 지구의 역사를 보충하여야 한다. 다행히도 한 지방에서는 큰 부정합으로 되어 있어도 다른 지방에서는 부정합이 없는 경우가 많아서 지구의 역사는 보완되기 마련이다.

2. 시대 및 지층구분의 단위

역사 시대는 인류 문화의 발달 정도, 국가의 흥망의 시기를 기준으로 하여 구분한다. 이로써 역사 시대를 상고·중세·근세·현세로 나누고 우리 나라의 역사 시대는 상고 시대, 삼국 시대, 통일 신라 시대, 고려 시대, 조선 시대로 나누어져 있다. 지사학에서는 부정합·고생물의 격변과 번성을 기준으로 하여 지층을 구분한다.

그런데 지층을 시대별로 구별하려는 노력은 유럽의 지질학자들에 의하여 18세기 말엽부터 시작되었다. 그들은 지사학의 법칙을 발견하여 지층구분에 사용하였다. 영국 지질학자들은 영국 서쪽에서 심한 습곡을 받은 지층이 습곡을 덜 받은 다른 지층에 의하여 부정합으로 덮여 있음을 발견하였다. 그들은 습곡된 오랜 지층을 Primary strata(第一層), 그 위의 새 지층을 Secondary strata(第二層)라고 불렀다. 그들은 영국 남쪽에서

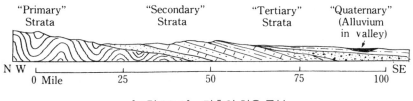

[그림 23-3] 지층의 처음 구분

'Secondary'을 부정합으로 덮는 다른 지층을 발견하였는데 이 지층은 'Secondary'보다 더 수평에 가까운 것이었다. 그들은 이 지층을 Tertiary strata(第三層)라고 불렀다. 한참 후에 'Tertiary'와 그 전의 지층을 부정합으로 덮는 고결되지 않은 사력층·점토층을 Quaternary strata(第四層)라고 부르게 되었다. 이상의 구분은 일종의 암석층서적 구분으로서 상대적 신고(新古) 관계는 알 수 있으나 멀리 떨어져 있는 지층과의 대비는 불가능하였다.

연구가 계속되는 동안에 각 층은 각각 특유한 동물화석을 포함함이 판명되어 Primary는 Paleozoic으로, Secondary는 Mesozoic으로 바뀌었으나 Tertiary와 Quaternary는 Cenozoic에 포함되어 그대로 남아 있다. 이렇게 화석으로 정리된 지층에 의하여 이루어진 연대 구분은 누대, 대, 기, 세 및 절의 다섯 가지이지만 이들 중에서 가장 중요한 것은 절(節: Age)이다. 1950년대까지는 세가 중요시되었고 이것이 지방적 또는 국가적 연대 구분의 최소 단위였으나 화석의 연구가 진전됨에 따라 절 단위로 화석 내용이 정리되고 몇 개의 화석대를 포함하는 절에 해당하는 시간층서적 단위인 조(組: stage)가 가장 기본적인 단위로 되어 버렸다. 그러나 여기서는 큰 단위부터 설명하기로 한다.

1. 누대(累代: Eon)

연대 구분의 가장 큰 단위는 누대이다. 지질시대는 전술한 바와 같이 고생물을 기준으로 구분되며 생물이 화석으로 많이 산출되기 시작한 때부터 오늘날까지를 **현생**(顯生)**누대**(Phanerozoic Eon), 지층 중에서 화석이 거의 발견되지 않는 긴 시대를 **은생**(隱生)**누대**(Cryptozoic Eon)라고 한다. 은생누대는 보통 선캄브리아누대(Precambrian Eon)라고도 한다. 누대 중에 쌓인 지층을 누대층(累代層: Eonothem)이라고 한다.

2. 대(代: Era)

과거에 지질시대는 **시생대**(Archeozoic Era), **원생대**(Proterozoic Era), **고생대**(Paleozoic Era), **중생대**(Mesozoic Era) 및 **신생대**(Cenozoic Era)의 순으로 구분되었으며 처음 2대는 **은생누대**, 다음의 3대는 **현생누대**라고 하였다. 그런데 2004년에 국제층서위원회가 발표한 지질연대표에 의하면 [표 23-1]과 같이 선캠브리아시대를 시생누대와 원생누대로 구분하고 종래의 시생대를 **시생누대**로, 종래의 원생대를 **원생누대**로 승격시키고, 시생누대를 시시생대, 고시생대, 중시생대 및 신시생대로, 원생누대를 고원생대, 중원생대 및 신원생대로 세분하였다. 각 대명에 모두 '생'(zoe)자가 들어 있음은 고생물을 시대 구분의 표준으로 삼았음을 알게 한다. 생물이 생겨났다고 생각되는 시대를 시생대, 이것이 약간 발달되었으나 화석으로는 거의 나타나지 않는 시대를 원생대라고 부르게 되었다.

대 중에 쌓인 지층을 **대층**(代層: Erathem)이라고 한다. 예를 들면 고생대 중에는 두께 수천 m에 달하는 퇴적암이 쌓였는데 이 두꺼운 층을 **고생대층**이라고 한다. 고생대의 지사는 고생대층을 연구하여 알아 낼 수 있다.

3. 기(紀: Period)

고생물의 특징으로 대를 몇 개의 더 짧은 시대로 구분한 시간적 단위를 기라고 한다. 고생대는 여섯 개의 기로 나누어져 있다.

기 중에 쌓인 지층을 계(系)라고 한다. 기 및 계명으로는 연구자가 그 기 중에 퇴적된 암석이 잘 발달되어 있는 지방에서 처음으로 잘 연구된 곳의 지명 또는 그 지방에 관계 있는 사물의 이름을 취한 것이 대부분이다. 지금 전 세계의 지질학자들이 표준으로 삼아 사용하고 있는 기까지의 지질시대의 구분표는 [표 23-1]과 같다.

표에서 예를 들어 설명하면 캠브리아기의 Cambria는 영국 남서방에 있는 웨일즈(Wales) 지방에 대한 로마인들의 칭호로서 이 곳에 발달된 지층을 연구한 학자가 그 곳에 표식적인 지층을 Cambrian System(캠브리아系)이라고 부른 데서 시작되었다. 캠브리아계가 퇴적된 시대가 캠브리아기인 것이다.

석탄기는 그 기의 지층이 석탄층을 많이 함유하므로 그 이름이 붙여졌고 트라이아스기는 그 기의 지층이 뚜렷이 3층으로 나눌 수 있었기 때문에 그렇게 불리게 된 것이다. 백악기는 영국과 프랑스 해안에 중생대 말엽에 쌓인 흰 백악(chalk)으로 되어 있어서 붙여진 이름이다. 위에 말한 기들은 [표 23-2]에서 보는 바와 같이 모두 처음으로 연구된 곳과 관계가 깊은 이름이 붙여져 있으나 다른 지방에서는 같은 기의 지층이 반드

[표 23-1] 지질시대의 구분

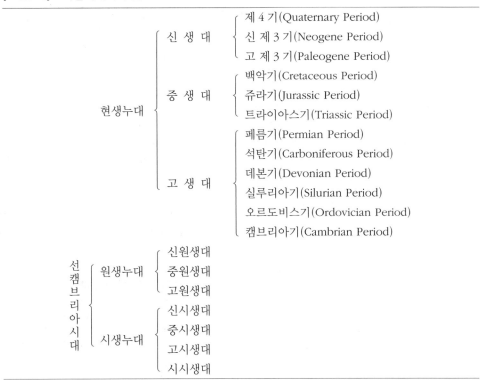

			제 4 기(Quaternary Period)
현생누대		신 생 대	신 제 3 기(Neogene Period)
			고 제 3 기(Paleogene Period)
		중 생 대	백악기(Cretaceous Period)
			쥬라기(Jurassic Period)
			트라이아스기(Triassic Period)
		고 생 대	페름기(Permian Period)
			석탄기(Carboniferous Period)
			데본기(Devonian Period)
			실루리아기(Silurian Period)
			오르도비스기(Ordovician Period)
			캠브리아기(Cambrian Period)
선캠브리아시대	원생누대	신원생대	
		중원생대	
		고원생대	
	시생누대	신시생대	
		중시생대	
		고시생대	
		시시생대	

시 같은 성질을 가지지 않는다. 우리 나라에서는 석탄기 지층에 석탄층이 거의 들어 있지 않고 백악기의 지층이 백악으로 되어 있지 않으나 세계적인 표준이 되어 있는 기명을 그대로 사용하고 있다.

4. 세(世: Epoch)

기를 화석 내용으로 더 짧게 구분한 연대 구분 단위가 세이다. 세는 몇 개의 화석대로 대표되는 경우가 많아서 실제로는 절(節: Age)과의 구별이 곤란하게 되었다. 최근에는 이런 의미에서 종래 불충분하게 정의되거나 시간층서적 의미가 없이 제정된 세는 절로 취급해 버리는 경우가 일반적이다. 세 중에 퇴적된 지층이 **통**(統)이다. 세는 제 3 기를 제외하면 세계적으로 통일된 것이 없고, 상·하통 또는 상·중·하통으로 구분되는 경우가 많다. 그 중에서 신생대의 세는 세계적으로 공용되는 경향이 있으며 이는 [표 23-3]과 같다.

[표 23-2] 층서 구분이 이루어진 표식지·명명자 및 명명년

계	표 식 지	명 명 자	명 명 년
Quaternary	유럽(프랑스)	Desnoyers	1829
Tertiary	〃 (이탈리아)	Arduino	1759
Cretaceous	프랑스해안	D'Halloy	1822
Juassic	쥬라산맥	Brongniart	1829
Triassic	라인강하류	Alberti	1834
Permian	우랄산맥 서쪽	Murchison	1841
Carboniferous	영국데본샤	Conybeare & Phillips	1822
Devonian	〃	Sedgwick & Murchison	1839
Silurian(Gotlandian)	영국웨일즈	Murchison	1839
Ordovician	〃	Lapworth	1879
Cambrian	〃	Sedgwick & Murchison	1835
(Algoman Erathem)	북미	Walcott	1889

5. 절(節: Age)

화석의 특징으로 세를 2~3개로 세분한 연대 구분의 단위이다. 현대의 층서학자들은 대륙별로 또는 가능하면 세계적으로 공통된 연대 구분 단위로 대, 기 및 절을 사용하고 절을 기본적인 연대 단위로 하려는 노력을 집중하고 있다. 제25장의 고생대, 제26장의 중생대, 제27장의 신생대에서는 각 계의 구분을 절을 기초로 한 조로 하였음에 유의하기 바란다. 절 중에 퇴적된 지층이 조(組: stage)이다. 절과 조는 시대와 지층을 지질학적으로 상당히 자세히 세분할 때에 사용되는 보편적인 연대 및 시간층서적인 구분 단위이다.

[표 23-3] 신생대의 구분

제4기		홀로세(Holocene Epoch)
		플라이스토세(Pleistocene Epoch)
제3기	신제3기	플라이오세(Pliocene Epoch)
		마이오세(Miocene Epoch)
	고제3기	올리고세(Oligocene Epoch)
		에 오 세(Eocene Epoch)
		팔레오세(Paleocene Epoch)

〔주의〕 플라이스토세는 홍적세(洪積世: Diluvial Epoch)라고도 한다. 또 홀로세는 현세(現世: Recent) 또는 충적세(沖積世: Alluvial Epoch)라고도 한다.

6. 대시(帶時: Zone time)

층서학적으로 가장 짧은 단위의 하나로서, 어떤 표준화석이 존속해 있던 시간 중에

퇴적된 지층 또는 동종의 퇴적물로 된 일련의 지층을 가리키는데 대(帶: Zone)라는 단위 을 쓴다. 이 대가 퇴적되는 데 소요된 기간이 대시이다. 대의 두께는 일정치 않으나 수 m~수십 m 또는 그 이상에 달한다.

7. 식대(植代)

대는 동물화석의 큰 변화를 기초로 한 구분이다. 그러나 대를 식물화석으로 나누면 그 구분의 단위가 **식대**이고 **고식대**(古植代: Paleophytic Era) · **중식대**(中植代: Mesophytic Era) · **신식대**(新植代: Cenophytic Era)로 구분된다. 각 식대는 언제나 생대(生代)보다 약 간 먼저 시작된다. 이는 식물계의 큰 변화가 동물계의 변화에 앞서서 일어났기 때문 이다.

8. 층(層: Formation)

지질도 작성 및 기재에 사용되는 기본적인 암석층서적 단위로서 화석으로 정해지 는 시간과는 관계가 없다. 한 예로 지질도에 어떤 색으로 칠해진 지층이 있고 그 층명이 하동층(가명)으로 되어 있다고 하면 하동층은 그 상위 및 하위의 지층과 구별이 가능한 일련의 지층으로서 어떤 특징으로 인식되고 구별이 가능한 것이어야 한다. 그 두께는 수십 m에서 수백 m임이 보통이다. 층의 이름을 붙일 때에는 화석 내용이 참작되지 않 아도 좋으나 지층이 분포된 지역명을 층명으로 쓰는 것이 관례이다. 층명은 그 지층이 표식적으로 발달 분포된 지역의 이름이 좋다.

9. 층군(層群: Group)

둘 이상의 층이 모인 것이 층군이다. 보통 지질도에는 층 또는 층군별로 색을 달리

[표 23-4] 지질연대, 시간층서 및 암석층서 단위

지질연대 단위		시간층서 단위		암석층서 단위		
누대	(累代)	누대층	(累代層)	층(層)	층군(層群)	누층군(累層群)
대	(代)	대층	(代層)			
기	(紀)	계	(系)			
세	(世)	통	(統)			
절	(節)	조	(組)			
대시(帶時)		대(帶)				

하여 표시하는 일이 많다.

위에서 설명한 연대 구분 단위와 각 시대 중에 쌓인 지층의 시간층서 단위 및 암상에 의한 암석층서 단위는 [표 23-4]와 같다.

3. 시간층서 단위(時間層序 單位)

1. 계(系)

[표 23-4]에 표시된 몇 가지 단위는 1960년대부터 비로소 엄격한 의미로 사용되기 시작하였고 그 전에는 일정한 규칙 없이 사용되었다. 예를 들어 한국의 지층명인 평안계(平安系)는 1924년에 붙여진 것이며, 이는 고생대 말엽에 쌓인 일련의 지층에 대한 지층명이다. 당시에는 계(系)가 시간층서적 구분(時間層序的區分) 단위(單位)라는 개념이 없이 어떤 일련의 두꺼운 지층을 지칭하기 위하여 명명되었다. 그러므로 평안계가 연대 구분에 대응하는 어떤 기(紀) 중에 퇴적된 지층이라는 뜻은 없었다. 다만 그 후에 행해진 화석의 연구 결과로부터 거꾸로 평안계에 대한 시간적 의미가 주어졌는데 이는 현재로 보면 마치 화석으로 정해진 시간 내용을 기준으로 지층명이 명명된 듯이 보일 뿐인 것이다.

그런데 계(系)는 가능하면 세계적으로 통일된 구분인 캄브리아계(系), 오르도비스계(系) 및 기타를 쓰는 것이 좋을 것이나 평안계의 계(系)는 이런 공통된 계를 둘이나 합친 광범한 계인 것이다. 그러므로 가능하면 이런 지층명은 새로 연구된 화석에 근거하여 세분하고 새로운 지층명을 주는 것이 양책일 것이다.

2. 통(統)

기 중에 퇴적된 지층에 ○○통이라는 시간층서적 지층명이 주어진다. 제 3 기는 5개의 세(世)로 나누어져 있어서 예를 들면 팔레오통 · 마이오통과 같이 쓰이기도 하나 지방이나 국가별로 세에 해당하는 통명을 붙일 수 있다. 예를 들면 제 3 기의 연일통(延日統), 고생대의 사동통(寺洞統)과 같다. 이 두 통명은 오래 전(1945년 이전)에 주어진 것으로 시간층서적인 엄격한 생각 없이 붙여진 것이다. 우리 나라뿐 아니라 다른 모든 나라에서도 같은 상황이었으므로 최근에는 가급적 통의 사용을 피하고 조(組: Stage)명을 붙이는 경우가 많고 통도 재정의하여 조로 바꾸어 부르는 경향이 있다.

3. 조(組)

절 중에 퇴적된 지층에 붙여지는 시간층서적 단위이다. 앞에서 언급했듯이 실제로 층서학자들이 많이 사용하는 것은 조명(組名)이다. 왜냐 하면 조가 화석으로 지층을 대비하는 데 가장 알맞는 시간층서적 단위이기 때문이다.

일본에서는 절을 기(期: Age)라고 하고 조(組)를 계(階: Stage)라고 한다. 그런데 기(期)는 기(紀)와 발음이 같고 계(階)는 계(系: System)와 발음이 같아서 혼란이 일어나기 쉽다. 우리 나라에서는 다행히 절(節)과 조(組)를 사용되게 되어 이런 혼란은 없다.

영어 사용국에서는 절과 조를 일일이 밝히지 않고 편리하게 사용하고 있다. 예를 들어 Sakmarian이라고 하면 Sakmarian Age와 Sakmarian Stage의 뜻을 공유하는 것이다.

4. 지구의 연령

상대적 편년은 정성적(定性的)이어서 지구의 연령·대·기·세의 길이를 연수로 나타내지 못한다. 그러나 암석의 절대연령을 알아야만 그 동안에 일어난 변화의 양을 짐작할 수 있고 시간 개념이 확립된다. 정량적(定量的)인 연대학, 즉 절대편년학은 19세기 중에도 시도되었으나 만족할 만한 자료가 발견되지 않아 진보가 대단히 느리었다. 그러나 방사성 동위원소를 이용하는 방법이 발전되어 현재에 와서는 상세한 측정이 가능하게 되었다. 먼저 방사성 원소 발견 전의 방법을 몇 가지 알아보기로 하자.

1. 옛 생각

그리스의 사학가인 헤로도투스(Herodotus, 484~425 B.C.)는 B.C. 450년에 나일강의 범람으로 퇴적물이 쌓이는 양을 관찰하고 나일강의 삼각주(delta)가 현재의 크기로 발달하는 데는 수천 년을 요하였을 것이라고 생각하였다.

고대 인도의 철인 브라민스(Brahmins)는 지구의 시간은 영원한 것이라고 하였고, 칼데아(Chaldea: 페르샤만 연안에 있던 부족국)의 어떤 중은 지구가 약 200만 년 전에 혼돈(chaos) 속에서 솟아났다고 말하였으며(그 근거는 불명), 바빌론의 점성가들은 인류가 50

만 년 전에 지상에 나타났다는 생각을 가지고 있었다. 이런 여유 있는 생각을 가진 사람들에 대하여 페르샤의 조로아스타(Zoroaster, A.D. 1000년경의 사람)는 지구가 12,000년 전에 생겨났으며 앞으로 3,000년밖에 여명이 없다고 가르쳤다. 그 중에서도 지구의 연령을 가장 짧게 잡은 사람은 아일랜드의 주교인 어셔(Ussher)로서 그는 히브리(Hebrew) 성서를 연구한 끝에 우주의 창조는 B.C. 4004년 10월 23일 전날 밤에 이루어졌다고 선언하였다. 그 후 100년 이상 심지어는 오늘날까지도 어셔의 말을 믿는 사람들이 있어 우주는 약 6,000년 전에 창조되었다고 말하고 있다.

그러나 18세기에 나타난 유명한 지질학자 허튼(J. Hutton)은 절대년수는 알지 못하면서도 지구의 과거는 대단히 길 것이라는 결론을 지질현상의 관찰로부터 얻었다.

2. 켈빈(Kelvin)의 생각

19세기의 영국의 물리학자 켈빈 경(Lord Kelvin, 1824~1907)은 1862년 지구가 태양에서 떨어져 나와서 현재에 이르는 동안에 잃어버린 열량을 지구가 매년 잃어버리는 열량으로 나누어 지구의 연령을 2천만 년 이상 4억 년 미만이라고 하였는데 이 값은 최대의 오차를 고려한 것이었다. 켈빈은 지구의 편평도와 다른 물리적 근거를 고려하여 지구의 연령이 1억 년을 넘지 못할 것이라고 역설하다가 1897년까지에는 지구의 연령을 2천만 년 내지 4천만 년으로 좁혀 버렸다. 생물의 진화를 주장하던 다윈은 생물이 미생물로 시작하여 고등생물로 진화하는 데는 적어도 3억 년이 필요하다고 하였다. 그러나 대물리학자였던 동시대인이며 같은 영국 사람인 켈빈이 지구의 연령을 짧게 잡는 데 크게 실망하였었다.

3. 퇴적암에 의한 방법

지질학자들이 측정한 바에 의하면 시생대 초부터 현재까지에 퇴적된 지층의 두께는 총계 약 160km이다. 그런데 1년간에 쌓이는 지층의 두께는 1/25mm~30mm이다. 만약 그 평균을 1mm로 한다면 $160,000,000 \div 1 = 160,000,000$(년), 즉 1억 6,000만 년이 된다.

나무에 연륜이 보이는 것과 같이 지층도 연륜의 두께 정도로 또는 그보다도 얇게 색이 다른 2종의 층이 호층(互層: alternation)을 이루는 일이 있다. 독일에서 이런 지층을 연구한 결과에 의하면 색이 다른 얇은 지층의 한 쌍은 1년 중에 퇴적된 것이다. 얇은 층의 두께는 11년을 주기로 달라짐이 밝혀졌으며 이는 태양 흑점의 주기와 일치되는 것으로 믿어진다. 그러므로 연륜을 세듯이 그 수를 세면 호층으로 된 퇴적층이 몇 년간에 만들어졌는지 알 수 있을 것이다.

빙하가 녹아서 부근의 호수 중에 물을 공급할 때에는 여름에는 다량의 퇴적물을, 겨울에는 소량의 퇴적물을 공급하여 호저의 퇴적물에 연륜 같은 층을 만들게 한다. 이것이 **호상점토**(縞狀粘土: varve clay)이다. 층의 수를 세면 그 지층이 몇 년간에 쌓인 것인지 알 수 있다.

4. Na에 의한 방법

화성암이 풍화되면 다른 성분과 함께 Na가 녹아 나와서 Cl_2와 화합하여 바다의 가장 중요한 염분이 된다. 증발한 바닷물의 일부는 비·눈으로 육지에 떨어져서 다시 Na를 바다로 운반한다. 이렇게 하는 동안에 바닷물의 염분농도는 커지나 NaCl은 다른 성분들($CaCO_3$, SiO_2 및 기타)처럼 동식물에 의하여 이용되어 제거되지 않고, 암염층은 넓은 바다에서 만들어진 것이 아니므로 Na는 대체로 해수 중에 남아 있게 된다. 만일 해수 중에 들어 있는 Na의 총량을 알고, 또 매년 세계의 강이 바다로 운반해들이는 Na의 양을 알면 바다가 생겨난 후 현재까지의 시간을 다음 식으로 계산할 수 있을 것이다.

$$\frac{(\text{해수 중의 Na의 양})}{(\text{일년 중 바다로 운반되는 Na 양})} = \text{바다의 연령}$$

바다에 들어 있는 NaCl의 용량은 4,500,000mi^{3}이므로 Na양은 16,000,000,000,000,000톤이 된다. 매년 세계의 강이 바다로 운반해 들이는 Na의 양은 158,000,000톤이므로,

$$\frac{16,000,000,000,000,000}{158,000,000} = 101,265,000(\text{년})$$

즉 1억 년 정도라는 계산이다.

해성층 중에는 이 염분이 들어 있다. 해성층 위로 강이 흐르면 강수에 염분을 더해 줄 것이고, 바람에 불린 해수는 육지로 날아 들어와서 강수의 염분을 사실 이상(화성암이 풍화되어 나간 것 이상)으로 증가케 하고 또 인류가 사용하는 소금의 양은 14,000,000톤으로서 이것도 강수의 염분을 증가하게 한다. 이들은 위의 식의 분모를 크게 해 준 결과를 가져왔다. 이런 오차가 수정된다면 바다의 연령은 1억 년보다 훨씬 큰 값으로 나타날 것이다. 만일 지구가 형성된 당시부터 바닷물이 현재와 거의 같은 염분을 가지고 있

었다는 가정을 인정한다면 Na로 바다의 연령을 계산해도 무의미한 일이 될 것이다. 아직 바다로 연령을 측정할 정도로 바다의 성인이 밝혀져 있지 않다.

1910년까지는 여러 가지 불명한 점을 남긴 채 보통 바다와 지구의 연령을 1억년 내외로 생각하는 수밖에 다른 도리가 없었고 이는 다음 방법으로 알려진 지구의 연령에 비하면 엄청나게 짧은 것이었다.

5. 방사성 원소에 의한 방법

1896년 프랑스의 베크렐(Becquerel) 박사에 의하여 우라늄(U)의 방사능이 발견된 후 얼마 안 되어 퀴리(Curie, 1867~1934) 부인은 우라늄에 섞여 있는 라듐(Ra)을 분리하였고 그 후부터 방사능에 대한 연구가 활발하게 일어났다. 그 동안의 연구로 밝혀진 바에 의하면 우라늄은 일정한 속도로 붕괴(崩壞: decay)하며 나중에는 납(鉛: Pb)으로 변해 버린다. 이 사실은 지질학자들에게 의외의 방향에서 지구의 연령뿐 아니라 지질시대 중의 어떤 시기가 지금부터 몇 년 전인가를 알 수 있게 해 주었다.

방사성 원소(radioactive elements)
우라늄은 α입자(He핵)를 방출하며 붕괴하는 도중 라듐으로 변하고 라듐은 다시 붕괴하여 나중에 납으로 변한다. 오랜 암석의 연령을 측정하는 데 사용되는 방사성 원소와 그 반감기 · 최종 생성물은 [표 23-5]와 같다.

[표 23-5] 연령 측정에 사용되는 방사성 원소

방사성 원소	최종 생산물	반감기(억 년)
$^{147}Sm \rightarrow {}^{143}Nd$		1,060.00
$^{238}U \rightarrow {}^{206}Pb$		44.68
$^{235}U \rightarrow {}^{207}Pb$		7.04
$^{232}Th \rightarrow {}^{208}Pb$		140.08
$^{87}Rb \rightarrow {}^{87}Sr$		470.00
$^{40}K \rightarrow {}^{40}Ar$		14.70

〔주의〕 광물을 분리하지 않고 암석 전체를 분석 재료로 사용하는 방법을 전암법(全岩法)이라고 한다. 이 방법은 화산암과 변성암에 사용된다.

6. 오랜 암석의 연령

1. U–Pb방법

1gr의 우라늄이라도 그 전부가 납으로 변해 버리는 데는 무한한 시간이 필요하다. 왜냐 하면 그 붕괴되는 방식이 이상하여 가령 1gr의 1/2만이 변하여 납이 되는 데는 약 45억 년이 걸리고 그 나머지(0.5gr)의 1/2이 다시 납으로 변하는 데에도 약 45억 년이 걸리기 때문에 나머지의 1/2, 또 나머지의 1/2 …… 그리하여 극미량에 달할 때까지도 우라늄은 남아 있다. 그러므로 45억 년

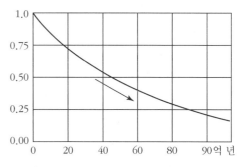

[그림 23-4] 단위량의 ^{238}U이 시간이 지남에 따라 감소되는 모양

을 우라늄의 **반감기**(半減期: half-life)라고 한다. [그림 23-4]에서와 같이 1톤의 우라늄이 약 45억 년 후에는 0.5톤으로, 다시 약 45억 년 후(처음부터는 90억 년 후)에는 0.25톤으로 감해진다는 말이다. 이는 또한 1gr의 우라늄으로부터 1년간에 $\dfrac{1}{7,600,000,000}$ gr의 납이 생겨난다는 계산이 된다.

지금 질량 번호(質量番號)가 238인 우라늄(^{238}U)이 8개의 α입자(He핵)를 방출하면서 납으로 변해 가는 모양을 질량 번호로 표시하면 다음과 같다.

$$
\begin{array}{ccccccccc}
^4\text{He} & ^4\text{He} & ^4\text{He} & ^4\text{He} & & ^4\text{He} & ^4\text{He} & ^4\text{He} & ^4\text{He} \\
\rightarrow & \uparrow & \uparrow & \uparrow & & \uparrow & \uparrow & \uparrow & \uparrow \\
\end{array}
$$

^{238}U→234→230→226(^{226}Ra) → 222→218→214→210→^{206}Pb

이는 $238 - (4 \times 8) = 206$으로 표시할 수 있다

$$
\begin{array}{ccc}
\vdots & \vdots & \vdots \\
^{238}\text{U} & ^4\text{He} & ^{206}\text{Pb}
\end{array}
$$

그러므로 우라늄을 포함한 광물을 분석하여 그 중에 들어 있는 우라늄 양에 대한 납의 양의 비(이를 lead-uranium ratio라고 한다)를 알면 그 광물의 생성 시대가 밝혀진다. 우려되는 것은 우라늄이 지질시대 중에도 위에 말한 바와 같은 비율로 변하였는가 하는

점이다. 학자들이 반 세기 동안 연구한 바에 의하면 지구에서 볼 수 있는 물리적·화학적 모든 자연의 변화 밑에서 우라늄은 꼭같은 속도로 붕괴한다. 그러므로 우라늄은 지질시대의 시계로서 사용이 가능한 것이다.

이 방법이 완전히 발달되기까지에는 많은 곤란이 동반되었다. 우라늄 중에는 질량 번호가 238인 것 외에 235인 동위 원소(^{235}U)가 소량(1/137.7) 들어 있다. 이는 원자탄(原子彈)에 쓰이는 우라늄의 동위 원소로서 7개의 α입자를 방출하고 질량 번호 207인 납의 동위 원소 ^{207}Pb로 변한다. 즉 235 − (4×7) = 207이다. 토륨은 우라늄과 같이 들어 있는 일이 많다. 이는 ^{232}Th로서 6개의 α입자를 방출하고 ^{208}Pb인 납의 동위 원소로 변한다. 또 자연계에는 방사성 동위 원소와는 관계가 없는 보통의 납이 있다. 그 질량 번호는 204인 ^{204}Pb이다. 보통 화학 분석으로서는 이들을 구분할 수 없으므로 ^{238}U이 변하여 만들어진 ^{206}Pb의 양만을 알아 내기는 곤란하다. 만일 상기한 동위 원소들이 많이 섞여 있다면 납의 양이 과대하게 측정되어서 광물의 생성 시대는 퍽 오랜 것으로 계산될 우려가 있다. 그러나 각 동위 원소의 양을 질량 번호별로 측정할 수 있는 **질량분광기**(質量分光器: mass spectrograph)(또는 질량 분석기)가 발달되어 곤란이 해소되었다.

U-Pb 방법은 ^{238}U-^{206}Pb과 ^{235}U-^{207}Pb의 두 가지 방법을 동시에 시행할 수 있으므로, 두 가지 방법에 의한 측정치가 일치되면, 그 암석의 연령은 거의 정확한 것으로 생각할 수 있다.

2. Rb–Sr방법

Rb에는 비방사성인 ^{86}Rb과 방사성인 ^{87}Rb이 있으며, 방사성인 ^{87}Rb는 총 Rb의 양의 28%이다. ^{87}Rb은 전자를 1개 방출하고 ^{87}Sr로 변한다. 그러므로 Sr에는 보통 ^{86}Sr과, Rb에서 변한 ^{87}Sr의 두 종류가 있게 된다. Rb-Sr 방법으로 연령을 측정할 표품으로 화강암을 택하자. 화강암은 용융 상태에서 굳어질 때에 Rb과 Sr을 혼합한 상태로 굳어진다. 다만 흑운모는 양적으로 장석보다 많은 양의 Rb을 받아들인다.

시간이 지남에 따라 Rb을 많이 취한 흑운모는 많은 양의 ^{87}Sr을 생산할 것이다. 그러나 장석은 ^{87}Sr의 양을 흑운모보다 적게 생산한다. 암석 전체로는 ^{87}Sr의 양이 이들 두 광물의 중간치를 나타낼 것이다 지금 ^{87}Rb에서 변한 ^{87}Sr과 불변의 ^{86}Sr과의 비를 취해 보자[[그림 23-5] (1)]. 그러면 ^{87}Sr이 시간이 지남에 따라 증가하므로 ^{87}Sr/^{86}Sr의 비는 점점 커져서 [그림 23-5] (1)의 선들처럼 될 것이다.

측정 장치로 ^{87}Rb의 양과 ^{87}Sr의 양 및 ^{86}Sr의 양을 측정하여 ^{87}Sr/^{86}Sr와 ^{87}Rb/^{86}Sr값

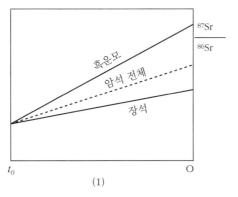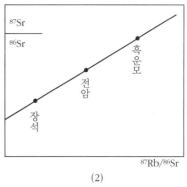

(1) 흑운모·장석·전암의 $^{87}Sr/^{86}Sr$ 동위체   (2) 상하축은 $^{87}Sr/^{86}Sr$, 횡축은 $^{87}Rb/^{86}Sr$,
　　비, t_0: 암석이 고결한 때, O: 현재　　　　　　사선은 등시선

[그림 23-5]　Rb-Sr법으로 암석의 연령을 측정하는 방법

을 [그림 23-5] (2)에 플로트하면 이들 세 점을 연결한 선이 생길 것이다. 이 선을 등시선(等時線: isochron)이라고 한다. 등시선의 기울기는 암석의 연령에 비례한다. 오랜 암석일수록 $^{87}Rb/^{86}Sr$은 작아지고 $^{87}Sr/^{86}Sr$는 커질 것이므로 등시선의 기울기는 급해질 것이다. 일정한 그림에서 어떤 기울기가 몇 년 전인가를 알아 내면 ^{87}Rb, ^{86}Sr, ^{87}Sr, 세 가지의 측정으로 연령이 계산된다.

3. K–Ar방법

K 중에는 ^{39}K(93.45%), ^{41}K(6.6%) 및 ^{40}K(0.01%)의 3종의 동위 원소가 있다. 그 중 ^{40}K은 방사성 동위 원소로서 $^{40}K \rightarrow {}^{40}Ca$(89%) 및 $^{40}K \rightarrow {}^{40}Ar$(11%)의 두 가지로 변한다. $^{40}K \rightarrow {}^{40}Ar$은 전자를 하나 포획(捕獲)함으로써 이루어지는 변화이다. ^{40}Ca은 보통 있는 칼슘이므로 K-Ca방법으로 연령 측정을 할 수는 없다. 보통 ^{40}Ar은 규산염광물에 들어 있는 경우가 있어서 K에서 변한 것과 구별이 불가능하나, 흑운모·백운모·각섬석에는 K에서 변한 Ar이 아닌 Ar이 거의 들어 있지 않으므로 연령 측정에 오차를 거의 나타내지 않는다.

4. K–Ar 전암법(全岩法)

최근에는 기술이 발달하여 극미량의 Ar의 양도 측정할 수 있게 되었으므로 세립질(細粒質)인 화산암의 연령을 세밀히 측정할 수 있게 되었다. 이 방법에서는 암석 전체를 분쇄하여 분석 시료로 사용하므로 이를 전암법(whole rock method)이라고 한다. 이로써 화성암이 분출하여 굳어진 후 10만 년 이상이 된 암석의 연령은 측정이 가능하게 되었고 조건이 좋으면 4만 년까지의 측정이 가능하게 되었다. 이로써 ^{14}C방법으로 측정되는 최대년수와의 연결이 가능하게 되어 측정이 불가능한 간격이 없어졌다.

5. 핵분열비적법(分裂飛跡法: fission track method)

저어콘 같은 광물 속에 들어 있는 우라늄이 붕괴하면 α입자를 방출한다. 방출된 α입자는 광물 속을 지나면서 통과한 자리에 비적을 남긴다. 이 비적은 너무도 가늘기 때문에 보통 현미경으로는 볼 수가 없다. 그래서 이 표품을 산이나 알칼리 용액 속에 담가서 비적 속으로 약품이 들어가게 하면 비적을 넓게 만들 수 있다. 이것은 보통 현미경으로도 볼 수 있다([그림 23-6] 참조). 이 비적의 수를 센 다음에는 그 광물 표품 속에 들어 있는 우라늄 원자의 수를 알아보기 위하여 표품을 원자로(原子爐)에 넣고 중성자로 때려서 광물 속의 우라늄을 모두 분열하게 한다. 그리고 이 때문에 생긴 α입자의 비적을 세면 우라늄 원자의 수를 알 수 있게 된다. 우라늄의 자연 붕괴 속도는 알고 있으므로 위의 측정으로 광물의 연령을 계산할 수 있다.

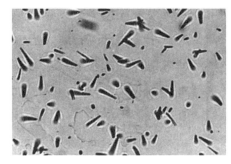

[그림 23-6] 핵분열비적을 산으로 처리한 현미경 사진(×1000)(진명식 제공)

핵분열비적법은 수백 년 전의 연령에서 수십억 년 전까지의 연령 측정이 가능하다. 다른 방법으로는 측정이 어려운 4만 년에서 100만 년 사이의 연령 측정도 가능하다. 또 응회암의 연령 측정도 가능하여 응회암층 속에 들어 있는 화석의 연령을 알 수 있다. 최근 아프리카에서는 응회암층에 남겨진 인류의 발자국 화석이 발견되었는데 이 방법으로 그 발자국의 연령, 즉 그 화석인이 걸어다니던 시대가 지금부터 350만 년 전임을 밝힐 수 있었다.

6. 지층의 연령

방사성 원소를 포함한 광물은 모든 암석에 들어 있으나 측정에 사용될 광물로서 가장 좋은 것은 화성암에 들어 있는 것이다. 화성암은 용융 상태에서 굳어진 것이므로 우라늄이 광물을 만들 때에는 그 때까지 생성된 납을 잃어 버리고 우라늄만이 집중되어 화합물을 만든다. 이는 시계를 0시에 돌려 놓았음과 같다.

화성암의 생성시기가 지금부터 몇 년 전인가를 측정할 수 있으면 지층의 생성 시기도 추정할 수 있다. [그림 23-7]에서와 같이 지층 (1)이 화성암 (2)를 부정합으로 덮고 있으면 지층 (1)의 생성시기는 화성암

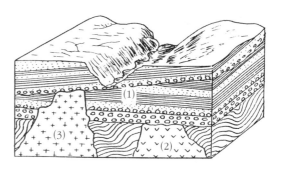

[그림 23-7] 화성암 (2)와 (3)으로부터 지층 (1)의 퇴적시기를 알아 내는 방법

(2)가 관입되고 침식당하여 바다로 덮인 후이다. 화성암 (2)의 관입시기가 1억 년 전임이 우라늄 광물 분석으로 알려졌다고 하고, 다음에 퇴적암 (1)을 뚫고 들어온 다른 화성암 (3)의 관입이 7,000만 년 전에 있었다고 하면 지층 (1)은 지금부터 7,000만 년 전과 1억 년 전 사이에 퇴적된 것임을 알 수 있다.

해록석은 바다 밑에서 생성된 K를 포함한 광물이므로 이를 포함하는 퇴적암은 K-Ar법으로 절대연령 측정이 가능하다.

7. 가까운 지질시대의 연령

1. ^{14}C 방법

^{12}C는 보통 탄소이나 ^{14}C는 방사성 탄소로서 대기 중에 CO_2로 들어 있고 생물체 중에는 그 탄소 동화 작용의 결과로 흡수되어 있다. ^{14}C의 ^{12}C에 대한 비율은 일정하나 ^{14}C의 양은 다른 C의 $1/10^{12}$이다.

^{14}C는 지상 15km의 고공에서 ^{14}N로부터 변화하여 생겨난다. 우주선 중의 중성자가 ^{14}N를 포격하면 이는 중성자를 하나 받아들이고 양성자(proton)를 한 개 내보내서 ^{14}C로 변하는 것이다. ^{14}C는 곧 CO_2로 변한다. ^{14}C는 5,730년을 반감기로 다시 ^{14}N로 돌아가므로 흡수된 ^{14}C는 시간이 감에 따라 감소되어 죽은 생물체 안의 ^{14}C의 양을 측정하면 생물이 죽은 지 몇 년이 지났는지 알 수 있다. 측정 가능한 년수는 40,000년 전까지이다.

최후의 빙하가 밀려 내려왔을 때에 파괴된 삼림의 나무의 ^{14}C를 측정한 결과 최종 빙기의 말기는 겨우 11,000~12,000년 전의 일에 불과하였음이 명백히 되었다.

2. ^{230}Th 방법

^{230}Th은 ^{238}U이 붕괴하는 도중에 생겨나는 방사성 원소이다. U는 바닷물 속에 오랫동안 녹아 있으나 ^{230}Th은 속히 가라앉는 성질이 있다. ^{230}Th의 반감기는 75,000년이므로 대양저 표면보다 깊은 곳에는 그 양이 적을 것이다. 그러므로 그 양을 측정하면 대양저퇴적물의 연령을 측정할 수 있고 또 퇴적물의 퇴적 속도도 알아 낼 수 있다. 이 방법으로는 수십만 년 전까지의 지층의 연령을 측정할 수 있다.

3. ^{230}Th – ^{231}Pa 방법

이 방법은 대양저퇴적물의 연령 측정에 사용된다. ^{231}Pa(프로토액티늄)은 ^{235}U의 붕괴생산물이며, ^{230}Th과 같이 가라앉기 쉬운 방사성 원소이다. 15만 년까지의 연령 측정이 가능하다.

8. 지구의 연령 및 지질시대의 연수

그린란드 지역에서 정밀히 측정된 가장 오랜 암석의 연령은 약 40억 년이다. 또 여러 가지 재료를 써서 계산한 지구의 연령은 45억 5천만 년이다. 운석은 태양계에 속한 물질이므로 그 연령을 측정하여도 지구 연령 연구에 참고가 된다. 운석을 사용하여 측정한 태양계의 연령은 45억 5천만 년 내지 48억 년이다. 그러나 지구의 연령으로는 46억 년이 보통 쓰인다.

1990년을 전후하여 캠브리아계와 원생대층 사이에서 생흔화석대가 발견되고 이 화석대를 최하부 캠브리아기의 것으로 보게 되어 캠브리아기 초의 연령은 5.42억 년으로 정하여졌다.

국제층서위원회(International Commission on Stratigraphy, ICS)에서 2016년 발표한 지질시대의 각 대 및 기의 길이를 표로 만들어 보면 [표 23-6]과 같다.

[표 23-6] 지질시대의 세분(국제층서위원회, 2016)

누대(Eon)	대(Era)	기(Period)	세(Epoch)	ISC(2000)		ICS(2016)
				Odin	ICS 소위원회	
현생누대 (Phanerozoic Eon)	신생대 (Cenozoic Era)	제 4 기	홀로세			0.0117
			플라이스토세	1.75	(1.81)	2.58
		신제 3 기 (Neogene)	플라이오세	5.30	(5.33)	5.33
			마이오세	23.5	(23.8)	23.03
		고제 3 기 (Paleogene)	올리고세	33.7		33.9
			에오세	53		56.0
			팔레오세	65		66.0
	중생대 (Mesozoic Era)	백악기	후세	96	(98.9)	100.5
			전세	135	(144.2)	145.0
		쥬라기	후세	154		163.5
			중세	175		174.1
			전세	203		201.3
		트라이아스기	후세	230		228.0
			중세	240		247.2
			전세	250	(251.1)	252.2
	고생대 (Paleozoic Era)	페름기	로핑기아세(Lopingian)			259.8
			과달루피아세(Guadalupian)		(272.2)	272.3
			시수랄리아세(Cisuralian)	295	(298)	298.9
		석탄기	펜실베니아세		(320)	323.2
			미시시피아세	355	(354)	358.9
		데본기	후세	375		392.7
			중세	390		393.3
			전세	410		419.2
		실루리아기	프리돌리세(Pridoli)	415		423.0
			루들로세(Ludlow)	425		427.4
			웬록세(Wenlock)	430		433.4
			란도베리세(Llandovery)	435	(440)	443.8
		오르도비스기	후세	455		458.4
			중세	465		470.0
			전세	500	(495)	485.4
		캄브리아기	푸룽기아세(Furongian)			~497
			제 3 통(Series 3)			~509
			제 2 통(Series 2)			~521
			테레네우비아세(Terreneuvian)	540	(545)	541.0

[표 23-6] 계속

선 캠 브 리 아 시 대	원생누대 (Proterozoic Eon)	신원생대 (Neoproterozoic Era)	★에디아카라기(Ediacaran)	650	~635
			크라이오제니아기(Cryogénian)	850	~720
			토니아기(Tonian)	1000	1000
		중원생대 (Mesoprote-rozoic Era)	스테니아기(Stenian)	1200	1200
			엑타시아기(Ectasian)	1400	1400
			칼리미아기(Calymmian)	1600	1600
		고원생대 (Paleoprote-rozoic Era)	스타테리아기(Statherian)	1800	1800
			오로시리아기(Orosirian)	2050	2050
			라이아시아기(Rhyacian)	2300	2300
			시데리아기(Siderian)	2500	2500
	시생누대 (Archean Eon)	신시생대 (Neoarchean Era)		2800	2800
		중시생대 (Mesoarchean Era)		3200	3200
		고시생대 (Paleoarchean Era)		3600	3600
		시시생대 (Eoarchean Era)			4000
명고대(冥古代, Hadean)					~4600

※ ★ 표시의 에디아카라기는 ISC 2000에서는 신원생 3기(Neoproterozoic Ⅲ)로 설정되어 있음. ISC 2000의 왼쪽 줄의 자료는 Odin의 자료이며, 오른쪽 괄호 안의 자료는 ICS 소위원회의 자료로 언급하고 있음. 숫자로 표시된 연대는 해당 시대의 시작 연도를 나타냄. 이언은 누대와 동의어, ISC(국제층서위원회), IGTS(국제지질연대), GTS(지질연대), 단위Ma(100만 년 전). 2009년 국제지질연맹(IUGS)은 신 제 3기와 제 4기의 경계를 종래의 181만년 전에서 258만년 전으로 수정한 국제층서위원회의 제안을 공식적으로 인준하였다.

제24장

선캠브리아누대

1. 지구의 기원

　　오늘날 우리는 우주 시대를 맞이하여 과학의 발달을 자찬(自讚)하고 있지만, 아직도 우주와 지구의 기원(起源)에 관하여는 상상(想像)의 범위를 넘지 못한 형편에 있다.

　　지각의 화학 성분은 [표 3-1]에 표시되어 있는 바와 같이 O, Si, Al ……의 순서로 O가 가장 많고 지구의 대기권은 N_2(78.03%)와 O_2(20.99%)가 주성분이며, Ar(0.94%)과 CO_2(0.03%) 외에는 He, Ne, Kr, Xe 및 H_2의 다섯 가지 기체를 합하여도 0.01%에 불과하다.

　　그러나 항성·암흑성운 같은 천체는 주로 H(약 75%)와 He(25%)으로 되어 있고 소량의 기타 원소를 포함한다. 이렇게 지구와 우주의 구성 원소의 비율은 크게 다르나 지구에서 발견된 거의 대부분의 원소가 태양에도 있음이 밝혀져 있다.

　　대부분의 과학자들은 수소(H)가 모든 무거운 원소들의 근본이 되는 물질이라고 믿게 되었으며, 태양의 에너지는 약 1,000만℃의 고온하에서 H가 He으로 변환(變換)할 때에 생기는 에너지라고 생각하게 되었다. 이 때에 생기는 에너지는 다음 식과 같이 2개의 전자가 변한 것이다.

$$4H \left(\begin{array}{c} \text{양성자 4개} \\ \text{전자 4개} \end{array} \right) \xrightarrow{\text{고온}} 2He \left(\begin{array}{c} \text{양성자 2개} \\ \text{중성자 2개} \\ \text{전자 2개} \end{array} \right) + \text{에너지}$$

온도가 더 높은 항성에서는 더 복잡한 열핵반응(熱核反應)으로서 원자 번호가 높은 다른 원소들이 만들어질 것이다. 큰 항성이 진화하는 도중에는 원자들의 반응이 격렬하므로 별은 폭발하여 **신성**(新星: nova)이 되어서 산산조각으로 우주 공간에 흩어지게 될 것이고, 이것은 곧 냉각되어 암흑성운으로 되어 버린다.

최신 가설(假說)에 의하면 우주 공간의 암흑성운은 주위에 있는 성운(星雲)에서 오는 광압(光壓)으로 천천히 한 곳으로 모이게 되고 이것이 인력의 중심이 되어 주위의 물질을 집중시키면 원판 모양의 체계를 이루며 회전하게 된다. 성운이 수축하면 열이 생기게 되고 집중된 물질의 양이 크면 열핵반응이 가능하게 되며 빛을 발하게 되어 항성이 형성된다. 이와 같은 생각의 원형은 이미 칸트(I. Kant)와 라플라스(P.S. Laplace)에 의하여 18세기에 **성운설**(星雲說: Nebular hypothesis)로 시작된 것이나 새로운 지식으로 보충되었다고 할 수 있다.

1. 원시지구

앞에서 설명된 바와 같이 태양이나 항성과는 달리 집중된 물질의 양이 적으면 열핵반응을 일으킬 수 있을 정도에 이르지 못하고 항성 주위를 도는 원시행성(原始行星: protoplanets)이 만들어졌을 것이고 그 중의 하나가 **원시지구**(protoearth)로 되었을 것이다. 원시지구는 H와 He을 주성분으로 하고 그 속에 먼지와 운석 같은 돌덩어리가 섞여 있었을 것이다. 원시지구의 물질의 집중이 완전히 이루어지지 못하여 아직 중력의 작용이 작을 때에 태양에서 방출되는 여러 가지 이온(ions)과 광자(photon)들로 된 태양풍(太陽風: solar wind)으로 원시지구에 섞여 있던 기체는 모두 불려 나가고 고체만 남은 덩어리로 변했을 것이다. 지금도 지구에서 H_2와 He은 우주 공간으로 탈출을 계속하고 있다. 그러므로 원시지구에는 모든 기체가 대기로서 존재하지 못하였을 것이고 O와 H_2O는 아마도 함수규산염(含水珪酸鹽)으로, N는 질소 화합물로, CO_2는 탄산화물 또는 흑연이나 탄화물로 되어 있었을 것이다. **미행성설**(微行星說: Planetesimal hypothesis)은 위에 설명한 것과 비슷한 태양계의 성인을 설명하려고 한 것이며 처음에 뷰퐁(Georges Buffon, 1749), 다음에 챔벌린(T.C. Chamberlin, 1843~1928)과 모울튼(F.R. Moulton)에 의하여 1900~1925년 사이에 제창되었고 후에 제프리즈(Harold Jeffreys)와 진스(James Jeans)에 의하여 새로운 지식이 보충되었다. 태양과 다른 두 개의 항성이 접근하였던 일이 있었다는 생각과 이 때에 생겨난 미행성이나 조석(潮汐)으로 필라멘트가 생겼다는 생각은 지금 그대로 받아들여질 수 없으나 행성들이 우주 공간에 흩어져 있던 냉각된 입자나 가스의 집합으로 시작되었다는 생각만은 현재 학자들의 지지를 받고 있다.

2. 지구의 층상구조

지구가 우주에서 모여든 냉각된 기체·먼지·돌덩어리로부터 만들어졌다는 생각을 지지하는 사실이 있다. 즉 지구 표면은 물·이산화탄소·질소·유황·염소·수은·기타 원소의 화합물을 기체로 만들 정도로 고온으로 가열된 일이 없었다. 만일 지구 전체가 붉은 불덩어리처럼 용융되었던 일이 있다면 지각은 좀더 균일한 성분을 가진 암석으로 지구 전체가 덮여 있어야 할 것이다. 이 밖의 여러 가지 이유로 지구는 전체가 녹아 있던 일은 없었던 것으로 생각된다. 그렇다면 어떻게 지구 내부에 핵이 생겼을까? 어떤 학자들은 Fe의 융점이 낮으므로 맨틀의 돌 틈에 있던 녹은 Fe가 조석의 작용으로 맨틀이 계속 변형하는 동안에 점점 지구 중심부로 흘러 내려서 핵을 이루게 된 것이라고 한다.

어떤 학자는 지구가 생성된 약 45억 년 전에는 현재에 비하여 ^{235}U가 10배 이상, ^{238}U은 2배 정도, 기타 방사성 원소가 더 많았으므로 지각까지는 용융되지 않았지만 지구 중심부와 맨틀은 용융 상태에 이르렀을 것이고 Fe는 급히 지구 중심부에 모이게 되어 지구의 층상구조를 이루게 되었을 것이라고 한다.

여하간 지구는 생성 당시에 대기와 대양을 가지고 있지 않았던 것으로 생각된다. 그렇다면 그 때의 지구는 달과 비슷한 상태였을 것이며, 운석의 충돌이 빈번하여 달 표면처럼 운석 충돌에 의한 웅덩이와 화산 활동의 시작으로 생긴 화구로 가득 차 있었을 것으로 생각된다.

3. 대양과 기권의 기원

50~40억 년 전의 지구에는 대양은 물론 기권도 없는 현재의 달과 비슷한 천체였을 것으로 생각된다. 다만 화산 활동이 시작되어 지구 내부에 있는 돌이나 먼지 속에 소량 들어 있던 수증기와 기체를 분출하기 시작하였고, 이들은 시간이 지남에 따라 점점 많아져서 대기를 형성하기 시작하였을 것이다. 수증기의 일부는 태양광선의 작용으로 분해되어 H_2와 O_2로 갈라졌을 것이나 H_2는 우주공간으로 달아나 버리고 O_2는 오존(O_3)으로 변하여 상공에 남아 있었고 일부는 지표면에 내려와서 Fe 등을 산화시키는 작용으로

없어졌을 것이다.

화산 활동으로 N_2와 CO_2가 공급되고 극소량의 다른 기체도 공급되었을 것이나 산소(O_2)는 화산에서 분출되는 기체 중에서 검출되지 않으므로 처음의 대기는 O_2가 없는 상태였다. 40억 년 전까지의 원시대기는 N_2와 CO_2을 주성분으로 한 것이었으며, 수증기가 점차로 증가하여 호수와 바다를 만들기 시작하였을 것이다. 대기 중에는 또한 메탄(CH_4)과 같은 탄화수소(炭化水素)가 증가하기 시작하였는데, 이는 지구를 구성한 운석(隕石)에 흔히 들어 있는 Fe, Ni, Co의 카바이드(carbide)가 물과 작용하여 생긴 무기적인 탄화수소였을 것이다. 원시지구와 달, 원시해와 원시대기가 생긴 시대가 원시시대이다.

4. 원시지각(原始地殼)

이렇게 하여 원시시대(原始時代)의 원시지구의 지표에는 낮은 곳에 물이 모이기 시작하여 원시해(原始海)를 이루었을 것이다. 이 바다에 모여드는 물은 침식작용을 일으켰을 것이고 이 물에 휩쓸려 우주진·운석·화산분출물이 운반되어서 원시해에 퇴적하였을 것이다. 그러나 지각변동으로 여러 번 원시해의 위치가 바뀌고 나중에는 영구히 퇴적물로 덮인 지각이 퇴적물 아래에 존재할 것으로 생각된다. 이 지각을 원시지각(primordial crust)이라고 부른다.

학자들은 원시지각을 찾으려고 상당한 노력을 계속하여 왔다. 이론적으로는 오랜 지층 아래에는 원시지각이 있어야 하나 실제로 아래로 내려가면 어디서나 단층과 습곡으로 심하게 교란된 지층을 만나게 되고, 그렇지 않은 곳에서도 가장 오랜 암석은 퇴적암이며, 이는 편마암으로 변한 화강암으로 관입되어 있어서 가장 오래된 암석은 변성퇴적암으로 나타난다. 이는 원시지각에 관하여 이 이상의 연구를 정지케 하는 것이 된다.

원시시대는 원시지각을 잃어버린 대로 끝이 나게 되며 지질시대의 초기도 불명한 역사를 가지고 시작될 수밖에 없다.

2. 선캄브리아누대의 세분

[표 23-6]과 [표 23-1]에 표시되어 있는 바와 같이 국제층서위원회(ICS, 2004)에서 발표한 지질시대 구분에 의하면 종래의 선캄브리아누대의 시생누대는 4개의 대로

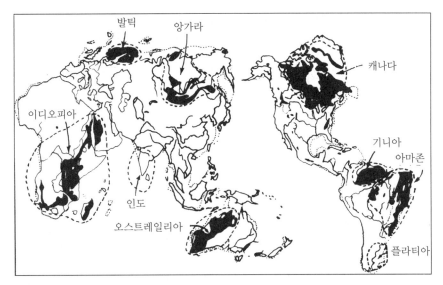

[그림 24-1] 세계적으로 큰 선캠브리아 암석의 노출지(순상지)

세분되고, 원생누대는 3개의 대로 이루어진다. ICS(2004)는 공식적인 단위를 설정한 바 없으나 두 개의 누대가 합해진 것으로 종래의 선캠브리아누대를 선캠브리아초누대(Precambrian Supereon)라고 하는 것이 좋을 것으로 생각한다. 그러나 여기서는 편의상 종래와 같이 선캠브리아누대, 신생대 및 원생대로 설명하기로 한다.

현생누대는 정밀하게 세분되어 있지만 선캠브리아누대에 대한 세분안은 없는데 그 이유는 첫째, 화석에 의한 시간층서적 세분은 선캠브리아누대 말엽의 약 10억 년을 제외하고는 거의 불가능하고, 둘째, 절대연령 측정은 주로 화성암과 변성암에 대하여만 가능하므로 퇴적암 자체의 연령 결정에는 큰 오차가 동반되며, 셋째, 한 지역의 연대 구분을 다른 지역에 원용시킬 정도로 완벽하지 못하다는 것을 들 수 있다. 이 밖에 시료 채취 지점·채취 방법·분석 방법도 문제가 될 것이다.

선캠브리아 암석의 노출이 양호한 캐나다 순상지에서는 그 층서가 잘 밝혀져 있다. 캐나다의 스톡웰(Stockwell, 1973)은 시생대와 원생대를 재정의하고 원생대를 [표 24-1]과 같이 Aphebian·Helikian·Hadrynian으로 3분하였는데 이는 중요한 조산운동이 있었던 시기를 기준으로 정한 것이다. 그러나 이들 조산운동은 적어도 수천만 년 동안 계속되기도 한다는 이유로 조산운동을 시대 지시자(time markers)로 생각할 수 없다는 견해가 미국의 지질학자들 사이에 생겼다.

[표 24-1] 선캠브리아누대의 세분에 대하여 제기된 의견들

캐나다 Stockwell (1973)	미국 Goldich (1968)	미국 James (1972)	북미 (Harrison & Peterman) (1980–1982)	호주 Duan 외 (1966)	소련 Preiss (1977)	중국 Wang 외 (1984)
원생대 — Hadrynian / 1000 / Helikian · Neohelikian 1400 / 1800 / Aphebian / 2500	말엽 — α 1000 / β 1400 / γ 1600 / 1800 δ / 중엽 2200 ε / 2500 2600 / 초엽 ψ 3000 / 3400 θ	Z 800 / Y / 1600 / X / 2500 / W /	말엽 900 / 원생대 중엽 1600 / 초엽 2500	Vendian · Adelaidean계 — 원생대 / 1400 Corpentarian / 1800 하부원생누대계 'Nullaginian' / 2300 / 2500	Vendian 680 / 말엽 950 / Riphean 중엽 1350 / 초엽 1600 / 원생대 초엽 2500	말엽 1050 / 원생대 중엽 1850 / 초엽 2600
시생대	시생대	시생대 말엽 3000 중엽 3400 초엽	시생대	시생대	시생대	시생대 후기 3100 전기 3800 Hadean

그리하여 미국의 골디히(Goldich, 1968)는 선캠브리아누대를 암석과 조산운동에 관계 없이 4억 년을 단위로 나누어 위에서 아래로 α, β, γ······θ까지 8분하였고, 미국의 제임스(James, 1972)는 아래에서 위로 W(25억 년 이전), X(16~25억 년), Y(8~16억 년) 및 Z(6~8억 년)로 구분하였다.

중국의 왕(Wang, 1984)은 38억 년 이전을 암흑시대(Hadean), 그 이후를 시생대와 원생대로 나누었으며 시생대를 전기와 후기로, 원생대를 초엽·중엽·말엽의 3엽으로 구분하였다.

[표 24-1]을 보면 선캠브리아를 고집한 학자는 미국에 국한되어 있고 다른 나라의 학자들은 모두 시생대와 원생대를 사용하였다. 이렇게 보면 선캠브리아를 포괄하려는 노력은 점점 감퇴되는 경향에 있는 것으로 생각된다. 다만 시생대는 Archean이라고 하여 종래 사용하던 Archeozoic을 피하고 있음이 주목되며 시생대와 원생대의 경계는 대체로 25~26억 년 전에 두는 경향이 있다.

이 밖의 북미 학자, 호주 및 소련 학자들이 발표한 시대 구분 또는 층서는 [표 24-1]과 같다.

시생대와 원생대의 암석은 밀접한 관계를 가지고 인접하여 분포되어 있음이 보통이며 세계적으로 큰 분포지를 보면 [그림 24-1]과 같다. 이들 큰 노출지는 원생대 말 이후에 큰 변동을 받지 않고 계속 침식되고 있는 지역으로서 대체로 그 중심부가 약간 두드러진 방패(楯: shield) 모양을 가지고 있어 이들 지역을 **순상지**(楯狀地: shield)라고 한다. 그 중 캐나다 순상지와 발틱 순상지가 가장 잘 연구되어 있으며 캐나다 순상지에서 얻은 층서가 선캠브리아누대 지질계통의 세계적인 표준이 되어 있다.

3. 시 생 대

1. 암   석

시생대(始生代)의 암석은 크게 세 종류로 나눌 수 있다. 첫째는 셰일·사암·역암·석회암이 변성된 퇴적암원의 변성암, 둘째는 지하에서 지표 또는 수저에 분출된 용암류가 변성된 화산암원의 변성암, 셋째는 심성암이 변성된 변성암이다. 이들은 현재 여러 종류의 편암·편마암으로 노출되어 있다. 시생대의 암석 중 양적으로 가장 많은 것은 화산암원의 변성암으로서 퇴적암원의 변성암을 사이사이에 협재하며 두껍게 발달되어 있음이 보통이다. 시생대와 원생대의 암석이 같이 잘 발달되어 있는 캐나다 순상지 남단의 5대호 지방(Great Lakes Region)에서 연구된 지질계통은 [표 24-2]와 같다. 이 표에서는 시생대와 원생대의 경계를 16~18억 년 전에 두었으나 최근의 경향에 의하면 Algoman조산이 있은 25억 년 전에 경계를 두는 것이 좋을 것이다.

캐나다 순상지의 지질 조사를 처음 시작한 로간(Sir W. Logan, 1798~1875)은 Keewatin계와 대비되는 가장 오랜 퇴적암원의 변성암을 발견하고 그 아래에 화강편마암(Laurentian gneiss)이 있는 것으로 생각하였다. 그리하여 화강편마암을 원시지각이라고 믿었었다. 그러나 그 후에 화강편마암이 퇴적암원의 변성암을 뚫고 들어온 부분이 발견되어 로간의 생각은 완전히 뒤집히고 말았다. 학자들은 가장 오랜 퇴적암원의 변성암보다 더 오랜 화성암(原始地殼으로 생각되는)을 찾고 있으나 아직 이런 것이 발견되지 않는다.

Keewatin계의 화산암류는 고철질 용암류가 주체이고 이에 응회암이 동반되어 있다. 이들은 녹색편암으로 변성되어 있다. 그 중에는 아직 베개구조를 보이는 현무암이

[표 24-2] 미국 5대호 지방의 선캄브리아누대 지질계통

시 대	계(누층군)	통(층군)	암석(m)	화강암 활동, 기타
고생대	(캠브리아계 상부)			← 부정합 ← (6억 년 전)
원생대	Keweenawan		적색퇴적암(1,000) 사암 · 셰일(5,000) 화산암 · 퇴적암(7,000) 역암 · 사암(100)	
	Huronian	Animikie	퇴적암(3,300)	← 부정합 ← Killarney 화강암 관입(16억 년 전)
		Cobalt	철광층(1,000)	
		Bruce	역암 · 규암 · 고회암(500)	
시생대	Timiskaming		퇴적암	← 심한 경사부정합 ← Algoman 화강암 관입(25억 년 전)
	Keewatin		화산암	← 부정합 ← Laurentian 화강암 관입(26억 년 전)

있어 수저에 분출된 것임이 분명하다. 화강편마암으로 변한 화강암은 지표에 나타나 침식을 받았고 이에 해침이 일어나서 현재에는 화강편마암으로 나타나는 화강암을 큰 부정합으로 덮는 원생대층인 Keweenawan계가 퇴적하였다.

2. 대   비

시생대층은 화석을 거의 포함하지 않고 암석은 변성 정도를 달리한 여러 종류의 변성암으로 변하여 있어 상세한 대비는 거의 불가능한 상태에 있다. 그러므로 화강암이 관입한 시기와 큰 부정합을 기준으로 대체적인 대비를 행한다. 그러나 방사성 원소에 의한 절대연령 측정으로 더 상세한 대비가 가능하게 되었다. 지금 발틱 순상지와 한국 및 그 부근의 시생대암층을 비교하면 다음과 같다.

(1) 발틱 순상지에서도 캐나다 순상지에서 발견되는 암석과 거의 같은 시생대 암석이 발견되며 큰 부정합과 화강암의 관입도 2회 있어 두 순상지의 지사는 비슷한 것으로 보인다.

(2) 중국에서는 퇴적암원의 변성암이 2회 부정합으로 덮이고 화강암의 관입을 받았는데 지변과 관입에 있어서는 전기 두 순상지와 지사를 같이한다.

(3) 한국에서는 시생대의 지층으로 생각되는 연천계에 관입된 화강편마암이 발견될 뿐이며, 아직 연구가 불충분하다.

(4) 일본에는 캠브리아계가 발견되지 않으므로 시생대는 물론 원생대 암석의 유무도 분명치 않다. 그러나 시대 미상의 변성암의 분포는 넓다.

3. 생물계와 기후

북미에는 Keewatin계에 대비되는 지층 중에서 흑연층이 발견되고 이 밖의 지역에서도 변성암 중에 산점되는 흑연의 입자들이 발견된다. 흑연은 탄질셰일이 변성될 때에 흑연층 또는 흑연립으로 농집된 것으로 생각된다. 만일 그렇다면 이들은 생물의 존재를 증명하는 재료가 되는 것이다. 왜냐 하면 셰일의 탄질물은 생물 기원일 것이기 때문

[그림 24-2] 세계에서 가장 오래된 피그트리층의 박테리아 화석(1)(길이 0.7m)과 로데시아의 조류화석(2)

이다.

발틱 순상지의 최고(最古) 지층 중에 있는 철광층과 시생대층에 들어 있는 석회암은 무기적으로도 생성이 가능한 것이나 철박테리아 등 미생물의 작용으로 침전되는 경우를 생각할 수도 있다.

이상은 생물의 존재를 암시하는 정도의 증거들이지만, 그린랜드 남서부에 분포된 38억 년 전의 퇴적암 Isua 층에서 발견된 미구체(微球體)들은 어떤 형태를 가진 가장 오랜 화석일 가능성을 지닌 것이다. 이 층은 세계에서 시대가 알려진 가장 오랜 퇴적암이다. 이와 비슷한 미구체는 남아프리카의 Onverwacht통(35.5억 년 전)에서도 발견되며 이들은 원시 미생물일 가능성이 있다.

그러나 확실히 미생물의 화석으로 믿어지는 것은 Onverwacht통의 상위의 지층인 피그트리층(Fig Tree, 32억 년 전)에서 발견되는 박테리아 화석(속명 *Eobacterium*) [그림 24-2] (1)과 남조류로 생각되는 화석(속명 *Archaeosphaeridium*)으로서 이들도 미구형을 보여 준다. 이들은 진정한 핵이 없는 단세포 미고생물로 생각된다.

남아프리카의 남부 로데시아(Rodesia)에서는 약 30억 년 전의 시생대 고회암에서 [그림 24-2] (2)와 같은 조류(藻類)의 화석이 발견되었다. 이것은 아마도 육안으로 구조를 볼 수 있는 가장 오랜 화석일 것이다.

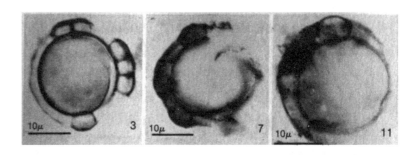

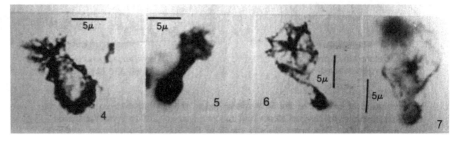

[그림 24-3]　건플린트 미화석(Barghoorn, 1967)

캐나다 순상지의 남부 온태리오(Ontario)주에서는 약 20억 년 전의 건플린트(Gunflint)층 속의 쳐어트에서 단세포식물인 조류와 균류(菌類)의 미세한 구조가 잘 나타나 보이는 화석이 발견되었다([그림 24-3] 참조). 이들 화석에 대하여 많은 학자들이 원시적인 식물이 분명함을 확인하였다.

시생대의 기후는 대기의 조성(組成)이 현재와 전혀 달랐을 것이므로 상상으로만 생각할 수 있으나, 아마도 원시 식물이 생겨나고 생존할 수 있는 온난한 상태였을 가능성이 있다.

4. 생물의 기원

1953년 시카고(Chicago) 대학의 대학원생이었던 밀러(S.L. Miller)는 유리로 만든 간단한 장치 속에 수증기 · 메탄(CH_4) · 암모니아(NH_3) · 수소를 넣고 방전을 일으키는 실험을 1주간 계속하여 검붉은 혼탁한 액체를 얻었는데, 검붉은 액은 유기물인 아미노산이었다. 그는 무기적인 기체에서 유기물을 만들어 낸 것이다. 만일 원시 대기가 이런 기체들로 되어 있었다면 번개의 작용으로 원시 생물의 모체라고 할 아미노산이 생겨서 바닷물에 들어 있었을 것이다. 그 당시에는 다행히도 대기에는 산소가 없었으므로 생성된 유기물은 산화되지 않았을 것이다. 이러한 유기물이 오랫동안에 진화하여 원시적인 식물로 발전하고 이들이 탄소 동화 작용을 시작한 약 30억 년 전부터 산소를 대기 중에 공급하기 시작하였을

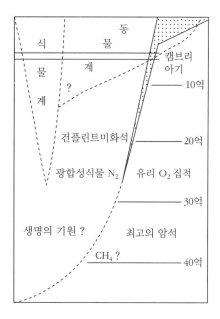

[그림 24-4] 지질시대 중의 대기의 성분
변화와 식물 및 동물의 발생

것이다. 산소가 생긴 후에 비로소 동물이 생겨나기 시작하였고 가장 오랜 동물화석은 약 10억 년 전의 암석에서 발견되나 이미 그들의 선조는 약 20억 년쯤 전부터 생겨난 것으로 생각된다([그림 24-4] 참조).

4. 원 생 대

1. 암   석

시생대의 암석에 비하면 원생대의 암석은 변성의 정도가 낮거나 거의 변성되지 않은 암석으로 되어 있으며 화산암류보다 퇴적암이 우세함이 세계적으로 공통된 특징이다. 세계적으로 표준이 되어 있는 5대호 지방의 원생대 암석의 분류는 [표 24-2]와 같다. 즉 원생대층 퇴적 전에 일어난 조산운동으로 생긴 큰 부정합면 위에 Huronian계가 퇴적되었다. Huronian계는 기저역암으로 시작되어 그 위에 쌓인 두께 4천 m에 달하는 퇴적암층으로 되어 있다. 그 상위에는 두께 7천 m의 화산암과 퇴적암 및 6천 m의 퇴적암층으로 된 Keweenwan계가 있다.

최근 방사성 연령으로 새로 세워진 캐나다 순상지의 층서는 [표 24-3]과 같다. 이 표는 원생대의 하한을 약 24억 년으로 잡았다. [표 24-2]는 Schuchert 외에 의한 것이고 [표 24-3]은 스톡웰(Stockwell, 1964)에 의한 것이나 그 후(1973)에 [표 24-1] 왼쪽 난과 같이 수정하였다.

2. 대   비

발틱 순상지에서도 변성 정도가 낮거나 변성되지 않은 원생대의 퇴적암이 발견된다. 이는 역암·사암·규암·천매암으로 되어 있고 그 두께는 20,000m에 달하는 부분이 있다. 지층 중에는 흑연의 박층이 협재되고 사층리·물결자국·건열·풍식력이 발견된다. 이 곳에서는 원생대 중엽에 화강암의 관입이 2회 있었다.

중국에는 원생대 초엽에 퇴적된 **태산계**(泰山系: Taishan Complex; 이에는 시생대 말의

[표 24-3] 캐나다 순상지의 선캠브리아 암석의 구분

지질시대	계(누층군)	조산운동	각 대의 길이(백만 년)
원생대	Hadrynian	Grenville 조산운동	570~ 880
	Hudsonian		880~1640
		Helikian 조산운동	
	Aphebian		1640~2390
시생대		Kenoran 조산운동	2390~4600

암석을 포함하는 부분이 있음)가 있고 이를 부정합으로 덮는 원생대 말엽의 **진단계**(震旦系: Sinian System)가 있다. 태산계는 변성 정도가 높은 편암을 주체로 함에 반하여 진단계는 석회암과 셰일을 주로 하는 두께 5,000m 내외의 지층이다. 석회암 중에서는 석회조의 화석인 *Collenia*가 많이 난다. 호북성에서는 진단계 하부에 빙력암(氷礫岩)이 발견된다. 한국에는 태산계에 대비될 것으로 생각되는 마천령계(摩天嶺系)가 있고 진단계에 대비될 상원계(祥原系)가 있다. 마천령계와 상원계는 두꺼운 석회암을 협재하며 *Collenia*를 포함한다.

3. 생물과 기후

원생대 초에는 유리된 산소가 대기 중에 미량이나마 존재해 있었으며 이는 생물계에 큰 변화를 가져온 원인이 되었다. 그리하여 시생대의 생물보다 발달된 생물이 더 많이 살고 있었음을 화석을 보아 알 수 있다. 각지에서는 *Collenia*([그림 24-5] 참조)가 발견되며 미국의 원생층인 Beltian계(록키 산맥의) 중에서는 환충(環蟲)이 기어간 자국의 화석([그림 24-6] 참조)이 발견되었고 원생대층인 그랜드캐년계 중에서는 해파리의 화석이 발견되었다. 프랑스에서는 방산충과 해면의 화석이 발견되었다. 호주 남부의 원생대 상부층에서는 [그림 24-7]과 같은 화석이 보고되어 에디아카라 동물군(Ediacara fauna)이라고 명명되었다. 이와 비슷한 동물군은 북아메리카 · 시베리아 · 영국 · 스웨덴과 남

[그림 24-5] 한국산 *Collenia*(×1/3)(서울
대학교 지질학과 제공)

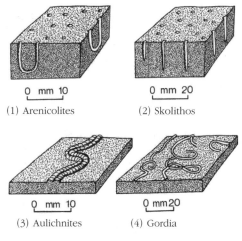

(1) Arenicolites   (2) Skolithos

(3) Aulichnites   (4) Gordia

[그림 24-6] 원생대의 후기의 생흔 화석
(Crimes, 1987)

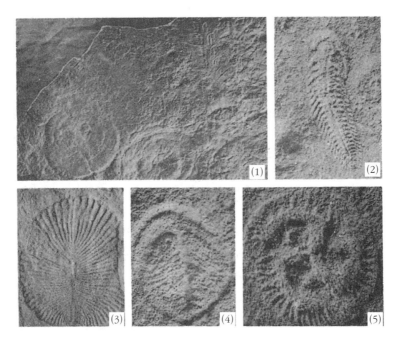

(1) *Cyclomedusa radiata*×1 (2) *Spriggina floundersi*×1.5 (3) *Dickinsonia costata*×5
(4) *Parvanconrina*×2 (5) *Tribrachidium heraldicum*×0.5

[그림 24-7] 남 호주의 에디아카라(Ediacara)층에서 난 7억 년 전의 동물화석
(M.F. Glaessner에 의함)

아프리카에서도 발견되며 이 동물군이 대표하는 시대는 에디아카라기 또는 벤디아기
(Vendian)로 불린다. 건플린트층의 미식물, 그랜드캐년계의 동물, 에디아카라 동물군은
모두 원생대의 생물화석이다. 이로 보아 원생대는 은생누대에 속하나 동식물은 이미 상
당한 발전을 성취하였음이 분명하다. 다만 육상에는 동식물이 전혀 없었다.

　　*Collenia*가 많고 석회암이 발달되는 사실은 당시의 기후가 따뜻하였음을 가르쳐 주
고 Keweenawan계와 발틱 순상지의 원생대층 상부에 적색 사암이 있는 것은 아건조 기
후를 지시한다. 또 풍식력은 사막의 존재를 가르쳐 준다. 특히 주목할 것은 원생대 중에
이미 빙하가 존재하였다는 사실이다. 빙기는 원생대 초와 말에 2차 있었으며 빙력암과
빙성층이 발견되는 곳은 전기한 두 곳 외에도 [그림 24-8]과 같이 많다. 이로 보아 원생
대 중에는 빙하를 일으킬 만한 한랭한 기후의 습격을 받았던 일이 있음이 분명하며, 빙
하시대는 오랜 지질시대에도 나타났음을 알 수 있다.

5. 원생대층의 상한

호주의 에디아카라층은 캠브리아계의 하위 약 150m에서 발견되었으므로 원생대 말경(약 7억 년 전)의 지층임이 확실하다. 이 곳에서 캠브리아계의 최하부는 결여되어 있어 부정합을 사이에 두고 캠브리아계가 놓여 있으므로 두 지층 사이의 연속적인 역사는 알 수 없다. 그러나 중국의 여러 곳과 몽고·영국·모로코·캐나다·미국에서는 선캠브리아누대층과 캠브리아계가 연속되어 있어서 연구 여하에 따라서는 정확한 경계를 정할 수 있을 것이다.

중국에서 원생대층 최상부는 *Vendotacnia*, 해조, *Planolites*(생흔화석)으로 특징지워져 있고 그 상위에는 캠브리아기의 소형 패각화석(小型貝殼化石)이 산출되는 지층이 있어서 그 하한을 캠브리아의 하한 또는 원생대층의 상한으로 삼는다. 중국에서 메이슈쿤조(Meishucun Stage)로 명명되어 있는 소형 패각화석을 포함한 지층은 셋으로 구분되며 다른 나라에서 이에 대비되는 지층은 토모샨조(Tommotian Stage)로 명명되어 있다.

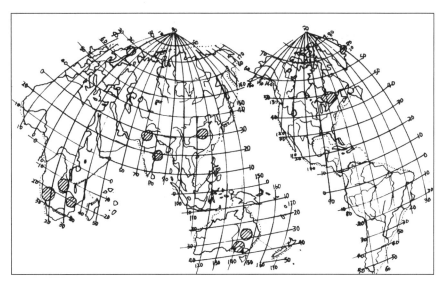

[그림 24-8] 원생대 말에 빙하작용이 있은 지역(Schuchert에 의함.)

제 25 장

고 생 대

원생대 말에는 북미를 제외하면 큰 지각변동이 일어난 곳은 거의 없었으나 지구상에 광범한 해퇴가 일어났다. 순상지의 대부분은 원생대 말에 해퇴가 일어난 후 두꺼운 지층으로 피복되었던 일은 없다. 따라서 고생대 이후의 지층은 순상지 주연부와 순상지에서 멀리 떨어진 지역에만 분포되어 있다.

고생대층이 선캄브리아 지층과 다른 점 중 중요한 것을 들면 다음과 같다.

첫째, 원생대층에서는 희귀하던 화석이 캄브리아기 초부터 돌연 풍부하여진다.

둘째, 고생대층에는 화산 활동을 지시하는 암석의 개재가 대단히 적고, 변성 정도가 낮거나 변성되지 않은 퇴적암이 많다.

고생대의 지질은 19세기 초에 영국 학자들에 의하여 연구되기 시작하였고, 19세기 말까지에 세계 각국에서 그 개요가 밝혀졌다. 그러나 캄브리아계 최하부에 관한 생층서학적 지식은 거의 없는 상태에 있었다. 그러던 것이 최근에 와서야 순상지 주변에서 선캄브리아 최상부의 지층이 고생대의 최하부 지층에 의하여 정합적으로 덮인 곳이 많다는 사실이 여러 지역에서 밝혀졌으며 이들 지역에서는 소형의 인산염 패각을 가진 바다 화석 동물군이 발견되었다. 이는 원생대 말과 고생대 초의 고생물학적 지식이 없던 지질학계에 큰 광명을 가져다 준 사실로 주목된다. 실제로 이 동물화석군은 선캄브리아누대의 지층과 캄브리아계의 경계를 정하는 중요한 역할을 할 것으로 보인다. 다음에 이에 대한 더 자세한 설명을 하고자 한다.

1. 고생대층의 하한

1970년 이전까지 고생대층은 어디서나 선캠브리아를 큰 부정합으로 덮는다고 생각하였다. 이러한 생각은 이 경계 부분에 대한 지식의 결핍에 인유한 것이었다. 종래 고생대층의 최하부는 *Archaeocyathus*나 최고(最古)의 삼엽충, 예를 들면 *Ollenellus*, *Redlichia*, *Lusatiops* 같은 속(屬) 중의 어떤 종(種)으로 지시되어 왔다. 그리고 하위의 선캠브리아 지층과는 큰 부정합으로 접하여 있는 곳에만 주목하고 만족하고 있었던 것이다.

이러한 정도로 만족하고 있던 때에 소련의 한 고생물학자는 고생대층 최하부를 지시하는 거화석(巨化石)을 포함한 지층 하위 수십 m의 지층 중에서 그 때까지 알려져 있지 않은 소형의 조개화석을 발견하고 이를 기재, 토모샨 화석군으로 발표하였으나 주목하는 학자는 없었다. 얼마 후 미국 학자가 이에 주목하고 공동으로 기재 발표하였는데 이를 소형 패각화석(小型貝殼化石: small shelly fossils)이라고 불렀다. 이렇게 이 소형 화석의 중요성이 인식된 것은 겨우 1978년의 일이었다. 중국에서는 3개소, 몽고·소련·영국·모로코·캐나다·북미에도 소형 패각화석이 발견되는 곳이 있고, 캠브리아계는 선캠브리아 지층을 정합으로 덮으므로 연구가 활발히 진행되었다.

중국에서는 소형 패각화석을 포함한 지층을 발견하고 이를 Meishucun Stage로 명명하였는데 이는 다음 3개의 군집대로 나누어졌다.

상부: *Eonovitatus-Sinosachites-Ebianotheca* 군집대 ⎫
중부: *Paragloboritus-Siphogonuchites-Lapworthella* 군집대 ⎬ Meishucun Stage
하부: *Anabarites-Circotheca-Protohertzina* 군집대 ⎭

소련 시베리아의 토모샨조(Tommotian Stage)는 위의 중부 및 상부에 대비된다. 중국에는 메이슈쿤조 직하에 선캠브리아가 있는데 이는 대체로 에디아카라조에 해당한다. 최근(1994)에는 소형 패각화석 산출 지층에 대비되는 지층 하위에서 생흔화석대(*Treptichnus pedum* 대)의 기저를 전 지구적인 캠브리아계의 하한으로 보고 있으며 그 연

[표 25-1]　최하부 캠브리아계의 분대(G.S. Nowlan 외, 1985.)

중국 남서부			시베리아				카자크스탄	
시대	조	군집대	조	군집대	남동	북	군집대	
Cambrian	Meishucun	Eonovitatus-Sinosachites-Ebianotheca	Tommotian	Dokidocyathus lenaicus	Pestrotsvet Fm.	Kugdin Fm.	Pseudorthotheca costata	Vampire Fm.
				Dokidocyathus regularis				
		Paragloboritus-Siphogonuchites-Lapworthella		Aldanocyathus sunnaginicus				
			(ε)					
		Anabarites-Circotheca-Protohertzina	(Pε) Manykaian	Anabarites trisulcatus	Yudomian Fm.	Nemakit Oaldyn	Protohertzina anabarica	
(ε)								
(Pε). Precamb.	Dengyingxia		Yudomian			Kochokon Fm.		Unit 11.

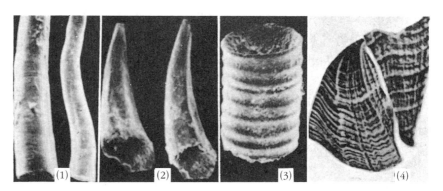

(1) *Anabarites*×50　(2) *Protohertzina*×45　(3) *Hyolithellus*×50　(4) *Tommotia*×15

[그림 25-1]　소형 패각화석

령은 5.42억 년이다(pp.380~381 참조).

우리 나라에서는 북한에서 양덕통 최하부에 *Lusatiops*(삼엽충)가 발견되는데 이는 캠브리아계의 하부를 지시한다. 우리 나라에는 토모샨조나 메이슈쿤조에 해당한 최하부 캠브리아계가 발견될 가망이 없어 보인다. [그림 25-1]은 소형 패각화석 4가지의 사진이다.

2. 캠브리아기

영국의 지질학자 세지위크(A. Sedgwick, 1785~1873)와 머치슨(R.I Murchison, 1792~1871)은 함께 영국 웨일즈에서 미지(未知)의 지층을 조사하다가 1835년 그 곳에 발달되어 있는 일련의 지층을 Cambrian Series라고 명명하였다. 이 이름은 후에 세계적으로 표준이 되는 기명으로 사용하게 되었다. Cambria는 웨일즈의 옛 이름(舊名)이다.

1. 암　석

캠브리아기의 암석은 주로 규암·사암·셰일·석회암으로 되어 있으며 세계적으로 대체로 비슷하다. 국부적으로 화산분출물을 포함하는 지층이 있으나 드물다.

웨일즈의 캠브리아계는 포함되어 있는 삼엽충(三葉蟲)으로 3분되어 하부는

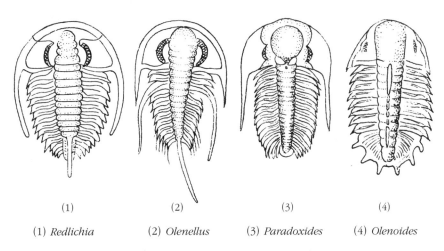

(1)　　　(2)　　　(3)　　　(4)

(1) *Redlichia*　(2) *Olenellus*　(3) *Paradoxides*　(4) *Olenoides*

[그림 25-2] 캠브리아기의 삼엽충 화석

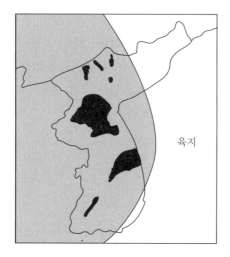

[그림 25-3] 우리 나라의 캠브리아기 지
층의 분포지

[그림 25-4] 영국의 캠브리아기 지층의
분포지

Olenellus, 중부는 *Paradoxides*, 상부는 *Olenoides*로 특징지워져 있다. 미국의 캠브리아
계도 삼엽충으로 3분된다. 우리 나라의 캠브리아계는 암석으로 3분되며 셰일 중에서는
*Redlichia*라는 삼엽충이 나는 곳이 있다.

우리 나라에서는 캠브리아기부터 중생대 초의 트라이아스기에 이르는 지층이 같은
퇴적분지에 퇴적되었다. 그 분포지와 지하에 이들 지층이 들어 있을 지역을 그려 보면
[그림 25-3]과 같다. 영국의 캠브리아계 분포지는 [그림 25-4]와 같다.

2. 생물과 기후

캠브리아계는 그 기저부터 화석이 많으며 척추동물을 제외한 거의 모든 문(門)의
동물화석이 나타났다. 가장 중요하고 개체수가 많은 것은 삼엽충으로서 화석 동물의 전
개체수의 60%를 차지하며 *Paradoxides harlani*([그림 25-2] 참조)는 길이가 45cm에 달
하는 종(種)이었다. 이는 그 체중이 4kg 내외였을 것이다. 캠브리아기 초에는 20여 종의
삼엽충이 있었을 뿐이었으나, 캠브리아기 말까지에는 1,000종 이상을 헤아릴 수 있게
되었다. 삼엽충 다음으로 캠브리아기 바다에서 중요한 동물은 완족류(腕足類)로서 이는
화석 동물의 30%를 차지한다.

벌레에 속하는 하등 동물도 적지 않았을 것으로 이들이 뚫은 구멍이 생흔화석으로

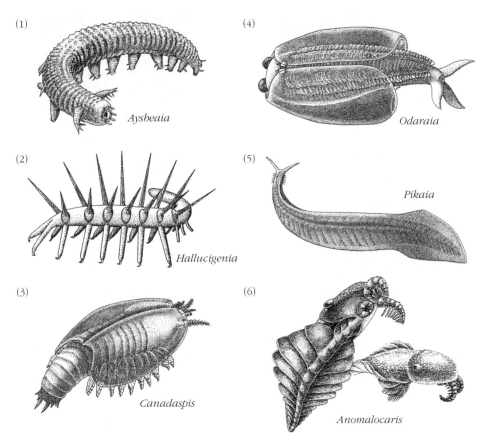

(1) Aysheaia
(4) Odaraia
(2) Hallucigenia
(5) Pikaia
(3) Canadaspis
(6) Anomalocaris

(1)~(2) 벌레, (3) 갑각류, (4) 절지동물, (5) 척색동물, (6) 소속 불명,
(1)~(3), (5) 배율×6, (4), (6) 배율×0.6

[그림 25-5] 브리티시 콜럼비아의 캄브리아계인 버제스셰일에서 발견된 화석
(Briggs 외, 1994)

많이 난다. 이 밖의 동물화석의 수는 대단히 적다. 원생동물(原生動物)의 화석은 희귀하
며 유공충(有孔蟲)이 소수 발견될 뿐이다. 해면(海綿)·해파리·극피동물(棘皮動物)의 화
석도 적다. 두족류(頭足類)는 있으나 부족류(斧足類)는 발견되지 않는다.

　　캄브리아기의 화석이 많이 산출되는 곳은 캐나다이다. 고생물학자 월코트(C.D.
Walcott, 1850~1927)는 브리티시 콜럼비아(British Columbia)의 버제스(Burgess)셰일에
서 500종 이상의 깨끗한 화석을 채취하였으며 특히 [그림 25-5]와 같은 진귀한 것을 많
이 발견하여 캄브리아기 생물의 풍부함에 놀라게 하였는데 그 후에 약 6만 개의 표품이

더 채취되었다. 캠브리아기 화석에 대하여 주의할 것은 대부분의 화석의 굳은 부분이 $CaCO_3$로 되어 있지 않고 키틴질(chitin: 단백질의 일종)로 되어 있다는 사실이다. 캠브리아기에는 척추동물과 육상식물이 없었다.

식물화석으로서는 석회조 *Cryptozoon* 이 발견된다([그림 25-6] 참조). 이는 현미경적 해조(海藻)나 군체를 이루며 큰 석회질의 분비물을 만든다.

[그림 25-6] 석회조의 화석 *Cryptozoon proliferum*

원생대 말까지 희귀하던 동물화석이 캠브리아기에 들어와서 급격히 발전한 것은 대기의 성분에 일어난 큰 변화, 즉 급격한 산소(O_2)의 증가에 그 원인이 있는 것으로 해석된다. 최근까지 대기의 성분 변화에 관하여는 생각이 미치지 못하였던 것이나 [그림 24-4]와 같이 산소의 증가가 주목된다.

기후는 화석의 산출 상태로 보아 극지방이나 열대의 구별이 없었고 전 세계가 균일하게 온난한 기후 밑에 있었던 것으로 보인다. 그러나 캠브리아기 초에는 빙하가 흐른 곳도 있다.

3. 오르도비스기

웨일즈 남부의 지질을 조사하던 머치슨은 1835년 그 곳에 발달되어 있는 일련의 지층을 실루리아계(Silurian System)라고 명명하였다. 그리고 몇 년 후에는 세지위크의 캠브리아계 상부를 실루리아계의 하부에 불과한 것이라고 하여 두 학자들 사이에는 큰 논쟁이 벌어졌다. 당시의 영국의 젊은 지질학자였던 래프워스(C. Lapworth, 1842~1920)는 세밀한 조사 끝에 캠브리아계의 상부 또는 실루리아계 하부라고 불리던 지층은 동일한 지층이라고 밝히고 1879년(두 지질학자가 별세한 후) 이에 오르도비스계(Ordovician System)라는 새로운 명칭을 주어 웨일즈의 두꺼운 지층을 아래로부터 캠브리아계·오르도비스계 및 실루리아계로 3분하였다. 이로써 오랫동안 논쟁이 되었던 문제는 끝이 나고 이 구분이 세계의 표준으로 사용됨에 이르렀다. 오르도비스계는 로마 제국 시대에

웨일즈에 살던 종족명(種族名) Ordovices에서 취한 것이며 오르도비스계가 퇴적된 시대를 오르도비스기라고 한다.

1. 암　석

오르도비스기는 세계적으로 석회암과 셰일을 많이 퇴적케 한 시대이다. 그러나 어떤 지방에는 석회암이 매우 적다. 영국과 미국에서는 이 계 중에

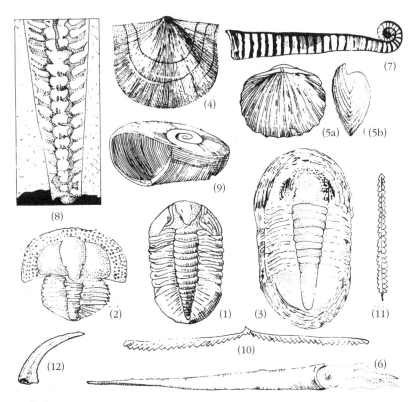

(1) *Asaphus*　　(2) *Cryptolithus*　　(3) *Parabasilicus*(이상 삼엽충)
(4) *Rafinesquina*　　(5) *Orthis*(이상 완족류)　　(6) *Endoceras*
(7) *Lituites*　　(8) *Actinoceras*　　(9) *Maclurea*(이상 두족류)
(10) *Didymograptus*　　(11) *Diplograptus*(이상 필석류)　　(12) Conodont의 일종

[그림 25-7] 오르도비스기의 화석

화산의 활동을 증명하는 화산암류와 응회암이 발견되나 아시아에서는 화산활동이 없었다. 웨일즈에서는 캠브리아기 말에 일어난 약한 습곡작용으로 오르도비스계가 선캠브리아계의 암석과 캠브리아계의 각 지층을 부정합으로 덮는다. 이 밖에도 유럽에서는 캠브리아계와 오르도비스계 사이에 작은 부정

[표 25-3] 북미의 오르도비스계

오르도비스계	Cincinnatian Series
	Champlainian Series
	Canadian Series

합이 발견되는 곳이 많다. 그러나 북미와 아시아에서는 두 계가 정합으로 계속되어 있는 곳이 많다.

이 계의 암석에 석회암과 셰일이 많은 것은 이 기에 해침이 대단히 넓은 범위에 걸쳐 일어났음과 동시에 육지가 낮았고 높은 산맥이 없었음을 가르쳐 준다. 이 계는 웨일즈에서 6조로, 북미에서는 3통으로 구분된다([표 25-2 및 3] 참조).

우리 나라에는 오르도비스기 중엽까지 퇴적된 지층이 있으나 오르도비스계 상부는 발견되지 않는다.

2. 생 물

삼엽충과 완족류는 캠브리아기와 다름 없이 번성하였으나 그 대부분은 새로운 종으로 바뀌었다. [그림 25-7]과 같이 삼엽충에는 *Asaphus*, *Trinucleus*, *Parabasilicus* 따위가 있었고 완족류로는 *Rafinesquina*와 *Orthis*가 유명하다. 캠브리아기에 미약하던 두족류는 발전하여 *Endoceras*(최대 직경이 25cm, 길이가 거의 5m에 달함) · *Actinoceras* · *Lituites*가 되었으며 복족류(腹足類: *Maclurea*가 유명)도 많아졌다. 오르도비스기의 화석 중 지층 대비에 가장 중요한 역할을 담당하는 것은 필석류(筆石類: graptolites [그림 25-7])이다. 이는 물에 떠서 살며 세계의 모든 바다에 번식하여 들어갔으며 오르도비스기와 다음 기에만 살고 있었으므로 이 화석이 발견되면 그 지층을 오르도비스계 또는 실루리아계에 대비할 수 있다. 이 밖에 산호(珊瑚) · 해백합(海百合: Crinoidea) · Blastoidea · Cystoidea 등이 있다.

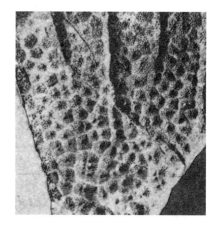

[그림 25-8] 물고기 껍질의 화석 파편
(미국 콜로라도産)

오르도비스기에 이루어진 생물의 중요한 발전으로 어류(魚類)의 출현을 들 수 있으나 세 개의 파편([그림 25-8] 참조) 외에 완전한 화석이 발견된 일은 없다. 먹장어류와 같은 동물의 이빨 화석으로 알려진 코노돈트(conodont)가 발견된다. 식물로서는 석회조가 있을 뿐이다. 육상에는 아직 동식물이 없었다.

3. 지각변동

오르도비스기의 바다는 작은 규모의 해퇴와 해침을 일으키면서도 전체로는 가장 큰 해침의 시대였다. 캠브리아기부터 오르도비스기 말엽까지 큰 조산운동이 없었으므로 오르도비스계는 낮은 육지에서 천천히 공급된 퇴적물의 완만한 퇴적으로 이루어졌다. 그러나 이 기 말엽에 이르러 오르도비스기의 지층은 습곡되어 산맥으로 변한 곳이 많다.

미국에서 애팔래치아 산맥 부근이 점차로 높아지다가 이 기 말에는 급격히 산맥으로 변하였다. 미국에서는 이 조산운동을 **타코니**(Taconic) **변란**(變亂: disturbance)이라고 부른다. 유럽에서는 폴란드에 습곡작용이 일어난 외에는 습곡작용 없이 대부분의 퇴적 분지가 육화되었을 뿐이다. 우리 나라·중국 북부·만주도 장기간 육화되어 있었다. 이 육화는 오르도비스기 말엽에서 석탄기 전반까지 약 1억 년간 계속되었다.

4. **실루리아기**(＝고틀랜드기)

머치슨이 웨일즈에서 실루리아계를 설정한 것은 1839년이었다. 그러나 그는 캠브리아계 위에 놓인 두꺼운 지층을 모두 실루리아계라고 명명하였다. 세지위크는 머치슨의 실루리아계 중간에 부정합을 발견하고 전체를 실루리아계로 정함을 반대하다가 두 사람의 사이가 나빠지고 당시의 학자들도 두 파로 갈라졌다. 그러나 래프워스 교수는 캠브리아계 위에 오르도비스계를 넣고 머치슨의 실루리아계의 상부만을 실루리아계로 하였다. 그래서 실루리아계라고 하면 오르도비스계까지 포함시켜 광의로 해석하는 사람이 있어 협의의 실루리아계를 고틀랜드계(Gotlandian System)라고 부르자는 라빠랑(A.A. de Lapparent, 1839~1908)의 제안이 널리 채용되고 있다. 실루리아계명은 처음 연구된 지방에 살고 있던 고대 켈트(Celt) 족의 이름 Silures를 따서 붙인 것이고 고틀랜드계는 발틱해 중에 있는 고틀랜드(Gotland) 섬이 협의의 실루리아계로 구성되어 있어서 그 섬의 이름을 딴 것이다. 현재 영국과 미국에서는 실루리아기를 협의로 사용하고 있고 프랑스·독일에서는 고틀랜드기를 사용하고 있다.

1. 암　　석

석회암과 셰일을 주체로 하며 사암과 역암이 협재된다. 이로 보아 실루리아기의 암석은 대체로 오르도비스기의 그것과 근사함을 알 수 있다. 셰일 중에는 필석류가 많이 들어 있다. 오르도비스계와 실루리아계는 해성층이 대부분이며 수평 방향으로 암석의 성질이 변해 나가는 일이 많다. 이 시대의 암석에는 세계적으로(소수의 예외를 제하고는) 화산성퇴적물의 공급이 없었다.

웨일즈에서는 본계가 오르도비스계를 부정합으로 덮는 Llandovery조의 사암으로 시작되는 다음 3조로 구분되어 있다([그림 25-9] 참조).

3. Ludlow Stage(＝Ludlovian)

2. Wenlock Stage(＝Wenlockian)

1. Llandovery Stage(＝Llandoverian)

미국의 뉴욕주와 5대호 지방에서는 [표 25-4]와 같이 3조로 구별되며 미국의 실루리아계의 표준이 되어 있다. 캐유간(Cayugan)조의 셰일 중에는 암염층과 석고층이 들어

[표 25-4]　미국 5대호 지방의 실루리아계 구분

---

3. Cayugan Stage(셰일·석회암·암염층 협재)
2. Niagaran Stage(사암·셰일·석회암·돌로마이트)
1. Medinan Stage(사암)

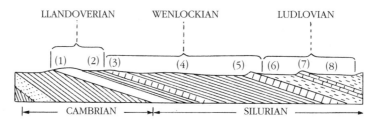

(1) 사암　(2)·(4) 셰일　(3)·(5)·(7) 석회암　(6)·(8) 이암

[그림 25-9]　웨일즈의 실루리아계[(1) 밑의 부정합에 주의]

있다.

한국에는 실루리아계의 분포가 없는 것으로 생각되었으나 1979년에 강원도 정선에서 발견되었고 황해도에서는 쥬라기 지층의 기저역암 중에서 이 기의 산호화석을 포함한 석회암역이 발견되었다.

만주와 북미에도 본계의 발달은 불량하나 중국 남부(中國南部)로 가면 그 발달이 좋아진다. 일본에서는 이 기의 암석이 오르도비스계 다음으로 시대가 분명한 가장 오랜 지층이다.

2. 생   물

실루리아기의 생물은 대체로 오르도비스기의 그것과 근사하여 큰 변화를 보여 주지 않는다([그림 25-10] 참조). 삼엽충은 오르도비스기에 번성의 절정을 지난 감이 있으

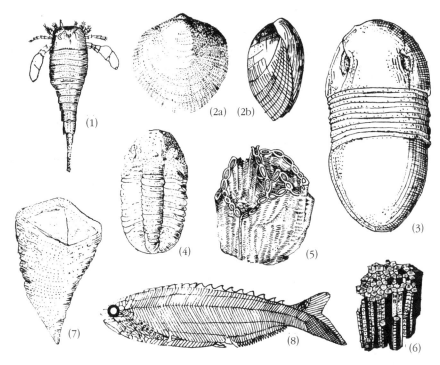

(1) *Eurypterus*(전갈)   (2) *Atrypa*(완족류)   (3) *Bumastus*
(4) *Phacops*(이상 삼엽충)   (5) *Halysites*   (6) *Favosites*
(7) *Goniophyllum*(이상 산호)   (8) *Pharyngolepis*(어류)

[그림 25-10] 실루리아기의 화석

며 몸에는 가시가 많이 돋은 종이 생겨났다. 완족류는 대번성을 일으켰다. 오르도비스기에 번성했던 필석류는 쇠퇴하여 없어졌다. 극피동물로서는 해백합(Crinoidea)이 가장 발달한 시대였다. 산호는 대발전을 이루어 여러 종으로 갈라졌고 산호초를 만들었다.

　　실루리아기의 생물로서 주목할 것은 *Eurypterus*라고 불리는 바다전갈(sea-scorpion)이다. 이는 오르도비스기에 나타났으나 이 기에 들어와서 번성의 절정에 달하였다가 다음 기에는 거의 없어졌다. 이들은 길이 30cm 이하의 작은 동물이나 뉴욕 부근에서는 길이가 3m에 가까운 것까지 발견된다. 이들은 독침(毒針)을 가지고 있었을 것이므로 실루리아기 바다에서는 대단히 무서운 존재였을 것이다. 그 중의 어떤 종은 육상에 기어나와 처음으로 육지를 정복한 것으로 생각된다.

　　오르도비스기에는 어류의 화석 파편이 발견되었을 뿐이나 이 기에 들어와서 완전한 것이 노르웨이에서 발견되었다. 이는 현재의 원구류(圓口類)의 선조로 생각된다([그림 25-10] 참조).

　　식물은 실루리아기에 들어와서 육상에 올라가기 시작한 듯하다. 고틀랜드와 영국 및 호주에서 작은 식물의 잎새와 줄기가 기재되어 있다. 이들은 데본기 육상식물의 선구자로 생각된다.

3. 지각변동

　　미대륙에서는 실루리아기에 지각변동이 없었다. 실루리아계와 데본계의 층리는 평행하며 그 사이에 부정합도 발견되지 않는다. 이에 반하여 유럽에서는 **칼레도니아**(Caledonian) **조산운동**이 있었다. 이는 영국·스칸디나비아·스피츠베르겐(Spitzbergen)·그린랜드 북부에 걸친 호상의 산맥(Caledonian Mountains)을 만들었고([그림 25-11] 참조), 조산운동은 데본기 초까지 계속되었다.

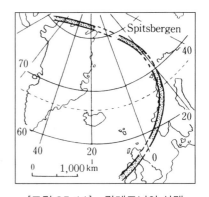

[그림 25-11] 칼레도니아 산맥

　　프랑스 북부와 남독일에서 오스트리아 북부에 이르는 산맥도 만들어졌고, 북아프리카와 시베리아의 이르쿠츠크(Irkutsk) 분지에도 산맥이 생겼다. 중국의 광서성(廣西省)과 호남성(湖南省)에도 같은 시대에 지변이 있었으며 이를 **광서운동**(廣西運動)이라고 한다.

4. 기　　후

이 기에 석회암이 많이 퇴적되었고 산호가 세계적으로 분포되었음을 보아 이 기의 중엽까지는 기후가 온난하였음이 긍정된다. 그러나 말엽에는 건조한 기후로 변한 곳이 많은 듯하다.

5. 데 본 기

영국 남서부에는 옛날부터 함탄층(含炭層: Coal Measures) 밑에 이회암(泥灰岩)·셰일·적색 사암으로 된 두꺼운 지층이 있음이 알려져 있었다. 이것을 함탄층 위에 있는 적색 사암층과 구별하기 위하여 Old Red Sandstone(O.R.S.라고 약함)이라고 불러 왔었다. 그런데 세지위크와 머치슨이 캠브리아계와 실루리아계를 확정하였으므로 이 지층은 실루리아계와 함탄층 사이에 끼어 있음이 분명히 되었다. 두 사람이 데본셔(Devonshire)에서 함탄층 하부를 조사 중 발견한 산호화석을 고생물학자 론스데일(Lonsdale)에게 감정케 한 결과 그 화석이 실루리아계와 석탄계에서 나는 것의 중간형임이 밝혀져서 이것이 O.R.S.와 같은 시대의 것임이 분명히 되었다. 두 사람은 처음에 론스데일의 의견을 받아들이지 않았으나 2년 후에야 용납하게 되었고 그들은 1839년에 이 해성층을 데본계(Devonian System)라고 명명하였다.

1. 암　　석

데본계에 속하는 암층은 해성층과 육성층의 두 종류로 구별된다. 종래 Old Red Sandstone이라고 불려 오던 특수한 지층도 그 암석상과 화석상은 전혀 다르나 해성 데본계와 같은 시대의 것임이 분명히 되었다.

데본셔에 분포되어 있는 해성 데본계는 대단히 교란되어 있어 그 자세한 층서를 정하기 곤란하나 대체로 슬레이트·사암 또는 역암·석회암으로 구성되어 있으며 해서동물(海棲動物)의 화석을 많이 포함한다. 이 계 중에는 화산암과 응회암도 발견되는 곳이 있다. 그런데 독일의 라인강 중류에서 화석이 풍부하고 교란되어 있지 않은 해성 데본계가 발견되었으며 이 지방의 구분이 세계적 표준층서로 사용됨에 이르렀다. 이 지방에서는 하부, 중부 및 상부 데본계로 3대분되고, 이들은 다시 각각 2분되어 있다([표 25-5] 참조).

미국에서는 상(相)의 변화가 심하므로 공통된 것을 정하기 곤란하여 지방에 따라 구분이 다르나 뉴욕주의 구분(상부, 중부 및 하부 데본계의 3통)이 미국의 표준이 되어 있다. 이는 셰일과 석회암이 주체이고 그 중에 화산암 및 응회암이 협재된다.

[표 25-5] 라인 지방의 데본계 구분

상부	Famennian Stage	휘록응회암
	Frasnian Stage	셰일 · 석회암 · 이회암
중부	Givetian Stage	석회암 · 이회암
	Eifelian Stage	이회암 · 석회암 · 셰일
하부	Coblencian Stage	셰일 · 사암
	Gedinnian Stage	셰일 · 사암 · 역암

우리 나라에서는 천성리통이 데본계일 것으로 생각되었으나 최근에 석탄계로 밝혀졌다. 만주와 일본에는 분포 면적이 작다. 아시아에서의 큰 분포는 중국 진령산계(秦嶺山系) 이남에서만 볼 수 있으며, 대체로 하부 데본계의 발달은 없다.

2. 육성 데본계

웨일즈와 스코틀랜드에 분포되어 있는 O.R.S.는 주로 이회암 · 역암 · 사암 · 화산암 · 응회암으로 되어 있으며 육서동식물 화석을 포함함이 특징이다. 육성 데본계가 처음으로 육상의 모양을 우리에게 명백히 보여 준 것이다.

미국에는 펜실바니아주에 두꺼운 캣스킬 델타(Catskill delta) 퇴적층이 있다. 이는 육성층으로 생각된다.

3. 생   물

삼엽충은 상당히 쇠퇴하였으나 새로운 종들이 나타났다. 완족류는 특히 번성하였고 *Stringocephalus*, *Productus*, *Spirifer*, *Rhynchonella*가 유명하다. 산호로서는 *Cyathophyllum*, *Favosites*, *Calceola*가 번영하였다. 두족류에서는 암모나이트의 선조인 *Tornoceras*, *Manticoceras*가 중요하다. 이 밖에 부족류와 복족류도 발견된다([그림 25-12] 참조).

육성 데본계에서 산출되는 화석으로서 특유하며 가장 주목할 것은 어류와 육상식물의 화석이다. 어류는 데본기에 크게 대번성하였으므로 데본기를 **어류시대**(魚類時代: Age of fishes)라고 한다. 폐어(肺魚) · 상어 · 갑주어류(甲胄魚類)가 많았으며 그 모양은 [그림 25-13]과 같이 모두 기이(奇異)하였다. 상어의 일종인 *Dinichthys*는 길이가 10m에 달하는 거대한 연골어류(軟骨魚類)였다. 데본기 말엽에는 폐어로부터 진화한 것으로

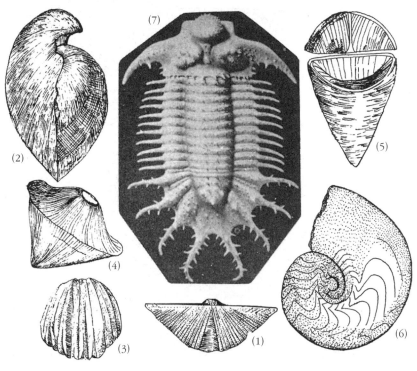

(1) *Spirifer*   (2) *Stringocephalus*   (3) *Rhynchonella*(이상 완족류)
(4) *Cyathophyllum*   (5) *Calceola*(이상 산호)   (6) *Manticoceras*(두족류)
(7) *Terataspis*(삼엽충)

[그림 25-12]　데본기의 화석

생각되는 양서류(兩棲類)의 선조형이 발생하였으며, 그 화석은 그린랜드와 캐나다 동부에서 발견된다. 이들은 데본기의 숲 속에 살았으며, 처음으로 육지를 점령한 척추동물(脊椎動物)이었다([그림 25-14] 참조).

　식물은 처음으로 육상의 소택지에 큰 삼림을 만들었는데 그들은 양치식물(羊齒植物)에 속하는 Psilophyton flora라고 불리며 그 대표적인 것은 [그림 25-15]와 같다. 이들 식물의 줄기에는 직경이 1m에 달하는 것이 있었고, 캐나다에서는 이들이 만든 석탄층이 발견된다. 전갈·곤충·거미가 삼림에 살고 있었음이 분명하며, 이들의 화석 십여 종이 발견된다.

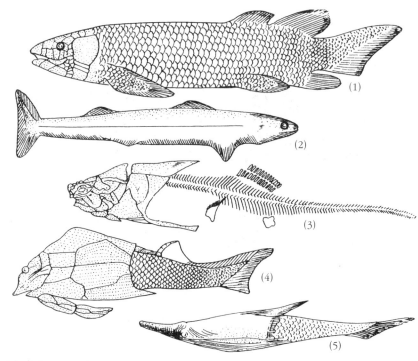

(1) 폐어 *Dipterus*(0.3m)　　(2) 상어 *Cladoselache*(0.5m)　　(3) *Dinichthys*(10m)
(4) *Pterichthys*(0.3m)　　(5) *Pteraspis*(0.3m)

[그림 25-13]　데본기의 어류(3-5는 갑주어류, (3)을 제외하면 모두 복원도)(숫자는 길이)

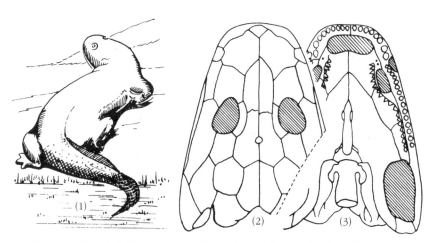

(1) 복원도, 꼬리는 아직 물고기와　　(2) 두개골을 위에서 본 모양 (3) 두개골을 아래서 본
비슷하다.　　　　　　　　　　　　모양

[그림 25-14]　데본기의 양서류의 한 종류 *Ichthyostega*

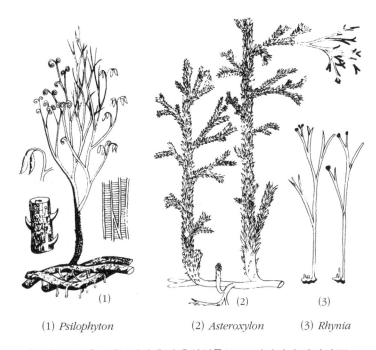

| (1) *Psilophyton* | (2) *Asteroxylon* | (3) *Rhynia* |

[그림 25-15] 데본기의 초기 육상식물(모두 원시적인 양치식물)

4. 지각변동

　유럽에서는 실루리아기 말부터 데본기에 걸쳐 일어난 칼레도니아(Caledonian) 조산운동으로 산맥이 생겼고, 이들 산맥 사이에는 이곳 저곳에 분지가 생겨 육성층을 퇴적케 하였으나 해성층을 협재하게 된 곳도 있다. 데본기 중에는 수차에 걸쳐 화산 활동이 심하게 일어난 곳이 있으나 데본기 말에는 큰 지각변동 없이 석탄기로 들어갔다.

　우리 나라에서는 데본기 중 지각변동 없이 조용하였으며 한반도는 육지로 존재하였다. 미국 애팔래치아 북부에서는 데본기 중엽부터 기말에 걸쳐 조산운동이 있었다. 이 조산운동을 아카디아(Acadian) 조산운동이라고 한다. 또 데본기 말에는 화산 활동이 격렬하였다.

5. 기　　후

　각지에서 산출되는 무척추동물 화석의 성질로 보아 지구의 기후는 거의 균일했던 것으로 생각되며, 삼림의 발전은 석탄기 기후와 비슷하여 온난하였음을 지시한다. 남아프리카에서는 빙성사력층이 발견되었다. 이는 데본기 말까지에 일어난 조산운동과 관계 있는 빙하로 생각된다.

6. 석 탄 기

영국에서는 Old Red Sandstone과 New Red Sandstone(후자는 페름계와 트라이아스계에 대한 명칭) 사이에 석탄층을 협재한 지층이 일찍부터 알려져 있었으며 코니비어(R.D. Conybeare, 1787~1857)와 Phillips가 1822년에 이를 Carboniferous System(석탄계)이라고 부른 것이 석탄기의 명칭의 시초가 되었다.

1. 암   석

영국의 석탄계는 상부와 하부로 2대분되고 암석의 특징에 따라 상부는 다시 2분된다. 또 유럽의 다른 지역에서는 [표 25-6]의 오른쪽과 같이 여러 개의 통 또는 조(組: Stage)로 구분된다.

영국의 하부 석탄계는 주로 석회암, 상부 석탄계 하부는 사암과 셰일, 상부 석탄계 상부는 셰일과 사암으로 된 협탄층이다. 이러한 석탄계의 층서는 대체로 세계적으로 공통이나 석탄계가 거의 전부 석회암으로 되어 있는 지방도 있다. 모스코(Moscow)분지에는 석탄계 하부에 석탄이 있고 중부 및 상부는 석회암으로 되어 있다. 북미 서부

[표 25-6] 석탄계의 구분

영국			유럽 전역			
영국	상부	Coal Measures	상부	Stephanian	Orenburgian	Uralian
					Gzelian	
		Millstone Grit	중부	Westphalian	Moscovian	
				Namurian	Bashkirian	
	하부	Carboniferous Ls.			Namurian	
			하부	Visean		
				Tournaisian		

와 중앙부에서는 석탄계가 부정합으로 2대분되어 하부가 Mississippian System, 상부가 Pennsylvanian System으로 명명되어 있으며 이들은 석회암을 주로 하는 해성층이다. 그러나 동부의 애팔래치아 지향사에서는 하부가 해성층, 상부가 협탄층으로 2분되어 있다.

우리 나라에는 Pennsylvanian에 해당하는 석탄계 상부만이 분포된 곳이 있으나 우리 나라 석탄계에는 석탄층의 협재가 무시할 정도이다. 한국에서는 상부 석탄계가 사동층 하부에 해당하며 만항층과 금천층으로 나누어진다.

영국에서 데본계와 석탄계의 관계는 정합이나 미국에서는 대체로 큰 부정합을 사이에 두고 두 계가 접한다. 이는 아카디아(Acadian) 조산운동에 의한 것이다.

한국·중국 북부·만주에는 석탄계 하부가 발달되어 있지 않고 해성의 석탄계 중부만이 발달되어 있으며 중국 남부와 일본에는 석탄계의 하부와 상부가 잘 발달되어 있다. 그러나 석탄계가 페름계와 밀접한 관계를 가지고 분포되어 있는 점은 아시아에서 공통된 점이다.

2. 생   물

삼엽충은 대단히 쇠퇴하여 그 산출이 희소하다. 완족류도 쇠퇴하기 시작했다. *Spirifer*와 *Productus*는 세계적으로 분포가 넓고 중요하다. 두족류에는 Ammonites에 속하는 것과 Nautilus에 속하는 것이 있으며 전자는 중생대에 크게 번성하였으나 후자는 점차 쇠퇴해 간다. 연체동물 중에서는 부족류가 가장 번성하였다. 해백합을 주로 한 극피동물도 번성하였다. 어류는 데본기에 비하여 종수가 늘었으나 연골어류(軟骨魚類)의 화석이 발견되는 곳이 있으며 미국에서는 상어의 화석이 많이 발견된다. 양서류(兩棲類)

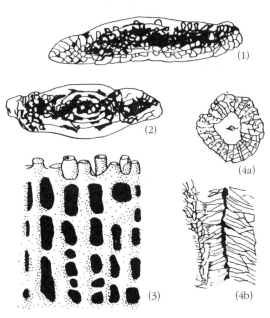

방추충: (1) *Fusulina* (2) *Fusulinella*×10
산호: (3) *Syringopora* (4) *Lithostrotion*×10

[그림 25-16] 석탄기의 중요한 바다화석

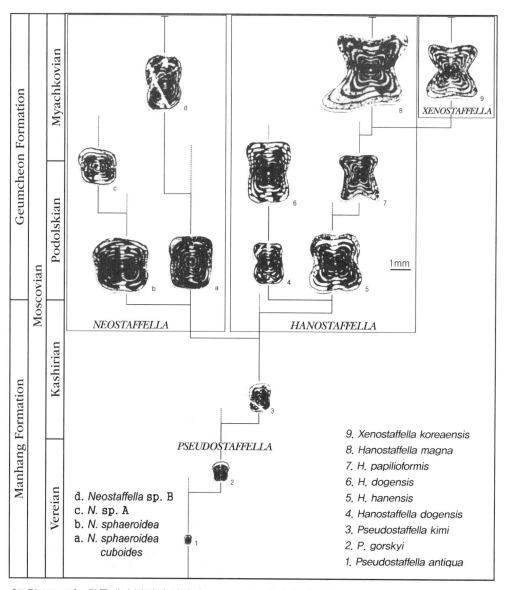

[그림 25-17] 한국에서 밝혀진 석탄기 Moscovian 방추충의 진화(정창희, 1984년 원도, 이창진
개정)

의 화석은 특히 많이 발견되며, 그들의 발자국은 더 많이 발견된다. 석탄기에는 파충류 (爬蟲類)의 선조가 양서류에서 발생하였다.

석탄기의 화석으로서 중요한 것은 방추충(紡錘蟲: Fusulinidae)과 산호류(珊瑚類)이 다([그림 25-16] 참조). 방추충은 단세포동물이면서도 쌀알만큼씩한 화석을 많이 남겼 다. 이들은 석탄계 세분(細分)에 사용된다. 한국에서 발견된 *Pseudostaffella*계 방추충 의 진화 계통을 보면 [그림 25-17]과 같다. 이는 다분히 계단식 진화 모델(punctuated equilibrium model)을 보여 준다. 방추충은 석탄기 중엽에 나타나 페름기까지 크게 번성 한 후 페름기 말에 절멸하였다. 산호로는 사방산호(四放珊瑚)가 번성하였다가 역시 페름 기 말까지에 절멸되고 만다.

석탄기 전반에는 이미 석탄기를 통하여 번성한 모든 양치식물이 출현하였다([그림 25-18] 참조). 어떤 식물은 높이가 수십 m에 달하였다. 그러나 석탄기 후반에는 중생대

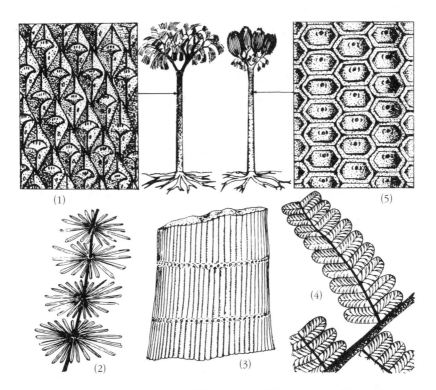

(1) *Lepidodendron*　(2) *Annularia*　(3) *Calamites*　(4) *Pecopteris*　(5) *Sigillaria*

[그림 25-18]　석탄기의 식물화석

의 특징을 가진 나자식물(裸子植物)이 번성하기 시작하였다.

숲 속에는 곤충류가 번성하였고 거미도 살았다. 잠자리는 길이가 1m에 가까운 것이 있었고, 진딧물에는 길이가 30cm에 달하는 것이 있었다.

3. 지각변동

영국에서는 습곡된 하부 석탄계가 Millstone Grit에 의하여 부정합으로 덮여 있음을 보아 석탄기 중엽에 지각변동이 있었음을 알 수 있다. 이런 운동은 전 유럽에서 동시에 일어났고 석탄기 말과 페름기 말에도 같은 지역에 지각변동이 일어났다. 이런 장기간에 걸쳐 반복된 조산운동으로 만들어진 산맥을 **고생대 알프스**라고 하며 이 산맥의 서부를 **아모리카**(Armorican) **산맥**, 동부를 **바리스카**(Variscan) **산맥**이라고 한다. 현재 이

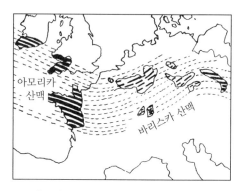

[그림 25-19]   고생대 알프스 산맥

들 산맥은 대부분 삭박되어 버리고 습곡산맥의 밑둥치만 평탄한 지형을 이루고 있으나 국부적으로는 아직 산지로 남아 있다([그림 25-19] 참조).

북미 대륙에서도 석탄기 중에 조산운동이 계속되다가 페름기 말에 큰 조산운동으로 변하였다.

우리 나라와 중국 북부·일본·기타 지방에서와 같이 페름계가 석탄계와 밀접하게 분포되어 있는 곳에서는 조산운동이 없었고 석탄기 말에 융기작용만이 일어났다. 중국 남부와 인도-중국에서는 석탄기 말에 습곡운동이 있었다. 이를 **곤명운동**(昆明運動)이라고 한다.

조산운동이 있은 곳에서는 화산 활동이 일어나고 화강암이 관입된 곳이 있다.

4. 고지리와 기후

석탄기 전반까지에 퇴적된 지층에는 해성층이 많다. 이는 육지가 바다로 넓게 덮여 있었음을 의미한다. 그러나 후반에 들어가서는 각지에 육성층이 널리 발달되어 해륙의 분포 상태를 어느 정도 명백히 알 수 있게 한다. 석탄계를 조사해 보면 석탄기 후반의 해성층은 현재의 지중해와 히말라야 산맥을 연한 지대에 넓게 분포되어 있다. 이는 당

시의 큰 지중해가 있던 곳으로 이를 **테티스해**(Tethys)라고 한다. 테티스해 북쪽과 남쪽에는 넓은 대륙이 식물상을 달리하는 육성층을 곳곳에 쌓게 하였다. 이런 상태는 페름기 말까지 이르렀다.

석탄기의 기후는 매우 습윤·온난하였음이 식물화석 연구로 증명된다. 식물의 세포는 대단히 크고 대부분 연륜이 없다. 그러나 연륜이 있는 나무의 화석도 발견된다. 삼림 중에 살던 곤충도 대단히 크다. 이 기는 지질시대 중에서 가장 큰 곤충이 발전한 시대이다. 또 석탄기의 산호는 스피츠베르겐(Spitsbergen)에도 초(礁)를 만들었다.

7. 페 름 기

1841년 머치슨은 우랄 산맥 서쪽에 있는 페름(Perm)시 부근에 잘 발달되어 있는 지층을 Permian System이라고 명명하였다. 독일에서는 가이니츠(Geinitz)가 독일의 페름계를 연구하여 그것이 상하의 두 층으로 구분됨을 알고 1861년 이에 Dyas(두 층이라는 뜻)라는 계명을 주었다. 페름기가 이첩기(二疊紀)라고 불리어 온 것은 Dyas의 번역어이지만 여기에서는 페름기를 쓰기로 한다.

1. 암   석

석탄기와 페름기 사이의 경계를 어디에 둘 것인가의 문제는 오랫 동안 논의되어 왔으나 이는 두 계가 부정합 없이 점이적으로 이행하기 때문에 일어난 논쟁이다. 우랄 산맥 부근에서는 석탄계·페름계 및 트라이아스계가 정합으로 놓여 있다. 그러나 미국에서는 페름기 직전에 지각변동이 있어 페름계 최하층인 Wolfcampian조가 습곡된 Pennsylvanian계를 부정합으로 덮는다. 그래서 방추충 *Pseudoschwagerina*가 들어 있는 Wolfcampian을 페름계의 기저로 정하였다. 같은 화석을 포함하는 유럽의 Sakmarian조는 페름계의 최하부로 정하는 것이 타당할 것이나 소련학자들은 Sakmarian조를 아직 석탄계의 최상부로 간주하고 있다.

유럽의 페름계는 5개 조(Stage)로, 미국에서는 4개 조로 세분된다([표 25-7] 참조).

영국·독일·프랑스의 페름계 하부는 주로 육성 역암과 사암으로 되어 있고 페름계 상부는 해성석회암과 셰일로 되어 있다. 그러나 러시아·테티스해 지방·북미에서는 석회암을 주로 하는 단일층으로 되어 있다.

[표 25-7]   유럽과 미국의 페름계의 구분(조)

유 럽	상 부	Tatarian Kazanian	미 국	Ochoan Guadalupian
	하 부	Kungurian Artinskian		Leonardian
		Sakmarian		Wolfcampian

우리 나라에는 페름계에 속하는 이른바 사동층이 있다. 이는 해성 및 육성층이고 석탄층을 협재한다. 영월 탄전에서는 이른바 사동층 하부에 협재된 석회암층(두께 9m) 속에 준정합 관계를 가지고 판교층(석탄계 중부)과 밤치층(페름계 하부)이 겹쳐져 있음이 밝혀져 있다. Uralian을 결여한 이 준정합은 약 1천만 년의 시간적 간격을 가졌음에도 불구하고 아무런 부정합의 증거가 없다. 일본에서는 페름계의 분포가 고생대층의 다른 계에 비하여 가장 크다. 이는 석회암으로 되어 있으며, 그 중에 들어 있는 유공충으로 세분된다.

[그림 25-21]에 검게 표시된 지역에는 빙성층이 수층 발달되어 있어서 빙하가 존재하였음을 알 수 있다.

2. 생   물

페름기는 고생대의 생물이 많이 멸망해 버린 시대이다. 삼엽충은 데본기까지도

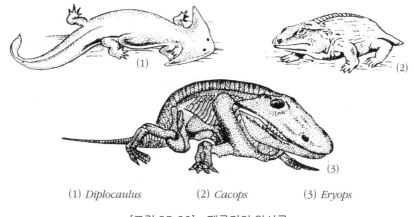

(1) *Diplocaulus*　　　　(2) *Cacops*　　　　(3) *Eryops*

[그림 25-20]   페름기의 양서류

번성하였으나 점차로 쇠퇴하다가 페름기 말에 완전히 멸망해 버렸다. 완족류는 비교적 꾸준히 계속된 해서동물이나 *Productus*는 이 기 말까지에 절멸하였고 그 밖에도 많은 종이 없어졌다. 산호로서는 고생대형인 사방산호(四放珊瑚)가 이 기 말에 전멸하였다. 석탄기 초엽에 출현한 방추충은 발전을 계속하여 이 기 중엽에 번성의 절정에 달하였다가 기말에 전멸되었으며 이는 상부 석탄계 및 페름계 분대(分帶)와 대비에 가장 중요한 화석생물이다. 해백합의 대부분, Blastoidea의 전부도 멸망해 버렸다. 두족류인 Ammonites는 점차 발달하여 페름기에는 페름계 분대에 유효한 화석이 될 수 있을 정도로 분포가 넓어지고 진화가 빨랐다.

상어로 대표된 어류는 석탄기에 400종이나 되던 것이 페름기 말에는 거의 전멸되었다.

데본기에 나타난 양서류는 석탄기부터 발전하기 시작하여 페름기에까지 번성하였는데([그림 25-20] 참조), 길이는 보통 1.5m 내외였다. 그러므로 석탄기와 페름기를 합하여 **양서류의 시대**(Age of Amphibians)라고도 한다.

파충류는 석탄기의 것보다는 발달하였으나 최대 길이는 2m 정도로서 그 수는 현재의 파충류보다 많지는 못하였을 것으로 생각된다. 이들 페름기의 파충류는 페름기 말까지에 대부분 멸망해 버렸다.

식물계에도 페름기에 큰 변화가 생겼다. 석탄기 후반에는 수천 종에 달하던 것이 페름기 말에는 수백 종으로 줄어들었다. 그리고 석탄기 말엽부터 송백류(松柏類: Coniferales)가 생겨났으나 은행류(銀杏類: Ginkgoales)와 소철류(蘇鐵類: Cycadales)는 페름기 중엽부터 출현하여 중생대의 식물상을 보여 주기 시작하였다.

3. 지각변동

고생대 말은 거의 세계적으로 지각변동과 화산 활동이 심한 시대였다. 미국 동부에는 캠브리아기부터 해침·해퇴가 반복되며 두꺼운 지층을 쌓은 열개연변분지가 수렴되면서 석탄기 말부터 페름기 중엽에 이르는 동안에 횡압력을 받았는데 페름기 말에는 이 분지 양쪽의 대륙의 충돌로 완전히 해퇴를 일으키고 산맥으로 변한 후 현재까지 삭박작용을 받고 있으며 천해퇴적층으로 된 애팔래치아 산맥은 아직 산지로 남아 있고 그 동쪽의 평야 아래에는 심한 습곡작용을 받은 심해성층이 들어 있다. 미국 서쪽의 퇴적분지도 페름기 말에 전부 육화하였다. 그리고 서해안에서는 화산작용이 활발하였다. 미국에서는 페름기에 일어난 이 조산운동을 **애팔래치아 변혁**(Appalachian Revolution)이라고 한다.

유럽에서는 석탄기부터 시작된 바리스칸 조산운동이 페름기에 들어와서 그쳤고, 우랄 산맥도 이 기에 생성되었다. 우리 나라와 중국 북부와 만주에는 페름기 말에 지각 변동이 없었다. 일본에서는 페름기 중의 퇴적분지가 큰 습곡작용을 받고 육지로 변하였다.

4. 고지리와 기후

석탄기에는 테티스해를 사이에 두고 그 양안에는 각각 특수한 식물군을 가진 두 대륙이 있었다. 남쪽에는 아프리카·인도·남미·호주를 합한 **곤드와나 대륙**(Gondwana land), 아시아-시베리아에는 **앙가라 대륙**(Angara land), 서쪽에는 북미와 유럽을 합한 **에리아 대륙**(Eria land)이 있었다고 주장한 사람은 수스(E. Suess, 1831~1914)였다. 현재 주로 남반구에서 서로 멀리 떨어져 있는 여러 대륙들은 당시에 곤드와나 대륙에 속하여 있었다. 베게너(A. Wegener, 1880~1930)는 1910년경 대륙이동설을 주장하여 각 대륙은 처음에 한 덩어리의 큰 대륙인 **판게아**(Pangaea)가 분열한 것이라고 하였다. 판구조론에 따르면 고생대 중에 고대서양(古大西洋)에 쌓인 퇴적물이 고대서양이 닫히면서 페름기 말에 습곡 산맥으로 변하였고 남미 대륙과 아프리카가 충돌하고 유라시아 대륙과 북미

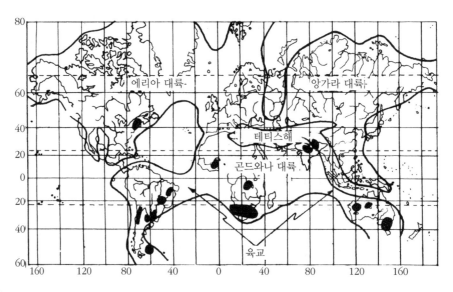

[그림 25-21]   페름기의 대륙과 빙하의 분포 및 육교

대륙이 충돌하여 그 사이에 애팔래치아 산맥을 형성하며 에리아 대륙을 형성한 것이다.

그러므로 [그림 25-21]과 같이 대서양과 인도양에 육교를 생각한 그림은 1930~1950년대 사이에 대륙이동설을 무시하던 때의 유물이라고 할 것이다.

석탄기 말부터 국부적으로 건조한 기후로 변한 곳이 있었으나 페름기에는 미국과 유럽이 사막 기후로 변하였다. 그러나 한국·중국 북부·호주에는 습윤한 기후가 계속되어 석탄층을 생성케 하였다.

[그림 25-21]에 표시되어 있음과 같이 페름기에는 곤드와나 대륙 여기저기에 빙하가 있었다. 어떤 곳에서는 석탄기부터 페름기 말까지에 5회의 빙하시대가 알려져 있다. 이들 각 빙하시대에도 제 4 기의 빙하시대와 같이 짧은 빙기와 간빙기가 반복되었던 것으로 생각된다. 빙하는 대체로 곤드와나 대륙에서만 발견되며 이 사실은 베게너에게 대륙이동에 대한 신념을 주었던 것이다. 판구조론에 의하면 페름기에 현 대서양이 열리기 시작하며 열개연변분지로 변한 것이다.

제 **26** 장

중 생 대

고생대 말엽은 고대서양(古大西洋)의 양쪽에 있던 대륙들이 충돌하며 고대서양에 쌓인 고생대층을 습곡산맥으로 변하게 한 시대이다. 아마도 대서양저의 대양암판은 남·북미 대륙 아래로 섭입(攝入: subduct)하며 대서양에 쌓인 모든 열개연변분지의 퇴적물을 습곡산맥으로 만들고 또 일부 대양저퇴적물을 남·북미 대륙에 부가(付加: accrete)시키는 수렴경계(convergent boundary)로 되어 있었던 것이다.

이 때에 테티스해에서 중국 북부 및 한국을 이은 지대에는 지각 변동이 일어나지 않았다. 지각변동이 있었던 곳에서는 고생대의 지층이 중생대층에 의하여 부정합으로 덮인다. 중생대층이 육성층과 해성층으로 구분됨은 데본기 이후와 같으나 해성층에는 석회암이 더 많아짐이 특징이고 또 상(相)의 변화가 심하여 지층을 수평으로 추적하여도 암상이 달라져서 동종의 퇴적층을 따라가기는 곤란한 경우가 있다. 또 고생대 이전의 지층보다도 변성 정도가 낮고 세계적으로 화산암과 응회암의 개재가 적다.

생물계를 보면 고생대에 비하여 고등한 생물이 비교적 급격히 나타났다. 파충류의 발달은 특기할 만한 것이며 중생대 초에는 포유류도 나타났다. 식물은 페름기 중엽부터 중생대의 요소가 농후하여졌으며, 중생대에는 나자식물이 번성하였다. 그리하여 **중식대**(中植代: Mesophytic Era)는 페름기 중엽부터 시작되었다.

고생대에 비하면 중생대는 평온한 시대였다. 예외로 우리 나라·만주·중국 북부·

환태평양 지대는 태평양판의 활동으로 지각변동과 화산작용이 심했던 곳이다.

1. 트라이아스기

독일 라인(Rhine)강 하류에 발달되어 있는 지층이 고생대의 지층들과는 다른 화석을 포함하고 있고 크게 3분할 수 있으므로 알베르티(F.A. von Alberti, 1795~1878)는 1834년에 이 지층을 Triassic System이라고 불렀다. 그런데 독일의 트라이아스계는 육성층을 포함하고 있어 화석을 다수 포함하는 해성 트라이아스계의 연구가 요구되던바, 1895년까지 여러 학자들이 알프스와 히말라야에서 트라이아스계에 대비되는 해성층을 연구하고 이를 6구분하여 세계의 트라이아스계의 표준으로 삼게 되었다. 그리하여 독일의 것과 근사한 것을 독일상, 알프스의 것과 근사한 것을 알프스상이라고 불린다.

1. 암　　석

독일상은 아래로부터 위로 Buntsandstein, Muschelkalk 및 Keuper의 3조로 구분된다. 하부 및 상부에는 육성층이 있고 중부는 해성층으로 되어 있다. 이에 반하여 알프스상은 대체로 석회암과 고회암(dolostone)으로 된 해성층이고 중간에 얇은 사암과 응회암층을 협재한다. 이들 두 상의 조(組: Stage) 단위 구분을 비교하여 보면 [표 26-1]과 같다. 알프스상의 6구분은 해서 연체동물에 의하여 이루어진 것이다.

[표 26-1]　트라이아스계의 구분

독일상(조)	알프스상(조)
	Rhaetian
Keuper	Norian
	Carnian
Muschelkalk	Ladinian
	Anisian
Buntsandstein	Scytian

독일상의 분포는 독일·프랑스·영국·남 스웨덴·북미 중부 및 동부에서 볼 수 있고, 알프스상은 분포가 더 넓어서 테티스해로 덮여 있던 지대 및 환태평양지대(環太平洋地帶)에 분포되어 있다. 일본에는 태평양 연안에 알프스상이 약간 발견된다.

우리 나라에는 육성층으로만 이루어진 트라이아스계가 발견되며 만주와 중국 북부의 사정도 비슷하다.

2. 생   물

　육성층 중에는 육지에 살던 생물과 호수나 하천 중에 살던 생물의 화석이 많이 들어 있어 육상 생물의 모양을 알게 한다. 파충류는 고생대 말엽에 생겨나서 발전을 시작하였으나 트라이아스기에 들어와서 급격한 발전을 일으켰다. 그 중 중요한 것은 테코돈티아(Thecodontia)와 공룡류(Dinosauria)이다. 전자는 공룡류·악어류·익룡류·조류의 선조이며 트라이아스기 말에 멸망하였다. 공룡류는 용반목(龍盤目)과 조반목(鳥盤目)으로 구분되는데 후자는 전자를 선조로 하여 트라이아스기 말엽에 나타났다. 용반목(Saurischia)의 대표적인 것은 *Coelophysis*이다. 이는 몸의 무게가 20kg 정도인 육식 공룡이며([그림 26-1] 참조) 백악기의 *Tyrannosaurus*는 직계 후손이다. 용반목과 조반목(Ornithischia)은 치골(恥骨)과 장골(腸骨) 사이의 각도로 구별된다.

　공룡이라고는 하나 트라이아스기의 것은 몸집이 작아서(길이 수 m 이하) 후기의 것에 비하면 그리 무서울 것이 없었다. 육상에서 바다로 돌아가 살게 된 파충류는 이미 페름기 중에 나타났으나 트라이아스기 후반에는 상당히 많아졌다. 그 중 유명한 것은 물고기 모양을 가진 Ichthyosauria(어룡, 魚龍)와 Plesiosauria(장경룡, 長頸龍)이다. 어룡 중 큰 것의 길이는 10m로 당시의 지구에서 제일 큰 동물이었다([그림 22-5] 참조).

　트라이아스기 말에는 처음으로 포유류가 파생하였으며 그 턱뼈의 화석은 영국과 독일에서 발견되었다. 양서류는 페름기에 이어 번성하였으며 두골의 길이만도 1m에 달하는 것이 있었으나 이들은 트라이아스기 말에 절멸(絶滅)되었고 개구리의 종류가 발생하였다.

　무척추동물로서는 두족류인 Ammonites가 바다에서 대발전을 일으켰으며 *Ceratites*

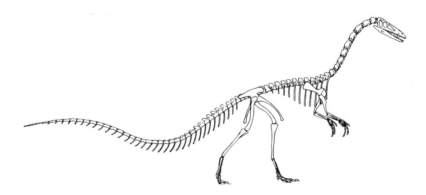

[그림 26-1]　트라이아스기 말엽의 공룡 *Coelophysis*(길이 2m)

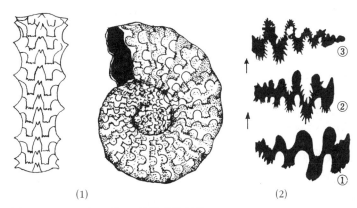

(1) *Ceratites nodosus*와 그 봉합선의 모양
(2) 시간이 지남에 따라 Ammonites가 진화하여 더 복잡한 봉합선을 보여
준다[① 중생대 초기 ② 중기 ③ 말기]

[그림 26-2] 암모나이트의 봉합선

는 이 기의 대표적인 속(genus)이다([그림 26-2] 참조). 부족류로서는 *Daonella*, 복족류로서는 *Bellerophon*, 완족류 중에서는 *Terebratula*와 *Rhynchonella*가 번성하였다.

고생대형인 사방산호는 없어지고 육방산호(六放珊瑚)로 바뀌었으나 많이 발견되지 않으며 유공충도 현저하지 않다.

식물계를 보면 나자식물이 많아졌으며 미국에서는 나무기둥의 지름이 3m, 높이가 60m에 달하는 송백류의 규화목이 발견된다.

3. 지각변동

트라이아스기 중엽에는 세계 각지에서 해퇴가 일어난 곳이 있고 그 후에도 약간의 변화가 있었다. 기말에는 약한 해퇴가 일어났으나 미국 동쪽에는 조산운동이 있어 이를 **팰리세이드**(Palisade) **변란**이라고 한다.

우리 나라에서는 트라이아스기 중엽에 약한 습곡과 상승이 일어났으며 일본과 중국에는 조산운동이 있었다.

4. 기   후

트라이아스기는 대체로 육지가 넓었던 시대이므로 내륙에는 건조한 사막이 발달되어 있었다. 페름기에는 빙하가 많았으나 트라이아스기에는 빙하의 증거가 없다. 페름기 말에는 이미 온난한 기후로 변해 있었던 것으로 보인다.

2. 쥬 라 기

프랑스의 브롱니아르(A. Brongniart, 1770~1842)는 1829년에 알프스 북쪽에 있는 쥬라(Jura) 산맥에 발달되어 있는 지층을 Jurassic System이라고 불렀으며, 이것이 후에 기명과 계명으로 사용되게 되었다.

그런데 쥬라계의 연구는 층서학 발달의 기초가 된 지층이다. 층서학 또는 생층서학의 아버지라고 호칭되는 영국의 지질학자 스미스(W. Smith, 1769~1839)는 1799년경에 영국의 쥬라계를 자세히 조사하여 그 층서를 밝히고 화석에 의한 지층의 구분을 행하여 층서학의 원리를 확립하였다.

1. 암   석

서부 유럽에는 해성 쥬라계가 잘 발달되어 있으며 이는 주로 석회암·이회암 및 이암으로 되어 있다. 이는 화석을 풍부하게 포함하므로 대단히 세밀하게 구분되어 있다. 그러나 독일에서는 Schwarzer Jura, Brauner Jura 및 Weisser Jura로 3대분되어 있다.

[표 26-2] 유럽의 쥬라계 구분

영 국(통)	유 럽(통)	유럽 공통(조, 組)	독 일
Oolites	Malm	Portlandian	Weisser Jura
		Kimmeridgian	
		Oxfordian	
	Dogger	Callovian	Brauner Jura
		Bathonian	
		Bajocian	
		Aalenian	
Lias	Lias	Toarcian	Schwarzer Jura
		Pliensbachian	
		Sinemurian	
		Hettangian	

오펠(A. Oppel, 1831~1867)은 1858년경에 쥬라계를 Lias, Dogger 및 Malm으로 3분하였다. 영국에서는 중부 및 상부를 Oolite Series라고 한다.

아시아의 쥬라계는 대부분 육성층으로 되어 있으며 이는 주로 사암·셰일·역암·응회암으로 되어 있고 석탄층을 협재하는 일이 많다. 우리 나라에서는 반송층군과 대동누층군의 상부가 이 기에 퇴적되었다.

2. 생 물

트라이아스기에 발생한 공룡과 어룡([그림 22-5] 참조)은 쥬라기에 더 번성하였고 쥬라기에는 공중을 나는 익룡류(翼龍類: Pterosauria)까지 생겨나서 육·해·공이 파충류의 세계가 되었다([그림 26-3] 참조). 이들 중에는 초식류와 육식류의 구별이 있었다. 파충류는 이 기에 진화의 절정에 달하였다.

쥬라기 말엽에는 조류의 선조인 *Archaeopteryx*(始祖새)가 나타났다. 이는 이 기의 생물계에서 가장 주목할 존재이다. 시조새(또는 시조조)의 화석은 3개체가 독일 남부의 바바리아(Bavaria)주 졸렌호펜(Solenhofen) 부근의 석판석(石版石) 채석장에서 발견되었는데 크기는 까마귀 정도이다([그림 26-4] 참조). 시조새는 파충류와 조류의 특징을 같이 가지고 있어 양자의 중간형으로 생각된다. 즉 ① 부리에는 이(齒)가 있고, ② 날개에

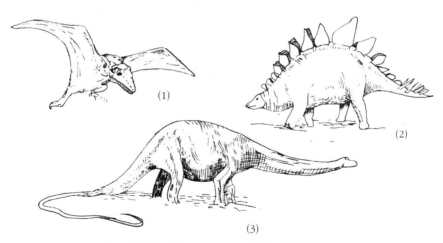

(1) 익룡류의 일종 *Pterosauria*(몸의 길이 0.6m)
(2) 검룡류(劍龍類)의 일종 *Stegosaurus*(길이 9m)
(3) 공룡류의 일종 *Diplodocus*(길이 27m)

[그림 26-3] 쥬라기의 파충류

는 발가락이 셋 남아 있어 사용할 수 있었으며, ③ 꼬리는 길고 그 속에는 뼈마디가 들어 있다. ④ 그러나 온 몸은 깃으로 덮여 있고, 현재의 새의 모양을 가지고 있었다. ①~③은 파충류의 특징을, ④는 조류의 특징을 나타내는 것으로서 시조새는 대단히 이상한 새라고 하지 않을 수 없다. 바바리아의 석판석 중에는 잘 보존된 다른 화석들도 발견된다.

포유류(哺乳類)도 트라이아스기에 비하여 약간의 발전을 보이는데, 이들은 유대류(有袋類)에 속한다. 가장 큰 것도 작은 개 정도였다. 그 화석들은 공룡의 화석들과 함께 미국·영국·아프리카에서 발견되며 남아프리카는 포유류의 발생지인 듯하다. 양서류인 산초어(山椒魚: salamander)는 이기에 생겨났다.

바다에는 Ammonites가 더 번성하여 복잡한 봉합선(suture)을 보여 주는 종류가 많아졌다([그림 26-5] 참조).

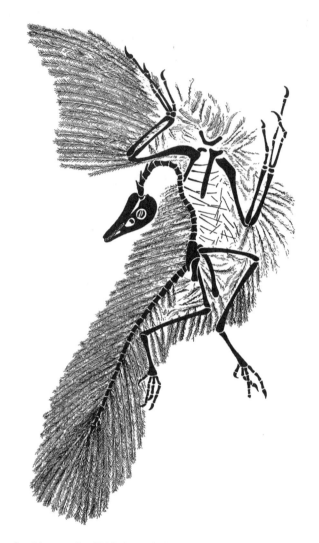

[그림 26-4] 독일의 쥬라계의 석판석에서 발견된 시조새 *Archaeopteryx*

산호·부족류·복족류·갑각류에는 현생 과(科)에 속하는 것이 많이 나타났다. 두족류에 속하는 Belemnites는 유명하다. 그 선조는 고생대 말에 나타났으나 그 수는 적었는데 쥬라기에 들어와서 대단히 많아졌다. 영국과 독일에서는 연한 부분의 모양까지

[그림 26-5] 쥬라기의 암모나이트

잘 보존된 것이 발견된다. 그 모양은 현생의 오징어와 근사하며, 먹물을 내뿜는 먹물 주
머니는 현생의 것과 꼭같고 더구나 주머니 속에는 아직 말라 붙은 먹이 남아 있어 이를
녹여 먹물을 만들 수 있는 것이 있다. Belemnites는 쥬라기와 백악기의 표준화석이다
([그림 26-6] 참조).

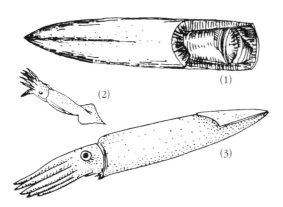

[그림 26-6] Belemnites(1)와 그 살아 있던 모양
(2, 3). (1)은 (2, 3)의 몸 속의 뼈.

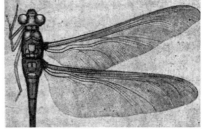

[그림 26-7] 쥬라기의 잠자리의 일종
(Solenhofen 상부 쥬라기
석회암산)

이 기에는 곤충류가 많았다. 약 1,000종의 곤충 화석이 발견되며 현재 살아 있는 목(Order)에 드는 것이 대부분이다. 잠자리·대강이가 많았고, 메뚜기·진드기·흰개미·개미도 있었다([그림 26-7] 참조). 이로 보아 곤충의 진화는 중생대 중엽까지에는 거의 절정에 달한 듯하다.

식물계는 대체로 트라이아스기와 같이 나자식물이 세계 각지에 번성하였다. 그 중에서도 소철류는 가장 많았고 다음으로 송백류·은행류가 성하였다. 양치식물도 아직 적지 않았다. 연륜 비슷한 생장선은 석탄기 식물의 기둥에서도 볼 수 있으나 쥬라기의 송백류의 기둥에는 더 명백히 나타나서 계절의 변화가 있었음을 알게 한다.

3. 지각변동

쥬라기는 세계적으로 평온하였으나 기말에는 큰 변동이 일어난 곳이 많다. 서부 유럽은 해퇴가 일어나 육화되었고 알프스 산맥 부근에서는 테티스해에 알프스 조산운동의 초기적인 변동이 일어났다. 그리고 쥬라기 중에는 화산 활동이 있었다.

미국 서부에 존재했던 쥬라기의 퇴적분지는 동태평양판의 섭입(攝入: subduction)으로 압력을 받아 파괴되어 산맥으로 변하였다. 이는 시에라 네바나(Sierra Nevadian) 산맥을 만들었으며 이 변동을 네바다(Nevadian) 변란이라고 한다. 미국 서해안 부근의 화산활동은 쥬라기 초엽과 말엽에 활발하여 네바다 변란과 때를 같이하였다. 이 때에 화강암의 대관입도 있었다.

네바다 변란에 해당하는 쥬라기 말의 변동은 아시아에도 일어났다. 이는 태평양판의 북서진과 관계가 있는 것이다. 이 때문에 중국·만주·한국·일본의 퇴적분지(일본에서는 해성층)는 심한 습곡작용을 받았다. 한국에서는 쥬라기의 조산운동이 지질시대를 통하여 가장 심하였으며 이를 대보(大寶)운동이라고 한다. 중국에서는 이 지각변동을 연산(燕山)운동이라고 한다.

4. 기   후

쥬라기 초에는 트라이아스기와 비슷하게 약간 한랭하였던 듯하나 빙하가 흐를 정도는 아니었다. 이는 곤충들이 작아지고 Ammonites에 큰 것이 없는 것으로 보아 짐작된다. 그러나 쥬라기 중엽 이후에는 기후가 온난하게 변하였다.

세계 각지에 석탄층이 많이 생성되었음을 보아 쥬라기 중엽 이후는 퍽 습윤하고 온난한 시대였음을 알 수 있다. 그러나 미국에는 사막에 쌓인 사암이 넓은 범위에 걸쳐 있어 사막 기후를 지시한다.

여러 종류의 바다동물 화석 분포를 조사하면 그들이 현재의 범위보다 더 넓게 분포되어 있어 현재 온대 지방까지도 열대 같은 기후였음이 짐작된다.

3. 백 악 기

유럽에는 중생대 말엽에 흰 백악(白堊: chalk, 라틴어로는 *creta*)으로 된 지층이 퇴적된 곳이 많다. 이 지층이 처음으로 연구된 곳은 프랑스와 영국이다. 1822년 달로와(Omalius D'Halloy, 1783~1875)는 이 특징 있는 지층을 Cretaceous System(백악계)이라고 명명하였다. 그런데 그 후의 연구로서 백악으로 된 지층과 쥬라기의 지층 사이에 다른 지층이 발견되어 이것도 백악계로 통합되었다. 그리하여 이들이 퇴적된 백악기(白堊紀)를 세계 공통으로 사용하게 되었다. 백악기는 세계적으로 가장 큰 해침이 일어난 시대이다.

백악기는 현생누대의 기 중에서 가장 길다(7천 만 년)는 사실이 방사성 원소에 의한 방법으로 밝혀졌다.

1. 암　석

백악계가 잘 발달되어 있는 곳은 유럽이며 특히 프랑스를 중심으로 한 지역이 가장 좋은 분포지이다. 백악계는 하부백악계와 상부백악계로 2대분된다. 유럽 남부와 테티스해에서는 쥬라계 위에 정합으로 하부백악계(석회암·이회암)가 분포되어 있다. 그러나 영국 동부·독일 북부의 하부백악계는 셰일과 사암으로 된 육성층으로서 이런 육상(陸相)을 특히 Wealden Series라고 한다.

영국의 상부백악계는 전적으로 백악(석회암과 같은 성분)으로 되어 있어서 이를 Chalk Series라고 부른다. 미국의 록키 산맥에서는 상

[표 26-3] 유럽의 백악계 구분(표준)

유럽(통)		유럽 공통(조, 組)
상		Maastrichtian
		Campanian
		Santonian
		Coniacian
부		Turonian
		Cenomanian
하		Albian
		Aptian
		Barremian
부		Hauterivian
		Valanginian
		Berriasian

부백악계가 하부백악계를 부정합으로 덮는다. 하부는 주로 육성층이며 사암·역암·세일로 되어 있고 상부는 해성층으로서 셰일·사암·석회암·백악으로 되어 있다. 상부백악계는 미국의 콜로라도 평원을 덮어 미국에 최대의 해침이 일어났음을 가르쳐 준다.

　우리 나라와 중국에서는 육성백악계만이 발견되며 암석은 주로 사암·셰일·역암으로 되어 있다. 유럽·미국의 백악계 구분을 표시하면 [표 26-3]과 같다.

2. 생 물 계

　파충류는 진화의 극에 달하였다. 육식 공룡으로서 가장 무서웠던 *Tyrannosaurus*는 높이 7m, 길이 14m의 거대한 것이다([그림 26-9] 참조), *Triceratops*는 세 개의 뿔을 가진 공룡이다([그림 26-10] 참조). 경상남북도에 분포된 경상누층군에서는 공룡의 뼈 화석이, 삼천포 부근 해안의 지층면에서는 지름이 30cm 내외인 공룡의 발자국 화석이 많이 발견된다([그림 26-8]).

　어룡(魚龍: *Ichthyosaurus*, [그림 22-5])은 백악기의 바다에서 거의 없어지고 *Plesiosaurus*와 *Mosasaurus*가 흥하였다. 전자는 길이 15m, 후자는 10m에 달하였다. 바다에는 거북이도 생겼으며 길이가 4m에 달하는 것이 있었다.

　익룡(翼龍)에는 대단히 크고 기묘한 모양을 가진 것이 발생하였다. *Pteranodon*은 날개

[그림 26-8]　삼천포 부근 해안에서 발견된 공룡의 발자국 화석(김항묵 제공)

를 폈을 때의 너비가 7m에 달하는 거대한 날아다니는 파충류였다. 이는 나는 동물 중 가장 큰 것이었다([그림 26-11] 참조).

　공룡·어룡·익룡·기타 대부분의 중생대 파충류는 이 기 말에 절멸하였다. 다만 프랑스에는 제 3 기까지 살아남은 공룡이 있었다.

　포유류는 트라이아스기부터 존재하였으나 쥬라기의 4목이 그대로 백악기에도 생존하였고 이들은 신생대 초까지 살아남았다. 몽고에서 발견된 원시 포유류 1종의 두골의 모양은 [그림 26-12]와 같다.

[그림 26-9] 가장 힘센 육식 공룡 *Tyrannosaurus rex*(길이 14m, 높이 7m)

[그림 26-10] 백악기의 뿔공룡 *Triceratops horridus*(길이 6m) 복원도

조류(鳥類)는 1종을 제외하면 모두 치아(齒牙)를 가진 종류로서 미국에서 다수 발견된다. 이 때에도 이미 현생하는 것과 근사한 조류가 존재하였음이 긍정되나 화석으로 남기가 곤란하였던 듯하다. 한국에서는 경상누층군의 함안층에서 발견된 새의 발자국 화석 *Koreanaornis*가 있다([그림 26-13] 참조).

[그림 26-11] 익룡 *Pteranodon*(너비 7m)

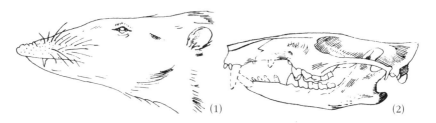

(1)　　　　　　　　(2)

[그림 26-12] 포유류 *Zalambdalestes lechei*(몽고×1)

[그림 26-13] 새 발자국 화석 *Koreanaornis*(경남 진주)

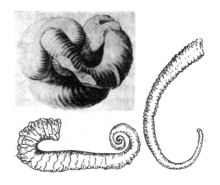

[그림 26-14] 백악기 말에 생겨난 Ammonites의 기형들

　　무척추동물로서 가장 세력 있던 Ammonites는 이 기 말에 대형(직경 1.5m)의 것과 기형이 많이 생겨난 후 절멸되었다([그림 26-14] 참조). Belemnites는 본기 초에 많았으나 점점 쇠퇴하여 기말에는 절멸하였다. 부족류와 복족류는 많아지고 현생종과 근사한 모양을 가지게 되었다. 굴(oyster)의 종류(*Exogyra*, *Gryphaea*)도 많아졌다. 완족류는 현재 정도로 쇠퇴하였고 육방산호(六放珊瑚)는 유럽의 바다에서 번성하였다. 해담(海膽: sea-

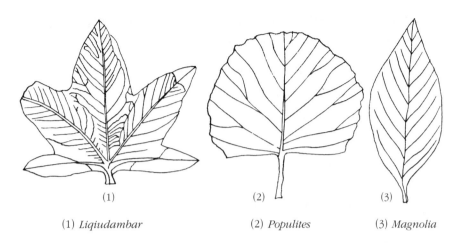

(1) *Liqiudambar* (2) *Populites* (3) *Magnolia*

[그림 26-15] 중부 백악기에 나타난 활엽수의 화석

urchin)도 각지에서 번성하였고 게(crab)도 많았다.

식물계에는 이 기에 큰 변화가 일어났다. 즉 낙엽수가 백악기 초에 나타나서 점점 번성하여 백악기 중엽 이후에는 현재와 비슷한 식물이 지면을 덮게 되었다([그림 26-15] 참조). 식물계의 변화는 동물계의 변화에 앞서서 백악기 중엽에 일어났는데 이 때부터 신식대(新植代: Cenophytic Era)가 시작된다. 이는 고생대 말에 식물계가 이미 중생대적인 요소를 가지게 된 것과 비슷한 현상이다. 낙엽수의 대부분은 피자식물로서 이는 식물 중 가장 발달된 것이다. 이들 식물의 발생은 대기에 산소를 더 증가시켰을 것이며, 이는 먹이의 변화에 의한 파충류의 쇠퇴와 포유류의 번성을 가져오게 한 큰 원인이 되었을 것으로 생각된다.

3. 지각변동

쥬라기 말에 조산운동이 일어났고 그 후에 해침이 일어나서 백악계의 하부가 퇴적되기 시작하였는데 본격적인 해침이 일어난 것은 상부 백악계가 퇴적하기 시작한 때부터이다. 어떤 곳에는 상부 백악계 밑에 부정합이 발견된다. 중생대 말에는 조산운동이 거의 세계적으로 일어났다. 테티스해(알프스 및 히말라야) 퇴적분지는 북상하는 아프리카와 인도판의 영향을 받기 시작하다가 제 3 기에는 테티스해가 줄어들면서 히말라야 산맥 위치에 쌓였던 지층은 인도판의 북진으로 완전히 습곡산맥으로 변하였다. 남·북미에서는 동태평양판의 섭입(攝入)으로 수렴 연변분지가 파괴되어 습곡산맥인 록키 산맥이 형성되고 일부에서는 부가(付加)작용이 일어나서 북미 대륙의 성장을 가져왔다. 그리고 콜로라도 평원이 융기되었다. 미국에서는 이 지각변동을 라라미드(Laramide) 변혁이라고 부른다. 남미의 안데스 산맥은 이 때에 생성되었다. 이 밖에도 해퇴가 일어나고 조산운동이 일어난 곳이 있다.

우리 나라·중국·만주·일본의 북쪽 해안에서는 백악기 말에 육성층이 퇴적되던 분지가 육화되었고 약간의 경동작용(傾動作用)을 받았으며 정단층작용이 심하게 일어났다. 그리고 쥬라기부터 이 기 말에 이르는 화강암의 관입이 있었고 백악기 중에는 화산 활동이 심하였다. 이 때문에 우리 나라의 백악계 중에서는 두꺼운 안산암의 용암층·응회암·각력응회암·집괴암이 광범하게 발견된다.

4. 기　　후

파충류와 따뜻한 기후를 좋아하는 식물의 분포를 보아 백악기에는 몽고·그린랜드·알래스카까지도 따뜻하였던 것으로 보인다. 그러나 이 기 말에 일어난 지각변동으로 세계의 기후가 영향을 받은 것으로 생각된다. 파충류의 다수와 Ammonites가 멸망해 버렸으며 미국에는 빙하가 흐른 곳이 있어 높은 곳은 눈으로 덮였던 일이 있음을 알 수 있다.

제27장
신 생 대

퇴적암은 중생대 이전의 지층보다도 지역적인 차이와 상(相)의 변화가 심하다. 이는 중생대 말 이래로 각 암판의 운동 양상이 달라진 데 기인할 것이고 이와 관련하여 퇴적분지가 국지화(局地化)되었고 세계적으로 화산 활동이 심하여 여러 화산이 공급한 화산분출물의 양 및 성분이 달라졌으며 삭박작용(削剝作用)에 의한 물질의 공급량의 차이와 기후적인 조건도 퇴적분지별로 달라서 퇴적상이 변한 원인이 되었을 것이다.

고등 동물인 포유류(哺乳類)가 세계를 지배한 시대이고 제4기에는 인류가 나타나서 대발전을 이룩한 시대이다. 백악기부터 발전하기 시작한 활엽수(濶葉樹)인 쌍자엽식물이 번성하였으므로 신식대(新植代)는 백악기부터 시작된다.

신생대는 제3기(第3紀: Tertiary)와 제4기(第4紀: Quaternary)로 나누어지며 다시 제3기는 고제3기(古第3紀: Paleogene)와 신제3기(新第3紀: Neogene)로 나뉜다. 고제3기와 동일한 뜻으로 오(E. Haug, 1861∼1927)는 Nummulites Period(貨幣石紀)를 사용하였다. 이 곳에서는 보통 사용되는 구분법에 따라 고제3기를 팔레오세(Paleocene)·에오세(Eocene)·올리고세(Oligocene)로 나누고, 신제3기를 마이오세(Miocene)와 플라이오세(Pliocene)로 한다. 제4기는 플라이스토세(Pleistocene)와 홀로세(Holocene, 또는 Recent: 현세, 現世)로 구분된다.

1. 제3기

지질시대 구분에서 기술한 바와 같이 제 3 계(Tertiary System)라는 용어는 제 1 계 및 제 2 계와 함께 18세기 중엽에 아르뒤노(Givoann Arduino, 1714~1795)에 의하여 제안된 것이다. 후에 제1 및 제 2 계는 조사 결과 그 내용이 처음에 생각했던 바와는 전혀 달라졌으므로, 다른 이름으로 바뀌게 되었으나 이상하게도 제 3 계만은 오늘날까지 사용되고 있다. 제 3 계가 퇴적된 시대가 제 3 기이다.

제 3 기에 퇴적된 지층은 처음 파리(Paris) 분지에서 잘 연구되었다. 파리 분지에는 화석이 많이 포함되어 있으며 그 보존이 매우 좋다. 19세기 초엽의 프랑스의 고생물학자인 드재(Gérard Paul Deshayes, 1795~1875)는 제 3 계의 가장 새로운 지층 중에 현생종과 같은 해서 연체동물의 화석이 많이 들어 있음을 확인하였다. 그리고 제 3 계의 오랜 지층일수록 현생종의 수가 감소됨을 발견하였다. 이 사실을 안 영국의 대지질학자 라이엘(Sir Charles Lyell, 1797~1875)은 제 3 계를 연체동물의 현생종 백분율(絶滅種에 대한)로서 3구분(에오·마이오·플라오의 3통)하였다. 후에 다른 통이 추가되어 [표 27-1]과 같은 백분율법(percentage method)이 이루어졌다.

그러나 후의 연구로서 지방에 따라 각 통의 절멸종에 대한 현생종의 백분율이 크게 다르다는 사실이 밝혀졌다. 그 이유는 학자에 따라 또 지층에 따라 채취 및 함유되는 화석의 수가 다르고 또 화석의 종을 감정하는데 학자들의 개인적인 의견의 차이가 생겨 이것이 널리 사용되지 못할 것임이 분명해졌기 때문이다. 그러나 세계적으로 신생대층은 [표 27-1]과 같이 7통으로 구분할 수 있고 오랜 지층일수록 절멸종이 많은 것은 사실이다.

[표 27-1] 백분율법에 의한 신생대 세분

지질계통			현생종(%)
제 4 계		홀로통	100
		플라이스토통	90~100
제 3 계	신제 3 계	플라이오통	50~90
		마이오통	20~40
	고제 3 계	올리고통	10~15
		에오통	1~5
		팔레오통	0

암 석

육성 기원과 해성 기원의 암석이 모두 존재하며 이들은 셰일·사암·역암·석회암·화산분출물로 구성되어 있다. 해성층에는 많은 해서동물의 화석이 포함되어 있고 석유를 포함한 곳이 많다. 육성층에는 식물화석이 많이 포함되고 석탄층을 협재하는 곳이 많으며 특히 육상의 동물화석이 많이 발견되는 지층(미국의 록키 산맥 지방 같은 곳)은 동물학적으로도 중요하며 동물 진화의 증거가 될 화석을 많이 제공한다.

제 3 계는 중생층보다도 암석의 상의 변화가 심하므로 지방에 따르는 구분법이 취하여진다. 그러나 화석 내용에 의한 대비는 대체로 가능하여 각 통은 몇 개의 조(組: Stage)로 다시 세분되어 있다. 제 3 계의 표식적 분포지는 영국 동남부·프랑스의 파리 분지·벨기에이며 이를 앵글로-파리(Anglo-Parisian) 분지라고 한다. 이 곳의 고제 3 계는 석회암과 점토(London Clay, Belgium의 Argiles de Flandres＝Flandres Clay)와 이회암으로 되어 있으며 연체동물의 화석과 원생동물인 유공충의 화석 *Nummulites*를 포함하여 이로써 지층이 세분된다. 고제 3 계는 상기 표식적 분포지 외에도 세계 각지에 분포되어 있다.

신제 3 계는 세계적으로 고제 3 계를 부정합으로 덮는데 신제 3 기는 지각변동이 대단히 심한 시대였다. 신제 3 계는 주로 역암·사암·셰일·석회암으로 되어 있고 대부분이 해성층이지만 육성층도 있다. 역시 세계 각지에 분포되어 있다. 지층 구분에는 연체동물과 유공충의 화석이 이용된다.

한국·중국·만주·시베리아에는 제 3 계의 분포 면적이 적고 국부적으로만 발견된다. 그러나 태평양에 접한 일본·대만·수마트라·보르네오·자바에는 그 분포가 넓다.

2. 제 4 기

제 4 기는 플라이스토세와 홀로세로 구분되나 두 세의 구분을 지층 중에서 명확히 할 수는 없다. 그러나 화석으로는 어느 정도의 구분이 가능하다. 화석이 없거나 많지 않은 경우에는 대체로 해면에서 5m 이상 되는 단구퇴적층이나 높은 하안단구층을 플라이스토세의 지층으로 생각한다. 그리고 해안이나 하안에서 5m 미만이거나 얼마 높지 않은 평지로 된 사력층·점토층을 홀로세의 지층으로 한다.

플라이스토통을 홍적통(洪積統)이라고도 하며 이는 플라이스토세에 홍수가 많았다는 뜻에서 온 통명이다. 홀로세는 이를 충적세(沖積世)라고도 하고 현세(現世: Recent Epoch)라고도 한다.

플라이스토세는 또한 빙하가 몇 차례 내습한 시대이다. 그러므로 이 세를 **빙하시대**(氷河時代: Glacial Age)라고도 한다. 그리고 현재의 빙하에서 멀리 떨어진 곳의 빙하퇴적물도 모두 플라이스토통으로 생각할 수 있다.

플라이스토세는 이미 대륙의 외형이 거의 완성된 때로서 빙하의 영향을 제외하면 해륙의 분포 상태는 현재와 거의 다름이 없었다.

3. 빙   기

플라이스토세 중에는 북반구(북미 북부와 유럽 북부)에 빙원(氷原)이 넓게 분포되어 두꺼운 얼음의 층으로 덮여 있던 일이 몇 번 있었다. 빙하는 사방으로 흘러내렸는데 빙하가 가장 넓게 발달되었을 때의 모양은 [그림 27-1]과 같다. 캐나다는 전부 빙하로 덮여 있었고 북위 40° 부근의 미국의 평지에까지도 침입하였으나 현재 이 곳의 여름 기온은 38℃에 달하는 일이 많고 여름에 눈이 쌓일 수 있는 설선의 높이는 약 3,000m이다. 유럽에서는 영국의 대부분, 스칸디나비아 반도, 발트해 남쪽, 독일 북부의 평야, 러시아, 알프스, 히말라야, 미국의 록키, 기타 높은 산맥에 빙원이 덮여 있었고 빙하가 흘렀다.

남반구에서는 남극은 물론 현재와 같이 얼음으로 덮여 있었고 남미 남쪽에 작은 빙원이 있었을 뿐이나 뉴질랜드에는 산맥에 큰 빙하가 발달되어 있었다.

빙하의 존재는 표석점토로 실증된다. 이에 관하여 처음으로 크게 공헌한 학자는 아가씨(J.L. Agassiz, 1807~1873)로서 그의 빙하에 관한 논문은 1840년에 발표되었다. 이로써 유럽과 북미에 빙하퇴적물이 분포되어 있는 곳에는 널리 빙하가 발달되었던 시대가 있었음을 알게 되어 이 시대를 빙하시대라고 부르게 되었는데 당시에는 빙하로 덮였던 시기, 즉 **빙기**(氷期: Glacial Age)는 한 번만 있었던 것으로 생각되었다. 그런데 1870년경에 북미의 표석점토층에 동식물의 유해를 포함한 풍화된 층이 끼어 있음이 밝혀져서 시대를 달리하는 빙기가 두 번 있었음이 분명해졌다. 그리하여 빙기는 두 번이고 두 빙기 사이에는 따뜻한 기후로 변한 시간이 상당히 오랫동안 계속된 **간빙기**(間氷期: Interglacial

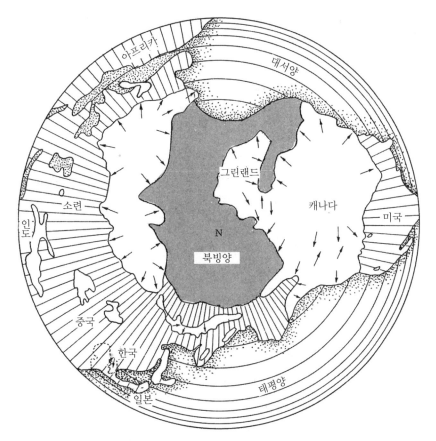

점선은 현재의 해안선. 당시에는 빙하가 발달되어 바닷물이 줄어 들었으므로 해안선
은 그림과 같이 약 100m 낮았었다. 화살표는 빙하가 흐른 방향.

[그림 27-1] 빙하시대 중에 빙하로 덮였던 부분(흰 부분)

Age)가 있었음이 분명히 되었다. 표석점토층 중의 화석 식물의 일부는 토탄으로 변해
있으며 식물잎에는 감정이 가능한 것이 있다. 이와 같은 사실은 거의 동시에 유럽에서
도 발견되어 빙기가 몇 번 더 있을 것을 예기한 학자들에 의하여 조사된바, 북미와 유럽
에서 4회의 빙기와 3회의 간빙기가 명백히 되었다. 이들도 표석점토층들 사이의 풍화된
부분과 동식물 유해의 층으로 구분된 것이다.

빙기를 유럽에서는 바이버(Biber), 도나우(Donau), 귄쯔(Günz), 민델(Mindel), 리스
(Riss) 및 뷔름(Würm) 빙기, 북미에서는 네브라스카, 캔사스, 일리노이 및 위스콘신 빙기
라고 부른다. 현재는 비름빙기 또는 위스콘슨빙기 직후의 현세에 속하며 이를 **후빙기**(後

氷期: Post-glacial Age)라고도 한다. 그러나 후빙기 후에 다시 새로운 빙기가 내습하지 않을 것이라고 생각할 이유는 없으므로 후빙기는 비름빙기 중의 아간빙기이거나 새로 올 빙기와의 사이의 간빙기일는지도 모른다.

유럽과 북미의 빙기를 대비하고 동시에 문화기(인류의) 및 절대연수를 표시하면 [표 27-2]와 같다. 각 빙기와 각 간빙기의 길이의 측정은 쉽지 않다. 우리가 참고로 할 수 있는 것은 심해저퇴적물이다.

퇴적물 중의 유공충이 포함하는 산소의 O^{16}/O^{18}의 비가 기온의 변화를 가리켜 준다. [그림 27-2]와 같이 빙하 퇴적물을 이용하여 빙기의 구분이 가능하며 또 각 빙기의 표석점토가 빙하 후퇴 후에 받은 풍화의 정도로 간빙기의 길이가 상대적으로 추산된다.

[표 27-2] 빙기와 문화기의 대비(Elsevier, 1987, 단위 만 년 전)

지 질 시 대 의 빙 기 와 간 빙 기				인 류	문 화 기			
유 럽			북 미					
현세 · 후빙기		0	현세 · 후빙기	Homo sapiens	신석기/중석기 시대			
제 4 기	플 라 이 스 토 세 (홍 적 세)	Würm 빙기	1	Wisconsin 빙기		구 석 기 시 대	Mousterian		CLACTO-NIAN
		R-W 간빙기	7	Sangamonian 간빙기			Micoquian		
		Riss 빙기	13	Illinoian 빙기			Acheulean		
		M-R 간빙기	20	Yarmouthian 간빙기	Homo erectus		Abbevillian		
		Mindel 빙기	42	Kansan 빙기			ARCHAEO-LITHIC	CHEL-LEAN	
		G-M 간빙기	48	Aftonian 간빙기					OLDU-WAN
		Günz 빙기	62	Nebraskan 빙기					
		D-G 간빙기	80		Australopithecus				
		Donau 빙기	95						
		B-D 간빙기	100						
		Biber 빙기	240						
신 제 3 기	플 라 이 오 세		258				EOLITHIC		

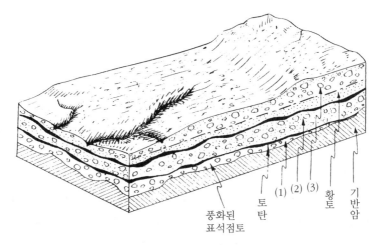

(1) 처음 빙기, (2) 및 (3)은 차례로 다음 빙기들. 간빙기는 풍화된 부분·토
탄·황토의 층으로 대표된다.

[그림 27-2] 빙하 퇴적물을 이용한 빙기의 구분

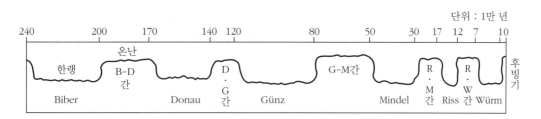

[그림 27-3] 빙기와 간빙기의 길이(간은 간빙기를 나타냄)

이렇게 하여 얻은 빙기와 간빙기의 길이는 [그림 27-3]과 같이 추정되어 있다. 간빙기
중 다뉴브-귄쯔 간빙기가 약 50만 년으로 가장 길다.

1. 빙원 팽축의 영향

1. 해수면의 변화

그린랜드와 남극 및 기타 빙하가 다 녹는다면 해수면이 현재보다 61~76m 상승
할 것이며 뷔름빙기 때만큼 빙원이 발달한다면 해수면은 91~122m 낮아질 것이다. 실
상 빙기에는 해수면이 이 정도로 낮았던 증거가 있다. 대륙붕에 발달된 깊은 골짜기

는 빙기 중에 노출된 해저, 즉 평야 위로 강이 흘러서 만들어진 하곡이다. 빙하가 후퇴한 후에 해수가 상승하였으므로 해저의 곡으로 변하게 된 것이다. 다른 예로서는 빙기에 해수면 위에 노출되어 있던 섬 주위에 생긴 산호초가 해수면이 상승함에 따라 보초(堡礁: barrier reef)로 변하였음을 들 수 있다. 현재 얕은 바다로 덮여 있는 해협 중에는 빙기에 바다 밑이 드러나서 대륙 사이를 연결하는 육로를 형성했던 곳이 많다. 그러면 대륙간의 동식물의 이주가 쉽게 일어난다. 황해와 대한해협은 그 좋은 예이다.

2. 빙원에 의한 지면의 침강

빙기에 두꺼운 빙원으로 덮여 있던 지면은 빙원의 무게로 눌려서 침강(沈降)되었다가 빙원이 녹은 후부터 상승을 일으키고 있다. 스칸디나비아 반도에 그 예가 있고, 캐나다에서는 지방에 따라 1만 년 동안에 300m 내지 500m 상승된 곳이 발견된다.

3. 호수의 생성

빙원의 얼음이 사방으로 이동할 때에는 지면이 차별적(差別的)으로 삭박(削剝)되어 깊이 파이는 곳이 생긴다. 얼음이 녹아 버리면 이런 곳에 물이 괴어서 호수가 만들어진다. 캐나다에 많은 호수들은 이와 같이 하여 만들어진 것이다. 그러나 5대호 지방의 호수는 이미 존재해 있던 하천에 빙원이 덮였다가 녹을 때에 얼음이 강을 따라 흘러내리며 하저를 깎아서 큰 호수로 변하게 한 것으로 보인다.

2. 빙원 발달의 원인

빙원이 넓은 면적을 덮어 빙하를 사방으로 흘러내리게 하는 원인은 어디 있을 것인가? 아직 그 원인은 명백히 되어 있지 않으나 한 가지 원인보다도 여러 가지 요인이 합하여 빙원의 발달을 일으킨 듯하다. 대륙의 분포·대기 성분의 변화·강수·지구가 태양에 면하는 위치의 변화·태양의 복사량의 변화가 합작하여 지구상의 어떤 부분에 빙기를 가져오게 하는 것으로 보인다.

4. 제3기의 지각변동

제3기의 지층은 백악기 또는 그 이전의 지층을 부정합으로 덮었다. 그러나 지역에 따라서는 정합으로 백악계를 덮는 곳이 있어 백악계와 제3계 사이의 경계를 정하기 곤란한 곳도 있다. 제3기의 바다는 어떤 지역에서는 고제3기 중에 몇 차례 해퇴와 해침을 거듭하였고 고제3기 말에는 대체로 큰 해퇴가 일어났다. 그러나 신제3기의 마이오세에는 다시 큰 해침이 일어났으며 마이오세 말엽에는 유명한 알프스 조산운동이 절정에 달하였다. 알프스와 동시에 조산작용을 받은 곳은 히말라야와 태평양 연안이다. 그 지각운동의 역사를 더듬어 보면 다음과 같다.

알프스와 그 동쪽에 연결된 테티스(Tethys)해에는 중생대 쥬라기에 인도 대륙의 북상의 영향으로 남쪽으로부터 횡압력을 받아 큰 습곡산맥이 생겨났다. 백악기 말과 제3기 초(에오세)에도 약간의 변동이 있었다. 그러나 신제3기에 들어와서 조산작용이 절정에 달하여 복잡한 습곡산맥으로 변하게 되었다. 그러므로 알프스 산맥에는 해발 3,000m 부근에서 바다 생물의 화석을 포함하는 고제3기 해성층이 발견되며 히말라야 산맥에서는 6,000m에까지 발견된다. 히말라야 산맥은 고제3기 이래 6,000m 이상 상승되었음을 알 수 있으며, 다른 증거에 의하면 제4기 후에도 2,000m 상승하였다.

미국에서는 알프스 조산운동과 때를 같이하여 주로 상승운동이 일어나서 라라미드(Laramide) 변혁 때(백악기 말)에 만들어진 산맥들이 더 높이 솟아올라 거의 현재와 같은 장관(壯觀)을 보여 주게 되었다. 이 운동은 플라이스토세에까지 계속되었으며 이를 **카스카디아**(Cascadian) **변혁**이라고 한다. 라라미드 변혁 때에는 지층이 역단층으로 잘리고 습곡작용을 심히 받았으나 카스카디아 변혁 때에는 약한 습곡작용에 정단층작용이 동반되었다. 다만 이런 변혁 및 변란은 대양암판의 섭입과 관계가 있는 현상으로 해석되어야 할 것이나 판구조론이 보급되기 전에는 변혁 및 변란이라는 이름으로 지각변동의 대소를 가렸던 것이다.

북미에서는 제3기에 화산 활동이 심하였으며 이는 세계적으로 거의 공통된 현상이다. 어떤 곳에는 두께 1,500m에 달하는 용암류가 덮여 있다(Washington · Oregon · Utah · Idaho주). 제3기의 용암에는 규장질인 것이 많고 현무암은 적다.

한국에서는 제3계의 분포가 작아서 지각운동의 증거를 얻기는 곤란하다. 그러나 소규모의 습곡과 정단층운동을 검출할 수 있으며 또 제3기 중에 일어난 국부적인 지각의 상하운동을 알아볼 수 있다. 화산 활동은 다른 나라와 같이 심하여 용암과 응회암이 제 3 계 중에서 많이 발견된다.

일본은 제 3 계(특히 신제 3 계)의 발달이 양호한 곳으로서 지각변동의 모양도 잘 연구되어 있다. 마이오세에는 큰 해침이 일어나서 일본은 대소의 섬으로밖에 남아 있지 않았다. 플라이오세 말에는 해퇴가 일어나며 습곡작용이 일어났다. 이는 카스카디아 변혁과 때를 같이 한 작용으로 태평양판의 섭입 속도가 빨랐음을 의미하는 듯하다. 화산 활동도 심하여졌고 많은 화산암을 분출하였다. 인도네시아 제도에서도 일본과 거의 같은 지사를 밟았다.

5. 제 3 기의 생물과 진화

백악기 말에는 많은 동물이 절멸되고 신생대에는 새로운 동물이 나타나서 대발전을 이루기 시작하였다. 중생대 말에 절멸한 동물 중 중요한 것은 공룡과 Ammonites이다. 신생대에 들어서서 중요한 위치를 차지하게 된 것은 부족류·복족류(연체동물), 원생동물(Protozoa)에 속하는 유공충(Foraminifera) 및 포유류이다. 포유류는 신생대를 지배한 동물이며 인류는 이에 속한다.

식물계를 보면 중생대 중 양치식물·은행류·송백류·소철류가 번성하였으나 백악기에 들어서서는 활엽수에 속하는 쌍자엽식물이 나타났고 이는 신생대에 대발전을 이루었다. 초식 동물의 먹이가 되는 풀은 초식 동물 화석의 치아의 모양을 보아 마이오세부터 대발전을 이룬 것으로 생각되었으며 최근 마이오통 중에서 화석으로 생각되는 풀의 씨가 발견되어 이 상상이 실증되었다. 풀은 중요한 식물(食物)로서 가축과 야생 동물의 먹이가 되는 동시에 인류에게는 여러 가지 곡물과 채소를 공급한다.

포유류는 신생대 초까지 퍽 미약한 존재였으나 급격히 발전하여 신생대를 **포유류의 시대**(Age of Mammals)라고 부르게 하였다. 포유류 진화의 초기는 다음과 같았다. ① 처음에는 작은 체구를 가졌고, ② 다섯 발가락을 가지고 있었으며, ③ 치아는 44개였고, ④ 다리는 짧고 평편한 발바닥을 가지고 있었다. ⑤ 뇌는 작았고, ⑥ 머리는 말처럼 길었다. 이런 모양을 가진 선조 포유류로부터 여러 종류의 발달된 포유류가 생겼났다.

포유류의 발전에서 놀라운 일은 신생대가 시작된 지 1천만 년 내지 1천 500만 년 동안에 위에서 말한 초기적인 포유류의 선조에서 육상, 하늘 및 바다로 퍼져나간 쾌

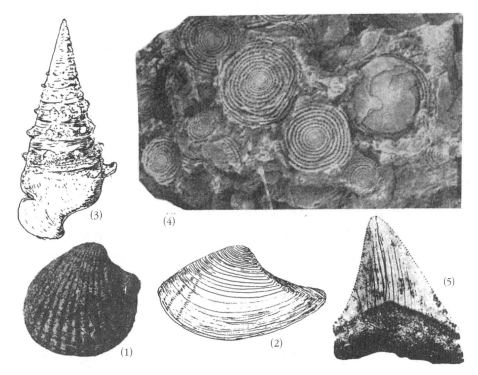

(1) *Venericardia ferruginea* 마이오세-플라이오세 부족류
(2) *Leda acuta* 마이오세 부족류 (3) *Vicarya collosa* 마이오세 복족류
(4) *Nummulites gyzehensis* 에오세, 이집트의 피라밋을 만든 석회암 중의 화폐석 화석
(5) *Carcharodon megarodon* 마이오세-플라이오세의 상어의 이(齒)

[그림 27-4] 제 3 기의 화석

속의 발전 양상이다. 즉 모든 육상 포유류, 박쥐 및 고래의 발전이 극히 짧은 시간 중에 일어난 대변혁이었다. 진화는 이렇게 급격하게 일어나는 때가 있다는 사실이 화석으로 밝혀진 가장 좋은 보기이다. 만일 점진적인 진화로만 이런 변화를 생각하면 수천만 년 이상의 시간이 필요할 것이다. 여기에서도 계단식 진화(階段式進化: punctuated equilibrium)의 가능성을 엿볼 수 있다.

포유류 중 중요한 것에 대하여 그 진화의 모양을 설명하기로 한다.

1. 말

말의 화석은 미국 서부의 육성층 중에서 보존이 양호한 것이 발견되어 말의 진화의 모양이 명백히 되었다. 말은 에오세 초에 북미에서 발전하기 시작하였고 이는 마이오세에 다른 대륙으로 퍼져나갔다. 에오세부터 현세까지 진화하였는데 에오통에서 발견된 말의 가장 오랜 선조는 *Eohippus*로서 등의 높이가 30cm인 작은 말이었다.

올리고통에서는 *Mesohippus*라는 약간 더 발달된 말의 화석이 발견된다. 이는 양과 비슷한 크기를 가진 것이었다. 마이오세의 말은 작은 당나귀만큼 큰 체구를 가지고 있었으며 이것이 *Merychippus*이다. 발가락의 수와 생김새는 [그림 27-5]와 같다. 이 때부터 머리는 길어지고, 어금니(臼齒)는 높아져서 풀을 먹어 닳아지는 것을 막을 정도로 되었다. 플라이오세에는 가운데 발가락만 남게 된 *Pliohippus*로 진화하였다. 이는 거의 현대의 말과 비슷한 모양을 가지고 있었으며 체구가 당나귀만큼 작을 뿐이었다. 옆의 발가락들은 밖에서는 전혀 보이지 않게 되고, 속에만 가는 뼈로 남아 있다. 현세의 말은 플라이오세 중엽에 진화하여 이 세 말엽에 완성되어 *Equus* 라는 속명(屬名)으로 불리고

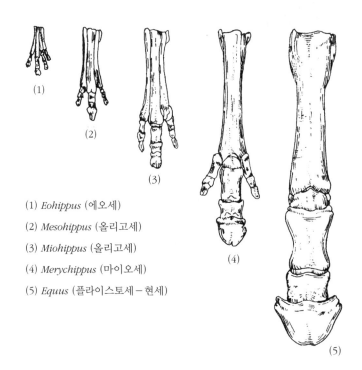

(1) *Eohippus* (에오세)

(2) *Mesohippus* (올리고세)

(3) *Miohippus* (올리고세)

(4) *Merychippus* (마이오세)

(5) *Equus* (플라이스토세 – 현세)

[그림 27-5] 말의 발의 진화(앞발)

있다. 그리하여 플라이스토세에는 약 10종의 말이 북미에 존재하였으나 플라이스토세 말에는 절멸하였다. 그 원인은 불명하나 아마도 전염병이 그들을 절멸케 한 것이 아닌가 생각된다. 그런데 말의 선조는 마이오세에 육교(陸橋: 알래스카와 시베리아 사이의)를 건너 아시아에 퍼졌으므로 그 종속이 보존되어 있다. 미대륙이 발견되었을 때에는 그 곳에 말이 없었으나 스페인 사람들이 가져다 퍼뜨려 놓았다.

2. 무소(犀: Rhinoceros)

무소도 처음에 북미에서 에오세 초에 발생하였고, 올리고세 초에는 그 수가 많아졌다. 미국에서는 무소가 플라이오세에 절멸하였으므로 화석으로밖에 발견되지 않으나 육교로 다른 대륙에 이주한 것만이 살아 있다. 남아시아의 마이오통에서 발견된 무소의 일종 *Baluchitherium*은 등의 높이가 4m, 길이가 약 8m, 두골의 길이가 1.5m인 거대한 것으로 이는 고금을 통하여 포유류 중 가장 큰 육상의 동물이다.

[그림 27-6]은 *Baluchitherium*, 다른 화석 무소, 인도의 현생 무소 및 사람의 크기를 비교한 그림이다.

3. 코 끼 리

코끼리는 현재 종수가 많지 않으나 제 3 기 중에는 개체수도 종수도 상당히 많았다.

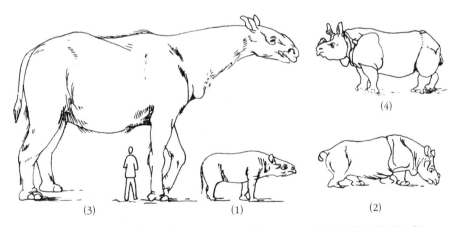

(1) *Acerathere*(올리고세) (2) *Teleoceras*(마이오세-플라이오세)
(3) *Baluchitherium*(올리고세-마이오세) (4) 인도의 현생 무소

[그림 27-6] 무소의 크기 비교(사람의 키 180cm)

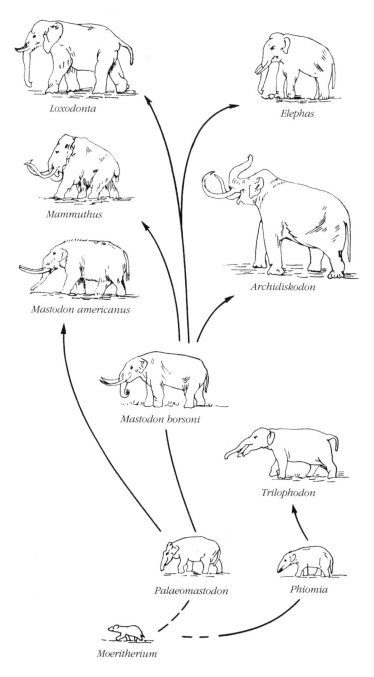

[그림 27-7] 코끼리의 계통(Osborn에 의함)

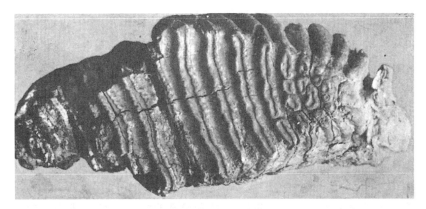

[그림 27-8] 만주에서 발견된 매머드의 이(齒). (Endo에 의함.)

세계에서 가장 오랜 코끼리의 발견지는 이집트의 파윰(Fayum) 사막으로서 지층은 에오
세와 올리고세에 퇴적된 것이며 이 곳이 코끼리의 선조가 발생한 곳으로 생각된다. 이
집트의 선조 코끼리는 *Moeritherium*으로서 등의 높이는 1m 미만이고 코는 길지 않았
으나 윗턱의 둘째 문치(門齒) 한 쌍은 약간 길게 돋아나와 있었다. 이런 선조형으로부터
상아(象牙)와 코가 발달된 여러 종류의 코끼리가 발전하였을 것으로 생각되나 직접적인
계통은 불명하다.

[그림 27-7]은 코끼리의 계통수(系統樹)이다. *Palaeomastodon*은 올리고세가 끝날
무렵에 나일 삼각주에 살았으며 등의 높이는 1.3m 정도였다. 유라시아로 퍼져 나간 것
은 *Palaeomastodon*이었다. 마이오세에는 그 후손이 유라시아와 미대륙으로 이동하여
*Mastodon*을 파생하였으며 이는 플라이스토세가 끝날 무렵까지 유럽과 북미에 많이 살
고 있었다. 이로부터 수십 종의 매머드(*Mammuthus primigenius*)와 현대의 코끼리가 발
생하였다. 플라이스토세에 전멸한 매머드는 유라시아(만주, 북한을 포함), 북미의 추운 곳
에서 화석으로 발견된다([그림 27-8] 참조). 현생 코끼리에는 2속, 2종이 있을 뿐이며 인
도에는 *Elephas maximus*가, 아프리카에는 *Loxodonta africana*가 있다.

6. 인류의 진화

신생대에 대번성을 일으킨 포유류들 사이에서 인류의 선조도 꾸준히 그러나 대단

히 미미하게 다른 동물들 사이에서 진화를 거듭하였다. 학자들은 인류 진화의 자취를 자세히 알고자, 인류와 그 선조의 화석을 찾으려고 많은 노력을 기울이고 있고, 그 화석 발견은 최근에 활발하게 이루어지고 있다. 처음에 인류 화석에 관한 관심이 일어난 것은 19세기 중엽으로서 이 때부터 연구가 계속된 셈이다.

　　태반(胎盤)을 가진 포유류는 신생대 초에 쥐와 비슷한 식충 동물(食蟲動物)을 선조로 생겨난 것으로 생각된다. 영장류(靈長類)도 그 후손이며 벌레를 먹는 습성이 여러 가지를 먹을 수 있는 식성으로 변하고 나무 위에서 살게 변하였다. 나무 위에서 살 수 있게 된 것은 손과 발가락이 나뭇가지를 잡을 수 있는 모양으로 변하였기 때문이며, 이는 중대한 변화였다. 영장류는 또한 눈이 얼굴에 모여 있어서 입체적(立體的)으로 볼 수 있고 거리를 잴 수 있게 되었다.

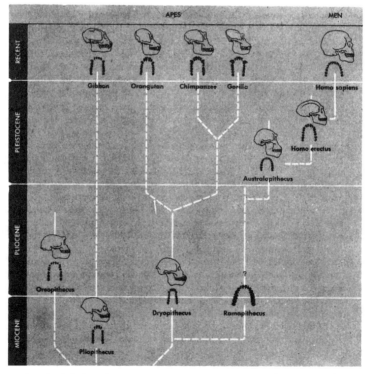

두개골과 치아의 모양이 그려져 있으며, 실선은 확실한 부분, 점선은 상상되는 부분이다(A. Lee McAlester, 1968에 의함).

[그림 27-9]　인류와 유인원의 진화 계통도

이와 같은 원숭이와 비슷한 선조로부터 인류의 선조로 생각되는 *Ramapithecus*가 생겨난 것은 마이오세 초엽이었다. *Ramapithecus*는 인도와 아프리카의 마이오세 및 플라이오세 지층 중에서 발견된 6개의 턱뼈와 이에 붙어 있는 치아(齒牙)에 주어진 이름이다. 그 치아는 사람의 그것과 흡사하다. 그러나 최근에는 *Ramapithecus*가 인류의 직계 선조는 아닐 것으로 생각되고 있다. 원숭이의 종류는 꼬리를 가지고 있으며 유인원(類人猿)과 인류는 꼬리가 없다. 유인원에는 고릴라 · 침판지 · 오랑우탄이 포함되며, 이들은 *Dryopithecus*라는 선조에서 갈라져 퍼진 것인데, *Dryopithecus*는 마이오세에서 플라이오세까지 살았다.

인류와 그 선조의 화석은 과거 100여 년간에 여러 곳에서 발견되어 각각 다른 이름이 붙여졌고 상호간의 관계가 연구되지 않아 상당한 혼란이 있었으나, 1960년경부터 10여 년 동안에 종합적으로 연구되어 인류의 화석은 비교적 간단하게 정리되었다. 맥알레스터(A. Lee McAlester, 1968)가 발표한 인류와 유인원의 계보는 [그림 27-9]와 같다. 주요한 인류의 선조는 플라이스토세 전반의 *Australopithecus*, 이에서 갈라진 플라이스토세 중엽에서 말엽의 *Homo erectus* 및 플라이스토세 말엽에서 현세에 이르는 *Homo sapiens*이다.

최근 Wood(2005)가 제시한 인류 화석종의 지질 시대별 분포와 그 범위는 [그림 27-10]과 같다. 여기에서는 몇 가지 중요한 인류 화석을 오랜 것부터 간단히 기술한다.

1. *Sahelanthropus*

2002년 Brunet 등에 의하여 중서부 아프리카에 위치한 차드공화국의 사하라 사막 남쪽의 토로스-메날라(Toros-Menalla)에서 발견되었다. 지질 연대는 700~600만 년으로 가장 오래된 인류의 화석에 해당된다. 지질학적 연구에 의하면 이들 초기 인류들은 숲으로 둘러싸인 호수가, 강가 및 초원 지대에 살았던 것으로 알려져 있다.

이 곳에서 발견된 화석은 보존 상태가 매우 완전한 한 개의 두개골과 두 개의 아래턱 뼈이다. *S. thadensis*라고 명명된 이 화석은 뇌의 크기가 침팬지 정도이나 튀어 나온 눈썹 부분, 두꺼운 아래턱 및 끝이 마멸된 송곳니로 미루어 보아 원시적 인류 화석으로 알려져 있다.

2. *Orrorin*

두 번째로 오래된 인류의 화석이 북부 케냐의 투겐 힐스(Tugen Hills)에서 발견되어

*O. tugenensis*라는 이름이 붙여졌다. K-Ar을 이용한 지질 연대는 약 600만 년이다. 고인류학자인 Senut와 Pickford에 의하여 두개골, 후두골, 대퇴골 및 어금니 등의 화석이 발견되었다. 대퇴골의 모양과 두꺼운 에나멜로 덮인 유인원과 유사한 치아 등으로 미루어 보아 초기 인류 화석으로 알려지고 있다.

3. *Ardipithecus*

이디오피아의 미들 아와쉬(Middle Awash)와 고나(Gona) 두 지역에서 발견되었다. 아와쉬 지역의 화석은 *A. kadabba*로 명명되어 있으며, 그 시대는 570~520만 년이다. 발견된 화석은 아래턱과 치아 및 후두골이며, 형태적으로 침팬지와 유사한 것으로 알려져 있다.

전기의 두 지역에서는 치아, 턱, 손과 발의 뼈 및 두개골의 일부가 발견되었다. 화석의 나이는 450~400만 년이다. *A. ramidus*로 명명된 이 화석은 척수가 지나가는 구멍(대후두공, 大後頭孔)이 앞쪽으로(즉 가운데쪽으로) 이동되어 있음을 보인다. 이는 침팬지와는 다르며, 현생 인류와 멀지 않다는 증거이다. *Ardipithecus*는 몸무게가 약 35kg 정도로 현생의 침팬지와 비슷한 것으로 알려져 있다.

4. *Australopithecus*

이는 1924년에 남아프리카에서 발견된 두골에 붙여진 이름이다. 그 후에 두개골·턱뼈·다리뼈가 더 발견되고 탄자니아와 자바에서까지 발견되었다. 이로 보아 *Australopithecus*는 널리 퍼져 있었음이 분명하다. 이들은 약 430만 년 전부터 약 100만 년 전까지 살던 종류이며 지상 생활을 하였고 우리와 비슷하게 곧은 다리로 걸었다([그림 27-10] 참조). 그러나 두뇌의 용적은 우리의 약 반인 600~700cc였다. 뇌의 용적이 우리에 비하여 작은 것 외에는 우리와 다름이 없었다. 크기는 침판지에서 고릴라만한 것도 있었다. 이들의 뼈와 함께 원시적인 석기가 발견되어 이미 기구를 쓰고 있었음을 알 수 있다.

5. *Homo erectus*

1891년 자바에서 발견된 두개골에는 *Pithecanthropus erectus*라는 이름이 주어졌다. 또 1928~1929년에는 중국의 주구점(周口店) 부근의 동굴에서 자바의 화석과 비슷한 두골이 발견되어 *Sinanthropus pekinensis*라고 명명되었다. 자바의 화석이 발

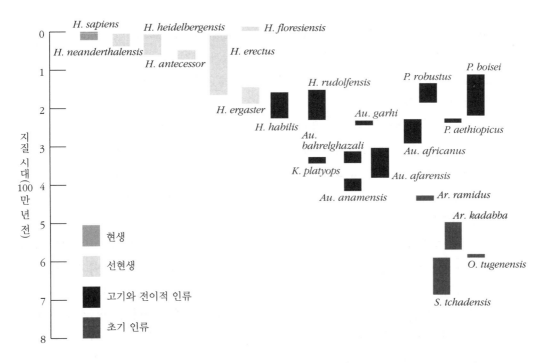

S: *Sahelanthropus*, O: *Orrorin*, Ar: *Ardipithecus*, Au: *Australopithecus*, K: *Kenyanthropus*,
P: *Paranthropus*, H: *Homo*

[그림 27-10] 인류 화석종의 지질 시대별 분포(B. Wood, 2005)

견된 후에 두개골·턱뼈·다리뼈가 유럽·아프리카·아시아에서도 발견되었고, 여러 가지 이름이 붙여졌었으나 이들은 모두 같은 종류에 속하는 것이어서 뇌의 용적이 900~1,000cc였으므로 이들에는 *Homo erectus*라는 공통된 이름이 주어졌다. 이는 *Australopithecus*와 우리의 중간적인 뇌 용적을 갖는다.

　　*Homo erectus*는 불과 원시적인 석기를 사용하였다. 이들은 180만 년 전에서 약 14만 년 전까지 사이에 살았다([그림 27-10] 참조). *Homo erectus*의 뼈는 *Australopithecus*의 뼈와 함께 발견되는 일이 있다. 이 사실은 이들이 얼마 동안 같은 시대에 살아 있었음을 의미한다.

6. *Homo sapiens*

　　1907년 독일의 하이델베르크(Heidelberg) 부근에서 한개의 턱뼈가 발견되었다. 이는 크고 육중한 것이었으나 견치(犬齒)가 길지 않고 다른 이와 같이 낮으며, 턱은 *Homo* *erectus*보다 약간 발달되어 있다. 이것은 *Homo heidelbergenis*라고 명명되었다.

　유럽 서부 각지에서는 육중한 뼈를 가진 두골과 뼈가 많이 발견되어 이들은 *Homo neanderthalensis*로 명명되었다. 두개골은 약간 높으며 턱도 튀어나와 있다. 그러나 현대인보다 턱의 돌출이 심하지 않고 두개골이 낮으며 다리뼈는 약간 구부러져 있다.

　이 두 인류 화석은 두뇌의 용적이 1,400cc 정도로서 현대인의 범위 안에 든다. 그러므로 이들을 광의의 *Homo sapiens*에 포함하기도 한다. 네안데르탈인(Neanderthal Man)은 약 40만 년 부터 유럽에 살고 있었다. 가장 오랜 *Homo sapiens*의 화석은 약 20만 년 전의 것이므로 *Homo erectus*와는 플라이스토세 중에 약 6만 년 동안 같이 살고 있었다([그림 27-10] 참조).

　프랑스의 레 아이지에(Les Eyzies) 부락에 있는 크로마뇽(Cro-Magnon)의 바위 그늘에서 키 큰 사람의 골격이 발견되었으며, 그 후에 잘 보존된 골격이 그들이 사용하던 도구와 함께 다수 발견되었다. 이들에 대하여 **크로마뇽인**이라는 이름이 붙여졌다. 이들은 약 3만 년 전에 네안데르탈인이 멸망하기 시작하자 남유럽에 나타났으며 키가 크고 골격(骨格)이 훌륭한 족속(族屬)으로 발전하기 시작하였다. 두개골이 높고 턱이 돌출한 점이 현대인과 거의 다름이 없다. 그들은 발달된 석기와 골기(骨器), 창과 활 같은 무기(武器)를 사용하였으며, 가죽털옷을 입고 조개 껍질·치아를 장식품으로 사용하였다. 그들의 지적 수준이 높았음은 동굴 벽에 그린 매머드·무소·들소·기타 동물·사냥하는 그림의 예술 작품을 보아 알 수 있다.

　크로마뇽인은 약 1만 년 전까지 살아 있었으며, 완전히 멸망해 버리지 않고 일부는 남유럽의 현대인의 선조가 된 *Homo sapiens*이다.

　2005년 인도네시아의 플로레스(Flores)섬에서 발견된 인류 화석은 *Homo floresiensis*로 명명되었으며, 이들은 약 9.5만 년부터 1.8만 년까지 생존한 것으로 알려져 있다.

7. 현 대 인

　크로마뇽인들은 구석기 시대 말에 살고 있었으며 그 때 인종들이 석기를 연마하여 깨끗이 만드는 기술이 생기자 신석기 시대로 옮아 갔다. 그리고 후에 발전한 현대인들은 도기 제작과 목축의 기술을 배우고 정주(定住)하게 되었고 촌락을 만들기 시작했다. 그리하여 약 1만 년 전부터는 모든 면에 급격한 발달을 가져오며 현재에 이른 것이다.

　이상 말한 화석인들과 원인(猿人)들 밖에도 많은 종속이 살아 있었을 것이나 화석으로 남아 있지 않을 따름이다. 학자들은 넓은 아시아가 인류 선조 탐구에 남겨져 있는

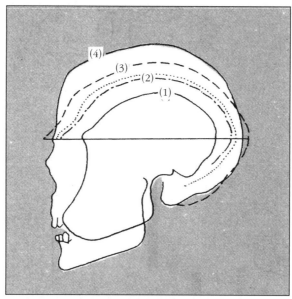

(1) 침팬지   (2) *Homo erectus*
(3) *Homo sapiens neanderthalensis*
(4) *Homo sapiens sapiens*

[그림 27-11]   인류 두개골의 비교

미개척의 지역으로 생각하고 있다. 지금까지 연구된 바에 의하면 *Homo*에 속할 인류는 플라이스토세 중엽 전에는 살고 있지 않았으며 더구나 제 3 기에는 *Pithecanthropus*나 *Sinanthropus*에 가까운 동물의 화석도 발견되지 않는다. 단지 원류(猿類)보다 하등인 영장류(Primates)의 화석이 소수 발견될 뿐이다.

　*Homo neanderthalensis*를 현대인의 아종(亞種)으로 생각할 때에는 이를 *Homo sapiens neanderthalensis*로 하고 현대인을 *Homo sapiens sapiens*로 한다.

　인류의 두개골의 모양을 비교해 보면 [그림 27-11]과 같다.

응용지질학

□사진설명: 유전개발 광경(베트남 15-1 광구 SD-1X공)(전희영 제공)

제**28**장

개 설

　인류는 문화 생활을 영위하고 그 생활을 물질적으로도 향상시켜 나가는 진취성을 가지고 있다. 그러기 위하여 자연과학적인 지식을 많이 응용하고 있다. 지질학은 기초 과학적인 자연과학으로서 그 원리 탐구와 지구역사 편찬에 노력하지만, 지질학의 광범한 지식은 인류의 복지를 위하여 널리 이용되고 있다. 우리가 살고 있는 터전은 지구 표면이므로 건설 사업의 대부분은 땅을 상대로 이루어진다. 구축물의 기초·도로·철도·지하철·비행장은 기반 지질을 확인한 후에야 이루어질 수 있는 것이다. 토목지질학(土木地質學)은 이러한 목적에 응용되는 지질학이라고 할 것이다. 우리는 쉴 사이 없이 물을 사용하고 있다. 지하수와 하천수를 이용하는 데는 수리지질학(水理地質學)적인 지식이 필요하다.

　인류 생활에 불가결한 금속원소와 화합물은 그 대부분이 광물의 형태로 지각에 들어 있다. 이들 **광물자원**(鑛物資源: mineral resources), 또는 **지하자원**(undergronud resources)을 효율적으로 채취하는 데는 광산지질학(鑛山地質學: mining geology)의 지식이 필요하다. 광상학(鑛床學: science of ore deposits)은 광산지질학의 중요한 부분이며 유용광물 부존 상태·성인·매장량을 밝히는 데 중요한 역할을 담당한다. 광상학의 지식은 막대한 투자에 앞서 자원개발 여부를 결정하는 데 결정적 자료를 제공하고 개발이 진행되는 동안에도 선도적인 역할을 할 수 있게 한다.

지각에 들어 있던 광물자원은 빗물에 씻겨서 용해되어 바닷물 속에 들어 있다. 아직은 극소수의 물질만이 바다에서 채취(採取)되고 있지만 앞으로는 더 많은 자원을 바닷물과 바다 밑바닥에서 얻게 될 것이다. 이들은 해양지질학의 도움을 받아 개발에 박차가 가해질 해양자원의 일부이다.

지질학은 농림학·전기공학·환경학에도 응용된다. 이와 같이 지질학의 응용을 주안(主眼)으로 하는 부문을 응용지질학(應用地質學: applied 또는 economic geology)이라고 한다.

제29장

지하자원

1. 서 론

자연 상태로 발견되는 유용광물의 집중체(集中體)를 **광상**(鑛床: ore deposit)이라고 한다. 광상은 그 대부분이 어떤 특수한 지질작용이 오랫동안 계속된 결과 이루어진 것으로서 그 성인을 연구하고 그 종류를 나누는 학문을 광상학(鑛床學) 또는 광산지질학이라고 한다.

1. 광석(ore)

금속원소 중 알루미늄(Al)과 철(Fe)은 지각 구성 원소 중에서도 대단히 많은 원소들로서 지각 내 무게로 평균 함유량은 각각 8.1% 및 5.0%다. 그러나 이들 원소를 얻기 위하여 암석을 가져다가 제련하지는 않는다. 왜냐 하면 이런 정도의 품위(品位: grade)를 가진 암석에서는 경제적으로 이들 금속을 뽑아 낼 수 없기 때문이다. 그러므로 이익을 올리면서 이런 금속원소를 얻을 수 있는 지각의 특수한 부분, 즉 다량의 유용한 원소를 포함한 부분을 찾아야만 할 것이다. 예를 들어 위에 말한 조건을 충족시키며 철(鐵)을 얻으려면 현재로서는 보통 무게로 50%(最低 25%) 이상의 Fe를 포함한 광물의 큰 집합체, 즉 광상의 발견이 필요하다. 이런 광상에서 채굴되는 광물의 덩어리는 경제적으로 가치가 있는 것으로서 이런 광물의 덩어리를 특히 광석(鑛石)이라고 한다. 품위가 낮아서 경제적인 가치가 없는 광물의 덩어리는 광석이 아니고 암석에 불과한 것이다. 광산(鑛山: mine)은 광상에서 광석을 채굴하는 장소를 말한다.

철광석은 이렇게 많은 Fe를 포함해야만 채굴의 대상이 되지만 암석 중에 무게로 8/1,000,000 이상의 금(金)이 포함되어 있으면 이는 이익을 올릴 수 있는 광물의 덩어리, 즉 금광석으로 취급된다. 현재의 기술로 가행할 수 있는 몇 가지 광석의 최저 품위를 적어 보면 [표 29-1]과 같다. 그러나 제련 기술이 발달됨에 따라 그 최저 품위가 더 낮아질 것으로 예상된다.

[표 29-1] 몇 가지 금속원소의 지각 중 평균 함량과 광석의 최저 품위

원 소	지각 중의 평균 무게 %	광석의 최저 품위 %
Fe	5.00	25.0
Al	8.10	30.0
Ni	0.0072	1.1
Cu	0.0058	0.5
Pb	0.0001	0.2
Zn	0.0082	2.5
Au	0.0000002	0.0008
U	0.00016	0.19
W	0.0001	$1(WO_3)$

광상은 여러 가지 형태를 가지고 있으며 대개는 맥상으로 발견되므로 이런 광상을 광맥(鑛脈: ore vein)이라고 한다. 그러나 불규칙한 모양의 광맥도 많다. 광석 중에는 광석의 품위를 떨어뜨리는 무익한 광물인 맥석(脈石: gangue)이 들어 있다. 광상 주위에는 광상을 둘러싼 모체(母體)로서의 암석이 있어 이를 모암(母岩: country rock)이라고 한다.

주의할 것은 광석도 광물의 집합체이므로 암석임에는 틀림이 없다. 단지 '경제적인 가치가 있는 암석'인 것이다.

2. 광상의 연구

광상은 그 형태·부존 상태·품위에 관하여 조사되고 연구되나, 그 성인은 광석의 현미경적 연구에 의하여 시행됨이 보통이다. 이는 보통 암석이 암석현미경에 의하여 연구됨과 같다. 그런데 광석에는 불투명광물이 많으므로 투과광선(透過光線)을 사용하는 편광현미경 외에 반사현미경(反射顯微鏡)을 주로 사용한다. 이에는 광석을 평탄하게 갈은 연마면(研磨面)이 사용되며, 이에 광선을 반사시켜 광석광물을 감정한다. 현미경하에서 광물을 미량 분석할 수 있는 분석기기도 개발되어 있다.

3. 광상의 분류

광상은 여러 가지 성인으로 만들어지며 성인에 따라 크게 둘로 나눌 수 있다.

$$\text{광상} \begin{cases} \text{화성광상}(火成鑛床: \text{igneous deposit}) \\ \text{퇴적광상}(堆積鑛床: \text{sedimentary deposit}) \end{cases}$$

　대양저의 지식이 증가되고 판구조론에 의한 암판의 이동이 알려진 후부터는 대양저에서 형성되어 육지에 부가되는 새로운 성인을 가진 광상이 주목을 받기 시작하였다. 이들은 성인적으로 화성 · 퇴적광상과 관계가 있는 것들이다.

4. 화성광상의 성인과 종류

　모든 암석은 화성암에서 유도된 것이고 화성암은 지하에 용융 상태에 있던 마그마가 지하에서 또는 지표에 흘러나와서 굳어진 것이다. 그런데 광상 생성에 관계가 깊은 것은 지하에서 서서히 냉각되는 마그마이다. 마그마는 거의 모든 원소를 포함하고 있는 $800 \sim 1,200\,°\!C$의 액상의 물질이다. 마그마가 냉각됨에 따라 그 중의 원소들은 대부분 화합물을 만들게 되는데, 마그마의 규산(珪酸: SiO_2)과 금속 산화물은 휘발성이 없는 물질로서 여러 종류의 광물로 정출된다. 휘발성 성분 중에 집중된 여러 가지 원소는 굳어져 가는 마그마에서 밖으로 새어나가서 화성암체 주위에 침전하여 여러 가지 유용광물을 포함한 광상을 만든다. 이와 같이 하여 만들어진 마그마 기원의 모든 광상을 광의(廣義)의 화성광상이라고 한다.

2. 화성광상

　화성광상의 종류를 들면 다음과 같다.

$$\text{화성광상} \begin{cases} \text{정마그마성광상(orthomagmatic deposit)} \\ \text{페그마타이트광상(pegmatite deposit)} \\ \text{기성광상(pneumatolytic deposit)} \\ \text{열수광상(hydrothermal deposit)} \begin{cases} \text{심열수광상} \\ \text{중열수광상} \\ \text{천열수광상} \end{cases} \end{cases}$$

1. 정마그마성광상

휴발성이 없는 무거운 금속 산화물과 유화물은 냉각되는 마그마 중에서 먼저 가라앉아 광상을 만든다. 마그마 고결의 초기를 정마그마기(ortho-magmatic stage)라고 하는데 이 기에 생긴 화성광상이 정마그마성광상, 마그마분화광상(分化鑛床) 또는 협의(狹義)의 화성광상이다. 이 광상이 이루어지는 온도는 600℃보다 높으며 광상을 만드는 광물로서는 자철석·크롬철석·티탄철석·백금·니켈이 있다. 세계적으로 유명한 정마그마성광상은 캐나다의 서드버리(Sudbury) 광상으로서 구리와 니켈의 광석을 산출하며 그 광상의 지질도는 [그림 29-1] 과 같다. 최근 서드버리 광상은 운석의 충돌 결과로 이루어진 것으로 알려져 있다.

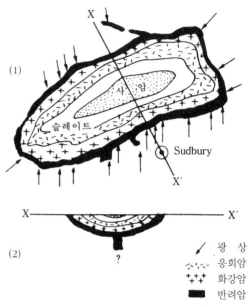

(1) 평면도 (2) 단면도. 구리와 니켈광상은 반려암의 주변부에서만 발견된다.

[그림 29-1] 서드버리(Sudbury) 광상의 지질도

2. 페그마타이트 광상

마그마가 식어 감에 따라 조암광물들이 정출되면 마그마가 차지했던 공간은 대부분 굳어진 화성암으로 채워진다. 그리고 마그마의 잔액(殘液), 즉 정출되지 못한 규산분(석영과 규산염광물이 만들어질)과 수분, CO_2, SO_2, B, F와 같은 휴발성 성분이 남게 되며 그 중에는 Nb, Ta, Be, U, Li 같은 미량원소(微量元素: rare elements)가 들어 있는 일이 많다. 이런 휴발성이 큰 잔액은 주위의 암석을 뚫고 들

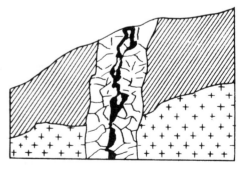

[그림 29-2] 페그마타이트 광상(검은 부분은 주석석이 모인 부분

어가서 페그마타이트를 만드는데 이는 유동성이 크므로 석영·장석·운모의 큰 결정을 정출시키고 그 속에 미량원소 광물을 포함한 맥을 형성한다. 이렇게 하여 마그마의 잔액이 주위에 페그마타이트를 만드는 시기를 **페그마타이트기**(pegmatitic stage)라고 한다. 그 중에 미량원소광물이 많으면 그 광상을 페그마타이트 광상이라고 하며 석영·장석·운모도 가행의 대상이 되는 일이 있다([그림 19-2] 참조). 그 생성 온도는 500~600℃이다. 페그마타이트 광상은 세계 각지에서 발견되며 우리 나라에도 미량원소광물을 포함한 페그마타이트 광상이 많다.

3. 기성광상

페그마타이트기를 지나 생성 중에 있는 화성암과 마그마가 더 냉각되면 유동성이 있는 것은 수증기와 휘발성 성분뿐이다. 이 때에 휘발성 성분이 차지할 공간은 대단히 좁아지므로 압력이 가장 커져서 주위의 암석은 뚫고 활발하게 침입해 들어가게 된다([그림 29-3] 참조). 이 시기를 **기성기**(氣性期: pneumatolytic stage)라고 한다. 이렇게 하여 침입한 휘발성 성분들은 그 곳의 암석과 반응하여서 암석의 일부를 녹여 버리고 그 곳에 화합물을 만들며 침전된다. 이 때에 유용광물을 많이 침전시키면 이 부분을 기성광상(氣性鑛床)이라고 한다. 기성광상에서는 Sn, Mo, W, F를 포함한 주석석(柱錫石)·휘수연석·철망간중석(wolframite)·회중석·형석 및 기타 광물이 산출된다.

특히 화성암체 주위에 석회암이 있으면 휘발성 성분은 이와 격렬하게 반응하며 석회암을 교대하여 석류석·투휘석·규회석같이 Ca을 많이 포함한 여러 가지 광물을 만든다. 이런 특수한 광물의 집합체를 **스카른**(skarn)이라고 한다. 이 밖에도 여러 가지 금속광물이 같이 침전되는데 이렇게 석회분이 있는 암석과 접한 곳에 생성된 기성기의

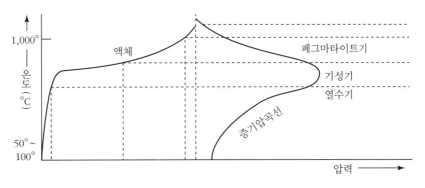

[그림 29-3] 마그마가 냉각할 때의 증기압의 변화

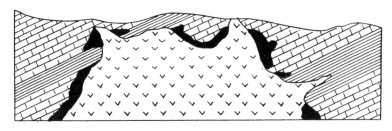

[그림 29-4]   접촉광상

광물을 가진 광상을 **접촉광상**(接觸鑛床: contact deposit) 또는 **고열교대광상**(高熱交代鑛床: pyrometasomatic deposit)이라고 부른다([그림 29-4] 참조). 기성기의 온도는 대체로 374~500℃ 사이에 있다. 유명한 우리 나라의 상동 광산의 텅스텐광상이 그 좋은 예이다.

4. 열수광상

화성암체에서 주위로 빠져나가는 수증기와 휘발성 성분이 암석 중의 틈을 따라 이동하는 동안에 온도가 374℃ 이하로 떨어지면 수증기는 여러 가지 성분을 포함한 열수로 변하게 된다. 화성암체의 온도가 374℃ 이하로 떨어진 후에는 열수를 방출할 것이다. 이런 고온 수용액을 **광액**(鑛液: ore solution)이라고 한다. 광액은 처음 틈 속으로 지나가며 틈을 넓히나 온도가 더 낮아지면 그 틈 속에 여러 가지 광물을 침전시킨다. 이렇

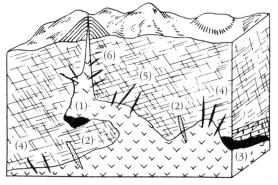

(1) 정마그마성광상   (2) 페그마타이트광상
(3) 접촉광상 및 기성광상   (4) 심열수광상
(5) 중열수광상   (6) 천열수광상

[그림 29-5]   광상의 성인과 그 종류를 나타낸 그림

게 하여 생긴 광상을 열수광상이라고 하며 이런 광상을 침전시키는 시기를 **열수기**(熱水期: hydrothermal stage)라고 한다. 광액에는 규산분이 많이 포함되어 있으므로 열수광상은 주로 석영맥을 만들고 그 중에 유용광물을 침전시킨다.

　　석영과 유용광물들은 틈의 양쪽 벽(壁)에서부터 중심부로 한 겹 한 겹 침전하여 층
상의 광맥을만든다. 부분적으로는 광물의 침전이 일어나지 않은 빈 곳이 남아 좋은 결
정이 생긴 **정동**(晶洞: druse)을 형성한다. 열수광상에서는 Au, Cu, Pb, Zn, Sb, Ag를 포
함한 광물, 드물게는 Mo, W를 포함한 광물들이 산출된다.

　　열수광상은 광맥의 온도에 따라 심열수광상(hypothermal deposit)·중열수광상
(mesothermal deposit) 및 천열수광상(epithermal deposit)으로 분류되며 그 생성 온도는
각각 대체로 375~300℃, 300~200℃ 및 200℃ 이하이다([그림 29-5] 참조). 또한 열수광
상은 지하에서 화성암체에 의하여 가열된 지하수와 해수에 의하여도 생성된다.

5. 광상 생성 온도

　　광맥 중의 투명한 광물을 두께 1mm 정도의 얇은 판(板)으로 만들어서 현미경으로
관찰하면(80~300배 내외로 확대함) 그 속에 들어 있는 기체와 액체를 발견할 수 있다. 이
를 **유체포유물**(流體包有物: fluid inclusion, [그림 29-6])이라고 하는데, 이는 그 광물이 생
성되던 당시에 광물 속에 붙잡힌 것이다. 초기에는 전체가 액체였을 것이나 냉각된 후
에는 기체, 액체 및 고체로 갈라져 있다. 이것을 가열하여 기체가 없어지고 액체로 가득
차는 온도를 측정하면 대체로 그 광물이 침전되던 때의 온도를 알 수 있다.

　　광상 전체에 대하여 각부의 광물이 침전할 때의 온도를 측정하면 [그림 29-7]과 같
은 등온도선(等溫度線)를 얻을 수 있다. 이 온도는 광물의 침전과 관계가 깊으므로 광상

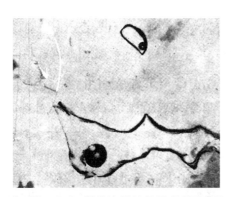

[그림 29-6] 광상의 맥석 중의 유체포유물
(둥근 것이 기체이고 나머지
는 액체이다.)

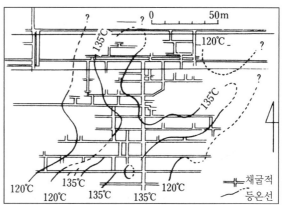

[그림 29-7] 유체포유물에 의한 형석광상의 등온선
(신포 형석 광상)(이춘우, 1970)

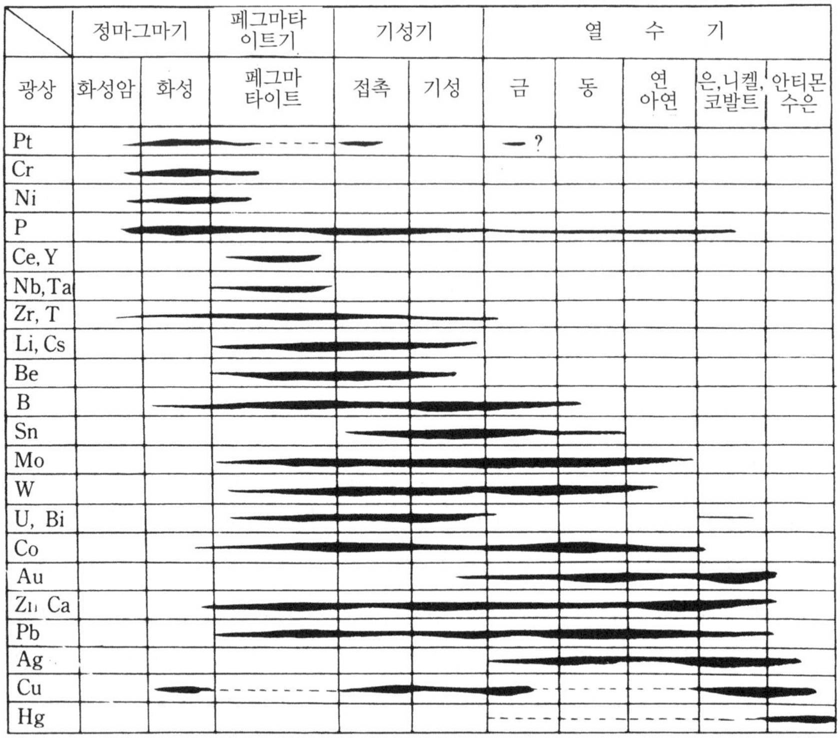

광상	정마그마기		페그마타이트기	기성기		열 수 기				
	화성암	화성	페그마타이트	접촉	기성	금	동	연아연	은,니켈,코발트	안티몬,수은
Pt						?				
Cr										
Ni										
P										
Ce, Y										
Nb, Ta										
Zr, T										
Li, Cs										
Be										
B										
Sn										
Mo										
W										
U, Bi										
Co										
Au										
Zn Ca										
Pb										
Ag										
Cu										
Hg										

[그림 29-8] 여러 가지 화성광상에 들어 있는 원소들의 침전기

탐사에 도움이 된다.

6. 화성광상에 나타나는 원소들

화성광상에 나타나는 중요한 원소를 시대별로 나누어 보면 [그림 29-8]과 같다. 이 그림은 어떤 원소가 어떤 광상에 많이 나타나는가를 잘 알게 한다.

3. 퇴적광상

이미 존재하여 있던 광상이나 유용광물을 포함한 암석이 풍화 · 침식 · 퇴적작용을 받는 동안에 유용광물을 집중시키면 이 부분을 퇴적광상(堆積鑛床)이라고 부른다. 이에는 다음의 세 종류가 있다.

$$
퇴적광상 \begin{cases} 사광상(placer\ deposit) \\ 잔류광상(residual\ deposit) \\ 침전광상(precipitation\ deposit) \end{cases}
$$

1. 사 광 상

광상이나 암석 중에 들어 있던 광물들이 풍화작용으로 분리되고 침식작용으로 깎여 내려서 하상으로 운반되면 가벼운 광물은 흐르는 강물에 의하여 쓸려 운반되고, 밀도가 크고 풍화에 저항이 강한 유용광물이 점점 아래로 가라앉아서 진흙층이나 기반암 위에 모이게 된다. 또한 바닷가에서도 파도의 작용으로 중광물이 모래층의 밑바닥으로 모이게 된다. 이렇게 자연의 힘으로 선광(選鑛)되어서 이루어진 광상을 사광상(砂鑛床) 또는 표사광상(漂砂鑛床)이라고 한다.

사광상에는 금강석·백금·이리도스민(iridosmine)과 같은 귀한 광물이 포함되어 있는 곳이 있고 금·자철석·모나자이트(monazite)·석류석·저어콘(zircon)·주석석, 기타 여러 가지 광물이 발견되는 곳이 있다. 이들 광물이 많이 포함되어 있는 모래를 중사(重砂: heavy sand)라고 한다. 인도의 금강석광상은 유명하며 우리 나라에서는 사금이 사광상에 들어 있다. 금이 들어 있는 중사를 감이라고 부르며 감 속에는 모나자이트·퍼규소나이트(fergusonite) 같은 희토류원소를 함유한 광물이 들어 있는 곳이 많다.

2. 풍화잔류광상

열대 다우 지방의 암석이 심한 화학적 풍화를 받으면 Na, K, Ca, Mg가 용해되어 제거되고, 고령토의 성분과 산화철만이 남게 되며 더 풍화되면 Si도 제거되어 Al의 수산화물인 보옥사이트(bauxite)와 산화철로 된 라테라이트(紅土: laterite)가 남게 된다. 온대 지방에는 고령토를 주성분으로 한 진흙이 주된 풍화잔류물이고, 열대 다우 지방에서 라테라이트의 철분이 분리되면 보옥사이트를 주로한 알루미늄의 잔류광상이 생성된다.

철분이 많이 포함되어 있는 암석이 풍화되면 그 철분이 농집되어 갈철석 또는 적철석의 광상을 만든다(황해도의 철광상들). Mn을 포함한 광맥이나 석회암이 풍화되어서 Mn의 광상이 생성되는 경우가 있다. 품위가 낮아서 채굴의 대상이 되지 않는 광맥도 지표 부근에서는 풍화작용으로 유용 성분이 농축된 부분을 만들어 개발의 가치가 생기는 일이 있다. 이렇게 풍화작용으로 이루어진 광상을 잔류광상(殘留鑛床) 또는 풍화잔류광상이라고 한다. **고산**(gossan)은 황화광물을 다량 포함한 광상의 산화대의 최상부에 해당한다.

3. 침전광상

퇴적암 중에는 화학적 침전암이 들어 있으며, 그 중 경제적으로 가치 있는 것을 화학적 침전광상이라고 한다. 이런 광상으로서는 암염층·칼리염층·석고층·초석층(硝石層)이 있다. 화성암에서 녹아 내린 철분이 산화되어 침전된 경우와 철박테리아의 작용으로 수산화철이 되어 침전된 경우 이들도 철의 침전광상을 만든다.

퇴적암 중에 수목이 많이 쌓여서 석탄층을 만들고, 바다에 살던 생물의 유해가 석유로 변하면 석유광상을 만든다. 또 석회질 껍질이나 무기적으로 탄산칼슘이 침전하여 순수한 석회암을 만들고, 규조(珪藻)가 쌓여서 흰 규조토층을 만든다. 바다새(海鳥)의 분(糞)으로 된 인광(燐鑛: guano)도 이에 속할 것이다.

퇴적암이 쌓인 후에 그 중을 통과하는 지하수 또는 온천수가 운반하던 물질을 퇴적암 중에 침전시키는 일이 있다. 이런 광상 중 특히 우라늄(U)의 광상이 중요하다. 미국에서는 카노타이트(carnotite)라는 우라늄광물의 광상이 퇴적암 중에서 많이 발견되어 우라늄광석의 대부분을 공급하고 있다.

4. 해저에서 생성되는 광상

홍해의 밑바닥에는 수온이 $50℃$를 넘는 곳이 있으며 해저의 퇴적물에는 Pb, Zn 및 기타 금속원소들이 들어 있다. 이는 홍해의 해저산맥 정상부에서 분출된 열수에 기인하는 것으로 해석된다. 또 동태평양의 대양저산맥 정선부에서는 여러 가지 금속원소를 포함한 열수($350℃$)분출구가 있는데 이 분출물이 주위의 퇴적물에 섞이게 된다. 이들도 오랜 시간 후에는 육지에 부가되어서 광상을 형성할 것이고 이러한 성인을 가진 광상이 육상에 존재할 것으로 생각된다.

5. 에너지 자원

1. 석   탄

1. 석탄의 성인

석탄기와 페름기 초와 같이 따뜻하고 습윤한 때에는 식물이 번성하여 큰 삼림을 이루었었다. 그 때의 식물은 대체로 습지나 얕은 물밑에 뿌리를 박는 종류였으므로 죽어 넘어지면 물 속에 쌓이고 쌓여서 오랫동안에는 대단히 두꺼운 층을 만들게 되었다. 마른 땅 위에서 죽은 나무는 곧 썩어서 없어지나 물 속에서는 산소의 부족으로 썩지 않고 거의 그대로 보존된다. 이 두꺼운 식물의 층은 토탄(土炭)을 이루었다가 마침 지각의 침강으로 지층이 그 위에 두껍게 쌓여 위에서 가해지는 큰 압력을 받는 동안에 식물의 구성 성분인 수소·질소·산소의 대부분은 서서히 달아나 버리고 나중에는 탄소를 주성분으로 한 물질이 남게 되어 석탄이 생성된다.

석탄이 식물로 되어 있다는 사실은 현미경으로 석탄을 연구하여 보아도 알 수 있다. 현재 열대 지방에는 식물이 번성하여 두껍게 쌓이는 곳이 있고, 수십만 년 전에 땅 속에 묻힌 토탄을 보아도 석탄의 성인을 알 수 있다. 이들은 조건만 좋으면 몇 천만 년 후에 석탄층으로 변할 것이다.

석탄층은 담수(淡水)에 퇴적된 퇴적암 중에서 발견되며 그 두께는 수 cm~수십 m에 달하는 것까지 있다. 보통 엉성하게 쌓인 식물의 층은 1/20로, 토탄은 1/10로 압축되어 석탄층을 만들게 되므로, 1m의 석탄층도 20m의 식물층이 모였어야 했을 것이다. 이

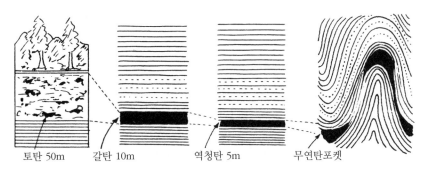

토탄 50m   갈탄 10m   역청탄 5m   무연탄포켓

[그림 29-9] 토탄이 지층의 압력을 받아 갈탄, 역청탄, 무연탄의 순서로 변하는 모양

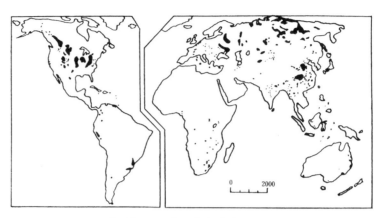

[그림 29-10] 세계 탄전 분포도

런 석탄층을 사이에 둔 일련의 지층을 협탄층(夾炭層)이라고 한다.

석탄층에는 식물이 생장한 삼림 부근에 쌓여서 만들어진 **원지생성탄**(原地生成炭: autochthonous coal)과 죽은 식물이 먼 곳으로 운반되고 그 곳에 쌓여 만들어진 **유이생성탄**(流移生成炭: allochthonous coal)의 두 종류가 있다. 세계적인 큰 **탄전**(炭田: coalfield, 석탄이 매장되어 있는 지역)은 대체로 원지생성탄을 협재한다. 이런 탄전이 만들어지려면 서서히 침강하는 퇴적분지(소택지)의 존재가 필요하며 식물 성장에 알맞은 기후가 요구된다.

세계의 탄전 분포를 보면 [그림 29-10]과 같다. 이로 보아 석탄의 큰 분포지는 북미이고 다음이 유럽이다.

2. 석탄의 분석과 그 종류

석탄은 탄화의 정도에 따라 다음의 네 종류로 구별되며 토상흑연은 휘발분 5% 이하 고정탄소 80% 이상인 변성된 석탄이다.

석　　탄 {
　무연탄(anthracite)
　유연탄 {
　　역청탄(bituminous coal)
　　갈탄(lignite, 亞炭을 포함함)
　　토탄(또는 泥炭: peat)
}

위와 같은 분류는 육안으로도 가능하나 다음과 같은 물질에 대한 분석치(무게 %로 나타낸다), 특히 휘발분이 기준이 된다.

(1) **수분**(水分: moisture)　　이는 110℃로 1시간 건조시킬 때 증발하는 수분으로서 탄화가 잘 되어 있는 석탄일수록 수분이 적다.

(2) **휘발분**(揮發分: volatile matters)　　석탄을 태울 때에 기화되어 노란 불꽃을 올리며 쉽게 타는 물질로서 주로 탄화수소로 되어 있다. 950℃로 7분간 가열한 후 감소된 양을 측정한다. 탄화가 잘 된 석탄일수록 휘발분이 적다.

(3) **회분**(灰分: ash)　　석탄을 완전히 태운 후에 남은 재로서 원래 식물에 포함되어 있던 타지 않는 물질과 석탄이 퇴적될 때에 들어간 모래·진흙 및 석탄생성 후에 추가된 타지 않는 2차적인 물질이다.

(4) **고정탄소**(固定炭素: fixed carbon)　　석탄 중에 들어 있는 고체로서의 탄소를 말하며 휘발 성분(이에도 탄소분이 들어 있다)과 회분 및 수분을 뺀 나머지 탄소의 분량이다. 탄화가 잘 되면 탄소의 함유량이 높아진다.

(5) **유황분**(硫黃分: sulphur)　　석탄이 탈 때에 코를 찌르는 SO_2 냄새로 그 존재를 알 수 있다. 유황분이 많으면 공업용 석탄으로서 환영을 받지 못한다.

(6) **발열량**(發熱量: calorific value)　　1gr의 석탄을 태워서 얻을 수 있는 열량을 칼로리(calorie)로 나타낸 것으로 석탄의 발열량은 보통 4,000~8,000cal 안에 든다.

3. 무 연 탄

휘발분은 10% 이하이고 착화(着火)가 늦으며 불꽃을 올리지 않고 타는 것이 특징이다. 한국의 무연탄은 대부분 분화(粉化)되어 있으며 매장량은 2009년 현재 13.6억 톤이다. 2010년 현재 세계 무연탄 매장량은 4,113억 톤이고 생산량은 67억 톤이다. 무연탄이 더 탄화되면 토상 흑연이 된다.

4. 역 청 탄

흑색의 광택 있는 석탄이다. 휘발분은 10~40%이므로 고정탄소는 적어지나 착화는 쉽고 노란 불꽃을 올리며 타서 화력은 세다. 점결성(粘結性)이 있는 역청탄은 탈 때에 탄소분이 점체처럼 응결하는 성질이 있으므로 가열하여 휘발분만을 뺀 후에 코크스(coke)를 얻을 수 있다. 휘발분은 가스 및 화학 약품 제조에 사용된다. 우리 나라에는 역청탄이 없다.

5. 갈   탄

갈색을 띠고 아직도 수목의 구조가 보이는 부분이 있다. 수분을 6~30% 포함하므로 밖에 방치해 두면 수분을 잃으며, 작은 조각으로 쪼개져 버린다. 갈탄은 전혀 점결성이 없으므로 타고 남은 재는 거의 원형대로이다.

6. 토   탄

지중에 묻힌 지 얼마 오래지 않은 것으로(수십만 년 미만) 아직 나무 줄기·풀의 구조가 그대로 남아 있고 그 위를 덮고 있는 퇴적층의 두께가 얇으므로(수십 cm 내지 수십 m) 논밭을 갈 때 또는 우물을 팔 때에 발견된다. 우리 나라 평야에는 토탄이 들어 있는 곳이 있다.

2. 석유 및 천연가스

1. 석유 및 천연가스

천연적으로 지하에 들어 있는 유류를 원유(原油: crude oil)라고 한다. 천연가스에는 불연성 가스와 가연성(可燃性) 가스가 있으며, 후자에는 유전(油田)가스·탄전가스·수용성 가스가 있다.

원유와 가연성 천연가스는 C_nH_{2n+2}, C_nH_{2n}과 같은 화학식으로 나타낼 수 있는 탄소와 수소로 된 여러 가지 탄화수소(炭火水素: hydrocarbon)의 혼합물로서 n값이 높은 것이 원유이고 n값이 4 미만인 것이 천연가스이다. 원유는 거의 불투명 내지 반투명한 녹흑색의 점성(粘性)이 있는 액체임이 보통이지만 등유처럼 연한 색을 가진 원유도 드물게 발견된다. 원유에는 소량의 S, N, O 및 기타의 기체도 들어 있다. 석유(石油: petroleum)는 원유와 원유를 증류하여 얻은 여러 종류의 유류를 가리키는 말로도 쓰인다.

가연성 천연가스로는 메탄·에탄·프로판·부탄이 있는데 이들은 비등점(沸騰點)이 낮기 때문에 상온에서 가스 상태로 존재한다. 유전 가스는 이들의 혼합가스이다. 탄전 가스는 대부분 메탄이다.

2. 산유층의 지질시대

원유와 천연가스는 고생대 이후의 모든 지층에서 산출되나 신생대층(플라이오세 이후의 지층 제외)에 총 석유 매장량의 58%가 들어 있고 중생대층에 27%, 고생대층에 15%가 들어 있다. 고생대와 중생대층의 석유 매장량 40% 중 그 반이 백악계에 매장되어 있다.

참고로 지하 500m보다 얕은 곳에는 석유가 대체로 없고 3,000m 깊이까지에서 원유 산출이 가장 많다.

3. 성   인

석유의 성인에 관하여는 여러 가지 설이 있는데 크게 두 가지로 나눌 수 있다. 하나는 무기적 성인설이고 또 하나는 유기적 성인설이다. 현재는 무기적 성인설은 지지를 받지 못하고 있으며, 원유가 유기질 물질만이 나타낼 수 있는 광학적 성질을 가지고 있다는 사실과 유기물에서만 만들어질 수 있는 포피린(porphyrins)이라는 화합물이 들어 있다는 사실로 석유의 유기적 기원설이 받아들여지고 있다.

원유와 가스는 지질시대에 살던 생물이 남긴 유기물이 그 원인 물질이다. 현재 대륙붕의 세립질 퇴적물 중에는 유기물이 7%까지 들어 있는 곳이 있다. 이는 해수 중, 특히 표층해수에 살고 있던 여러 미생물에서 공급된 것으로 생각되며 최근의 연구에 의하면 바다는 미생물로 하여금 매년 1만m^2당 1kg의 단백질을 생산케 하고 있으며 가장 활발한 해안 부근에서는 약 2.5톤을 생산케 하고 있다.

유기물이 수저에 가라앉으면 그 일부는 저서성(底棲性) 생물에 의하여 소비되지만 남은 것은 퇴적물 속에 보존된다. 수저가 생물 서식에 부적당하면 유기물은 퇴적물에 섞여서 보존되고 후에 석유로 변할 가능성이 커진다. 최근까지 연구된 바에 의하면 유기물이 원유로 변하는 데 필요한 지하의 조건은 500기압의 지압과, 50℃ 이상 150℃ 이하의 지열 및 100만 년 이상의 시간이다. 지온이 200℃ 이상에 달하면 포피린이 분해되어 없어지고 원유가 150℃ 이상의 지열을 받으면 분해되어 유전가스로 변하게 된다. 유전가스는 모두가 150℃ 이상의 고열로 생성된 것은 아니다. 식물성 유기물은 원유보다 유전가스를 생성한다.

유기물을 함유한 지층이 석유를 생성하는 과정은 다음과 같다.

(1) 퇴적물에 섞인 유기물이 박테리아의 작용을 받아 산소·질소·기타 원소가 제

[그림 29-11] 세계의 유전 가능 지역 분포도(B. St. John, 1980에 의함)

거되고 탄소와 수소가 남는 환경에 처할 것.

(2) 지층이 계속 쌓여서 유기물을 포함한 층이 깊이 묻혀 위에서 말한 열과 압력을 받아 유기물이 원유로 변할 화학작용을 받을 것.

(3) 유기물이 원유로 점점 변해 가면서, 즉 성숙(成熟)해 가면서 오랫동안 원유가 보존될 장소로 진입할 것.

4. 원유의 근원암(根源岩: source rock)

유기물을 포함하고 있다가 원유를 생성시키는 암석을 **근원암**이라고 하는데 석유의 근원암으로서는 유기물을 대량 포함한 흑색 내지 흑회색의 셰일이나 이암이 적당하다. 이런 근원암이 환원 환경에서 퇴적되어야 함은 물론이다.

근원암에서 생성된 원유의 이동에 관하여는 두 가지 설이 있다. 하나는 원유가 근원암에서 생성된 후 곧 이동하여 다공질인 저류암(貯溜岩: reservoir rock)에 들어가서 성숙(mature)하게 된다는 설이고, 다른 하나는 근원암에서 성숙이 완료된 후에 저류암으로 이동해 간다는 설이다. 최근의 연구에 의하면 유기물이 근원암에서 성숙이 완료되기 전에 근원암을 떠나 이동하는 도중과 저류암에 도달한 후에 성숙을 완료한다는 의견이 우세하다.

5. 집유구조(集油構造, oil trap)

생성된 원유를 지하에 머물러 있게 하고 지표로 탈출하지 못하게 하는 모든 지하의 구조를 **집유구조**라고 한다. 원유가 지하에 보존되기 위하여는 이런 구조가 꼭 필요하다. 집유구조에는 **저류암**(貯溜岩)과 이를 덮는 **덮개암**(cap rock)이 있어야 하고 지질구조가 적당하여야 한다.

저류암에는 다공질인 암석으로서 공극률이 높은 사암·석회암·고회암이 있다. 저류암은 암석 구성 입자 사이에 공극이 있어 원유를 포함한 암석이다. 석회암인 경우에도 쇄설성석회암 또는 다공질인 석회암이 저류암이 된다.

덮개암은 저류암 위에 있는 치밀한 퇴적암으로서, 셰일·이암·몬모릴로나이트화한 응회암이 보통이나 석고층도 이에 해당한다.

6. 집유구조의 종류

집유구조는 구조적집유구조(structural trap) 및 층서적집유구조(stratigraphic trap)의

두 종류로 나누어지며 전자에는 배사집유구조, 돔집유구조(dome trap) 및 단층집유구조
가 포함되고 후자에는 층서적집유구조 및 부정합집유구조가 포함된다.

배사집유구조는 유전에 생긴 습곡의 배사구조가 석유의 근원암·저류암·덮개암
의 순서로 되어 있어서, 생긴 원유가 저류암에 모일 수 있는 조건을 갖춘 것이다([그림
29-12] (1) 참조). 배사집유구조의 경우에 배사가 배사축 방향으로 수평으로 연장되어 있
으면 그 방향으로 석유의 매장이 계속되어 있다. 또 그 아래에 배사집유구조의 조건이
구비된 곳이 있으면 몇 번이고 수직 방향으로 유층(油層)이 존재할 수 있다. 배사집유구
조는 지표 지질과 지구 물리 탐사로 발견이 가능하다.

돔집유구조는 깊은 곳에 있던 암염층의 암염이 기둥처럼 지층을 뚫고 상승하여 국

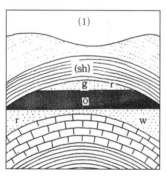
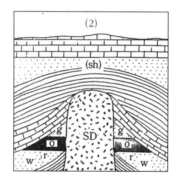
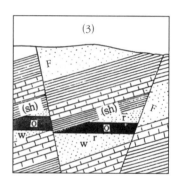
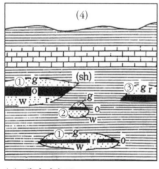
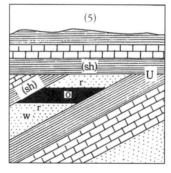

(1) 배사집유구조
(2) 돔집유구조(SD: 암염돔)
(3) 단층집유구조(F: 단층)
(4) 층서적집유구조 ① 렌즈상 사암, ② 슈스트링(Shoestring) 사암, ③ 초(礁)
(5) 부정합집유구조(U: 부정합)   w: 유전 염수, r: 저류암, o: 원유층, g: 유전가스, sh: 덮개암(셰일)

[그림 29-12] 집유구조의 종류

부적인 돔구조를 형성할 경우에 지층들이 적당하게 배열되어 있어서 석유를 모을 수 있는 조건을 갖춘 것이다〔[그림 29-12] (2) 참조〕.

　단층집유구조는 주로 지층퇴적시에 활동한 정단층이 한쪽의 덮개암의 역할을 담당하여 석유를 머물게 하는 경우이다〔[그림 29-12] (3) 참조〕.

　층서적집유구조에서 1차적인 층서적집유구조로는 렌즈상저류암·슈스트링(shoestring)저류암·초(礁)저류암이 있는데, 이들은 저류암의 형태가 국한된 크기를 가지고 지층 중에 들어있는 것이다〔[그림 29-12] (4) 참조〕. 이런 구조의 발견은 지표 조사나 물리 탐사만으로는 불가능하고, 이미 시추공을 뚫은 자료가 필요하다. 한 개의 층서적집유구조가 발견되면 측방으로 동시적인 렌즈상 사암이나 슈스트링사암과 기타를 시추로 발견하여야 한다.

　2차적 층서적집유구조로는 부정합집유구조(unconformity trap)가 있다. 이것은 부정합이 생기기 전의 지표가 풍화를 받아 다공질이 된 후에 새로운 지층으로 덮여서 새로운 지층이 덮개암의 역할을, 부정합 하위의 풍화암이 저류암이 되는 경우이다〔[그림 29-12] (5) 참조〕.

7. 원유안전영역(原油安全領域: oil window)

　지하로 깊이 내려가면 온도와 압력이 상승한다. 지온이 150~200℃를 웃돌면 원유는 열분해(thermal cracking)되어 가스로 변하는데 이 깊이는 대체로 3,500~4,000m 지하일 것으로 생각되어 이 깊이까지를 원유안전영역이라고 한다. 이 영역보다 깊은 곳에서는 원유가 가스로 변하였다가도 후에 압력과 온도가 낮아지면 가스는 다시 액체로 돌아갈 수 있다. 이 액체를 **응축액**(condensate)이라고 한다.

8. 판구조론과 석유

　이미 열개연변분지에서 언급하였지만(p.324 참조), 맨틀대류가 용승하는 곳에 생긴 열곡이 열리기 시작할 때에는 대양저산맥 양쪽의 두 육지 사이의 거리는 가깝고 열곡의 연장은 대단히 길어서, 열곡에 들어간 해수는 대양과의 유통이 불량하여 유기물의 보존이 양호한 동시에, 때때로 암염층을 두껍게 퇴적시켜 후에 암염돔을 형성할 수 있게 해 준다. 그러면 같은 지역에서 생긴 원유가 암염돔으로 생긴 배사구조 주위에 집중하여 유전을 형성하게 된다.

　세계적으로 암염돔과 관계를 가진 유전이 많은데 그 중에는 열곡의 생성과 관계가 있는 것이 많은 것으로 보인다.

6. 핵 에너지 자원

핵 에너지는 방사성 원소가 붕괴할 때와 가벼운 원소들이 융합할 때에 생기는 것이다. 가장 핵분열을 잘 일으키는 원소는 ^{235}U이나 이는 총 U양의 0.7% 정도에 불과하므로 ^{235}U를 농축하여 사용하거나 ^{238}U을 인공적으로 플루토늄(^{239}Pu)으로 만들어서 핵 연료로 사용한다. ^{232}Th는 인공적으로 ^{233}U으로 변환시켜 핵 연료로 사용할 수 있으나 아직 기술적인 개발이 불충분하다. 가장 중요한 핵 연료는 우라늄이며, 이에 대한 연구가 계속되고 있다. 1kg의 우라늄은 약 190톤의 원유의 열 에너지에 해당하는 열량을 가지고 있다.

우라늄의 광물은 규장질화성암·페그마타이트·열수광상에 피치블렌드(pitch-blende)로 들어 있고, 환원작용이 있는 곳, 예를 들면 탄소분이 있는 곳에 모여서 광상을 만든다. 또 우라늄은 유기 화합물을 만들므로 유기물을 많이 포함한 퇴적물에 집중되어 광상을 만든다. 인회석의 Ca를 교대한 광상도 만든다. 미국에서 가장 큰 우라늄광상은 지하수에 의하여 운반되던 우라늄이 퇴적암 중에 침전한 것이고, 대부분의 큰 광상은 쥬라기와 트라이아스기의 퇴적암에 들어 있다. 이 밖의 광상의 것을 합하여 미국의 우라늄 매장량(U_2O_8로서의 매장량)은 472,100톤이라고 한다.

세계의 우라늄(U_2O_8) 매장량은 2009년 현재 4,004,500톤이며 한국의 매장량은 1만 톤이다.

2009년 1월 현재 세계 각국의 우라늄 확정 매장량은 [표 29-2]와 같다.

우라늄 산화물(U_2O_8) 1lb의 값은 약 70만 달러(2011년 3월)이므로 이보다 더 비싼 값을 지불한다면 가행할 수 있는 광물의 매장량은 더 늘게 될 것이다. 미국에서 U_3O_8를 1lb당 100 달러의 경비를 들여 뽑을 수 있다면 우라늄 광석 매장량은 8.3억 톤(2008년 말)이 될 것이라고 한다.

[표 29-2] 세계 각국의 우라늄 매장량

국 명	(U_2O_8)
호주	1,179,000
미국	472,100
카자흐스탄	414,200
캐나다	387,400
니제르	244,600
남아프리카공화국	195,200
러시아	181,400

7. 흔한 금속자원

지각 중에 0.01% 이상 들어 있는 금속을 풍부한 금속이라고 할 수 있으며, 이에는 철(Fe)·알루미늄(Al)·망간(Mn)·마그네슘(Mg)·크롬(Cr) 및 티타늄(Ti)이 포함된다. 이들 원소가 규산염을 이루면 금속으로 분리하기가 대단이 곤란하므로 광석으로 취급되지 못하는 경우가 많다. 산화물·수산화물 또는 탄산염으로 되어 있는 것이 금속을 분리하기 쉬운 화합물이므로 광석으로 취급되는 것이 많다.

1. 철(鐵)

지각 중에는 알루미늄 다음으로 가장 많은 금속원소이며, 인류가 사용하는 금속 전량의 95%를 점한다. Ni, Cr, W, V, Co 및 Mn은 그 대부분이 철의 합금(合金: alloy)을 만드는 데 사용된다. 철의 광석(鑛石)으로서 중요한 것은 [표 29-3]과 같다.

[표 29-3] 철의 중요한 광석광물

이 름	화학성분	Fe함유량
자철석(magnetite)	Fe_3O_4	72.4%
적철석(hematite)	Fe_2O_3	70.0
갈철석(goethite or limonite)	$HFeO_2$	62.9
능철석(siderite)	$FeCO_3$	48.2

최근에는 황철석(pyrite, FeS_2)·차모사이트〔chamosite: $Fe_2Al_2 SiO_5(OH)_4$〕도 많으면 광석으로 사용되나 아직 경제적으로 또는 기술적으로 해결해야 할 어려운 문제가 많다. 철광상에는 크게 다음의 세 종류가 있다.

철 광 상 $\begin{cases} 화성광상(정마그마성광상 및 접촉변성광상) \\ 잔류광상 \\ 퇴적광상 \end{cases}$

1. 화성광상

정마그마성광상은 그 예가 많지 않으나 세계에서 가장 큰 광산으로 스웨덴의 키루나(Kiruna) 광산을 들 수 있다. 접촉변성광상은 세계적으로 큰 광상이 없으나 미국 펜실

바니아의 콘월(Cornwall)에 있는 것이 가장 유명하다.

2. 잔류광상

철분을 포함한 암석의 계속적인 풍화로 철분이 모여서 생성되는 것이며, 퇴적암 중에 갈색·황색·흑색을 띠는 광상으로 존재하는 일이 많으나 큰 광상은 없으며, 대체로 크게 개발될 수는 없는 것이다. 그러나 열대 지방의 철분이 풍부한 라테라이트(laterite: 토양)는 후일에 철광석으로 이용될 가능성이 있다.

3. 퇴적광상

세계적으로 32억 년 전부터 17억 년 전 사이에 생성된 퇴적암 중에 철광석의 층이 들어 있는 곳이 많다. 17억 년 전부터 현재까지 사이에는 이와 똑같은 종류의 철광상이 만들어지지 않았다. 이는 산소가 부족하고 이산화탄소가 많은 그 당시의 대기권 환경 밑에서 산화되지 않은 철분이 물에 녹아 얕은 바다로 운반되어 침전하게 된 것으로 생각된다. 이러한 선캠브리아의 철광의 품위는 15~40%로서 대체로 낮으나 풍화작용으로

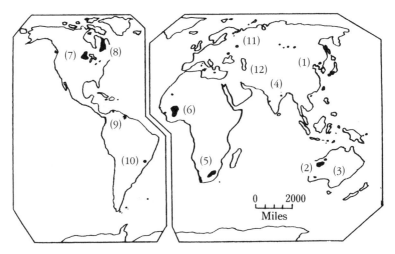

(1) 한국 충주·무산 (2) 호주 Hammersley Range (3) 호주 Iron Knab (4) 인도 Singbhum (5) 아프리카 Transvaal (6) 아프리카 Fort Gouraud (7) 미국 Lake Superior (8) 캐나다 Labrador (9) 남미 Cerro Belivar (10) 남미 Minas Gerais (11) 소련 Kursk (12) 소련 Krivoy Rog

[그림 29-13]   수페리어호(Lack Superior)형 선캠브리아 퇴적광상(철)의 분포

불순물이 제거된 지표 부근의 품위는 50% 이상이다. 최근에는 풍화되지 않은 원광석을 그대로 이용할 수 있는 기술이 발전되었다.

이런 퇴적광상 중 가장 유명한 것은 미국의 5대호 지방의 수페리어호(Lake Superior) 서쪽의 것이며, 이 밖에도 수페리어호형의 광상은 [그림 29-13]과 같이 분포되어 있고 그 매장량은 거의 무진장이다.

2. 알루미늄

알루미늄은 지각 구성 원소 중 가장 많은 금속으로서 가볍고 굳은 합금을 만들 수 있고, 전기 전도성이 크고 잘 변하지 않으므로 건조물의 골격·비행기 기체·전기용품에 그 용도가 점점 넓어져 가고 있으며, 철과 동(銅)의 위치를 침범하고 있다. 그런데 그 제련에는 전기가 많이 사용되므로 전기를 싸게 얻을 수 있는 곳에 광석이 운반되어 제련되는 형편이다.

1. 알루미늄의 광석

현재 사용되고 있는 알루미늄의 원광(原鑛)은 알루미늄의 수산화물인 보옥사이트(bauxite)·다이아스포어(diaspore)·깁사이트(gibbsite)이며, 그 중 가장 중요한 것은 보옥사이트이다.

보옥사이트는 열대 다우 지방에서만 생성될 수 있는 것이다. 장석을 포함한 모든 암석이 빗물로 오랫동안 풍화되어 Na, K, Ca 및 Mg를 잃어버리고 고령토(kaolinite)로 변한다. 고령토가 약산성(弱酸性)인 물의 작용을 받으면 규산분을 잃어버리고 나중에 알루미늄의 수산화물이 집중된다. 이렇게 생성된 열대 지방의 토양은 철의 산화물을 많이 포함하여 빨간 색을 띠며 굳은 돌 모양의 라테라이트로 변한다. 라테라이트 중 특히 철분이 적은 것을 보옥사이트라고 한다. bauxite라는 광물명은 이것이 프랑스 남부의 레보크스(Les Baux)라는 부락에서 처음 발견되었기 때문에 붙여진 것이다.

보옥사이트의 생성은 화학적인 풍화작용이 활발한 열대 지방에 국한된다. 철분의 함유량이 적어야 하므로 세계의 보옥사이트 매장량은 극히 제한되어 있는 형편이다. 그러므로 보옥사이트가 없어질 때를 고려하여 이에 대체될 광물의 물색이 시급하다. 이에는 [표 29-4]와 같은 광물이 있다.

석회암은 불순물로 점토를 포함한다. 석회암이 열대 다우 지방에서 화학적인 풍

[표 29-4] 알루미늄의 원광

광　　물	성　　분	Al 함유량(%)
1. 보옥사이트 · 다이아스포어	$HAlO_2$	45.0
2. 깁사이트	H_3AlO_3	34.6
3. 홍주석 · 남정석 · 규선석	Al_2SiO_5	33.5
4. 고령도(셰일의 일종 포함)	$AlSi_2O_5(OH)_4$	20.9
5. 아노르사이트(anorthite)	$CaAl_2Si_2O_8$	19.4
6. 네펠린(nepheline)	$NaAlSiO_5$	18.4

주: 3, 4, 5는 1, 2가 부족하게 될 때 대체될 광물.

화작용을 받아 테라로사(terra rossa)를 남기게 되고 이것이 더 표백되면 보옥사이트질
인 토양이 남게 된다. 이렇게 석회암의 풍화로 생성된 보옥사이트도 많다. 보옥사이트
는 지표에서만 생성되므로 침식작용을 받아 운반되어 버리기 쉽다. 그러므로 백악기 이
전부터 생성되어 보존된 것은 없고, 대부분이 과거 2,500만 년 동안에 생성된 잔류광상
이다.

2. 매 장 량

2010 USGS에 의하면 보옥사이트의 세계 매장량은 약 320억 톤이다. 이는 철의 매
장량 770억 톤에 비하여 적다. 보옥사이트의 다량이 교통이 불편한 열대 지방에 있으므
로 최근에는 알루미늄 자원을 온대 지방의 편리한 곳에서 찾으려는 노력을 하고 있다.
이의 가장 중요한 자원은 고령토 또는 점토이며, 제련에는 약간 비용이 더 들지만 보옥
사이트에서 추출하는 비용의 1/4이 더 드는 정도까지 미국에서는 제련공법이 발전되었
으므로 머지않아 알루미늄의 자원과 제련에 관한 문제가 해결될 것으로 생각된다.

3. 망간광석

망간광석은 철에 들어 있는 산소와 황(硫黃)을 제거하는 데 불가결한 자원이며 굳
은 철의 합금을 만드는 데에도 사용된다. 망간광석은 퇴적작용으로 집중되므로 세계적
인 망간광상은 퇴적암 속에서 발견되며 이것이 풍화되어 잔류광상을 이룬다. 중요한 망
간의 광물은 연망간석(pyrolusite MnO_2)과 경망간석(psilomelane $MnO_2 \cdot 2H_2O$)이다. 보옥

사이트와 마찬가지로 주로 열대 다우 지방에 잔류광상으로 발견된다. 2010년 세계 육지의 망간광석의 매장량은 54억 톤이며 열대 지방에서 더 발견될 가능성이 높다. 2010년 생산량은 약 3,100만 톤이다.

호저와 해저에는 산화망간을 주로하고

[그림 29-14] 망간단괴

수산화제이철을 포함한 흑색의 **망간단괴**(망간團塊: manganese nodule)가 생기는데 특히 대양저에 더 많다([그림 29-14] 참조). 단괴의 직경은 수 mm에서 수 cm가 보통이나 더 큰 것도 있다. 이들은 산호·조개 껍질·뼈의 파편·상어 이빨·암편을 핵으로 하여 자라는데 성장 속도는 10만 년에 0.5~1mm 정도이다. 망간단괴 외에 대양저를 전체로 덮는 망간피각(皮殼: crust)이 있고 심해저에는 판상망간이 있다. 망간단괴와 피각의 평균 화학 성분은 [표 29-5]와 같은데, 이 중에 들어 있는 Cu, Ni, Pb의 양은 Mn의 양과 관계가 있고, Ti, Zr, Co의 양은 Fe의 양과 관계가 있는 것으로 보인다(pp.148~149 참조).

망간단괴의 주성분광물은 산화망간인 토도로카이트(todorokite)·버네사이트(birnesite)·버나다이트(vernadite)와 수산화철이다. 토도로카이트는 심해

[표 29-5] 망간단괴의 화학 조성

산 화 물	%
MnO_2	32
FeO	22
SiO_2	19
H_2O	14

[표 29-6] 태평양저 망간단괴의 금속 매장량

금속(%)		금속(억 톤)
Cu	0.53	80
Ni	0.99	164
Co	0.35	50
Mn	24.20	4,000

에 많고 Ni과 Cu를 많이, Co를 적게 집중시키나 버네사이트와 버나다이트는 토도로카이트와 반대이다. 태평양저의 망간단괴 분포는 [그림 9-15]와 같고 그 총 매장량은 1.7조 톤으로 추산된다. 이에 들어 있는 금속의 양은 [표 29-6]과 같다. 2010년 기준 육상

의 Cu는 34년, Ni는 50년, Co는 106년, Mn은 56년의 수명밖에 없으므로 이들 금속이 채진되기 전에 망간단괴의 개발이 시급하다.

4. 크롬 · 티타늄 · 마그네슘

1. 크   롬

철의 합금 재료로서 고속도강(高速度鋼)과 스테인레스 스틸을 만드는 데 중요하고, 화학 약품으로 많이 쓰인다. 크롬철석(chromite(Mg, Fe)$_2$CrO$_4$)은 크롬의 유일한 광석이며, 이는 또한 고급 내화벽돌로도 사용된다.

크롬철석은 더나이트(dunite)와 같은 검은 초염기성 화성암에 들어 있다. 크롬철석의 광상은 마그마 분화에 의하여 마그마쳄버 밑바닥에 농축된 것으로 생각된다. 2010년 현재 세계 크롬 매장량은 3.5억 톤이다. 특히 카자흐스탄은 세계 크롬 매장량의 50% 이상을 차지한다. 2009년의 세계 크롬 생산량은 2,090톤인데 이 중 99%는 카자흐스탄, 남아프리카 공화국, 터키 및 인도의 네 나라에서 생산되었다.

2. 티 타 늄

금속 Ti는 가볍고 강하며 부식에 저항이 크다. 초음속 비행기에는 내열(耐熱) 부분에 사용된다. 그러나 Ti는 아직 그 용도가 더 개발될 여지가 있는 새로운 원소이다. 지금까지 가장 많이 사용된 것은 TiO$_2$로서 이는 좋은 백색 안료(顔料)이다.

주요한 광석광물은 티탄철석(ilmenite FeTiO$_3$)이며, 이는 아노르소사이트(anorthosite)의 정마그마분화광상으로 집중된 것이다. 가장 큰 Ti의 광상은 퀘벡의 알라드호(Allard Lake)에 있으며, 뉴욕주와 노르웨이에도 큰 것이 있다. 사광상(砂鑛床: placer deposits)으로도 나며, 인도의 남서 해안 케랄라(Kerala)에는 큰 사광상이 있다. 2010년 현재 세계 매장량은 7.3억 톤이며 중국과 호주가 큰 매장량을 보인다.

3. 마그네슘

이는 비중이 낮고 강한 금속이므로 가벼운 합금을 만드는 데 사용된다. MgO는 열과 전기의 절연체로 많이 사용된다.

Mg의 주요 공급원은 바다이며 고회암(dolostone)과 마그네사이트(MgCO$_3$)도 중요하다. Mg는 세계적으로 매장량이 많고 해수 중의 Mg도 이용되고 있다. 2010년 세계 매장량은 23억 톤이며 러시아, 북한, 중국에 널리 분포한다.

5. 자연금속

백금(Pt) · 팔라듐(Pd) · 로듐(Rh) · 이리듐(Ir) · 루테늄(Ru) · 오스뮴(Os)은 백금족 원소로서 금속원소의 상태로 산출된다. 그 중에서 많은 편인 Pt와 Pd을 합하여도 지각 성분의 0.0000005%에 불과하다. 이들은 맨틀에서 올라온 초고철질 암석 중에 들어 있다. 2010년 USGS에 의하면 세계의 금 매장량은 4.7만 톤이며, 남아프리카 공화국이 6천 톤, 호주 5,800톤, 러시아 5천 톤, 인도네시아 3천 톤, 미국 3천 톤이며 이는 세계 매장량의 절반가량을 차지한다.

6. 금속원소

지각 중에 0.01% 이하 들어 있는 금속원소 중에서 주로 황화물로 산출되는 것은 Cu, Pb, Zn, Ni, Mo, Ag, As, Sb, Bi, Cd, Co 및 Hg이다. 이들 원소의 주요한 광물 · 광상 · 최저 가행 품위는 [표 29-6]과 같다(W: 예외).

[표 29-7] 몇 가지 금속원소의 광상, 생산량 및 매장량

금 속	광물명 및 분자식	광 상	최저 품위 (%)	세계 생산량 톤(2009)	세계 매장량 톤(2010)
Cu	황동석 $CuFeS_2$	H, C, P, N	0.5	15,762,300	542,000,000
Pb	방연석 PbS	H, C	2.0	4,148,300(Pb)	79,000,000
Zn	섬아연석 ZnS	H, C	2.5	11,336,000(Zn)	180,000,000
W	회중석 · 흑중석	C	1.0	76,898(W)	2,800,000
Mo	휘수연석 MoS_2	D	0.25	222,700(MoS_2)	8,705,000
Ag	휘은석 AgS	H, S	0.01	20,801(Ag)	270,000
Au		H	5×10^{-4}	2,378	470,000

H: 열수광상   C: 접촉광상   P: 반암 동광상   N: 자연동
D: 광염광상   S: 콜로이드 상태로 다른 광물에 들어 있음
WBMS, World Metal Statistics Yearbook, 2010

7. 산화광물

주석(Sn) · 텅스텐(W) · 탄탈륨(Ta) · 바나듐(V) · 니오븀(Nb)은 산화물로 산출된다. 주석석(柱錫石: SnO_2)은 표사광상에서 가행되는 일이 많고, 철망간중석($FeWO_4$)과 회중석($CaWO_4$)의 텅스텐광물은 접촉광상에 많다. 콜럼바이트〔columbite: (Fe, Mn)(Nb, Ta)$_2O_6$〕는 녹주석(綠柱石: beryl)과 같이 페그마타이트 광상에서 희귀하게 산출되는 희원소광물이다.

8. 비료용 광물자원

1. 칼리 비료

증발잔류암 속에 들어 있는 칼리염(KCl)과 K를 포함한 카날라이트(carnallite KCl · $MgCl_2$ · H_2O)가 가장 중요한 칼리 비료의 원료이다. 세계적으로 증발잔류암이 많으므로 그 매장량은 막대하여 수백 억 톤에 달한다. 앞으로도 수백 년 쓰고 남을 것이 있다. 1967년 세계의 K_2O 생산량은 1,686만 톤이었다.

2. 인산질 비료

인회석〔Ca(PO)$_3$OH〕을 원광으로 한 비료이다. 인회석은 물에 잘 녹지 않는 광물이므로 이것을 황산으로 처리하여 녹기 쉬운 화합물인 Ca(H_2PO_4)$_2$를 만들어 사용한다.

세계의 인회석 매장량은 약 160억 톤이며 대부분이 모로코, 서사하라, 중국, 요르단, 남아공화국에 매장되어 있다. 2010년의 산출량은 약 16,600만 톤이다.

3. 질소 비료

질소 비료는 요즈음 공기 중의 질소를 분리하여 합성되고 있으므로 지하자원으로서의 질소 비료는 적게 이용되고 있으나 아직 칠레의 KNO_3, $NaNO_3$가 가행되고 있다. 이들은 증발잔류광상에서 채굴되는 것이다.

4. 황산질 비료

황산암모늄 제조에는 SO_4기나 S가 필요하다. 석고($CaSO_4$ · $2H_2O$)와 경석고($CaSO_4$)

는 증발잔류암으로 지하에 들어 있다. 황철석(FeS_2)이나 자류철석(FeS)의 S도 사용이 가능하다. 2007년 유황의 세계 매장량은 약 50억 톤이며 미국이 약 세계의 1/5을 차지한다.

9. 화학용 광물자원

화학용으로 가장 중요한 것은 소금이며, 지하에는 약 100조 톤의 암염(rock salt)이 들어 있다. 이것도 증발잔류암이다. 이는 주로 소다회(soda ash: Na_2CO_3) 제조에 쓰이고, 도로의 얼음과 눈을 녹이는 데도 쓰인다. 2008년에 전 세계에서 1억 2,800만 톤의 소금이 암염층에서 생산되었다.

10. 금 강 석

금강석 생성에는 지하 160km보다 더 깊은 곳의 압력이 필요하다. 금강석은 특히 초고철질암인 킴벌라이트(kimberlite)에 들어 있는데 킴벌라이트는 직경이 1km 미만인 파이프 모양의 암경(岩頸)을 형성한다. 아프리카(남아프리카 공화국, 콩고 민주공화국 등)에서는 수백 개의 킴벌라이트 파이프가 발견되었으나 금강석을 포함한 것은 27개뿐이다. 금강석을 가장 많이 포함한 킴벌라이트 3톤을 채굴하여도 그 중에는 약 1캐러트(200mg), 즉 0.000073%의 금강석을 얻을 수 있을 뿐이다. 그러므로 금강석은 킴벌라이트에서 직접 채굴하기보다 킴벌라이트가 풍화되어 표사광상에 들어 있는 것을 채취한다. 세계 총 생산량의 90%는 표사광상에서 산출된다.

2010년 세계 매장량은 5.8억 캐러트이며 1967년의 세계 생산량은 33,925,000캐러트이었다. 생산량의 20%는 보석으로, 80%는 공업용으로 이용된다. 콩고와 보츠와나가 세계 매장량의 약 50%를 차지한다. 최근에는 금강석이 인공적으로 제조되고 있다.

한국에서는 아직 킴벌라이트가 발견되지 않는다. 1940년경 박동길 박사는 두만강 모래에서 금강석 표품 1개를 발견한 바 있다.

11. 희토류(稀土類: rare earth) 원소광물

희토류 원소에는 원자번호 57~71번인 15개 원소(La, Ce, Pr, Nd, Pm, Sm, Eu, Gd, Tb, Dy, Ho, Er, Tm Yb, Lu)에 Sc와 Y를 더한 17개 금속원소가 포함된다. 희토류원소라고 해도 그리 희귀한 원소들이 아니고, 그들의 지각 내 존재량은 Ti, Pb 정도로 적지 않은 원소들이다. 이들 원소는 반도체나 2차 전지 등의 전자제품에 필수적으로 들어가는 재료이다. 한 예로 강력한 자석은 Pr, Nd, Sm, Gd, Dy 중의 한두 개가 들어간 합금이다. 또 이들 원소의 대부분은 레이저(laser) 장치에 사용된다. 중요한 희토류 광물로는 모나즈석(monazite, Ce, La, Pr, Nd, Y포함), 갈렴석(allanite, Ce, Y 포함), 퍼규소나이트(fergusonite, Y 포함) 및 기타가 있다.

각국의 희토류 매장량과 생산량은 [표 29-8]과 같다. 미국, 러시아, 호주의 희토류 매장량은 적지 않으나 생산량은 없다. 반면 중국은 생산량이 12만 톤으로 세계 생산량의 97%를 점한다.

희토류는 아니나 희유 원소로서 리티움(lithium)은 최근 건전지 제조에 중요한 대상으로 주목을 받고 있다. 리티움의 전 세계 매장량은 약 1,000만 톤이며, 이 중 칠레에 750만 톤이 매장되어 있다. 리티움의 전 세계 생산량은 약 2만 톤이고, 칠레에서 약 7,500톤의 리티움이 생산된다(USGS, 2009).

[표 29-8] 희토류원소의 국가별 매장량 및 생산량(R_2O_3, 단위: t)

국가	중국	러시아	미국	호주	인도	브라질	말레이시아	기타
매장량	2,700만	1,900만	1,300만	520만	310만	5만	3만	2,000만
%	30.9	21.8	14.9	6.0	3.5	0.06	0.04	22.8
생산량	12만	0	0	0	2,700	730	200	0
%	97	0	0	0	2.2	0.6	0.2	0

12. 우리 나라의 지하자원

한 나라의 지하자원은 그 나라 국토의 지질의 지배를 받으나 그 국토의 면적이 작을수록 국한된 종류의 광물자원을 가지게 됨이 보통이다. 우리 나라는 그 면적이 작음에 비하면 비교적 많은 지하자원을 가지고 있으며, 알려진 약 300종의 광물 중 30여 종이 개발되고 있다.

1. 중요한 지하자원

1. 중　　석

중석에는 검은 색의 철망간중석(wolframite)과 담색의 회중석(scheelite)이 있다. 이들은 주로 접촉광상에서 산출되나, 페그마타이트 광상과 열수광상에도 난다. 우리 나라는 중석의 산출국으로 세계 굴지의 나라였으며 주요한 광산으로서는 강원도 영월의 상동 광산이 있다. 1984년의 생산량은 4,868톤(WO_3 70% 기준)이었다. 중석은 텅스텐(W)을 얻기 위한 광물이며 텅스텐은 강철 제조에 불가결한 원소로서 이에 가장 많이 사용되고 전구 및 기타에도 사용된다.

2. 흑연(graphite)

흑연에는 인상(鱗狀) 및 토상(土狀)의 두 종류가 있다. 전자는 결정질이나 후자는 비결정질인 것으로서 석탄으로부터 변한 것이다. 한국은 과거에 인상흑연의 산출국으로 세계 제 1 위를 차지하였던 기록을 가지고 있다. 인상흑연은 연천계와 이에 관계 있는 변성퇴적암과 화강암질편마암 중에 들어 있으며 가행되는 최저 품위는 5%이다. 그 주요한 산지는 평안북도의 강계·초산·삭주·기타 여러 군이고 함경북도의 길주·성진의 두 군·경기도의 시흥이 있는데 대체로 북한에 매장량이 많다. 토상흑연은 주로 평안누층군의 석탄층이 열변질로 변성된 것으로서 충청북도의 월명 광산이 유명하고 경상북도 상주·강원도 강릉·평안북도 개천 지방에서도 산출된다. 흑연은 전극(電極) 및 제강용 도가니로 불가결하며 최근에는 원자로(原子爐)의 재료로 많이 사용되고 있다. 최근에는 인조흑연이 많이 쓰이므로 자연흑연의 용도가 격감하고 있다.

3. 금

우리 나라는 과거 동양 제일의 금산국으로서 도처에 금광상이 분포하고 있었다. 이는 금광상을 만들게 한 화강암이 널리 분포되어 있기 때문이다. 2009년 국내 생산량은 약 2톤이고 매장량은 약 100만 톤이다.

4. 석 회 석

석회석은 탄산칼슘($CaCO_3$)으로 이루어진 암석을 총칭한다. 결정질로 변한 석회암을 지질학에서는 대리암이라고 한다. 대리석은 대리암 또는 석회암의 상품명이라고 할 수 있다. 석회암은 경도가 4이어서 절단하기 쉬워서 색이 아름다운 것은 건축재, 특히 외장제로 쓰인다. 그러나 석회암은 시멘트의 원료로 가장 많이 사용되며, 제련용용제(flux), 화학공업용으로도 사용된다.

한국의 석회석은 주로 고생대 캠브리아기 중기의 지층인 대기층(일명 풍촌층: 두께 약 200m)에서 생산된다. 일부 평안누층군의 만항층(종래의 홍점통)에 협재된 두께 10m 내외인 석회암층도 채취되고 있다. 한국의 석회암(고회암 포함) 매장량은 2009년 기준 13.9억 톤이고 2010년의 그 채광량은 83,666,870톤(약 8,400만 톤)이다. 여기서 2010년에 생산된 시멘트의 양은 50,656,000톤(약 5,000만 톤)이다.

5. 기타 지하자원

아시아에서는 한국이 휘수연석·운모·중정석·형석을 다량 매장한 유일한 나라로 알려져 있다. 고령토·납석(蠟石)·규사(珪砂)·남정석(藍晶石)·마그네사이트의 요업 원료(窯業原料)·철·연·아연·동은 그리 많지는 않으나 우리 나라의 중요한 지하자원이다. 석회석과 화강암은 양질의 것이 상당히 많은 매장량을 가지고 있다.

2. 희토류 및 희유원소자원

희원소광물로서는 세륨(Ce)의 광물인 모나자이트, 갈렴석(褐簾石)·세라이트(cerite)가 있다. 모나자이트에는 20% 내외의 토륨(Th)의 산화물이 들어 있어 원자력 자원으로 주목되는 것이다. 니오븀(Nb)은 콜럼바이트(colurnbite)와 퍼규소나이트(fergusonite) 중에 탄탈륨(Ta)과 같이 들어 있다. 벨릴륨(Be)은 녹주석(綠柱石)에 들어 있고 리슘(Li)은 인운모(鱗雲母) 및 진왈다이트(zinwaldite)에 들어 있다.

이상의 희원소광물들은 모두 페그마타이트 광상에서 산출되며 이 광상이 풍화되어 만들어진 사광상에서도 산출된다.

3. 기타 지하자원

우리 나라에 많지 못한 지하자원으로 니켈(Ni), 코발트(Co), 안티모니(Sb), 수은(Hg)이 있다. 주석석(柱錫石)은 소량 산출될 뿐이다.

백금·금강석의 광상도 아직 발견되지 못하였다. 우라늄광물은 소량 발견되었고 품위가 낮은 광상이 발견되어 있으나 더 많은 탐광이 필요할 것이다. 유황의 산출도 거의 없다.

무연탄은 양질의 것이 2009년 말 약 13억 톤 이상 매장되어 있으나 유연탄은 갈탄에 속하여 질이 좋지 못한 것이 대부분이다.

우리 나라에서는 아직 석유광상이 발견되지 않았으나 동해 남단의 울릉분지에서 컨덴세이트(Condensate: 지하에서는 천연가스나 지상에서는 액체)가 발견되어 현재 생산 중이다. 중생대 중에는 육성층이 퇴적되었으나 화강암의 관입과 지각변동을 받았기 때문에 석유 부존을 어렵게 한다. 제 3 기층으로는 포항근처에서 마이오세의 해성층이 발견되나 탐광 결과 함유 가능성이 거의 없는 것으로 여겨지고 있다.

13. 석   재

석재(石材)는 석탄과 석유를 제외한 지하자원 중 가장 양적으로 많이 사용되는 자원이다. 거의 대부분의 암석과 그 쇄설물이 건축재로 사용된다. 석재는 크게 두 가지로 구분할 수 있다. 하나는 땅에서 떼어 낸 후 그대로 또는 약간 가공한 후 사용되는 것으로서 건축 석재·모래·자갈·쇄석(碎石) 같은 것이다. 다른 하나는 땅에서 채취한 후에 화학 처리·가열·변질로 그 형태나 색을 바꾸어 가지고 사용하는 것으로서 벽돌에 쓰이는 진흙·시멘트 원료·석고·석면 같은 것이 있다.

이들은 땅에 그대로 있을 때에는 가치가 적은 것이지만 보통 양이 풍부하며, 가공되면 비싼 것으로 만들 수 있다.

1. 건축석재

최근 건축 석재의 이용도가 급증하고 있으며, 특히 건물의 벽에 붙이는 석재로 다량 사용되므로 장식재로서의 가치가 있어야 한다. 지금까지 가장 많이 사용된 암석은 색깔이 좋은 석회암(대리암)이다. 대리암은 연하므로 갈아서 매끈한 면을 만들기 쉬운데 그 이점이 있다. 최근에는 화강암(花崗岩)을 염색하는 방법이 개발되었다.

2009년 한국의 석재 매장량은 13.9억 톤이며, 수출량은 약 4천 톤, 수입량은 약 270만 톤이다. 2009년 대리석의 한국 생산량은 약 16,000톤이며 수출량은 126톤, 수입량은 약 2천 톤이다.

건축 석재로서 문제가 되는 것은 첫째 색채가 아름다워야 하지만, 깨지지 않아야 한다. 그러므로 지질학적으로 절리가 없고 풍화가 되지 않은 부분을 택해야 하며, 채석(採石)에는 충격을 주지 않는 방법을 써야 한다.

2. 쇄석(碎石)

쇄석은 대부분 도로 포장용과 시멘트의 골재로 사용된다. 쇄석으로서는 깨뜨리기 쉬운 석회암과 고회암이 많이 사용되나 화강암·규장암·빈암(玢岩) 같은 굳은 맥암(脈岩)이 사용되는 일이 많다. 도로 포장용으로는 굳은 암석이 잘 이용된다.

3. 사력(砂礫)

사력은 주로 시멘트의 배합물 및 골재로 사용된다. 사력의 산지는 큰 강의 하상(河床)·옛 하상(古河床)이다. 바닷가의 규사(珪砂)는 유리 제조에 사용되고 강바닥의 사력은 콘크리트의 골재로 쓰인다.

4. 석 회 석

시멘트는 석회암 분말에 점토·철광석을 섞어서 석회질인 인공 광물을 만들어 이것을 분쇄한 것이다. 시멘트의 용도는 건축·도로 포장·댐 건조에 막대한 양이 사용된다. 2009년 세계의 시멘트 생산량은 25억 톤이다.

석회암을 가열하면 생석회(CaO)가 되고 이에 물을 가하면 소석회$[Ca(OH)_2]$가 되며 이것도 건축용으로 많이 사용된다.

2009년 전 세계의 연간 시멘트 생산량은 25억 톤에 이르며 우리 나라는 세계에서 여섯 번째 생산국이다.

5. 점   토

보통 점토는 요업 원료로 사용되며 벽돌이 으뜸가는 용도이다. 고령토는 양적으로는 적으나 도자기 제조에 사용되며 시멘트 제조에도 점토는 불가결하다.

6. 석면(石綿)

사문암 중에서 산출되는 섬유질광물로서 가장 좋은 것은 온석면(溫石綿: chrysotile)이다. 석면은 불에 타지 않고 약간의 강인성이 있으므로 시멘트에 섞어서 인조 슬레이트를 만드는 데 쓰였다. 석면이 폐에 암을 일으키는 발암물질로 밝혀지면서 세계적으로 그 사용이 금지되고 있다.

한국 지질 개요

□사진설명: 현무암의 주상 절리(제주도 지삿개(추교형 제공)

1. 지질 개관

한반도는 국토의 반 이상이 화강암과 화강편마암으로 되어 있다. 전자는 대체로 트라이아스기·쥬라기·백악기에 관입한 것이고, 후자는 그 대부분이 선캠브리아누대의 퇴적암이 화강암화작용으로 변성된 것이다. 이들은 여러 시기의 지각변동과 제3기 초부터 일어난 한반도의 융기작용과 삭박작용으로 지표에 노출하게 되었다. 그러므로 퇴적암류는 편마암 위에 분산되어 분포한다. 이들 암석의 시대별 및 지역별 분포의 모양을 요약하면 다음과 같다(이 곳에서의 남한 및 북한의 구별은 지질학적인 것으로서 서울-원산선을 그 경계로 하며, 정치적인 의미를 가진 용어는 아니다).

(1) 선캠브리아누대의 것으로 생각되는 변성퇴적암의 주요 분포지는 한반도 중부에 있다.

(2) 두 개의 큰 고생대층 분포지는 평안남도와 강원도 북부에 있다.

(3) 비교적 큰 중생대층의 분포지는 경상남북도에 있고 작은 노출지들은 충청남도 중서부와 평양(平壤) 부근에 있다.

(4) 제3계의 작은 분포지는 동해안에 따라 몇 곳에서, 서해안에는 두 곳에서 발견된다.

(5) 북한에는 화강암의 저반이 거의 무질서하게 곳곳에 분산되어 있으나 남한에서는 북북동-남남서의 지나방향(支那方向)에 관계 있는 분포 상태를 보여 주며, 분포 면적과 저반의 규모가 크다.

(6) 제 4 기의 화산암은 백두산 부근·반도 중앙부·동남 해안·제주도·울릉도에서 발견된다.

(7) 지층의 특징으로서는 해성층이 적고 육성층이 많은 사실을 들 수 있다. 즉 고생대 전반까지의 지층은 대체로 해성층이나 고생대 말엽의 지층의 대부분·중생층의 전부·신생층의 약 반은 육성층에 속한다.

한국 지질계통명

이 부록에서는 한국의 지질계통명의 명명자를 밝히지 않았다. [표 1]에서 남한 위주의 시간층서적인 단위명은 그 대부분이 1974년까지 새로 제정된 것으로서, 가능한 한 화석에 의한 시간적 한계가 뚜렷한 것에 한하여 계, 통 및 조명(組名)을 주었다. 아직 시간층서적으로 조명을 확정치 못한 것은 괄호 속에 넣었다. 만항·금천·밤치·장성통은 세계적 경향에 따라 만항조·금천조·밤치조·장성조로 개칭하였다. 계명은 세계 공통의 계명으로 충분할 것이나 지방적인 특성에 따라 한국 고유의 계명을 주었다. 예를 들면 한국의 페름계는 한국적인 특징에 따라 철암계(鐵岩系)라는 계명으로서 '한국의 페름계'를 대표시킬 수 있으므로 새로운 계명을 준 것이다.

[표 1]의 오른쪽 난에는 북한 위주의 지질계통을 적어 대비를 겸하였다. 이는 우리 귀에 익은 것으로 새 지질계통명이 보편화될 때까지는 이것을 기초로 하여 한국 지질을 설명하되 신계통명은 각론에 첨가하도록 하였다.

2. 지층 각론

한국 내에 분포된 암석의 지층명과 그 일람표는 [표 1]과 [표 2]와 같다. 이 표를 기준으로 하여 오랜 암석으로부터 새로운 것의 순서로 설명한다.

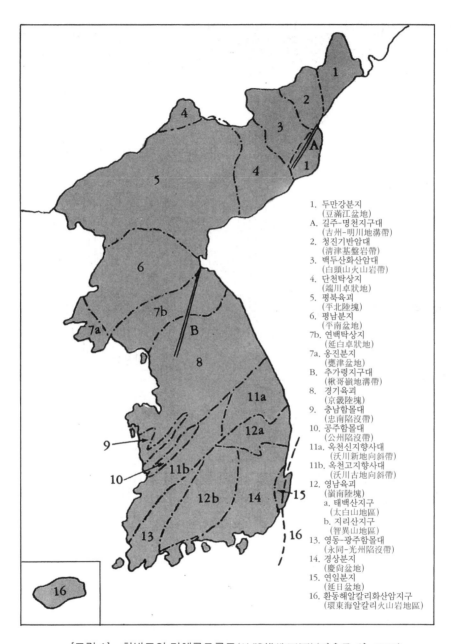

1. 두만강분지
   (豆滿江盆地)
A. 길주-명천지구대
   (吉州-明川地溝帶)
2. 청진기반암대
   (淸津基盤岩帶)
3. 백두산화산암대
   (白頭山火山岩帶)
4. 단천탁상지
   (端川卓狀地)
5. 평북육괴
   (平北陸塊)
6. 평남분지
   (平南盆地)
7b. 연백탁상지
   (延白卓狀地)
7a. 옹진분지
   (甕津盆地)
B. 추가령지구대
   (楸哥嶺地溝帶)
8. 경기육괴
   (京畿陸塊)
9. 충남함몰대
   (忠南陷沒帶)
10. 공주함몰대
    (公州陷沒帶)
11a. 옥천신지향사대
     (沃川新地向斜帶)
11b. 옥천고지향사대
     (沃川古地向斜帶)
12. 영남육괴
    (嶺南陸塊)
   a. 태백산지구
      (太白山地區)
   b. 지리산지구
      (智異山地區)
13. 영동-광주함몰대
    (永同-光州陷沒帶)
14. 경상분지
    (慶尙盆地)
15. 연일분지
    (延日盆地)
16. 환동해알칼리화산암지구
    (環東海알칼리火山岩地區)

[그림 1]   한반도의 지체구조구도(地體構造區圖)(김옥준 외, 1980)

[표 1] 한국의 지질계통표(정창희, 1985)(시생대와 원생대 자료, 대한지질학회, 1999)

지질시대		남한 위주의 지질계통				남한의 구통명	북한 (1993)	구계
		계	통/조	층·층군·누층군				
신생대	제3기	제3계	서귀포조 연일통 양북통	서귀포층 연일층군 양북층군 왕산층			칠보산층군 명천통 봉산통 신리통	제3계
중생대	백악기	경상계		불국사관입암군 유천층군 하양층군 신동층군	경상누층군	불국사통 신라통 낙동통	대보계 자성계	상부대동계
	쥬라기	성주계	묘곡조	묘곡층				
	트라이아스기	황지계	(남포통) 예산통 (녹암통)	남포층군 반송층군 동고층	평안누층군	대동통 녹암통	대동계	하부대동계
고생대	페름기	철암계	(고방산통) 장성조 밤치조	고한층 도사곡층 함백산층 장성층 밤치층	평안누층군	고방산통 소위 사동통	평안계	평안계
	석탄기	고목계	금천조 만항조	금천층 만항층		소위 홍점통		
	데본기						임진계	
	실루리아기	회동계	회동조	회동리층			황주계	조선계
	오르도비스기	상동계	예미산조 문곡조	두위봉석회암 직운산셰일 막동석회암 두무동셰일 동점규암	조선누층군	대석회암통		
	캄브리아기	삼척계	호명조 이연내조	화절층 풍촌층 묘봉슬레이트 장산규암		양덕통		
원생대		연천계(태백산층군, 율리층군) 춘천계(춘성층군, 장락층군) 편마암복합체(양평층군, 시흥층군, 부천층군)				화강편마암계	구현계 상원계 마천령계	
시생대		서산층군				결정편암계	낭림계	

[표 2] 한국 및 중국 선캠브리아 암석의 대비(나기창, 1982와 Cheong et al., 2000을 종합 및 수정)

	억 년 전	경기육괴		영남육괴		북한 (1996)	중국
선 캠 브 리 아 누 대	—10—	연 천 계		지리산화강편마암 홍제사화강편마암(Ⅱ)		구현계 상원계	진단계
			화강편마암				
		춘 천 계	춘성층군	율리계	태백산통 율리통	마천령 계	선장성계
			장락층군				
	—17—		화강편마암	화강편마암 홍제사화강편마암(Ⅰ)			
		경기변성암 복합체 (경기편마암 복합체)	양평층군	영남계	원남통	낭림계	
			시흥층군		기성통		
	—25—		부천층군		평해통		

대한지질학회(1999)는 [표 1]과 같이 경기변성암복합체를 하부 원생대로 변경하고, 율리계(율리층군)와 태백산통(태백산층군)을 연천계에 대비함. 이승렬과 조경호(2012)에 의하면 한반도에 시생대의 기반암은 존재하지 않으며, 상원계와 구현계를 제외한 선캠브리아 시대의 변성암은 대부분 고원생대(23~18억 년 전)에 해당함.

1. 경기육괴의 선캠브리아 변성암

1. 경기변성암복합체(京畿變成岩複合體)

이는 경기지괴([그림 1] 참조)에 분포된 변성암으로서 종래 화강편마암계로 기재되어 오던 것이나 최근의 연구로 그 대부분이 준편마암류(호상편마암·반상변정편마암·미그마타이트질 편마암)이며 이에 흑운모녹니석편암·결정질석회암·규암이 협재한다는 사실이 밝혀졌다. 이 복합체는 심한 화강암화작용을 받았고 또 여러 번의 변성작용을 받아 암상의 변화가 대단히 심하므로 지층의 추적과 세분이 곤란하여 이들을 일괄하여 경기변성암 복합체 또는 경기편마암 복합체라고 부르게 된 것이다.

[표 2]에서 보는 바와 같이 이 복합체는 3개의 층군으로 나누어지는데 **부천층군**은 흑운모석영장석편암·흑연편암·편마암·석회암·석회규산염암으로 구성되며, **시흥층군**은 이 복합체의 대부분을 차지하며 주로 호상편마암과 반상변정편마암으로 구성되어 있고 이에 흑운모석영장석편암·편마암·녹니석편암·얇은 석회암층이 협재된다. **양평층군**은 주로 양수리 도폭(兩水里圖幅)과 양평 도폭에 분포하는 호상편마암이다. 이 복합

체는 그 변성정도가 연천군에 분포된 연천계와는 현저히 다르므로 연천계의 하위에 해당하는 지층군일 것으로 취급된다.

경기 및 영남육괴의 변성암류는 Rb/Sr 전암법(全岩法)으로 절대 연대가 4군으로 나누어졌다(엄상호, 1979). 즉 제 1 군은 27.65~26.40억 년, 제 2 군은 20.10~19.85억 년, 제 3 군은 17.00~15.25억 년, 제 4 군은 13.30~8.57억 년이다. 경기변성암복합체는 제 1 및 제 2 군에 해당한다.

2. 춘천계(春川系)

춘천계는 장락 및 춘성층군으로 구분된다. 장락층군은 가평 및 용두리 도폭에 분포되며 규암층·흑운모편마암·석회암·각섬석질암·변성역암·규질편마암·저변성편암으로 되어 있다. 장락층군의 기저는 경기변성암 복합체를 부정합으로 덮는다. **춘성층군**은 녹니석편암·안구상편마암·석회암·흑운모편암·호상편마암으로 구성된다. 이는 장락층군과 경기변성암 복합체의 시흥층군을 부정합으로 덮는다.

3. 연천계(漣川系)

연천계의 표식지는 연천군이며 여기서 연천계는 화강편마암에 의하여 관입되고 이들은 고생대 지층에 의하여 부정합으로 덮여 있다. 상원계는 화강편마암을 부정합으로 덮으므로 연천계는 상원계보다 오랜 지층이다. 여기서 화강편마암으로 기재된 암석은 실은 준편마암임이 밝혀져서 연천계는 경기지괴의 선캠브리아 변성암 중에서는 가장 상위의 것으로서 춘천계보다도 후기의 암석으로 생각된다. 연천계와 춘천계를 합하여 **연천층군**으로 하자는 제안이 있다(나기창, 1978).

2. 영남육괴의 선캠브리아 변성암

1. 영남계(嶺南系)

영남계는 영남육괴 북동부에 분포되며 3개의 통으로 구분된다. 이 육괴의 남서부인 지리산 지역의 영남계는 화강암화 작용이 진전되어 암석의 구분이 불가능하여 지리산편마암복합체라고 부르게 되었다. **평해통**은 이질기원암의 변성암인 안구편마암·호상편마암·운모편암 및 사질기원암의 변성암인 세립질 석영장석흑운모편마암·규암·석영견운모편암으로 구성되며 결정질 석회암과 각섬석질암이 협재되어 있다. 심한 습곡작용을 받았으며 암상은 원남층과 비슷하다. **기성통**은 변성집괴암·변성응회암·변성분출암과 같은 변성암류로 구성되어 있으나 간혹 변성퇴적암도 협재된다. 평해통을 부정합으로 덮고 원남층으로 덮인다. **원남통**은 아래서 위로 원남층·동수곡층(東水谷層)·장군석회암층(將軍石灰岩層)·두음리층(斗音里層)으로 4분된다. 원남층은 주로 변성이질암과 변성사질암의 호층으로 되어 있고, 동수곡층은 천매암과 견운모편암으로 구성된다. 장군석회암층은 주로 괴상의 석회암으로 구성되어 있으며 두음리층은 율리계에 의하여 부정합으로 덮이고 운모편암·천매암·근청석(菫靑石)·사질점판암으로 되어 있다.

장군석회암은 그 암상이 조선계의 대석회암층군과 비슷하여 이와 대비될 것으로 보인다.

2. 율리계(栗里系)

율리계는 녹니석편암·흑운모규선석편암·규암·석영흑운모편암·견운모녹니석편암으로 되며 율리통과 태백산통으로 나누어진다. **율리통**은 장산규암(壯山珪岩)에 의하여 부정합으로 덮인다. **태백산통**(太白山統)은 태백산 부근에 분포하며 율리통을 부정합으로 덮으나 하부 고생대층에 의하여 부정합으로 덮인다. 태백산통은 견운모편암·운모편암·규암으로 되어 있으며 18~19억 년의 연령을 갖는 화강암류의 관입을 받았다. 율리계의 형성시기는 최근 U-Pb 저어콘 절대 연령 측정결과 약 20~22억 년인 것으로 알려져 있다.

3. 지리산편마암복합체(智異山片麻岩複合體)

심한 화강암화작용과 변성작용을 받은 퇴적기원의 변성암류가 지리산 부근에 분포되어 있다. 그 변성 연령은 7.74~12.43억 년으로서 그 근원암은 영남계와 율리계에 대비되는 것이다. 괴상화강편마암·반상변정편마암·백립암(白粒岩)·규암으로 된 준편마암과 우백질화강편마암·각섬석흑운모편마암·아노르소사이트질 편마암으로 된 정편마암으로 구성된다. 준 및 정편마암의 경계는 대체로 점이적이다. 이들은 같이 후퇴변성작용을 받았고 또 함께 광역변성작용을 받은 것으로 보인다(이상만, 1980).

각 지괴의 변성암을 대비하면 [표 2]와 같다.

3. 북한의 선캠브리아 변성암

1. 마천령계(摩天嶺系)

이 계는 함경남북 도계에 따라 비교적 넓게 분포되어 있는 변성퇴적암으로서 두께 약 6,000m인 고회암 및 석회암을 주체로 한 운모편암·흑연편암·사장암·각섬석편암·운모편마암으로 되어 있다. 대규모의 석회질 암층의 협재는 이 계의 현저한 특징으로서 연천계와 옥천계에서는 풀 수 없는 일이다. 이 계는 습곡과 단층에 의하여 심히 교란되어 있고 다량의 화성암류의 관입을 받아 변성 정도가 높으므로 그 층서와 구조를 밝히기도 곤란하다. 이 계에 관입된 화성암 중 가장 분포가 넓은 것은 박상(剝狀)화강암이다. 그 관입 시기는 선(先)쥬라기임이 밝혀져 있어 이 계의 시대도 선쥬라기임이 분명하다. 이 계의 석회암 중에는 와권석회암(渦卷石灰岩)의 층이 발견되어 마천령계를 원생대층에 대비케 해 준다. 와권석회암은 상원계 중에서도 발견되는 스트로마톨라이트 *Collenia*로 생각된다. 마천령계의 시대는 16~20억 년 전으로 원생대 초엽에 해당된다. 마천령계 중의 두꺼운 석회암 하부에는 마그네사이트의 큰 광체가 있으며 매장량은 수십 억 톤이다.

2. 화강편마암류(花崗片麻岩類)

이는 회색화강편마암 또는 고구려화강암이라고도 불리며, 평북육괴와 단천탁상지를 거의 완전히 덮는다. 편마암의 주성분광물은 담회색 장석·회색 석영 및 흑운모(보통 금색을 띰)이며, 곳에 따라 소량의 석류석·근청석·전기석·흑연을 함유한다. 보통 비교적 뚜렷한 편마 구조를 보이며 흑운모·장석·석영이 평행한 호층을 이룬다. 곳에 따라서는 박리 또는 안구구조를 보여 준다. 편마암 중에는 결정편암이 포획암으로 다량 포함되어 있고, 어떤 것은 편마암에 의하여 동화되어 그 경계선이 불명하고 점이적으로 변해 가는 부분도 있다. 편마암의 다량은 기존 퇴적암 또는 그 변성암을 화강암의 마그마가 동화하여 이루어진 혼성암일 것으로 생각된다. 이 암류의 표식적인 분포지라고 할 수 있는 함흥 부근의 화강편마암류는 함흥편마암이라고 불리며 함흥편마암에서도 상기한 특징들과 성인이 확인되는 동시에 지름 10cm 이상에 달하는 큰 미사장석-퍼다이트(microcline-perthite)의 변정이 산재되어 있다.

화강편마암은 변성퇴적암류로 된 마천령계에 관입하였고 황해도에서는 상원계에 의하여 부정합으로 덮인다. 상원계에 의하여 부정합으로 덮여 있는 화강편마암은 그 시대가 원생대 이전일 것이고, 마천령계에 관입한 것은 원생대 중엽 이후의 것일 가능성이 있다.

3. 상원계(祥原系)와 구현계(駒峴系)

상원계가 처음 기재된 지방은 평안남도 중화군 상원이나 그 주요 분포지는 상원의 상원계와 연속되어 있는 황해도이고, 평안남도에서는 상원 북쪽으로 대상(帶狀)으로 굴곡하며 길게 분포된다. 강원도 북부와 함경남도 북동부 및 평안북도에서는 분포 면적이 넓지 못하다. 이와 같이 이 계의 분포지는 주로 북한 남부에만 국한되고 강원도 김화군과 소청도의 작은 분포지를 제외하면 남한에는 아직 이에 대비할 것이 알려져 있지 않다. 1996년 북한에서 발행된 *Geology of Korea*

[표 3] 상원계와 구현계의 구분

(고생대층)		
구현계	룡리통	천매암, 실트암 두께 280~470m
	피랑동통	셰일, 천매암, 역암, 고회암 두께 192~285m
상원계	멸악산통	천매암, 석회암, 편암, 고회암 두께 1,100~1,400m
	묵천통	고암, 천매암, 편암, 석회암 두께 1,200~1,500m
	사당우통	석회암, 고회암 두께 1,600~2,200m
	직현통	규암, 천매암, 편암, 불순한 대리암 두께 2,900~3,200m
(화강편마암 또는 변성퇴적암)		

에 의하면 종래의 상원계는 [표 3]과 같이 상원계와 구현계로 구분되었다.

이 계 중의 석회암에는 *Collenia*가 발견되는 곳이 있다. 상원계는 평안남도 북서부에서 변성퇴적암(上水陽統)을 부정합으로 덮으나 다른 곳에서는 이런 관계를 볼 수 없고 황해도와 평안남도 동부에서는 화강편마암류를 부정합으로 덮는다.

북한의 상원계와 조선계와의 관계는 평행부정합 내지 미약한 경사부정합으로 되어 있어 상원계를 덮는 조선계는 북으로 감에 따라 점점 얇은 상원계를, 나중에는 화강편마암을 직접 부정합으로 덮는다. 남한에서도 태백산통 및 이른바 화강편마암이 조선계에 의하여 부정합으로 덮인다. 이 계가 조선계에 의하여는 부정합으로 덮여 있으며 다양한 스트로마톨라이트를 함유하는 사실은 이 계가 원생대층임을 입증한다. 소청도에 분포한 상원계의 상부 지층에서는 다양한 스트로마톨라이트 화석이 산출된다(김정률·김태숙, 1999). 이는 남한에서 발견된 화석 중 가장 오래된 것이다.

4. 옥천누층군(沃川累層群)

　　충청북도 충주 부근으로부터 남서 방향으로 옥천을 지나 익산 북쪽 15km까지 대상으로 길게 분포되어 있는 옥천누층군은 그 시대 문제로 아직 학자들 사이에 상당한 견해차가 있는 암층이다. 이는 천매암·함력천매암·운모편암·규암·각섬암·사암·점판암으로 되어 있으며, 함력천매암은 다량의 석회암·규암·소량의 화강암(?)·화강편마암(?)의 자갈을 포함한다.

　　구성 암석의 변성 정도는 전기한 변성퇴적암의 그것에 비하여 대단히 낮으며 점판암 중에는 불량한 토상흑연 광상이 들어 있다. 규암과 점판암은 평안계 중에서 발견되는 것들과 큰 차가 없어 화석을 얻고자 하는 노력이 가해지고 있으며, 최근에는 그 중에서 인상이 불명한 식물화석이 발견되었으며 석회암 중에서는 코노돈트의 파편이 발견되었다. 또 고회암층에서는 고생대 캄브리아기의 표준화석인 고배류 Archaeocyatha가 보고되어 있다.

　　이 누층군에 화강암화작용을 받은 부분이 있음은 전부터 알려져 있는 사실이다. 그런데 이는 상기한 바와 같은 특징을 가지고 있어 변성 정도가 낮은 부분은 적어도 선캄브리아 지층이 아닐 것이며 고생대층 또는 중생대층의 변성물일 것이라는 생각이 있었다. 함력천매암 중의 화강암(?)력, 식물화석의 인상과 다른 화석들은 이 누층군 일부의 시대에 대한 새로운 해석을 요구하고 있다. 최근 U-Pb 저어콘 연대 측정으로 옥천누층군의 일부는 석탄기에 해당한다는 연구 결과가 알려져 있다.

[표 4]　옥천누층군의 층서 및 대비

시대	이종혁(1986)		대비되는 층
오르도비스기	명오리층	옥천누층군	문주리층 일부·조봉층·이화령층
	내사석회암층		
	화강리층		이원리층·군자산층·백화산층·북노리층
	구룡산층 (고철질변성화산암 및 녹색암)		창리층·상내리층·국사봉층 일부 서창리층·문주리층 일부·비봉산층
	화전리층		마전리층 일부(?)·고운리층 일부(?)
캄브리아기	운교리층		계명산층·대향산고회암층·대석회암층군 (화천리층·부곡리층·마전리층)
선캄브리아	화강편마암		

적어도 종래 이 누층군으로 취급되어 오던 지층의 대부분은 선캄브리아 지층에 속하지 않고 고생대층과 중생대층 중의 어떤 지층의 변성물일 가능성도 있다. 최근 탄산염암층을 건층(鍵層)으로 하여 층서를 밝힌 연구 논문이 있어 이를 기준으로 하여 종래의 지층명을 대비해 보면 [표 4]와 같다.

5. 캄브로 · 오르도비스누계(조선누층군)

종래 고생대의 암층은 하부 고생대층인 조선계와 상부 고생대층인 평안계로 2대분된다. 전자는 평안남도와 황해도에 대단히 넓게 분포되어 있으며, 강원도(충북 및 경북에도 걸침)에도 비교적 큰 분포지가 있다. 평안북도에는 압록강 연변에 몇 개의 작은 노출지가 있다.

[표 5] 조선계의 구분(북한)

		(평안계)
조선계	대석회암통	석회암 · 규암 · 셰일 두께 1,200m
	양덕통	규암 · 셰일 · 천매암 두께 100~500m

하부 고생대층은 주로 두꺼운 석회암층으로 구성되며, 그 하부에 규암과 셰일로 된 층이 있어 이를 2대분할 수 있게 한다. 즉 하부는 규암과 셰일로 되어 있고, 상부는 주로 석회암으로 되어 있다.

하부 고생대층의 지질시대는 캄브리아기 초로부터 오르도비스기 중엽에 이른다. 이는 선캄브리아로 생각되는 화강편마암 · 변성퇴적암 · 상원계를 곳에 따라 부정합으로 덮는다. 조선계의 상부는 평안계에 의하여 평행부정합으로 덮여 있다.

이는 삼엽충 · 필석 · 두족류의 화석을 많이 포함하고 있어(규암은 예외) 화석에 의하여 세분된다. 삼척 탄전의 석회암에서는 이하영 교수에 의하여 오르도비스기 코노돈트 *Serratognathus*(신속), *Cistodus*, *Drepandus*, *Scolopudus*가 발견되었다.

1. 캄브리아계 하부(양덕층군)

하부 고생대층이 드러나 있는 곳에서는 어디서나 규암과 셰일의 분포를 볼 수 있으며 그 주요한 분포지는 평안남도 · 황해도 · 강원도 기타 지방이다. 캄브리아계의 하부는 유백색 내지 담홍색의 규암으로 되어 있고, 그 상부는 흑색 · 암회색 · 암록회색의 셰일 · 점판암 또는 천매암으로 되어 있다. 평안남도 중화군에서는 하부의 규암층을 문산리층(文山里層)이라고 부르며, 강원도에서는 장산규암이라고 명명되어 있다.

문산리층은 [표 6]과 같이 문산리 규암과 그 밑의 *Protolenus*셰일(두께 10m)로 구분되며 이 얇은 셰일은 *Obol-us · Protolenus · Aluta · Pteropoda*를 포함하므로 동아시아에 알려져 있는 캠브리아 지층 중 가장 오랜 것임이 확인되며, 그 시대는 캠브리아기 초엽의 중기에 해당한다. 문산리

[표 6] 양덕통의 구분 및 대비

		강원도(상동면)	평안남도		강원도(영월)
하부캠브리아	양덕통	묘봉슬레이트 80~300m	송라층		삼방산층 750~1,000m
		장산 규암 40~300m	문산리층	문산리 규암	노출 없음
				Protolenus 셰일 10m	

층에 대비되는 강원도의 장산규암은 두께 2~4m의 기저역암을 두며 그 위에 이 규암의 주요부인 규암층을 발달시킨다. 기저역암의 역(礫)으로서는 유백색 규암이 많으며, 화강암역 및 점판암의 역도 포함된다. 화강암역은 기저 부근에만 많고 상부로 향함에 따라 화강암역은 없어진다. 장성 탄광 동점(銅店) 부근에서 관찰된 바에 의하면 화강암역은 그 원마된 모양이 극히 이상하며 역에 따라서는 깊은 구멍이 생겨 있다. 동점 계곡 동쪽에는 일견 묘봉슬레이트로 보이는 지층이 있으나 연구 결과에 의하면 묘봉슬레이트와는 암상이 전혀 다른 사암과 실트암의 호층이다. 이는 면산층(綿山層)이라고 명명되었다(Kim and Cheong, 1987).

장산규암 상위에는 묘봉슬레이트가, 문산리층 상위에는 송라층(松羅層)이 각각 정합으로 놓여 있다. 묘봉슬레이트 하부에서는 *Redlichia*, 중부에서는 *Obolella, Salterella*, 상부에서는 *Nisusia, Elrathia* 가 발견된다. 이들 화석에 의하며 묘봉슬레이트의 하부와 중부는 송라층에, 상부는 임촌점판암(중부 캠브리아 하부)에 대비될 것으로 보인다. 송라층 중에서도 *Redlichia, Obolella, Nisusia*가 발견되며 하부 캠브리아 상부의 지층임을 가리킨다. 최근 장산규암과 상부의 묘봉슬레이트 사이에 부정합의 발견으로 장산규암의 지질연대는 선캠브리아라는 연구 결과가 알려져 있다(Kim and Lee, 2003, 2006).

2. 캠브리아계 상부~오르도비스계

분포지는 캠브리아계 하부의 분포지와 거의 일치된다. 이들은 거의 전체가 석회질 암석으로 되어 있다. 강원도에서는 셰일 · 이회암 · 사암 · 규암을 그 중에 개재하여 이들을 세분하는 열쇠가 되어 있다. 이 곳의 석회암은 그 성질에 따라 대체로 3대분할 수 있다. 즉 하부는 유백색의 석회암으로 되어 있고 중부는 그 풍화면에 특유한 모양(벌레가 파먹은 모양)을 보이는 충식석회암이 분포되어 있으나 상부에는 충식(蟲蝕) 석회암이 대

단히 적다. 중부에는 사암 또는 규암층이 수층 협재되어 있으며, 사암 또는 규암 아래에는 두께 20~50m인 이회암과 자색 셰일이 있다. 상부는 회색 석회암으로 되어 있으며 일부는 고회질이다.

강원도의 하부 고생대층은 [표 7]과 같이 세분된다. 화석에 의하면 화절층(花折層)은 상부 캠브리아에 속하는 것으로 보이며 동점규암(銅店珪岩)은 캠브리아계의 최상부에서 오르도비스기 초로 보인다. 두무골(斗務洞) 셰일 중에서는 오르도비스기 초엽의 화석이 산출되며 직운산(織雲山) 셰일에서는 *Diplograptus, Parabasilicus, Orthoceras, Orthis, Rafinesquina*가 발견된다. 이들 화석에 의하면 직운산 셰일은 중부 오르도비스의 하부에 속하는 지층이다. 또 두위봉석회암(斗圍峰石灰岩)은 중부 오르도비스기 중부에 해당하는 화석을 산출한다. 따라서 강원도 태백시 일대의 석회암질 지층은 캠브리아기 중엽으로부터 오르도비스기 중엽에 이르는 시대에 속함을 알 수 있다.

최근 남한의 하부 고생대층은 [표 7]에 표시된 바와 같이 2개의 층군으로 구분되었다. 평안남도 성천(成川)에서의 구분도 [표 7] 중에 표시되어 있다. 은산석회암(殷山石灰岩) 및 그 상위의 층은 모두 석회암 또는 석회질암석으로 되어 있고 그 두께는 약 900m이다. 초산통(楚山統) 최하부에는 두께 약 80m의 임촌점판암(林村粘板岩)이 있으며 그 중에서는 캠브리아기 중엽의 화석이 많이 산출되므로 대석회암통과 양덕통을 나누는 데 좋은 기준이 된다. 만달통(晩達統)은 두께 300m에 달하는 석회암층으로서 오르도비스기 중엽을 가리키는 화석을 포함하며 홍점통에 의하여 부정합으로 덮여 있다.

[표 7] 하부 고생대층의 구분 및 대비

					평안남도(성천)	강원도(태백)		강원도(영월)
오 르 도 비 스 기	조 선 누 층 군	대 석 회 암 통	상 부		만달통	두위봉석회암	상 동 층 군	영흥층
						직운산 셰일		
			중 부	초 산 통	신창 이회암	막골(洞)석회암		문곡층
						두무골(洞)셰일		
			하 부		은산 석회암	동점규암		와곡층
						화절층	삼 척 층 군	
					임촌 점판암	세송셰일		마차리층
						대기층		
캠 브 리 아 기				양덕통	송라층	묘봉슬레이트		
					문산리층	장산규암		

황해도 겸이포(兼二浦) 부근의 고회질석회암 중에서 *Stophomenoid, Stereoplas-moceras* 및 기타 오르도비스기 말엽의 화석이 발견된다. 이는 한국의 오르도비스계 중 가장 상위를 점하는 것으로서 그 하위에 해당할 대석회암통 상부(중부 오르도비스기 중엽)와는 어떤 관계를 가지고 있는지 알 수 없다.

6. 실루리아계(系)

1980년 이하영 교수는 강원도 정선군 회동리의 이른바 대석회암통상부에서 실루리아기 코노돈트 화석 60종을 기재하고 이 지층을 회동리층(檜洞里層, 두께 200m)으로 명명하였다. 이로써 남한에서는 처음으로 실루리아계가 발견된 것이다.

1934년 평안남도 겸이포 부근에 분포한 대동계의 기저역암역에서 실루리아기를 지시하는 *Favosites*가 발견되었다. 이로써 이 곳에는 실루리아계가 노출되어 있었고 이것이 침식을 받으며 대동계의 기저역암 중에 석회암역을 공급했을 것이며, 그 실루리아계가 잔존할 가능성이 기대되던 중 1986년 평양 남동쪽 약 90km에 위치한 곡산에서 실루리아기를 지시하는 화석 *Favosites*를 포함한 지층이 발견되었다. 대석회암통 위에 놓인 실루리아계를 2개의 통으로 구분하여 그 하부를 곡산통(두께 약 240m), 상부를 월양리통(두께 140m)으로 명명하였다. 남한에서는 데본계에 해당하는 지층이 발견되지 않았다.

북한에서는 1978년 철원-개성 사이에 분포한 두꺼운 지층을 데본계로 인정하고 이를 림진계(두께 2,000~3,670m)라고 명명하였다. 이는 하부의 안협통(두께 200~850m, *Spirifer*포함), 중부의 부압통(940~1,190m) 및 상부의 삭녕통(두께 860~1,630m)으로 세분되어 있다.

7. 천성리통(天聖里統)은 금천조(黔川組)

평안남도 순천군 천성리(1934년)와 충청북도 단양군 고수리(Yabe and Suzuki, 1956년)에서 데본기의 산호화석 *Disphyllum* 및 *Phillipsastraea*가 보고되었다. 전자는 천성리통이라 명명되었다. 그러나 1971년 이들 화석이 각각 석탄기의 *Diphyphyllum* 및 *Arachnastraea*로 판명되고 고수리에서는 전자와 함께 모스코비안(Moscovian)의 방추충이 발견되어 데본기로서의 천성리통은 실재하지 않음이 밝혀졌다. 충청북도 단양

군 고수리의 산호화석은 중부 모스코비안을 지시하는 *Arachnastraea manchurica*와 *Diphyphyllum delicatum*으로 동정 기재되었다(김정률·이효녕·정창희, 1999).

8. 석탄·페름누계(평안누층군)

상부 고생대층은 하부 고생대층을 비정합으로 덮으며 그 분포 면적은 후자보다 퍽 적다. 그 주요 노출지는 평안남도 북부·평양 부근·함경남도 남서부·강원도 남동부 및 강원도에서 뻗어나가 충청북도 북동부·전라남도 남서부에 달하여 있고 황해도 남동부·함경북도 북부에도 분포되어 있다.

상부 고생대층 하부에는 약간의 해성층이 개재되어 있으나 대부분이 육성층이다. 이는 여러 가지 색의 사암·셰일·석회암으로 되어 있으며 그 중하부에는 석회암층이 수층 협재되어 있다. 이는 북한에서 암석의 색에 따라 4통으로 구분되어 있다([표 8] 참조).

[표 8] 상부 고생대층의 세분

전국(종래)			시대	삼척탄전(정창희, 1969)		영월탄전(정창희, 1969)
(대동계, 경상계)			백악기 쥐라기	적각리층		
평안계	녹암통	녹색·적색사암·셰일 두께 1,000m	트라이아스기	황지층군	동고층	
	고방산통	염회색·유백색·사암, 흑색·암회색·녹색·적색 두께 500m	페름기		고한층	
					도사곡층	
					함백산층	
	사동통	흑색·암흑색·회색사암, 흑색셰일, 석탄, 석회암 두께 200m		철암층군	장성층	미탄층
					(결층)	밤치층
	홍점통	자색·녹회색·조립사암, 사질셰일, 석회암, 역암 두께 200~460m	석탄기	고목층군	금천층	판교층
					만항층	요봉층
(조선계)			오르도비스기	상동층군		(조선계)

이 층의 석회암 중에서는 방추충의 화석이 발견되며 탄층 상반에는 식물화석이 있어 잘 연구되어 있다. 이 층은 석탄기 중엽에서 시작되어 트라이아스기 초엽에 이르는 지층으로서 고생대와 중생대 사이에는 지각변동이 없었음을 가리켜 준다.

상부 고생대층은 대부분 심한 습곡작용을 받아 대소의 배사와 향사가 도처에서 발견되고 또한 동시에 일어난 역단층 또는 오버드러스트(overthrust)로 크게 교란되어 있다. 이 심한 습곡작용은 쥬라기 말에 일어난 것으로서 전국에 걸친 것이었다.

1. 홍점통(紅店統)

북한의 홍점통은 자색 셰일·녹회색 셰일·녹회색 사암·백색 석회암·자색 역암으로 되어 있다. 보통 조립사암이라고 불리는 것 중에는 입자의 장경이 4mm 이상에 달하여 각력암이라고 불러야 할 것이 많다. 흑색 또는 암흑색을 띠는 부분은 거의 발견되지 않으나 곳에 따라서는 10cm 내지 30cm의 두께를 가진 연속성이 약한 석탄층이 개재되어 있다. 보통 석회암의 발달이 불량하며 렌즈 모양의 담회색석회암이 층준을 달리하여 개재된다. 수평 방향으로의 암상의 변화가 심하여 근접한 지역 사이에서도 사암과 셰일의 양적 비가 달라지며 석회암은 대체로 셰일이 발달된 곳에 많고 사암이 발달된 곳에 적다. 셰일 중에는 흑색의 작은 광물(ottrelite, 0.5mm 내외)이 많이 점재됨을 볼 수 있다. 이 통에는 화석이 흔하지 못하나 그 기저 부근에서는 식물화석 *Neuropteris* 및 *Lepidodendron*, 석회암층에서는 *Spirifer, Schizophoria, Productus, Lingula, Chonetes* 같은 동물화석이, 유공충화석으로서는 *Fusulinella, Eostaffella, Pseudostaffella, Pseudowedekindellina, Millerella*가 발견된다. 유공충화석에 의하면 이 통의 시대는 모스코비안 하부(Pennsylvanian 중엽)이다.

화석이 발견되지 않는 곳에서는 암질로써 구분할 수밖에 없는데 암석은 상위의 사동통으로 향하여 색이 점변하는 곳이 많으므로 암색이 완전히 암회색을 띠는 사암 또는 셰일의 직하까지를 홍점통의 한계로 삼아야 할 것으로 생각된다. 이 통 기저에는 대석회암통을 부정합으로 덮는 기저역암이 발달되는 일이 매우 적다.

남한에서는 홍점통에 해당하는 지층을 고목층군으로 구분하며 이는 하부의 만항층과 상부의 금천층으로 이루어져 있다.

2. 사동통(寺洞統)

북한에서 이 통은 전체로 암회색 내지 흑색의 사암·셰일·수층의 흑색석회암으로 되어 있고, 수층의 무연탄층을 협재함이 특징이다. 사동통은 암질에 따라 하부와 상부로 구분할 수 있다. 즉 하부는 석회암을 협재하는 흑색셰일과 흑색사암으로 되어 있고, 석회암에는 동물화석이 많이 들어 있다.

상부는 흑색 사암과 흑색 셰일의 호층으로 되어 있으며 무연탄층을 협재한다.

이상과 같은 구분은 거의 전국의 사동통에 대하여 가능하다. 다만 이 층의 두께는 평안남도 북부 탄천에서 450m이고 삼척 탄전에서는 150m 내외이다. 평양 부근에서는 겨우 80m에 달하는 곳도 있다. 영월 탄광에서는 그 두께가 450m 이상에 달하나 이는 층 내에 일어난 습곡으로 두께가 약간 증대되어 보이는 듯하다.

남한에서는 북한의 사동통을 철암층군이라고 하며, 이에 해당하는 지층은 석탄층을 함유하는 장성층이다.

그런데 최근 종래 페름계로만 생각되어 온 사동통에 관하여 중대한 문제가 발생하였다. 사동통이라고 하면 이는 일정한 지질시대 중에 퇴적된 일련의 지층을 의미하여야 한다. 이른바 사동통 하부의 석회암 중에서 방추충을 연구한 바에 의하면(정창희, 1969) 삼척 탄전의 사동통 하부는 *Fusulinella, Fusulina, Neostaffella* 같은 모스코비안에 특유한 화석을 함유함에 반하여 영월 탄광의 사동통 하부에서는 *Pseudofusulina, Pseudoschwagerina, Quasifusulina* 같은 사크마리안(Sakmarian)(페름기 초엽)에 특유한 화석이 발견된다.

북한과 삼척 탄전의 이른바 사동통 상부에서는 식물화석으로서 *Annularia, Calamites, Lepidodendron, Cordaites, Callipteris, Callipteridium, Odontopteris, Mariopteris, Lonchopteris, Pecopteris, Sphenphyllum*이 발견된다. 이로 보아 삼척 탄전의 사동통 상부(정창희의 장성층)는 페름기의 지층임이 분명하며 영월 탄전의 사동통 하부(정창희의 밤치층)의 지질시대와 같다. 그러므로 사동통의 지질시대를 일률적으로 페름기라고 하여서는 안 될 것이다.

3. 고방산통(高坊山統)

북한에서 이 통은 담색 조립사암을 주체로 하며 흑색, 갈색 내지 회색의 셰일이 사암 사이 사이에 들어 있고, 연속성이 불량한 얇은 석탄층이 협재되는 일이 있다.

이 통의 암석은 견고한 사암이 주이며 이는 침식에 대한 저항이 강하여 대체로 언제나 높은 산을 이루는 성질이 있다.

고방산통의 기저에는 보통 우세한 유백색 석영사암이 있어 암상으로 비교적 쉽게 사동통과 구별된다. 고방산통 상부에는 황갈색의 연약한 셰일과 사암이 있고 이는 그 상위의 녹암통에 의하여 부정합으로 덮인다.

남한의 고방산통은 하부로부터 함백산층, 도사곡층, 고한층 및 동고층으로 세분되어 있다.

고방산통의 식물화석으로는 *Chiropteris, Ctenopteris, Thinnfeldia, Protoblechnum, Plagiozamites*가 있다. 사동통과는 공통 속이지만 종을 달리하고 이 통에서는 *Lobatannularia, Sphenopteris, Gigantopteris, Shirakia, Desmopteris, Tingia*가 다수 산출된다.

식물화석에 의하면 이 통의 지질시대는 페름기이다.

손치무 교수와 정창희는 이른바 고방산통 하부에 유백색 조립사암이 약 250m의 두께로 뚜렷이 구별됨에 주의하여 이를 함백산층(咸白山層)이라고 명명하였다.

4. 녹암통(綠岩統)

이 통은 대체로 평안계 분포지역에 그 분포를 볼 수 있으나 그 면적은 보통 협소하다. 그 구성 암석은 아르코즈사암·녹색 사질셰일·역암이고 셰일의 박층이 간혹 개재된다. 대체로 이 통 하부에는 사암이 많고 그 중부는 사암과 역암의 호층으로, 상부는 사질셰일과 사암의 호층으로 되어 있다. 두께 수 m 내외의 자색 사질셰일 및 셰일층이 간혹 녹색 암층 중에 협재하기도 한다.

이 통 중에서는 화석이 거의 발견되지 않으므로 그 시대는 명확히 판정하기 곤란하나 고방산통의 시대로 보아 트라이아스기일 것으로 보인다. 이 통에 대하여도 정창희는 새로운 층명을 주었다.

이상에서는 종래 사용되어 온 지층명을 그대로 설명하였으나 1969년 이후에 새로 제정되어 사용되고 있는 지층을 소개한다([표 1] 참조). 이들 층명을 시간층서적이 층명으로 바꾸어 조(組)로 명명하였다.

5. 평안누층군(平安累層群)—상부 고생대층

남한에서 이 누층군은 아래에서 위로 만항층·금천층·밤치층·장성층·함백산층·도사곡층·고한층·동고층으로 구분된다(손치무, 정창희, 1969, 1974). 이 구분은 생층서학적 및 암상적 연구로 이루어진 것으로서 종래 사용된 홍점통·사동통·고방산통 및 녹암통을 대체하는 구분이다. 이 누층군을 4개의 통으로 나눈 것은 처음 평양 탄천에서 였으며 이 구분은 생층서적 및 암상적으로 그대로 남한에 적용하기가 어렵게 된 것이다.

이 누층군의 층들은 대체로 전부 또는 일부가 삼척 탄전·영월 탄전·정선 탄전·강릉 탄전·단양 탄전·문경 탄전에 분포하며 화순 탄전과 보은 탄전에도 분포된 것으로 생각된다.

(1) 만항층(晚項層)　이는 대체로 종래 홍점통으로 불리는 지층에 해당한다. 오르도비스기 석회암(두위봉석회암)을 큰 평행부정합으로 덮으며 상위의 금천층에 의하여는 작은 부정합으로 덮인다. 최근 정선 부근에서는 실루리아기의 코노돈트 화석을 포함한 회동리층을 부정합으로 덮는다는 사실이 밝혀져서 만항층이 일률적으로 오르도비스계를 덮는다는 생각에 수정이 가해지게 되었다.

만항층은 주로 녹색 또는 홍색셰일, 염녹색 또 잡색사암으로 구성되며 1~4매의 담색석회암층을 협재한다. 곳에 따라 셰일의 두께가 우세한 곳이 있고 또 그 반대인 곳이 있다. 석회암층에 들어 있을 방추충 화석과 셰일에 들어 있는 식물 및 동물화석으로 만항층의 시대는 중부석탄기 전기로 알려져 있다. 평양 부근에서 알려진 홍점통의 시대는 석탄기 중기에서 후기까지이며 만항층의 시대와는 다르다. 이 층의 두께는 평균 200m이다.

(2) 금천층(黔川層)　금천층은 종래 삼척 탄전에서 사동통이라고 불려 온 지층의 하반부에 해당한다. 이는 하위의 만항층을 경미한 평행부정합으로 덮으나 일견 점이적인 관계에 있는 곳이 많다. 영월 탄전에서는 판교층(板橋層)이라고 불리는 지층이 금천층에 해당하며 이는 페름기 화석을 포함한 밤치층에 의하여 준정합으로 덮이며 삼척 탄전에서는 금천층이 장성층에 의하여 준정합으로 덮인다. 금천층은 암회색 셰일과 세립질암회색사암 및 3~4층의 암회색 석회암층으로 되어 있다. 석회암층을 협재하는 점에서는 만항층과 같으나 만항층의 석회층은 담색이어서 구별이 가능하다. 석회암에 들어 있는 방추충 화석에 의하면 금천층의 시대는 중부 석탄기의 후기에 속한다. 평양 부근에서는 사동통의 하부는 페름기로 알려져 있어서 영월 탄전의 이른바 사동통 하부인 밤치층과 시대가 같으나 삼척 탄전의 이른바 사동통과는 시대가 다르다. 평양 부근에서 사동통이라고 하면 대체로 페름기의 것으로 간주된다. 그러므로 이른바 사동통 하부 중에는 석탄기에 속하는 지층, 즉 금천층이 있음을 주의해야 할 것이다. 금천층의 두께는 평균 70m이다.

(3) 밤 치 층　이는 종래 사동통의 하부로 취급되어 온 것이나 금천층과는 같은 이른바 사동통 하부이지만 밤치층은 페름기에 속하는 것이다.

밤치층은 영월 탄전과 은성 탄광에 분포하며 판교층(板橋層)을 준정합으로 덮고 미탄층(美灘層)에 의하여 경미한 부정합으로 덮인다. 밤치층은 회색 내지 암회색석회암과 같은 색의 셰일로 이루어져 있다. 석회암에서 발견된 방추충 화석에 의하면 그 시대는 페름기 초기이다. 평양 탄전의 사동통의 하부는 대체로 이와 대비될 것으로 생각된다. 이 층의 두께는 평균 200m이다. 영월 탄전에서 판교층과 밤치층은 준정합 관계에 있음이 발견되었다. 이 준정합은 우랄리안(Uralian)에 해당하는 지층을 결여(缺如)한다. 준정합 하위의 판교층에서는 모스코비안의 방추충이, 준정합 상위의 밤치층에서는 사크마리안의 방추충이 나며 이 두 화석은 수 cm의 거리밖에 떨어져 있지 않다. 즉 1매의 석회암 중에 아무런 물리적 부정합의 흔적 없이 두 층이 접해 있다.

(4) **장성층**(長省層) 　 장성층은 종래의 이른바 사동통 상부에 해당하는 것이다. 영월 탄전에서 장성층에 대비되는 미탄층은 페름기에 퇴적된 밤치층을 정합으로 덮는다. 평양 부근에서는 대체로 영월 탄전과 같은 층서이다. 그러나 삼척 탄전과 단양 탄전에서는 부정합을 사이에 두고 석탄기 중기의 금천층을 덮는다.

장성층은 암회색의 조립 내지 중립사암, 같은 색의 셰일 및 석탄(무연탄)으로 된 4회의 윤회층(輪廻層)으로 되어 있다. 보통 4매의 석탄층이 있으며 1~2개의 석탄층이 가행된다. 셰일 중 특히 가행 대상이 되는 석탄층의 상반 셰일 중에서 식물화석이 많이 발견되며 이에 의하면 장성층의 시대는 페름기이다. 이 층의 두께는 평균 100m이다.

만항·금천·밤치·장성의 4층은 화석에 의하여 시간층서적 단위로 취급될 수 있는 것이므로 이들을 통으로 하여 한국 표준으로 하였었으나 이들을 다시 조(組)로 바꾸었다.

아래 설명될 3층은 종래 고방산통이라 불려 오던 것을 암질에 따라 3분한 것이다.

(1) **함백산층**(咸白山層) 　 종래 고방산통이라 불려 온 지층을 3분할 경우 그 하부가 함백산층이다. 이 층은 하위의 장성층을 국부적으로 부정합으로 덮으나 대체로는 정합적이다. 상위의 도사곡층과는 정합적으로 접한다. 영월 탄전에는 함백산층과 그 상위의 지층이 발견되지 않는 곳이 많다. 함백산층은 하위의 장성층과 암색의 차로 쉽게 구별된다. 함백산층은 유백색의 조립 내지 중립사암으로 되어 있으나 대부분 규화작용을 받아 규암질로 변해 있다. 곳에 따라서는 간간히 1~6m 두께의 암회색 셰일을 협재한다. 이 층의 두께는 평균 150m이다.

(2) **도사곡층**(道土谷層) 　 종래의 고방산통 중부에 해당하는 지층으로서 일견 암질은 함백산층과 유사하나 암색이 담록색을 띠며 더 조립이고 함백산층의 규암질 사암

보다 경도가 낮다. 간간히 암록색 또는 자색의 사암, 녹황색의 셰일을 협재하는 일이 있다. 또 도사곡층에는 사층리가 현저하게 발달된다. 이런 점들이 또한 함백산층과의 차이점이 된다. 이 층은 고한층으로 점이적으로 덮인다. 두께는 평균 150m이다.

(3) **고한층**(古汗層)   고한층은 종래의 고방산통으로 불리던 것의 상부에 해당한다. 이는 도사곡층을 정합으로 덮으며 상위의 동고층에 의하여 부정합으로 덮인다.

이 층은 회색의 중립사암을 주로 하며 세립 암회색 사암과 두꺼운 탄질셰일을 협재한다. 세립사암 중에서는 페름기를 지시하는 식물 화석이 산출된다. 고한층은 하위의 함백산층 및 도사곡층과는 암색으로 쉽게 구분된다. 이 층의 두께는 평균 200m이다.

(4) **동고층**(東古層)   이 층은 종래 녹암통이라고 불려 온 지층에 해당하나 고방산통으로 취급되어 온 지층 중에도 녹암통과 혼동되어 온 것이 있다. 동고층은 하위의 고한층을 정합으로 덮으며 상부는 침식을 받은 후 백악계로 덮인다. 동고층은 담록색 세립사암과 같은 색의 셰일 및 적색의 장석질 중립사암으로 구성되어 있다. 정선 탄전에는 녹암통이 두껍게 남아 있는 것으로 되어 있으나 아직 이 곳의 지질은 자세히 조사되어 있지 않다. 이 층의 두께는 약 500m이다.

9. 대동층군(大同層群)

대동계는 평안계의 분포 지역과 거의 관계 없이 여기저기에 작게 분산되어 있다. 평양 부근에서 연구된 바에 의하면 이 계는 [표 9]와 같이 2통으로 구분되고 겸이포 부근에서는 3분된다.

[표 9] 평양 부근의 대동계 구분

(경상계)		
대동계	유경통	사암·셰일 두께 600m
	선연통	역암·사암·셰일 두께 700m⁺
(평안계 및 이전의 사암)		

대동계에 대비되는 지층들은 거의 전부 심한 습곡작용과 이에 따르는 역단층작용을 받아 심히 교란되어 있다. 이 점은 평안계와 그 이전의 퇴적암들이 받은 변화와 거의 다름이 없다. 그러나 대동계 및 그 이전의 암석을 부정합으로 덮는 경상계 중에서는 이런 교란작용을 받은 증거가 발견되지 않는다. 대동계 퇴적 후의 습곡작용은 경상계 퇴적 전에 일어난 것이고 이는 한국에서는 가장 맹위를 발휘한 지각변동이었다.

이 계의 하부는 쥬라기 초엽의 선연통(嬋姸統)이고 그 분포는 쥬라기 중엽의 지층인 유경통(柳京統)보다 분포가 넓다.

대동계라는 지층명은 처음 평안계 상부를 제외한 모든 중생층에 사용되었고 이를 하부 및 상부로 나누어 하부 대동계는 현재의 의미로서의 대동계를, 상부 대동계는 현재의 경상계를 가리키는 층명으로 사용되었었다. 그러나 중부 쥬라계가 퇴적된 후에 일어난 큰 지각변동을 중대시하고 그 변동의 시기 전과 후의 지층명을 따로따로 정함이 좋을 것이라는 생각 밑에 1928년 이미 대동계라는 명칭을 하부 대동계, 즉 하부 및 중부 쥬라계에 국한하고자 하는 제안이 있어 현재 이와 같은 의미로 사용되고 있다. 평양 부근의 대동계의 구분을 보면 [표 9]와 같다.

1. 선연통(嬋姸統)

이 통은 평양의 북·서 및 남부에 분포되어 있으나 그 분포면적은 넓지 못하다. 구성 암석은 역암·사암 및 셰일이며, 2매의 얇은 석탄층이 협재된다. 화석으로서는 담수의 *Estheria*와 *Cyrena*가 발견된다. 식물화석은 더 많으며 이 통에 흔한 것은 *Cladophlebis, Pityophyllum, Podozamites, Baiera, Phoencopsis, Neocalamites* 및 기타 20여 종이다. 바다동물의 화석이 발견되지 않으므로 육성층으로 생각된다. 상기한 화석식물군에 의하면 이 통의 지질시대는 쥬라기 초엽이다. 겸이포 부근에는 고립된 선연통의 작은 분포지가 있고, 그 중에는 상부 트라이아스기를 가리키는 식물화석이 들어 있어 선연통 중 가장 하위의 층준(層準)임을 가리켜 준다.

이 통은 변성퇴적암, 조선계 및 평안계를 경사부정합으로 덮으며 유경통에 의하여 정합으로 덮으나 유경통이 제거된 곳에서는 직접 경상계(慶尙系)에 의하여 심한 경사부정합으로 덮인다.

선연통에 대비되는 하부 쥬라계는 소편으로 [표 10]의 지역에 분산되며 대체로 역암·사암·셰일로 되어 있고, 2~3매의 석탄층을 협재한다. [표 10]은 선연통에 대비되는 통과 그 분포지를 표시한 것이다.

[표 10] 선연통에 대비되는 지층들

단산층 ········ 경상북도 문경군	남포통 ········ 충청남도 남포
겸이포통 ······ 황해도 겸이포	반송층 ········ 강원도 영월군
인흥리통 ······ 함경남도 인흥리	의주통 ········ 평안북도 의주군
통진통 ········ 경기도 통진	

2. 유경통(柳京統)

유경통은 평양에만 분산되어 있어 그 분포 면적은 대단히 협소하다(유경은 평양의 옛 이름). 이 통은 선연통을 정합으로 덮으며 그 기저는 두꺼운 담청회색 사암이고, 그 위에 셰일과 사암이 호층을 이룬다. 이 통 상부에는 응회질 사암이 있다. 셰일 중에서 발견된 식물화석은 다음과 같다.

Baiera, Czekanowskia, Equisetites, Neocalamites, Nilssonia, Phoenicopsis, Podozamites.

셰일 중에는 평양에 분포된 화석림(化石林)이 발견되는 곳이 있다. 그 중에는 연륜이 명백히 보이는 규화목의 밑줄기(직경 30~40cm)가 다수 발견되며 이들은 송백류에 속하는 *Araucaryoxylon, Xenoxylon*이다. 이 통의 대부분은 중부 쥬라기에 속한다. 이 통 하부(?)에서는 쥬라기 초엽의 Ammonites인 *Hildoceras inouei Yokoyama*가 발견된 일이 있다고 하나 이는 후에 재확인되지는 못하였다. 이것이 사실이라면 한 개의 화석으로서도 유경통 퇴적 초기에 한때 해침이 있어 얇은 해성층이 생성되었음을 알 수 있고, 해성층이 없는 우리 나라에서는 진기한 발견이었다고 하겠다.

유경통은 경상계 상부인 신라통에 대비되는 대보통(大寶統)에 의하여 심한 경사부정합으로 덮인다.

평양의 유경통 외에는 쥬라기 중엽을 가리키는 화석을 포함한 지층이 국내에서 아직 발견되지 못하였다. 이 통의 두께는 600m이다.

겸이포 부근의 대동계는 하부로부터 중동층(中洞層, 역암·사암·셰일)·송림층(松林層, 셰일·사암·역암)·오촌층(吳村層, 셰일·사암)으로 나누어진다. 송림층에서는 바다의 이매패(海棲二枚貝)인 *Tellina*가 발견되었는데 이것도 얇은 해성층의 존재를 말하여 준다. 식물화석으로는 *Cladophlebis, Podozamites, Frenelopsis*가 포함되며, 이들 지층이 하부 쥬라기의 것임을 가리켜 준다.

3. 화강암(花崗岩)

뒤에서 언급할 불국사화강암 외의 대부분의 화강암은 쥬라기 말에 관입된 것으로 생각되며 K-Ar법에 의한 절대연령도 쥬라기를 지시한다. 남한에서는 북북동-남남서 방향의 분포를 보여 주며, 북한에서는 거의 방향성을 보여 주지 않는다. 이들은 대부분이 흑운모화강암이지만 각섬석화강암도 있다. 김옥준 교수는 쥬라기의 화강암을 대보화강암이라고 불렀다.

4. 묘곡층(卯谷層)

묘곡층은 경상분지의 영양소분지(英陽小盆地) 북서단에 소규모로 분포한다. 이 층은 주위에 분포된 선캠브리아의 원남층(遠南層)과 단층을 격하고 접해 있어 묘곡층 하위의 지층과 묘곡층의 하한을 알 수 없다. 묘곡층을 경상누층군의 하부층으로 생각되는 울련산층(蔚蓮山層)과 동화치층(東花峙層)에 의하여 부정합으로 덮인다. 이 층은 주로 암회색 내지 흑색 셰일과 사암으로 되어 있으며 3매의 얇은 석탄층과 이회암층을 협재한다. 묘곡층은 처음 이하영(1965) 교수에 의하여 보고되었는데 복잡한 습곡구조와 독특한 화석군을 가지고 있어서 후대동기-선경상기에 해당하는 지층으로 주목된다. 양승영(1976) 교수는 묘곡층의 *Trigonioides*를 연구한 결과 경상누층군에서 산출되는 *Trigonioides*와는 다른 선조형임을 밝힘으로써 전기한 시대를 확인하였다. 이 층 하부의 셰일에서는 식물화석 *Cladophlebis*, *Adiantites*, *Onychiopsis*, *Equisetites*, *Ginkgodium*, *Nilssonia*, *Podozamites*이 나타난다.

10. 경상누층군(慶尙累層群)

경상누층군은 경상남북도에 분포되어 있으며 이에 대비되는 지층은 작은 분포지를 가지고 곳곳에 분포된다. 이 누층군은 주로 역암·사암·셰일·이암·이회암의 호층으로 되어 있다. 이 누층군의 하부에는 얇은 석탄층이 불연속적으로 협재되어 있고 상부에는 화산암류가 풍부하다. 이 층군은 종래 경상계라고 불려 왔으며 [표 11]의 왼쪽 난과 같이 구분되었었다. 그러나 장기홍 교수(1975)는 [표 11]의 오른쪽과 같이 3개층군과 관입압군으로 나누고 이를 경상누층군이라고 명명하였다. 다만 그 세분에 있어서는 신라역암까지를 그대로, 그 상위의 세분을 새로이 하였다.

대체로 경상누층군의 상부에 대비될 지층에는 강원도 삼척군 통리·도계의 적각리층(赤角里層)과 이를 덮는 홍전층(興田層, 일명 고기층)이 있다. 풍암·음성·공주·영동·진안 등지에도 백악계의 분지가 소규모로 분포하며, 이들은 NE-SW 방향의 좌수향 주향이동 단층에 의한 인리형 퇴적 분지(pull-apart basin)로 알려져 있다.

1. 신동층군(新洞層群)

이 층군은 낙동층·하산동층·진주층의 3층으로 구분되는데 이들 각각을 설명하면 다음과 같다.

(1) 낙동층(洛東層)   역암·사암·실트암·셰일·탄질셰일로 되어 있으며 저색(赭色) 셰일의 협재가 거의 없다. 두께는 약 600m이다.

(2) 하산동층(霞山洞層)   사암·역암·저색 실트암·회색 셰일로 구성되며 저색층이 빈번하게 협재함이 특징이다. 안계(安溪) 지방에서는 두께 수 m의 저색층을 약 25매 협재한다. 이 층의 두께는 700~1,400m이다.

(3) 진주층(晋州層)   회색 사암·회색 셰일·역암으로 구성되며 저색층이 끼지 않음이 특징이다. 두께는 750~1,200m이다.

[표 11]   경상누층군의 구분

Tateiwa(1929) 대구-경주 간			장기홍(1975) 경상분지 남서부		
불국사통		불국사화강암	불국사	관입암군	관입암군
경상계	신라통	주사산빈암	경상누층군(경상속)	유천층군	화산암군
		건천리층		하양층군	진동층
		채약산빈암			함안층
		대구층			신라역암
		학봉빈암			칠곡층
		신라역암			
		칠곡층		신동층군	진주층
	낙동통	진주층			하산동층
		하산동층			낙동층
		낙동층			

2. 하양층군(河陽層群)

이 층군은 칠곡층·신라역암·함안층·진동층으로 세분되며 이들 각각을 설명하면 다음과 같다.

(1) 칠곡층(漆谷層)   사암·셰일·역암으로 구성되며 저색층을 함유한다. 이 층 중에는 화산암력(현무암의)이 들어 있으며 이 층의 상부로 감에 따라 역의 양이 증가하다가 마침내 신라역암에 이르게 된다. 이 층의 두께는 650m이다.

(2) 신라역암(新羅礫岩)   역암과 이와 호층을 이루는 사암·이암으로 구성되어 있다. 현무암·안산암의 역을 포함하는 것이 특징이다. 이 층은 대구와 그 이남에서는 잘 발달되나 팔공산(八公山)화강암 이북에서는 발견되지 않는다. 두께는 약 240m이다. 대구 부근에서는 신라역암 상위 함안층 하위에 국부적으로 현무암과 응회암질 사암이

있으며 그 두께는 400m, 연장은 17km이다.

(3) 함안층(咸安層)   주로 저색 셰일·사암으로 구성된다. 드물게 화산암층을 협재한다. 두께는 800~200m이다.

(4) 진동층(鎭東層)   암회색 셰일과 사암으로 되어 있으며 저색층이 전혀 없음이 특징이다. 다만 진동 지방에서 이 층 중부의 '증산부층'에 저색 셰일과 회록색 사암 및 역암을 협재한다. 두께는 1,500m이다.

3. 유천층군(楡川層群)

이 층군은 화산 활동 최성기에 퇴적된 것으로 안산암·유문암질석 영안산암·유문암·석영안산암의 용암·응회암·용결응회암·이에 협재된 퇴적암(주로 화산원 물질)으로 구성되며, 하양층군의 침식면 위에 경사부정합으로 놓인다. 이 층군은 그 층서가 복잡하고 다양하여 일반화하기가 어렵다. 대체로 이 층군의 하부에는 안산암이 우세하고 상부로 감에 따라 규장질 화산암이 우세한 경향이 있다. 밀양-유천 지역에서 이 층군의 하부인 안산암층(약 1,000m)과 상부인 규장질 화산암층(약 900m) 사이에는 부정합이 있다. 하부의 중부에는 육성 석회암을 포함한 퇴적암이 약 200m 협재되어 있다. 이 층군의 두께는 약 2,000m이다.

4. 불국사관입암군(佛國寺貫入岩群)

이는 경상누층군의 유천층군까지에 관입한 화강암을 주로 하며 암맥·반려암·섬록암이 있다.

5. 경상누층군의 화석과 지질 시대

경상누층군의 백악기 지층에서는 담수연체동물과 식물화석 등 여러 가지 화석이 산출되며 이에 대한 연구가 양승영 교수 등에 의하여 수행되었다.

신동층군에서는 담수성 동물화석 *Viviparus, Hydrobia, Bulimus, Itomelamia, Brotiopsis, Anisus, Trigonioides, Plicatounio, Nakamuranaia, Schistodesmus, Nagdongia, Nipponaia, Koreanaia, Pseudohyria*이 보고되어 있다. 이 중 끝의 4속은 양승영 교수가 기재한 신속이다.

신동층군에서는 식물화석 *Coniopteris hymenphylloides, C. lobifolia, C. browniana, Dictyozamites falcatus, Nilssonia schaumburgensis, N. compta, Onychiopsis mantelli,*

*Ptilophyllum pecten, Ruffordia goepperti*이 발견된다. 이들은 지질시대에 결정에 상당한 혼란을 야기해 온 종들이다.

또 하양층군에서는 *Thiara, Trigonioides, Esterites*가 보고되어 있다. 함안층에서 김봉균 교수는 새 발자국 신속 *Koreanaornis*를 기재 발표하였다. 경상누층군에서는 다양한 공룡과 새 및 익룡의 발자국이 많이 발견된다. 또 공룡의 알과 이빨 및 뼈의 화석도 간혹 발견된다.

최근 신속의 공룡 화석 *Koreaceratops*와 *Koreanosaurus*, 신속의 익룡 발자국 화석 *Haenamichnus*, 신속의 공룡 발자국 화석 *Dromaeosauripus*와 *Ornithopodichnus*, 신속의 새 발자국 화석 *Goseongornipes, Gyeongsangornipes, Hwangsanipes, Jindongornipes* 및 *Uhangrichnus*가 알려져 있다.

최근 연구 결과(Chang et al., 1998; Chang and Park, 2008)에 의하면 신동층군은 Aptian, 하양층군은 Albian, 그리고 유천층군은 Cenomanian-Maastrichtian에 해당함이 밝혀졌다. 또한 신동층군에 대한 U-Pb 저어콘 연대를 분석한 최근 연구(Lee 등, 2010)에 의하면 낙동층은 1억 1천 8백만 년 전, 하산동층은 1억 90만 년 전, 그리고 진주층은 1억 60만 년 전에 쌓인 것으로 대체로 중기 백악기에 형성된 것으로 알려져 있다.

11. 제 3 계(第 3 系)

한국의 제 3 계 분포 면적은 대단히 협소하여 전 국토의 약 1.5%를 차지함에 불과하다. 제 3 계는 소면적으로 동해안에 따라 약 10개처에 분포되나 서해안에는 2개처의 분포가 알려져 있음에 불과하다. 구성 암석은 고화(固化)가 불충분한 사암·셰일·역암이고, 용암류·암상의 동반도 곳에 따라서는 우세하다. 해성층과 육성층을 교호함으로 해서 동물화석, 식물화석, 포유류의 화석이 발견되며 또 갈탄층이 협재된다.

제 3 기에는 한국의 지체가 국부적으로 융기와 침강을 몇 번 반복하였으므로 각 단위지층은 각각 부정합으로 나누어지게 되었고, 따라서 제 3 기를 통하여 지층의 계속 퇴적된 곳은 없다. [표 12]는 제 3 계의 주요 분포지의 층서와 각 분포지의 대비를 표시한 것이다. 이 표를 보아 알 수 있음과 같이 팔레오세 및 에오세 초기의 지층은 국내에서 발견되지 않고 또한 지방에 따라 짧은 시대 중에 퇴적된 지층이 산발적으로 분포되어 있다.

[표 12]   제3계의 구분 및 대비

지질시대		포 항		북 평	영 해		어 일	울 산	제주도	북한
플라이오세		우목동층		북평역암					서귀포층	칠보산층군
마 이 오 세	후기	연 일 층 군	포항층	북평층 ?	영 해 층 군	영 동 층		화 봉 리 층 ?		명 천 통
			이동층							
	중기		대곡층			영해 역암 도곡 동층				
			송학동층							
			서암역암							
	전기	양북층군 (장기층군)					어일층			
							감포역암			
올리고세										봉산통(용동통)
에오세										신리통

주: 남한의 제3기 지층명은 대부분 김봉균 교수(1976)에 의함.

1. 신리통(新理統)

신리통은 [표 12]에서와 같이 북한의 신생대 지층 중에서 가장 오래된 에오세에 해당하는 지층이다. 신리통은 북한의 문덕군과 개천시에 좁게 분포한다. 신리통은 쥬라기의 암석을 부정합으로 덮고 있으며 칠리층과 외서리층으로 구분된다. 칠리층의 하부는 흑색 이질암이 우세하고 상부는 사암과 흑색 이질암이 교호된다. 지층의 두께는 5~150m이다.

외서리층은 현무암 또는 현무암질 응회암으로 구성되며 석탄층과 흑색 또는 암회색 이암이 협재된다. 지층의 두께는 30~200m이다.

신리통에서는 에오세를 지시하는 다양한 식물화석이 산출된다.

남한에서 에오세의 신리통에 대비되는 지층으로는 1989년 윤선 교수가 제안한 양남분지에 분포한 화산암류로 이루어진 왕산층이 있다.

2. 봉산통(鳳山統)

과거에 에오세로 알려졌던 봉산통은 황해도의 봉산 탄전과 평안남도 안주 탄전에 분포되어 있다. 봉산통은 봉산 탄전에 분포되어 있는 퇴적암에 주어진 이름이며, 이는 셰일과 사암의 호층, 역암층 및 4매의 갈탄층으로 되어 있다. 이 통은 상원계의 석회암을 부정합으로 덮으며 식물·포유류·담수어의 화석을 포함한다. 이에 의하면 이 통의 시대는 올리고세이다. 동물화석으로서는 *Colodon, Caenolophus, Desmatotherium, Portitanotherium* 등이 있고, 식물화석으로는 *Populus, platanus, Vipurunus*가 있다. 이 통의 두께는 350m이다.

3. 용동통(龍洞統)

함경북도 명천 지역에 발달되어 있는 제3계는 하부의 용동통과 상부의 명천통(明川統)으로 구분된다. 용동통은 화강편마암을 부정합으로 덮으며 상부는 명천통에 의하여 부정합으로 덮여 있다. 용동통은 사암 및 셰일로 되어 있고 단층을 협재하며 그 하부에는 알칼리현무암이 들어 있다. 식물화석으로 *Pinus, Glyptostrobus, Sequoia, Juglans*가 발견된다. 이 통의 시대는 올리고세 후반기에 속한다. 측정된 두께는 80m이다.

최근 북한에서는 앞에서 언급한 봉산통을 용동통에 대비하고 있다. 용동통에 대비되는 지층으로 유선통(遊仙統)이 있다. 이는 함경북도 북부의 유선 탄전에 분포되어 있고 역암·셰일·이암·현무암 암상으로 되며 비교적 양질의 갈탄층을 협재하여 가행된 일이 있다. 이 통의 두께는 50m이며, 올리고세를 가리키는 식물화석을 포함한다.

4. 장기층군(長鬐層群)

경상북도 장기 지역에는 제3기층인 장기층군과 이를 부정합으로 덮는 연일층군(延日層群)이 분포되어 있다. 장기층군은 밑으로부터 역암(두께 700m)·화산암류(조면암 및 안산암)·사암·셰일·응회암의 호층으로 된 함탄층(약 700m)의 순으로 되어 있다.

이 층군에서 보고된 화석은 *Sequoia, Salix, Carpinus, Alnus, Populus, Betula, Fagus, Fagophyllum, Castanea, Coryius, Zanthoxylon, Pianea, Ficus, Vitis, Acer, Jugians*이다. 이는 마이오세 식물군으로서 이 층군의 시대가 마이오세 전반기임을 가리켜 준다. 이 층군은 중생대의 화강암 또는 이보다 오랜 암석의 침식면을 부정합으로 덮는다.

5. 연일층군(延日層群)

연일층군은 아래로부터 역암(두께 200m) 및 셰일(두께 400m)로 되어 있으며 장기층군을 부정합으로 덮는다. 김봉균 교수는 유공충의 연구로서 이 층군에서 *Turborotaria, Globorotaria, Globigerina, Globigerinoides*를 발견하고 [표 12]와 같이 세분하였다. 해서 패류의 화석으로서는 역암 중의 사암에서 *Cardium, Solen, Lucina, Potamides*

가 발견되며, 셰일 중에서는 *Leda, Cardium, Mactra, ?Dosinia, Ostrea, Pecten*과 다수의 물고기 비늘 화석(魚鱗化石)이 발견된다. 셰일 상부에서는 *Salix, Quercus, Cinnamomum, Sapindus, Fagus*와 같은 식물화석이 발견된다. 조개화석으로는 *Tellina*가 있다. 이 층군의 시대는 마이오세이다. 북한의 명천통은 장기 및 연일층군에 대비되는 지층이다.

6. 명천통(明川統)

전술한 용동통을 부정합으로 덮는 명천통의 구성 암석은 장기층군의 그것과 근사하나 화산암으로서는 현무암만이 동반되어 있고, 다른 화산암이 발견되지 않는다. 명천 화석 식물군은 연일층군 몇 장기층군의 화석 식물과 근사하며 그 시대는 마이오세 초엽~중엽에 해당한다. 이 층군의 두께는 약 1,800m이다.

명천통에 대비될 마이오세 중엽의 지층으로 함경남도 신흥군 장풍리 탄광에 발달된 장풍리층이 있다. 이 층은 각력암·셰일·사질셰일로 되어 있고, 식물화석으로 *Acer, Carpinus, Comptonia, Cinnamomum, Fagus, Glyptostrobus, Juglans,* Prunus, *Rhamnus, Salix*가 포함된다.

장풍리층 상위에는 신흥층(新興層)이 부정합으로 놓여 있다. 신흥층은 마이오세 말엽의 지층으로 생각된다.

강원도 통천에 발달되어 있는 제3 기층인 통천층(通川統)은 마이오세 중엽에 퇴적된 지층이다.

함경북도 북부에 분포되어 있는 유선통을 부정합으로 덮는 행영통(行營統)은 역암·사암·사질셰일·갈탄층으로 되어 있다. 행영통의 두께는 200m이며 하반부에는 마이오세 중엽의 화석을 포함한다.

7. 서귀포층(西歸浦層)

플라이오세에 속하는 지층에는 제주도의 서귀포층과 명천통을 덮는 칠보산통(七寶山統)이 있을 뿐이다.

서귀포층은 사암 및 이암으로 되어 있으며 이에는 이매패류, 완족류, 성게류, 개형충 및 유공충의 화석이 많이 들어 있다. 화석의 다수는 현생종이어서 이 층이 플라이오세 말엽에 퇴적된 것임을 가리켜 준다. 이 층의 두께는 28m이다. 이 층의 아래와 위에는 거의 동시대에 분출된 알칼리유문암질 조면암이 있다. 이들 암석은 제4 기에 분출된 조면안산암·현무암에 의하여 덮여 있다.

북한의 플라이오세 칠보산통은 알칼리현무암·조면암·석영조면암·응회암으로 되어 있으며 명천통을 부정합으로 덮는다.

12. 제 4 계(第 4 系)

한국의 제 4 계는 고화되지 않은 자갈·모래·점토·토탄으로 되어 있으며, 화석으로 시대가 밝혀져 있는 것은 제주도 성산포의 신양리층(新陽里層)뿐이다. 현무암류, 곳에 따라서는 조면암류가 동반되어 있다.

최근 제주도 남제주군 사계리해안에 분포한 지층에서 사람 발자국 화석이 다양한 동물 발자국 화석과 함께 발견된 바 있으며(Kim et al., 2009), ^{14}C 연대 측정 결과 화석 산출 지층의 시기는 약 2만 년 전임이 밝혀졌다(Kim et al., 2011).

플라이스토세에 분출된 현무암 중 현저한 것은 강원도 철원 부근의 현무암대지, 황해도 신계 지구의 현무암대지 및 경상북도 영일군의 현무암노출지가 있다. 백두산과 제주도의 현무암도 대부분 플라이스토세의 분출물일 것이며 울릉도의 조면암과 응회암도 동시대의 것이라고 생각된다. 함북 길주 부근의 플라이스토세의 신덕리층군(新德里層群)은 역암과 현무암으로 되어 있다. 동해안 곳곳에는 해수준면에서 20~70m 높이에 사력층이 발달되어 있는 것을 볼 수 있으며, 이들은 플라이스토세에 해안에 퇴적된 사력층이 융기된 것으로 생각된다. 묵호 부근 해안에는 20~50m 높이의 평탄면이 발견되며 이들은 우리 나라에서는 희유한 해안단구의 비교적 좋은 예들이 아닌가 생각된다. 함경북도 관모봉에는 빙식지형과 빙퇴석이 발견되어 이 부근에 플라이스토세의 빙하가 있었음이 밝혀졌다.

충적층(Alluvium)으로서는 충적평원·하안·하저·해안·해저·호저에 퇴적된, 또는 퇴적 중인 사역·점토·돌서렁(talus)·사구·현무암이 있다. 백두산과 울릉도의 화산암 분출이 어느 때까지 계속되었는지는 알 수 없으나 두만강 상류에 널리 분포되어 있는 현무암 중에는 두만강 안에 발달된 높이 수 m의 사력층을 덮은 것으로 보아 그 유출 시기는 충적세임이 분명하며 제주도의 현무암 분출은 1002년과 1007년에 일어난 기록이 있다.

사항색인

인명색인

[공저자 약력]

정 창 희
평양대동공업전문학교 채광야금과 졸업
일본 북해도제국대학 이학부 지질학광물학과 졸업
서울대학교 이학부 지질학과 조교수
영국 지질조사소 초빙교수
서울대학교 자연과학부 지질학과 부교수–교수
일본 북해도대학 이학박사
미국 지질조사소 초빙교수
서울대학교 명예교수
대한지질학회 회장
대한민국 학술원 회원

김 정 률
서울대학교 사범대학 지구과학교육과 졸업
서울대학교 대학원 지질학과 이학박사
영국 리버풀대학교 방문연구교수
캐나다 뉴브런스윅대학교 방문연구교수
한국교원대학교 조교수–부교수–교수–명예교수
한국교원대학교 자연과학연구소장
문화재 위원(천연기념물분과, 세계유산분과)
한국지구과학회 회장
한국고생물학회 회장
한국교원대학교 제 3 대학 학장

이 용 일
서울대학교 자연과학대학 지질학과 및 동대학원 졸업
미국 일리노이대학교 대학원 이학박사
미국 뉴욕시대학교 Rensselaer Polytechnic Institute 연구원
미국 캘리포니아대학교 방문연구원
서울대학교 자연과학대학 지구환경학부 부교수–교수–명예교수
국제해양굴착 프로그램 과학계획 위원
국제해양굴착 프로그램 한국위원회 과학위원회 위원장
대한지질학회 회장
한국지질과학협의회 회장

보정판
지 질 학

2011년	8월	20일	초판발행
2016년	8월	31일	보정판발행
2022년	2월	10일	중판발행

공저자 정창희 · 김정률 · 이용일
발행인 안종만 · 안상준
발행처 (주)**박영사**
　　　　서울특별시 금천구 가산디지털2로 53, 210호(가산동, 한라시그마밸리)
　　　　전화 (02)733–6771 FAX (02)736–4818
　　　　등록 1959. 3. 11. 제300–1959–1호(倫)
www.pybook.co.kr e–mail: pys@pybook.co.kr

파본은 구입하신 곳에서 교환해 드립니다. 본서의 무단복제행위를 금합니다.
저자와 협의하여 인지첩부를 생략합니다.

정 가 35,000원   ISBN 979–11–303–0364–2(93450)

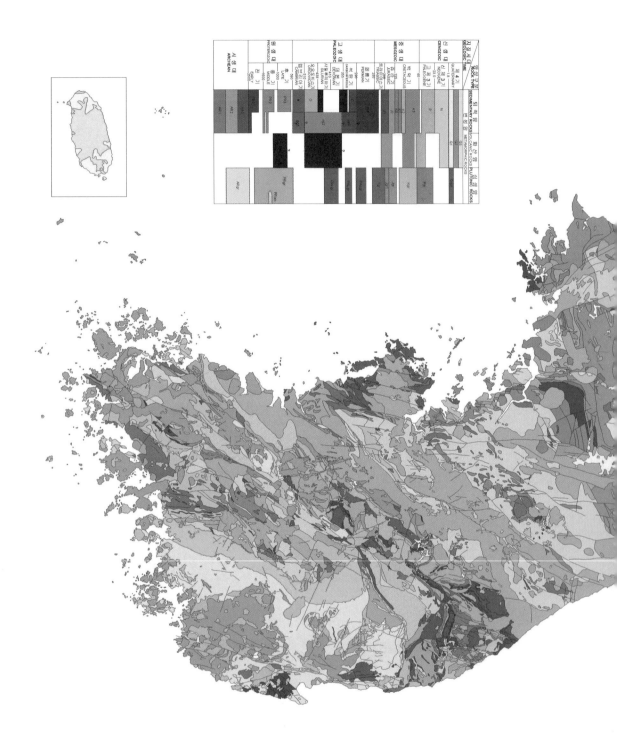

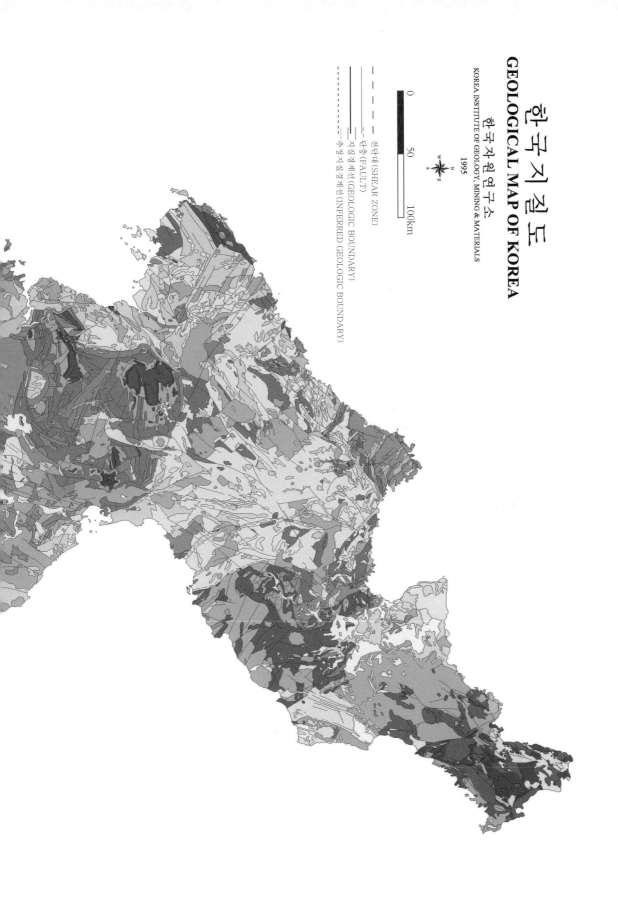

한국지질도

GEOLOGICAL MAP OF KOREA

한국자원연구소

KOREA INSTITUTE OF GEOLOGY, MINING & MATERIALS

1995

0   50   100km

전단대(SHEAR ZONE)

단층(FAULT)

지질경계선(GEOLOGIC BOUNDARY)

추정지질경계선(INFERRED GEOLOGIC BOUNDARY)